학년별 **학습 구성**

교과서 모든 단원을 빠짐없이 수록하여
수학 기초 실력과 **연산 실력**을 동시에 향상

수학 영역	**1학년** | 1~2학기	**2학년** | 1~2학기	**3학년** | 1~2학기
수와 연산	• 한 자리 수 • 두 자리 수 • 덧셈과 뺄셈	• 세 자리 수 • 네 자리 수 • 덧셈과 뺄셈 • 곱셈 • 곱셈구구	• 세 자리 수의 덧셈과 뺄셈 • 곱셈 • 나눗셈 • 분수 • 소수
변화와 관계	• 규칙 찾기	• 규칙 찾기	
도형과 측정	• 여러 가지 모양 • 길이, 무게, 넓이, 들이 비교하기 • 시계 보기	• 여러 가지 도형 • 시각과 시간 • 길이 재기(cm, m)	• 평면도형, 원 • 시각과 시간 • 길이, 들이, 무게
자료와 가능성		• 분류하기 • 표와 그래프	• 그림그래프

수학은 **수와 연산 영역이 모든 영역의 문제를 푸는 데 연계**되기 때문에
모든 단원에서 연산 학습을 해야 완벽한 수학 기초 실력을 쌓을 수 있습니다.
특히 초등 수학은 **연산 능력이 바탕인 수학 개념이 많기 때문에**
모든 단원의 개념을 기초로 연산 실력을 다져야 합니다.

큐브 연산

4학년 | 1~2학기	5학년 | 1~2학기	6학년 | 1~2학기
• 큰 수 • 곱셈과 나눗셈 • 분수의 덧셈과 뺄셈 • 소수의 덧셈과 뺄셈	• 약수와 배수 • 수의 범위와 어림하기 • 자연수의 혼합 계산 • 약분과 통분 • 분수의 덧셈과 뺄셈 • 분수의 곱셈, 소수의 곱셈	• 분수의 나눗셈 • 소수의 나눗셈
• 규칙 찾기	• 규칙과 대응	• 비와 비율 • 비례식과 비례배분
• 각도 • 평면도형의 이동 • 수직과 평행 • 삼각형, 사각형, 다각형	• 합동과 대칭 • 직육면체와 정육면체 • 다각형의 둘레와 넓이	• 각기둥과 각뿔 • 원기둥, 원뿔, 구 • 원주율과 원의 넓이 • 직육면체와 정육면체의 겉넓이와 부피
• 막대그래프 • 꺾은선그래프	• 평균 • 가능성	• 띠그래프 • 원그래프

큐브 연산

초등 수학

2·1

구성과 특징

1 전 단원 연산 학습을 수학 교과서의 단원별 개념 순서에 맞게 구성

연산 단원만 학습하니
연산 실수가 생기고
연산 학습에 구멍이 생겨요.

큐브 연산

교과서 개념 순서에 맞춰 모든 단원의 연산 학습을 해야
기초 실력과 연산 실력이 동시에 향상돼요.

수와 연산
도형과 측정
큐브 연산
변화와 관계
자료와 가능성

2 하루 4쪽, 4단계 연산 유형으로 체계적인 연산 학습

일반적인 연산 학습은
기계적인 단순 반복이라
너무 지루해요.

큐브 연산

개념 → 연습 → 적용 → 완성 체계적인 4단계 구성으로
연산 실력을 효과적으로 키울 수 있어요.

개념
연습
적용
완성

3 연산 실수를 방지하는 TIP과 문제 제공

같은 연산 실수를 반복해요.

큐브 연산

학생들이 자주 실수하는 부분을 콕 짚고 실수하기
쉬운 문제를 집중해서 풀어 보면서 실수를 방지해요.

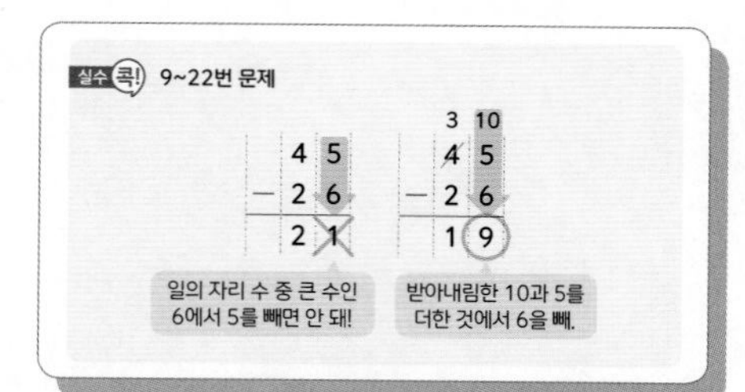

하루 4쪽 4단계 학습

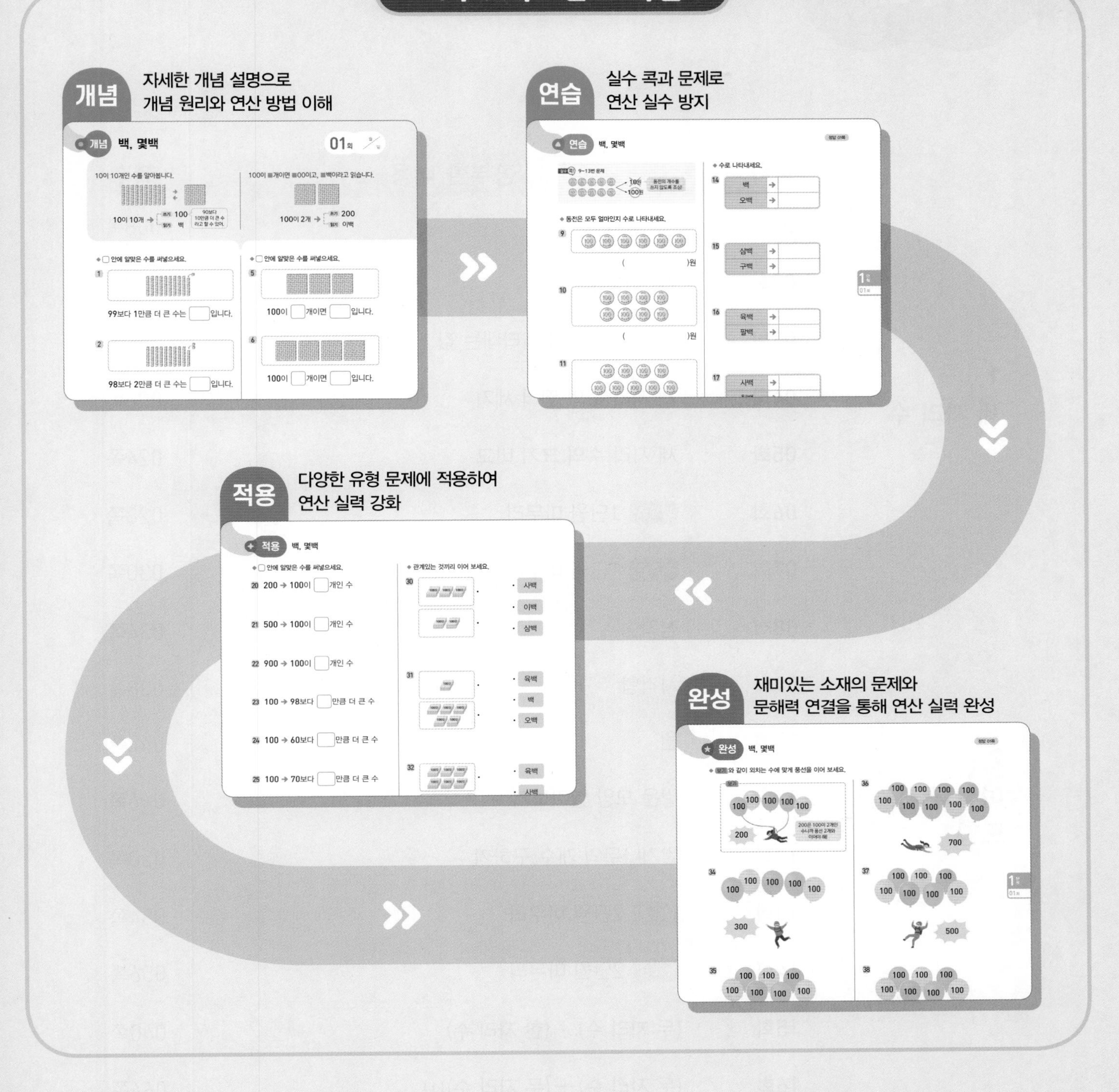

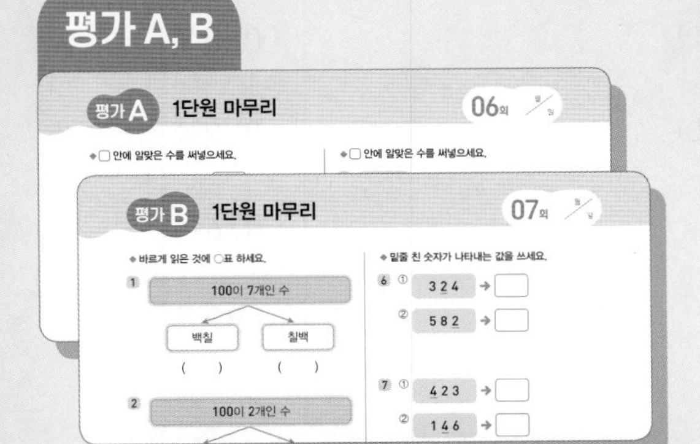

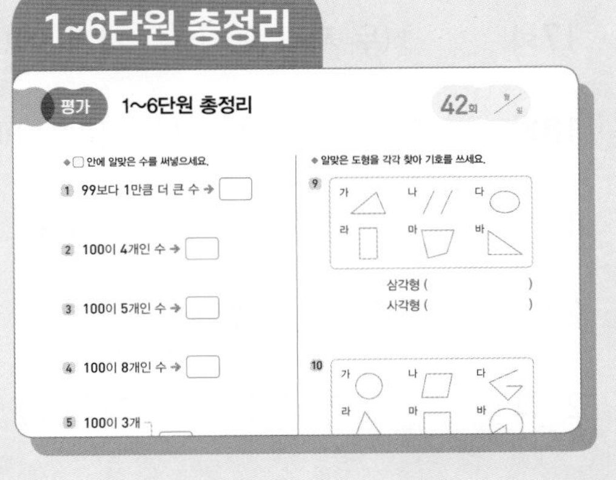

단원별 평가와 전 단원 평가를 통해
연산 실력 점검

차례

1 세 자리 수

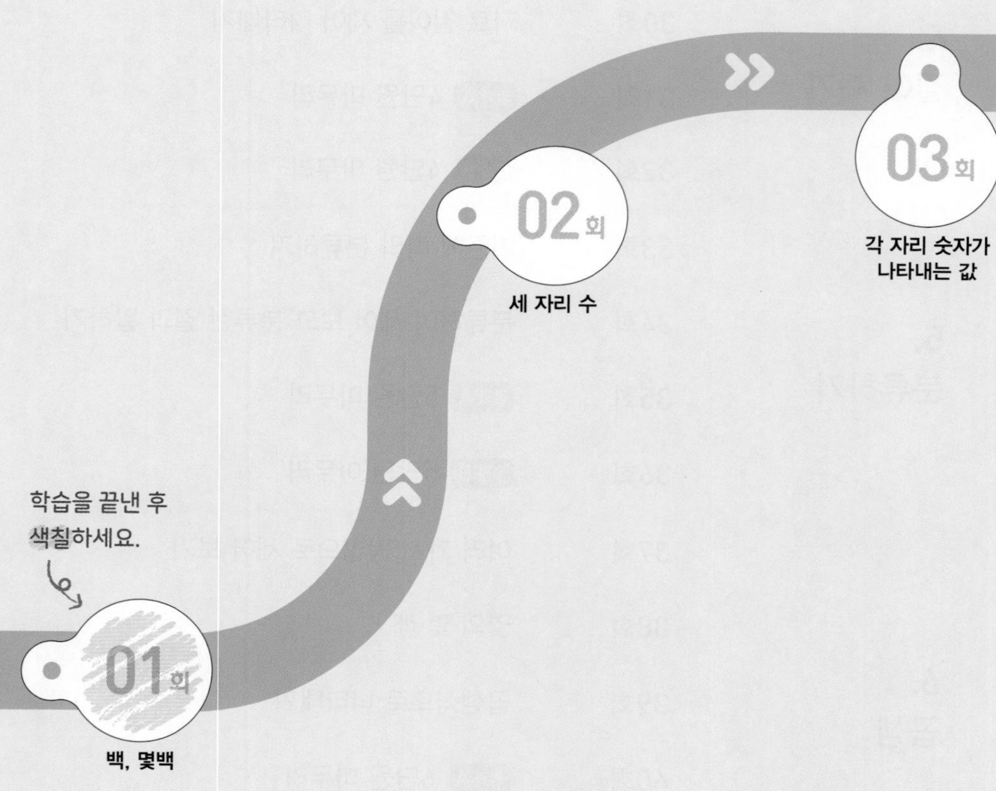

이전에 배운 내용

[1-2] 100까지의 수

두 자리 수의 개념

100까지의 수의 순서

두 자리 수의 크기 비교

짝수, 홀수

다음에 배울 내용

[2-2] 네 자리 수

천, 몇천의 개념
네 자리 수 쓰고 읽기
각 자리 수가 나타내는 값
네 자리 수의 크기 비교

07회
평가 B

06회
평가 A

04회
세 자리 수의 뛰어 세기

05회
세 자리 수의 크기 비교

개념 백, 몇백

01회 월 일

10이 10개인 수를 알아봅니다.

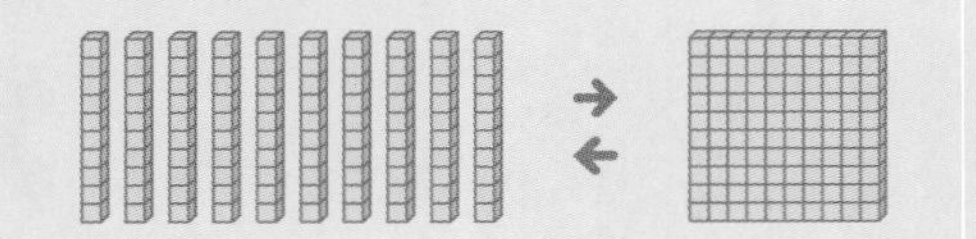

10이 10개 → 쓰기 100 / 읽기 백

90보다 10만큼 더 큰 수라고 할 수 있어.

100이 ■개이면 ■00이고, ■백이라고 읽습니다.

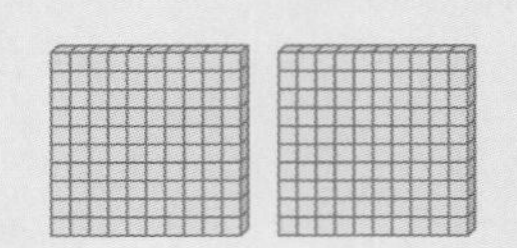

100이 2개 → 쓰기 200 / 읽기 이백

◆ ☐ 안에 알맞은 수를 써넣으세요.

1

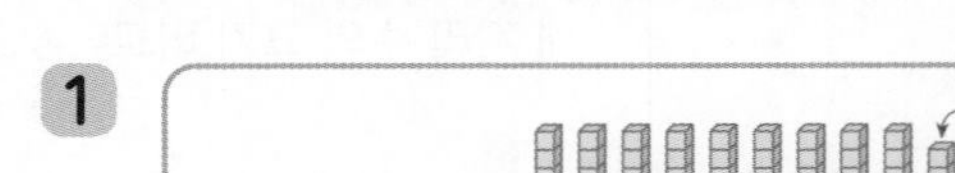

99보다 1만큼 더 큰 수는 ☐ 입니다.

2

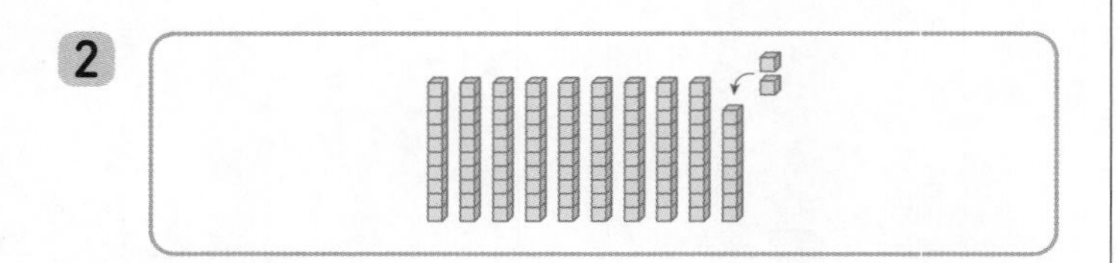

98보다 2만큼 더 큰 수는 ☐ 입니다.

3

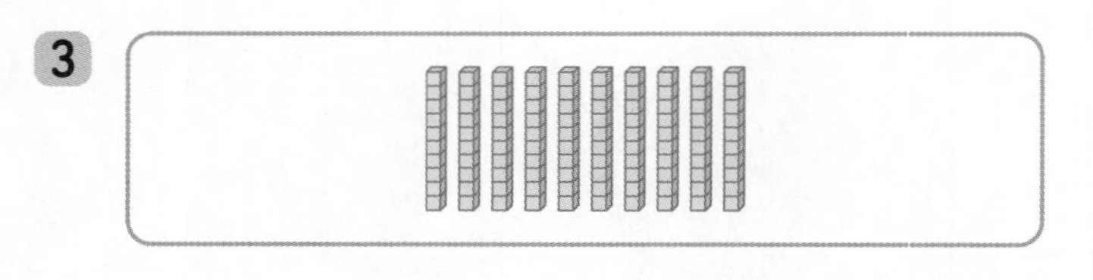

10이 10개인 수는 ☐ 입니다.

4

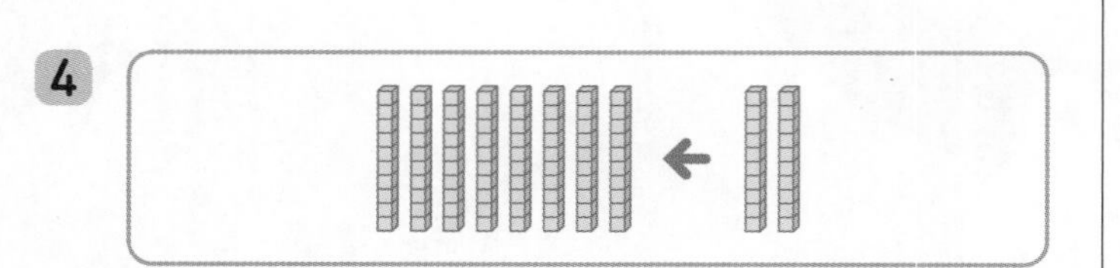

80보다 20만큼 더 큰 수는 ☐ 입니다.

◆ ☐ 안에 알맞은 수를 써넣으세요.

5

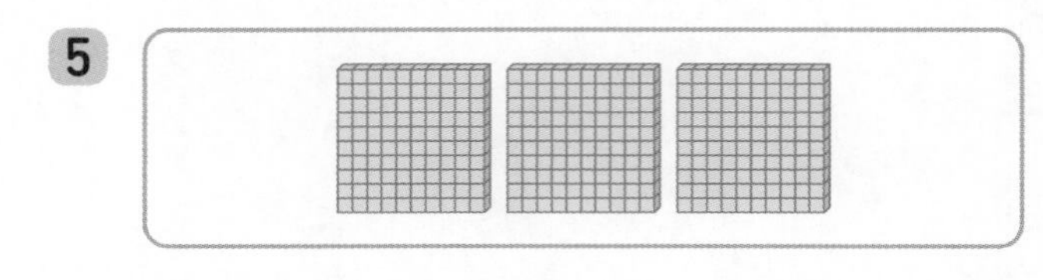

100이 ☐ 개이면 ☐ 입니다.

6

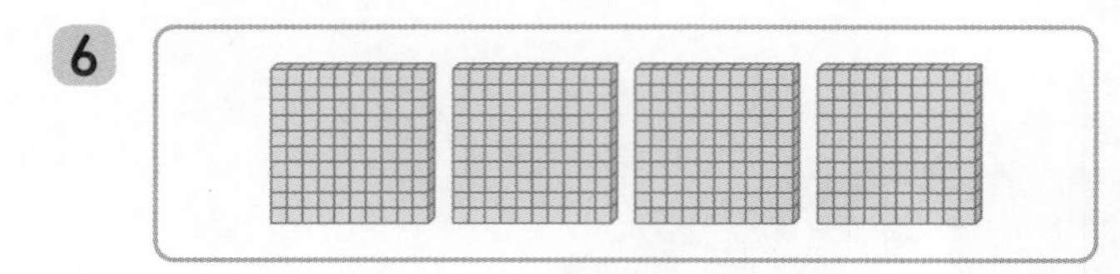

100이 ☐ 개이면 ☐ 입니다.

7

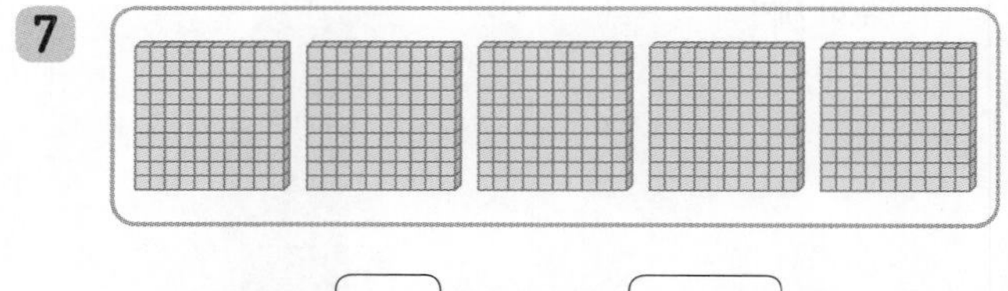

100이 ☐ 개이면 ☐ 입니다.

8

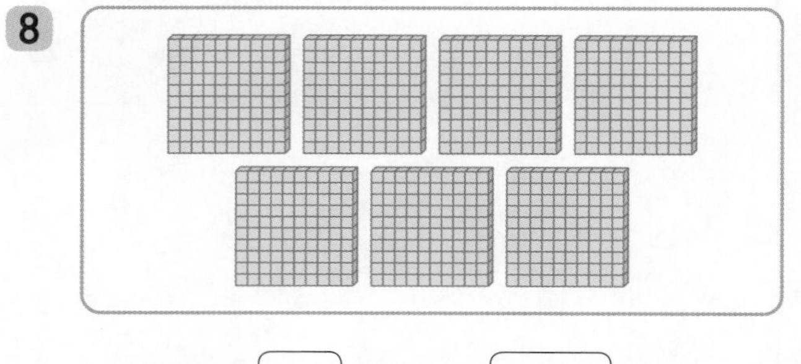

100이 ☐ 개이면 ☐ 입니다.

백, 몇백

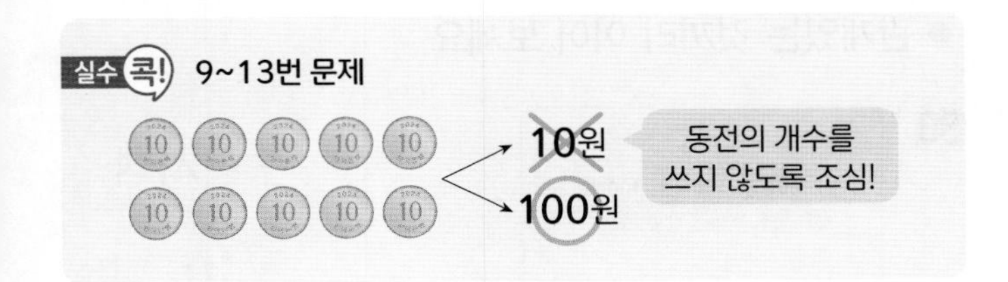

◆ 동전은 모두 얼마인지 수로 나타내세요.

9

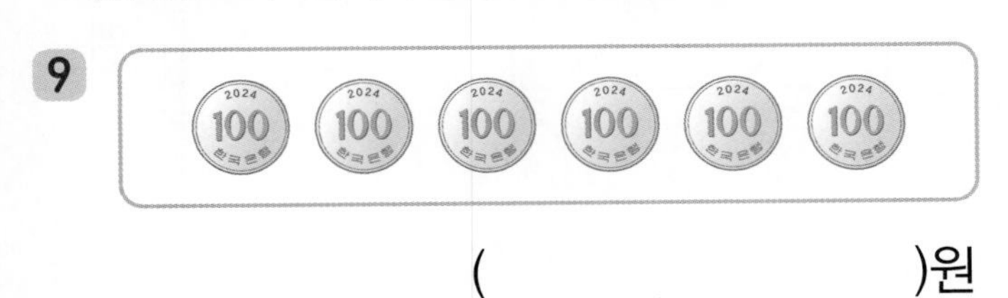

(   )원

10

(   )원

11

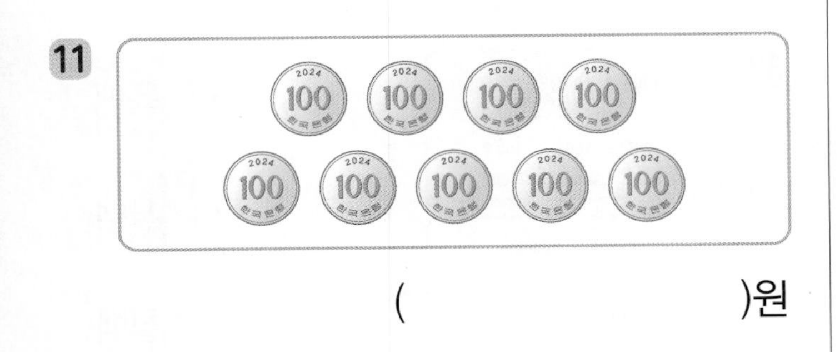

(   )원

12

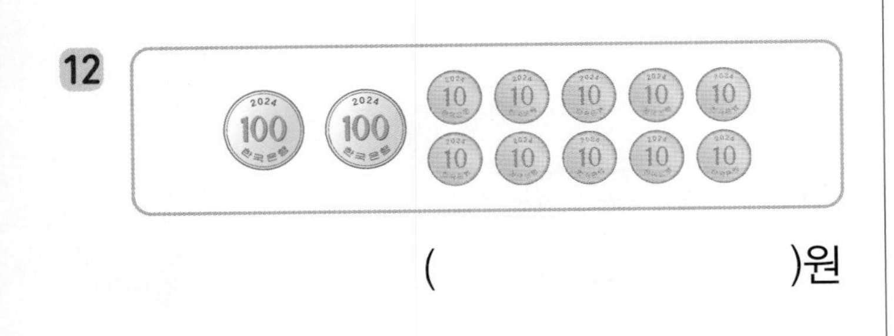

(   )원

13

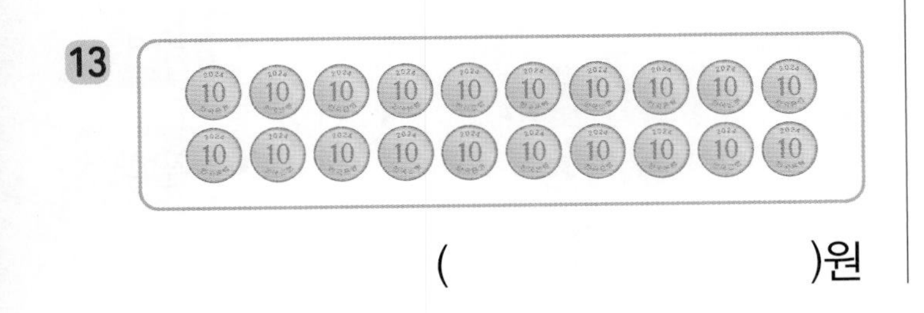

(   )원

◆ 수로 나타내세요.

14

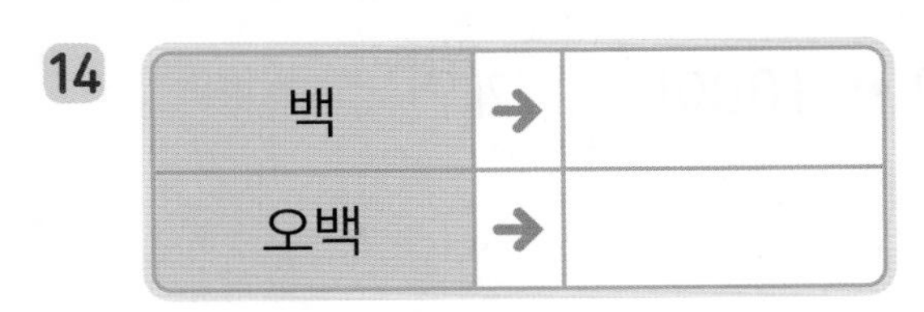

백	→	
오백	→	

15

삼백	→	
구백	→	

16

육백	→	
팔백	→	

17

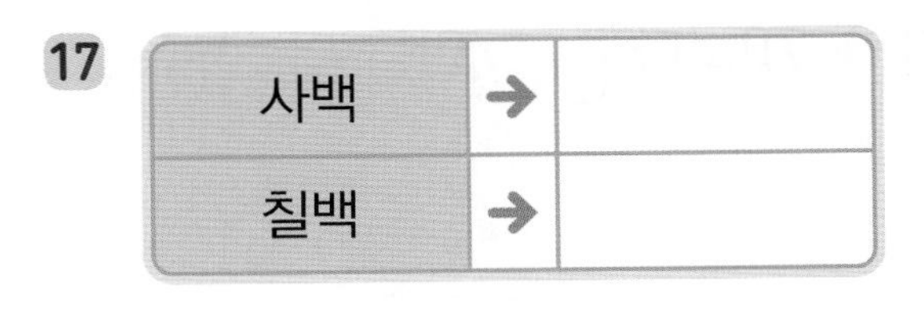

사백	→	
칠백	→	

18

10이 10개인 수	→	
100이 2개인 수	→	

19

100이 9개인 수	→	
100이 4개인 수	→	

적용 백, 몇백

◆ ▢ 안에 알맞은 수를 써넣으세요.

20 200 → 100이 ▢ 개인 수

21 500 → 100이 ▢ 개인 수

22 900 → 100이 ▢ 개인 수

23 100 → 98보다 ▢ 만큼 더 큰 수

24 100 → 60보다 ▢ 만큼 더 큰 수

25 100 → 70보다 ▢ 만큼 더 큰 수

26 100이 3개인 수 → ▢

27 100이 7개인 수 → ▢

28 90보다 10만큼 더 큰 수 → ▢

29 97보다 3만큼 더 큰 수 → ▢

◆ 관계있는 것끼리 이어 보세요.

30

- (100장 3묶음) •
- (100장 2묶음) •

• 사백
• 이백
• 삼백

31

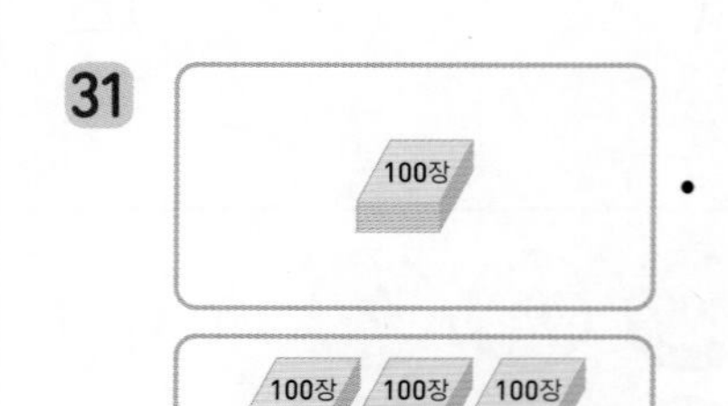

- (100장 5묶음) •

• 육백
• 백
• 오백

32

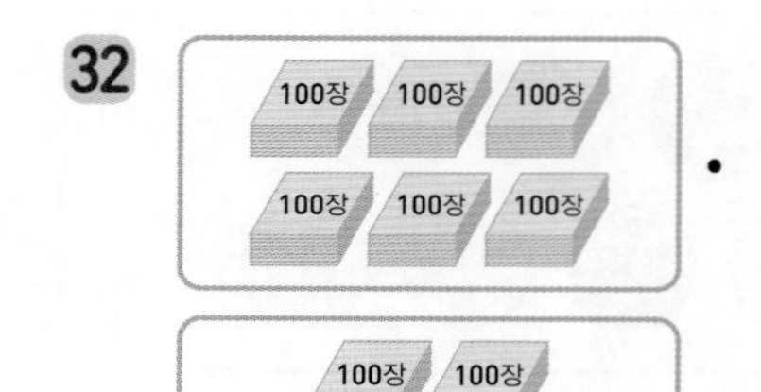

- (100장 4묶음) •

• 육백
• 사백
• 칠백

33

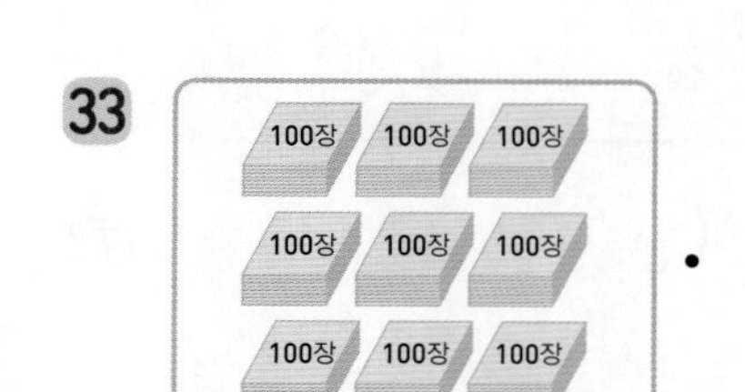

- (100장 7묶음) •

• 칠백
• 구백
• 팔백

★ 완성 백, 몇백

◆ 보기 와 같이 외치는 수에 맞게 풍선을 이어 보세요.

보기

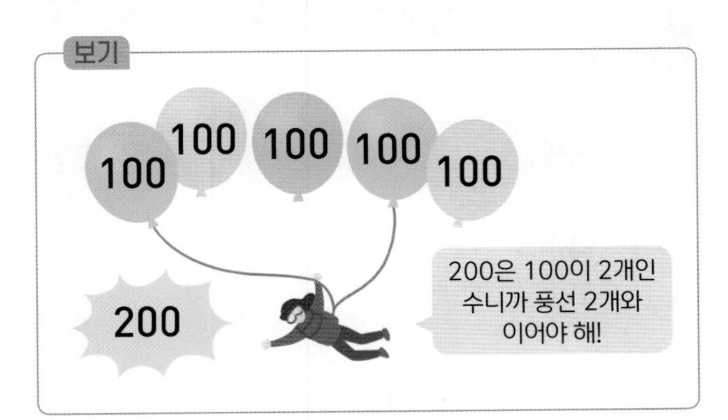

36

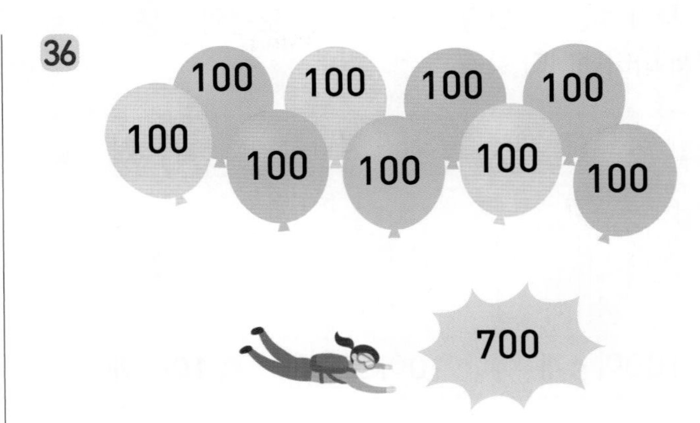

34

37

35

38

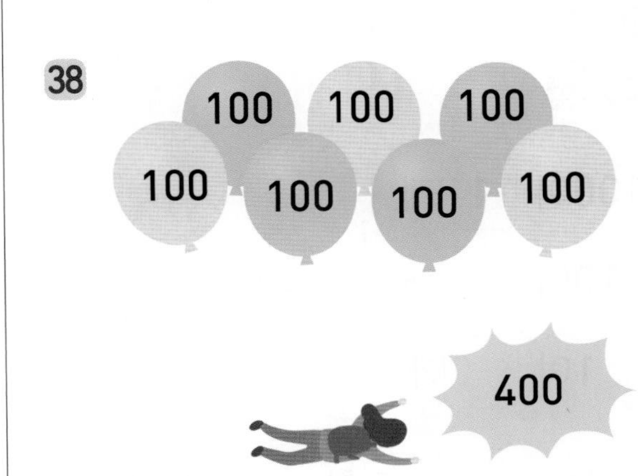

연산 + 문해력

39 하진이는 사탕을 한 병에 100개씩 5개의 병에 담았습니다. 병에 담은 사탕은 모두 몇 개일까요?

 풀이 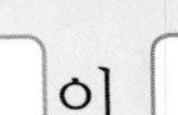 이 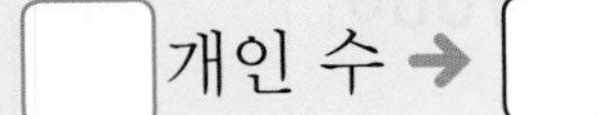 개인 수 → 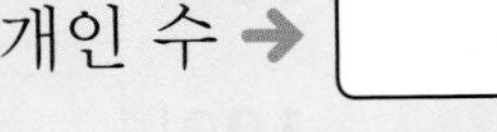

 답 병에 담은 사탕은 모두 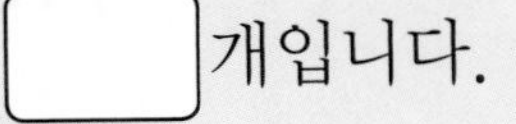 개입니다.

개념 세 자리 수

세 자리 수는 백 모형, 십 모형, 일 모형의 수를 차례로 써서 나타냅니다.

백 모형	십 모형	일 모형
100이 4개	10이 5개	1이 3개

100이 4 개 → 사백
10이 5 개 → 오십
1이 3 개 → 삼

쓰기 453 읽기 사백오십삼

십 모형이나 일 모형이 0개이면 자리에 0이라 쓰고, 읽지 않습니다.

백 모형	십 모형	일 모형
100이 2개	10이 0개	1이 6개

100이 2 개 → 이백
10이 0 개
1이 6 개 → 육

쓰기 206 읽기 이백육

◆ 수 모형을 보고 ☐ 안에 알맞은 수를 써넣으세요.

1

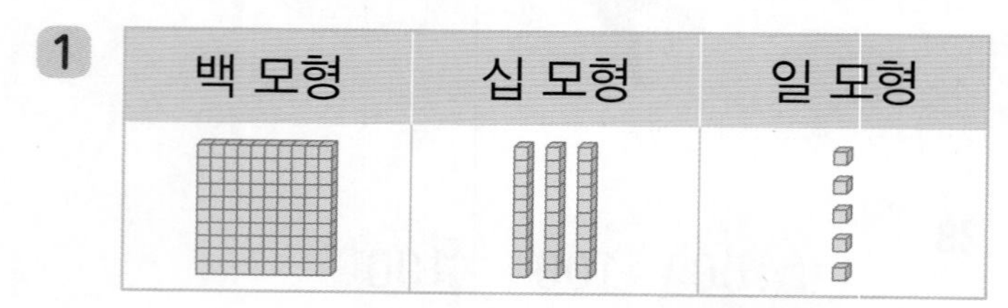

백 모형	십 모형	일 모형

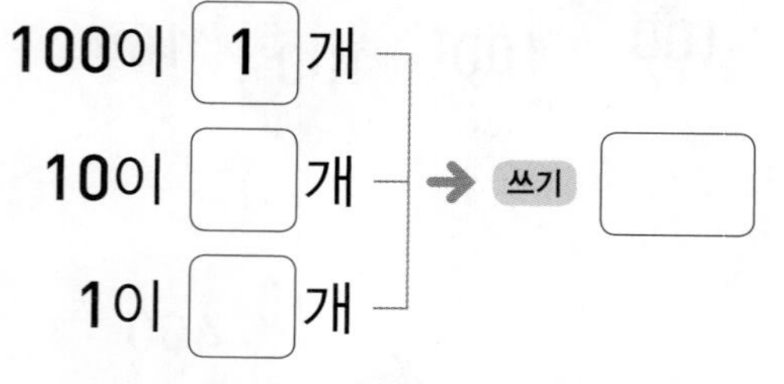

100이 [1] 개
10이 [ ] 개 → 쓰기 [ ]
1이 [ ] 개

2

백 모형	십 모형	일 모형

100이 [ ] 개
10이 [ ] 개 → 쓰기 [ ]
1이 [ ] 개

◆ 수 모형을 보고 ☐ 안에 알맞은 수를 써넣으세요.

3

백 모형	십 모형	일 모형

100이 [ ] 개
10이 [ ] 개 → 쓰기 [ ]
1이 [0] 개

4

백 모형	십 모형	일 모형

100이 [ ] 개
10이 [ ] 개 → 쓰기 [ ]
1이 [ ] 개

연습 세 자리 수

정답 01쪽

◆ □ 안에 알맞은 수를 써넣으세요.

5 100이 2개, 10이 7개, 1이 2개 → □

6 100이 3개, 10이 1개, 1이 5개 → □

7 100이 4개, 10이 6개, 1이 8개 → □

8 100이 7개, 10이 3개, 1이 4개 → □

실수 콕!

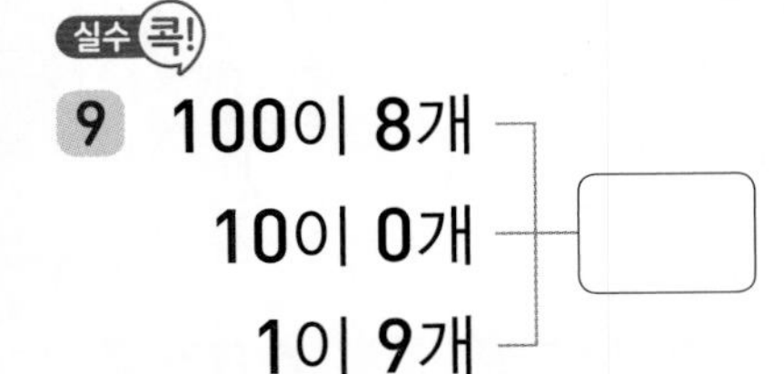

9 100이 8개, 10이 0개, 1이 9개 → □

10 100이 9개, 10이 2개, 1이 3개 → □

◆ 빈칸에 알맞은 수나 말을 써넣으세요.

11 ① 148 | □
② 이백삼십육 | □

실수 콕!

12 ① 209 | □
② 오백이십 | □

13 ① 324 | □
② 사백십팔 | □

14 ① 453 | □
② 이백구십구 | □

15 ① 843 | □
② 육백구십일 | □

16 ① 952 | □
② 칠백십육 | □

1단원 02회

적용 세 자리 수

◆ 같은 수를 나타내는 것끼리 이어 보세요.

17

245 •
452 •
524 •

• 사백오십이
• 이백사십오

18

703 •
370 •
730 •

• 칠백삼십
• 삼백칠십

19

228 •
282 •
822 •

• 이백팔십이
• 팔백이십이

20

619 •
961 •
169 •

• 구백육십일
• 육백십구

21

920 •
209 •
902 •

• 구백이십
• 구백이

◆ 바르게 읽은 것에 ○표 하세요.

22 100이 5개, 10이 6개인 수

오백육십	육백오십
(　　)	(　　)

23 100이 8개, 10이 1개, 1이 5개인 수

팔백일오	팔백십오
(　　)	(　　)

24 100이 9개, 1이 7개인 수

구백칠십	구백칠
(　　)	(　　)

25 100이 3개, 10이 4개, 1이 9개인 수

삼백사십구	삼사구
(　　)	(　　)

26 100이 7개, 10이 1개인 수

칠백십	백십칠
(　　)	(　　)

정답 02쪽

◆ 칭찬 도장을 모아 받은 모형 동전으로 아래 물건을 샀습니다. 낸 동전을 보고 나눔 장터에서 팔고 있는 물건의 가격을 ☐ 안에 써넣으세요.

27 100 100 100 100 / 10 / 1 1 1 1 1 → ☐원

28 100 100 100 100 100 100 / 10 10 10 10 10 / 1 1 → ☐원

29 100 100 100 100 100 / 100 100 100 100 / 10 → ☐원

연산 + 문해력

30 원우가 오늘 딴 사과는 100개씩 7상자와 10개씩 4상자이고, 낱개로 3개입니다. 오늘 딴 사과는 모두 몇 개일까요?

풀이 100이 ☐개, 10이 ☐개, 1이 ☐개이면 ☐입니다.

답 오늘 딴 사과는 모두 ☐개입니다.

개념 각 자리 숫자가 나타내는 값

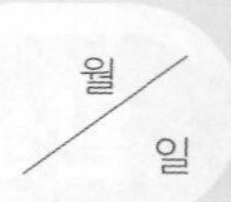

647에서 각 자리 숫자가 나타내는 값을 알아봅니다.

백의 자리	십의 자리	일의 자리	
6	4	7	각 자리의 숫자
100이 6개	10이 4개	1이 7개	
600	40	7	나타내는 값

$647=600+40+7$

어느 자리에 있는지에 따라 나타내는 값이 다릅니다.

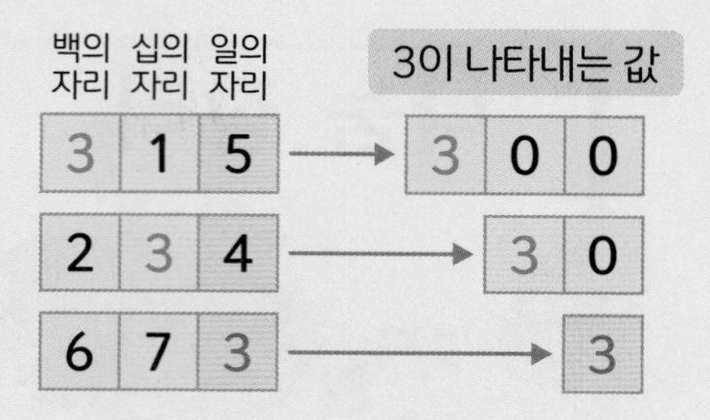

◆ 주어진 수를 보고 □ 안에 알맞은 수를 써넣으세요.

1 136

100이 1개	10이 3개	1이 6개
100	□	□

$136=100+\square+\square$

2 219

100이 2개	10이 1개	1이 9개
200	□	□

$219=200+\square+\square$

3 725

100이 7개	10이 2개	1이 5개
700	□	□

$725=\square+\square+\square$

◆ 빈칸에 나타내는 값을 써넣으세요.

4

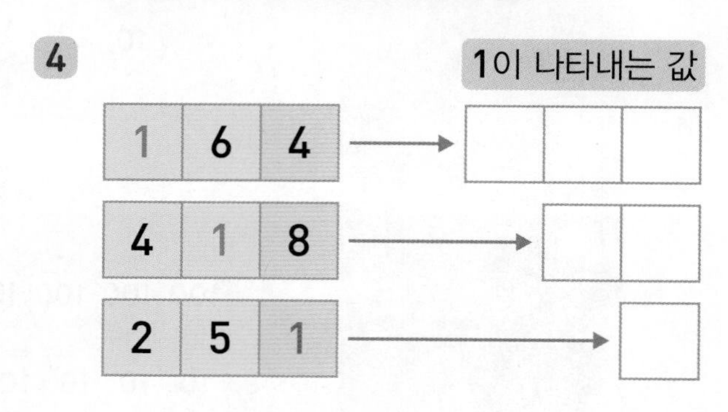

5

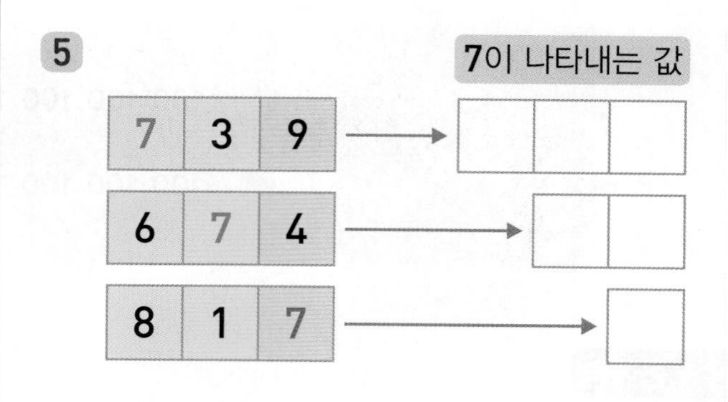

6

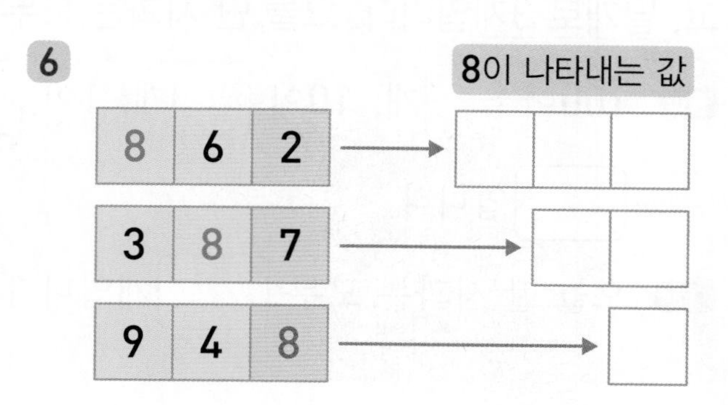

연습 각 자리 숫자가 나타내는 값

실수 콕! 12, 14번 문제

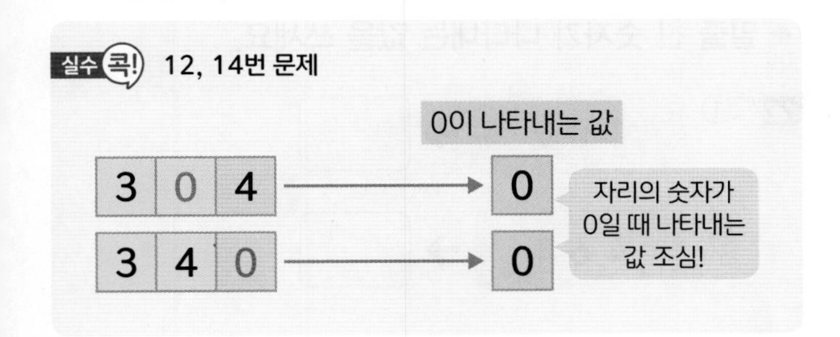

◆ 각 자리의 숫자가 나타내는 값의 합으로 나타내세요.

7

112=□+□+□

8

151=□+□+□

9

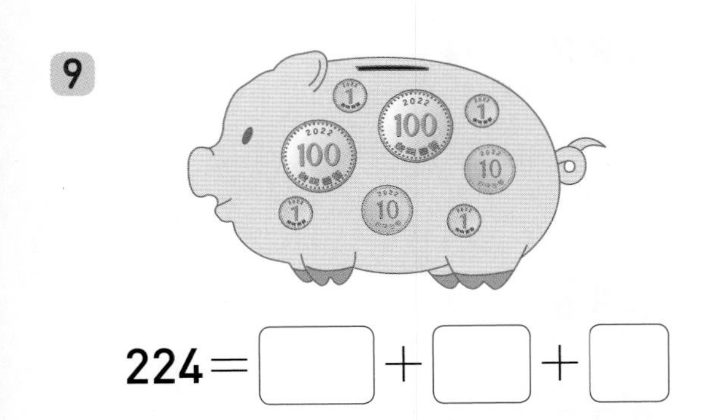

224=□+□+□

10

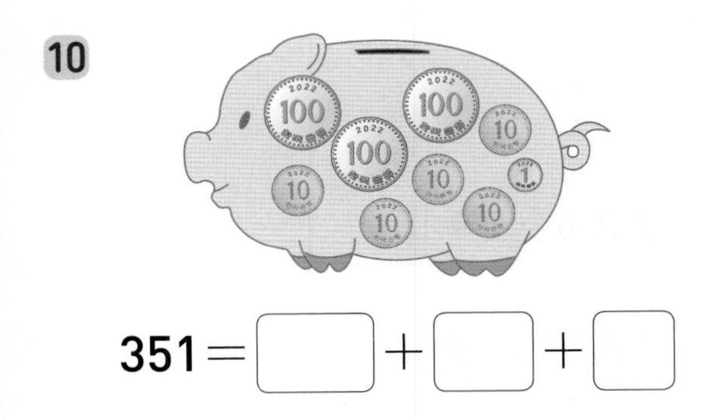

351=□+□+□

◆ □ 안에 알맞은 수를 써넣으세요.

11 465

→ 백의 자리 숫자 □는 □을,
십의 자리 숫자 □은 □을,
일의 자리 숫자 □는 □를
나타냅니다.

실수 콕!

12 501

→ 백의 자리 숫자 □는 □을,
십의 자리 숫자 □은 □을,
일의 자리 숫자 □은 □을
나타냅니다.

13 739

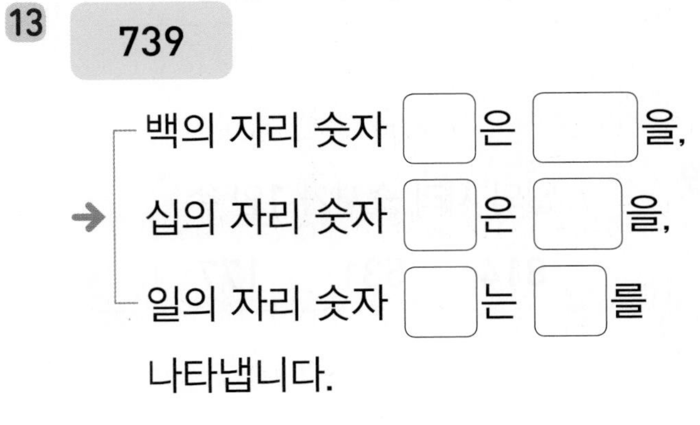

→ 백의 자리 숫자 □은 □을,
십의 자리 숫자 □은 □을,
일의 자리 숫자 □는 □를
나타냅니다.

실수 콕!

14 820

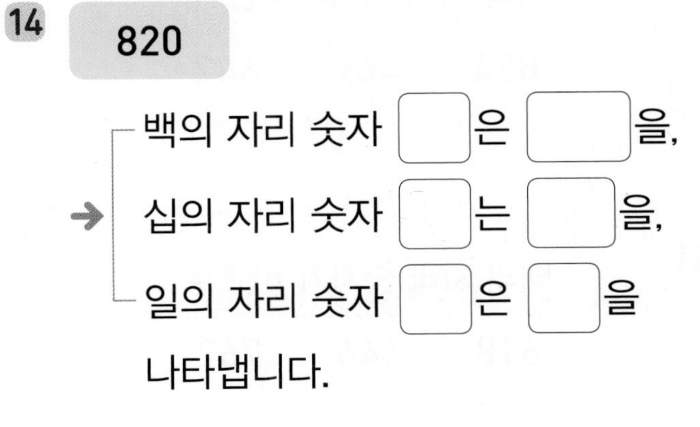

→ 백의 자리 숫자 □은 □을,
십의 자리 숫자 □는 □을,
일의 자리 숫자 □은 □을
나타냅니다.

적용 각 자리 숫자가 나타내는 값

◆ 알맞은 수를 찾아 ○표 하세요.

15 백의 자리 숫자가 5인 수

154 532 675

16 십의 자리 숫자가 2인 수

281 342 720

17 일의 자리 숫자가 9인 수

829 194 903

18 백의 자리 숫자가 3인 수

139 375 223

19 일의 자리 숫자가 1인 수

814 531 177

20 십의 자리 숫자가 4인 수

894 469 642

21 백의 자리 숫자가 6인 수

618 446 762

◆ 밑줄 친 숫자가 나타내는 값을 쓰세요.

22 ① $\underline{1}\,5\,9$ → □

② $4\,6\,\underline{1}$ → □

23 ① $7\,\underline{2}\,4$ → □

② $\underline{2}\,8\,3$ → □

24 ① $8\,\underline{0}\,4$ → □

② $3\,2\,\underline{0}$ → □

25 ① $2\,\underline{7}\,4$ → □

② $6\,8\,\underline{7}$ → □

26 ① $5\,\underline{8}\,6$ → □

② $\underline{8}\,7\,2$ → □

27 ① $\underline{9}\,3\,6$ → □

② $1\,4\,\underline{9}$ → □

정답 02쪽

★ 완성 각 자리 숫자가 나타내는 값

◆ 주어진 수의 각 자리 숫자가 나타내는 값을 지나도록 보기 와 같이 연결하세요.

보기

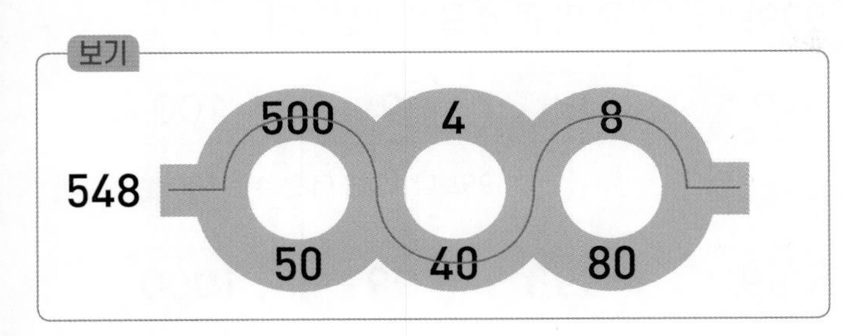

28

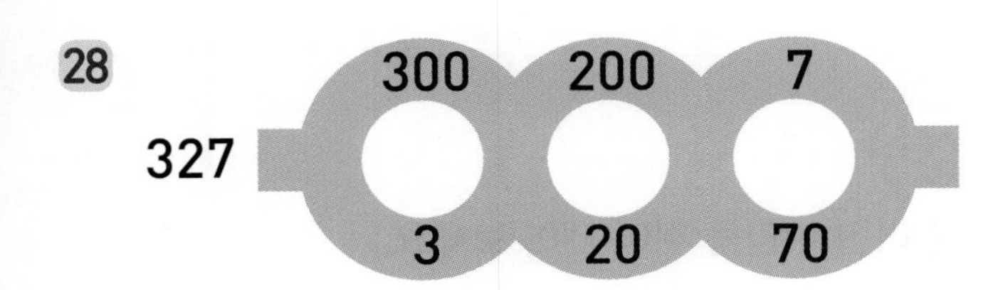

29

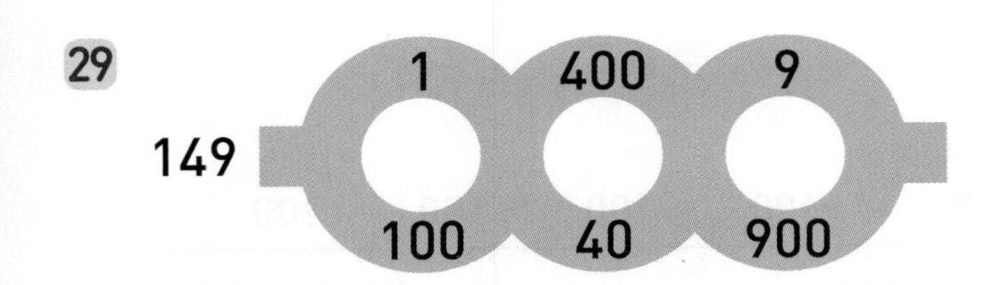

30

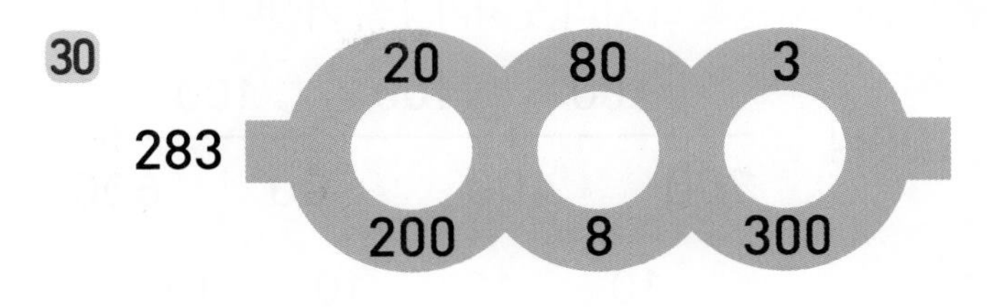

31

32

연산 + 문해력

33 오른쪽에 놓인 세 장의 수 카드를 한 번씩만 사용하여 십의 자리 숫자가 4인 세 자리 수를 만들려고 합니다. 만들 수 있는 세 자리 수를 구하세요.

풀이 십의 자리 숫자가 4인 세 자리 수: ■ 4 ▲

남은 수 카드는 □, □이고, 백의 자리에 0이 올 수 없으므로

■에 □, ▲에 □을 넣어 수를 만듭니다.

답 만들 수 있는 세 자리 수는 □입니다.

1단원 03회

개념 # 세 자리 수의 뛰어 세기

■씩 뛰어 세면 ■의 자리 숫자가 1씩 커집니다.

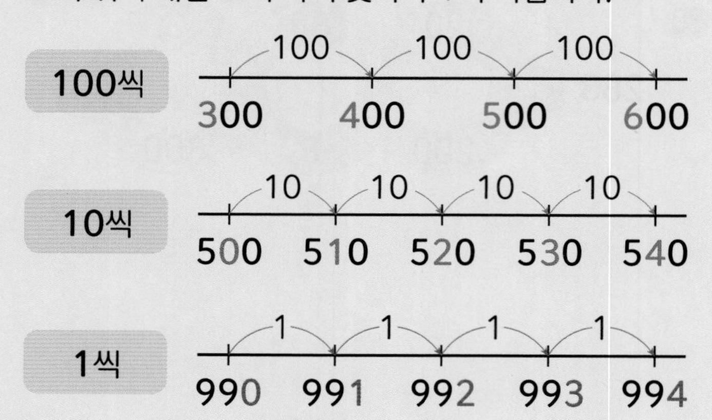

999보다 1만큼 더 큰 수를 알아봅니다.

쓰기 1000 읽기 천

◆ 주어진 수만큼 뛰어 세어 보세요.

1
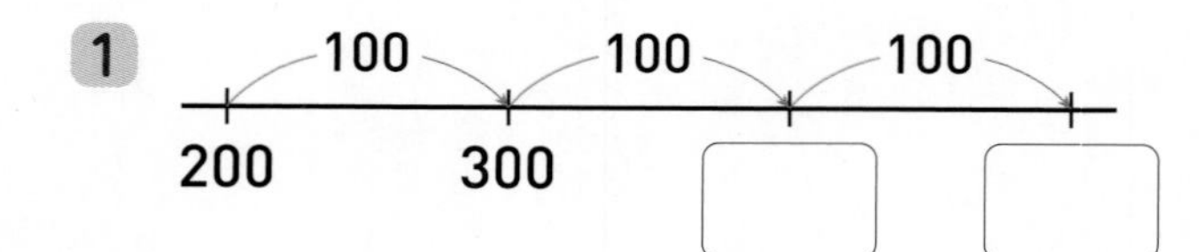

2
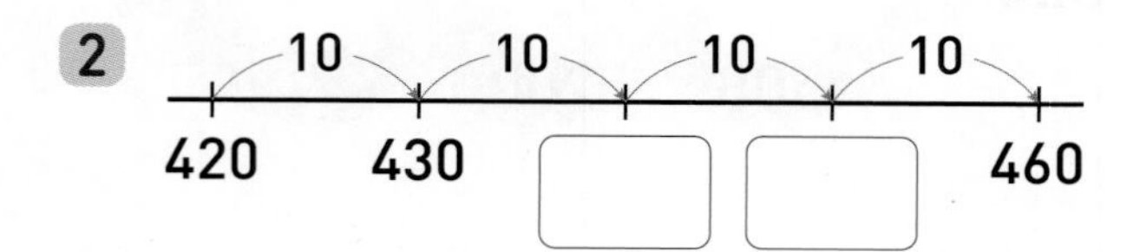

3
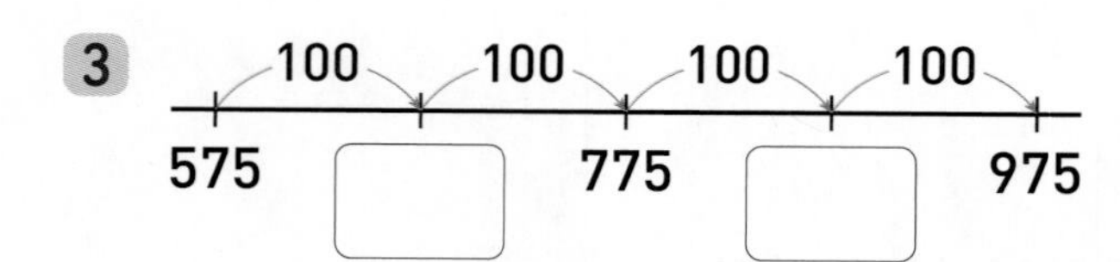

4
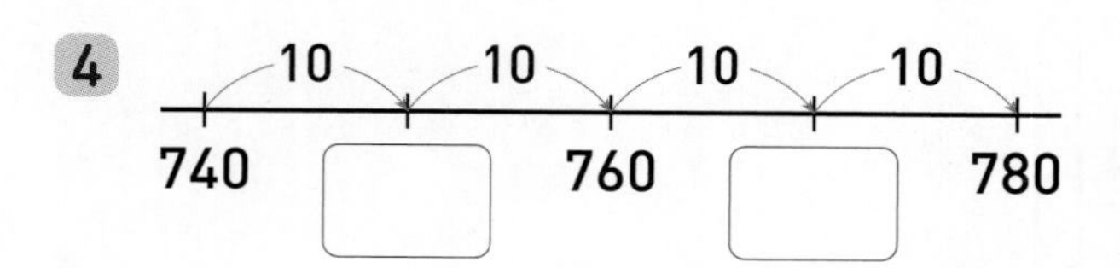

5
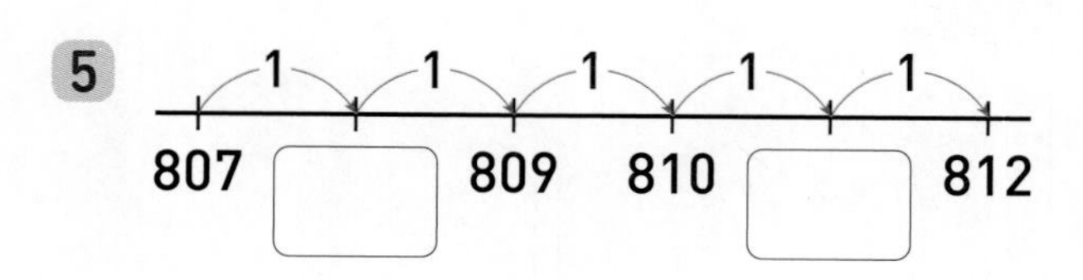

◆ 주어진 수만큼 뛰어 세어 보세요.

6
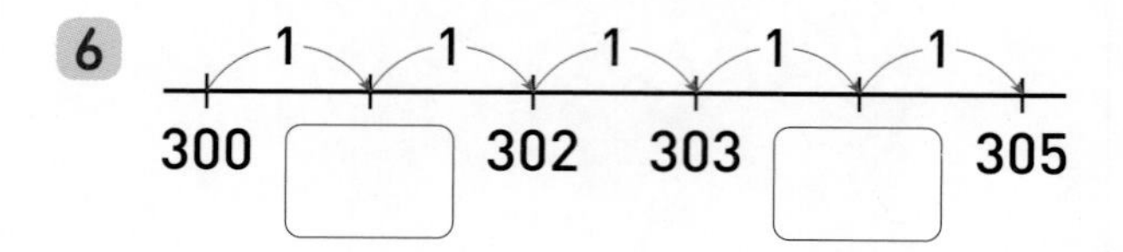

7
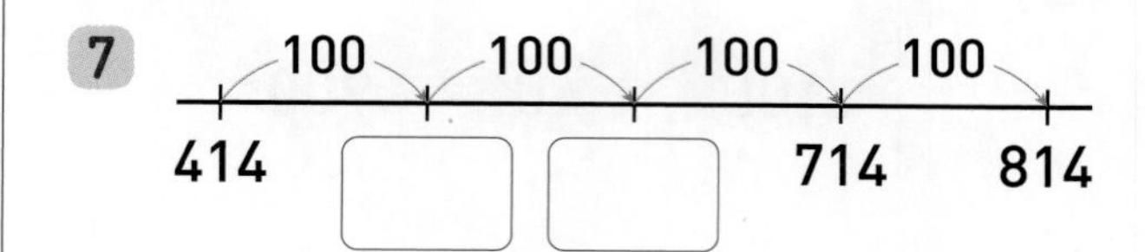

8
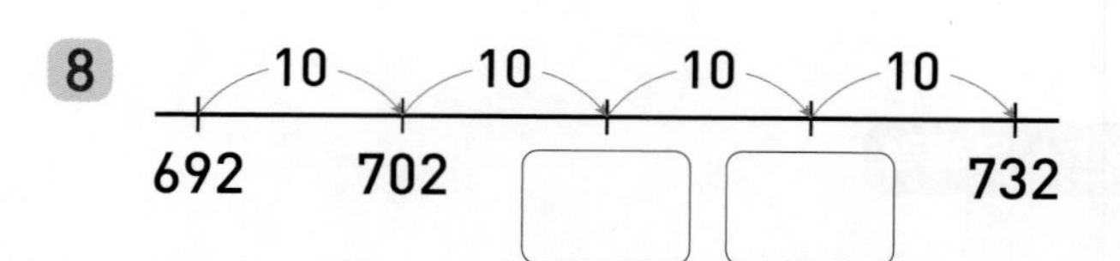

9
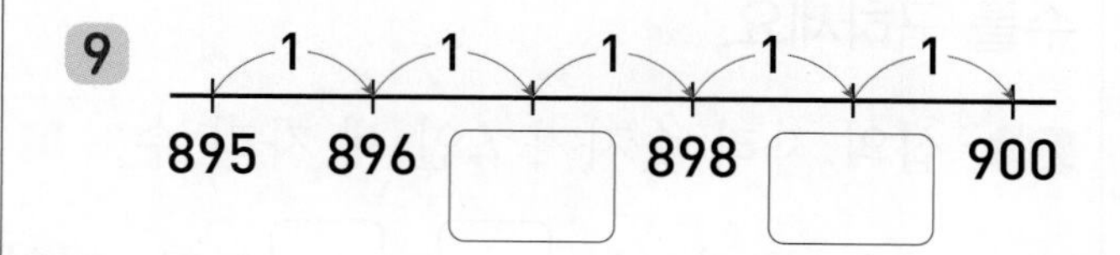

10
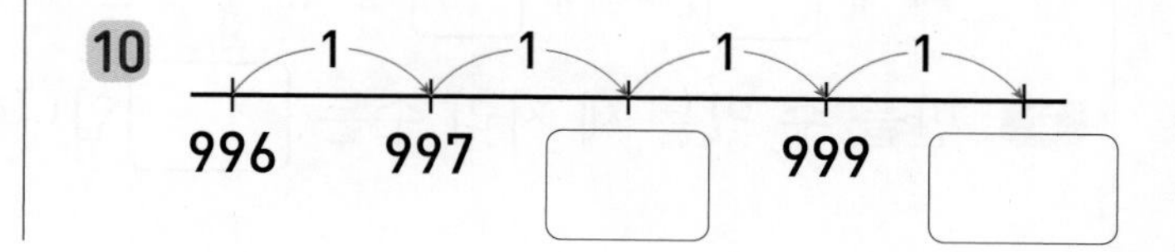

세 자리 수의 뛰어 세기

정답 02쪽

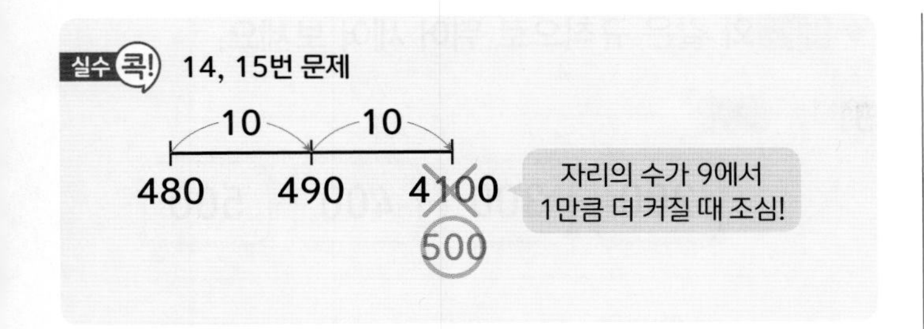

◆ 주어진 수만큼 뛰어 세어 보세요.

11

12

13

실수 콕!
14
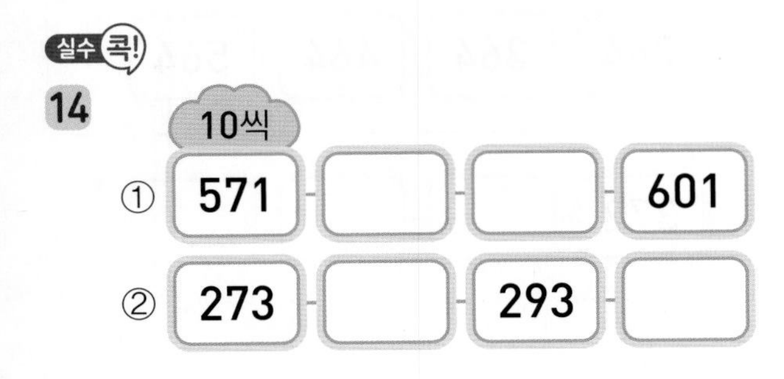

실수 콕!
15
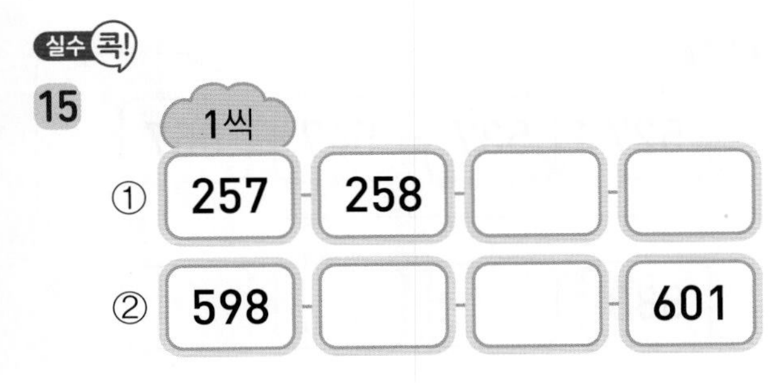

◆ ☐ 안에 알맞은 수를 써넣으세요.

16

➔ ☐씩 뛰어서 세었습니다.

17
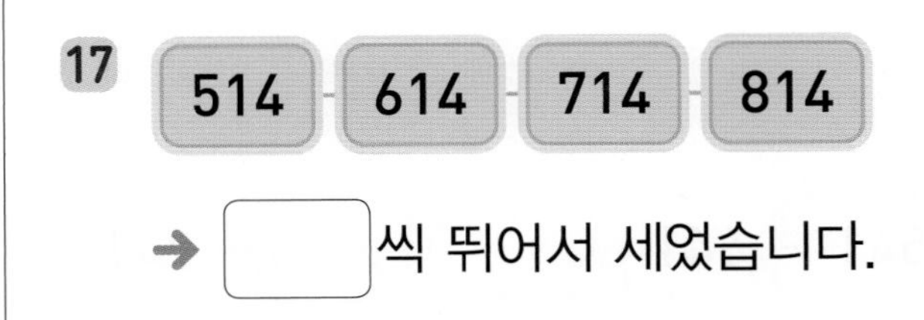

➔ ☐씩 뛰어서 세었습니다.

18
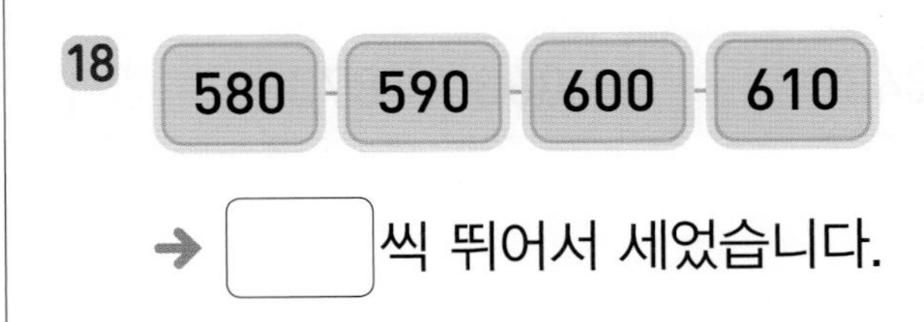

➔ ☐씩 뛰어서 세었습니다.

19

➔ ☐씩 뛰어서 세었습니다.

20
771 781 791 801

➔ ☐씩 뛰어서 세었습니다.

21

➔ ☐씩 뛰어서 세었습니다.

1 단원
04회

적용 세 자리 수의 뛰어 세기

◆ 규칙을 찾아 뛰어 세어 보세요.

22 173 - 174 - ☐ - ☐ - 177

23 577 - 578 - 579 - ☐ - ☐

24 541 - 641 - ☐ - ☐ - 941

25 843 - ☐ - 863 - 873 - ☐

26 295 - ☐ - ☐ - 595 - 695

27 ☐ - 472 - 482 - ☐ - 502

28 ☐ - ☐ - 406 - 506 - 606

29 ☐ - 628 - ☐ - 648 - 658

30 ☐ - ☐ - 400 - 401 - 402

◆ 보기 와 같은 규칙으로 뛰어 세어 보세요.

31 보기 200 - 300 - 400 - 500

111 - ☐ - ☐ - ☐

32 보기 681 - 691 - 701 - 711

752 - ☐ - ☐ - ☐

33 보기 495 - 496 - 497 - 498

938 - ☐ - ☐ - ☐

34 보기 264 - 364 - 464 - 564

372 - ☐ - ☐ - ☐

35 보기 527 - 537 - 547 - 557

883 - ☐ - ☐ - ☐

정답 03쪽

★ 완성 세 자리 수의 뛰어 세기

◆ 규칙에 맞게 뛰어 세어 기차를 연결한 것입니다. 잘못 연결된 기차에 ×표 하세요.

36 160부터 100씩 뛰어 세기

160 | 260 | 360 | 400 | 560

( ) ( ) ( ) ( )

37 219부터 10씩 뛰어 세기

219 | 229 | 239 | 249 | 299

( ) ( ) ( ) ( )

38 381부터 100씩 뛰어 세기

381 | 481 | 581 | 881 | 781

( ) ( ) ( ) ( )

39 545부터 10씩 뛰어 세기

545 | 550 | 565 | 575 | 585

( ) ( ) ( ) ( )

40 632부터 1씩 뛰어 세기

632 | 633 | 360 | 635 | 636

( ) ( ) ( ) ( )

41 958부터 1씩 뛰어 세기

958 | 959 | 9510 | 961 | 962

( ) ( ) ( ) ( )

1 단원 04회

연산 + 문해력

42 세나는 수가 적힌 종이를 들고 있습니다. 세나가 들고 있는 수부터 100씩 3번 뛰어 센 수는 얼마일까요?

세나

풀이 세나가 들고 있는 수 **647**부터 ☐씩 뛰어 셉니다.

→ **647** – ☐ – ☐ – ☐

답 세나가 들고 있는 수부터 **100**씩 **3**번 뛰어 센 수는 ☐입니다.

세 자리 수의 크기 비교

05회 월 일

백, 십, 일의 자리 수를 차례로 비교합니다. 높은 자리의 수가 클수록 큰 수입니다.

	백의 자리	십의 자리	일의 자리
308 ➔	3	0	8
395 ➔	3	9	5

백의 자리 수가 같으니까 십의 자리 수를 비교해. 308 < 395 (0 < 9)

백의 자리 수가 다른 경우 ➔ 251 ⓐ 328 (2 < 3) — 251 (<) 328

백의 자리 수가 같고 십의 자리 수가 다른 경우 ➔ 543 (>) 517 (4 > 1)

백, 십의 자리 수가 각각 같고 일의 자리 수가 다른 경우 ➔ 764 (<) 769 (4 < 9)

◆ 빈칸에 알맞은 수를 써넣고, 두 수의 크기를 비교하여 ○ 안에 > 또는 <를 알맞게 써넣으세요.

1

	백의 자리	십의 자리	일의 자리
123 ➔	1	2	3
210 ➔	2		

123 ○ 210

2

	백의 자리	십의 자리	일의 자리
356 ➔	3	5	6
374 ➔			

356 ○ 374

3

	백의 자리	십의 자리	일의 자리
698 ➔			
695 ➔			

698 ○ 695

◆ 두 수의 크기를 비교하여 ○ 안에 > 또는 <를 알맞게 써넣으세요.

4 130 ○ 250 (1 (<) 2)

5 526 ○ 327

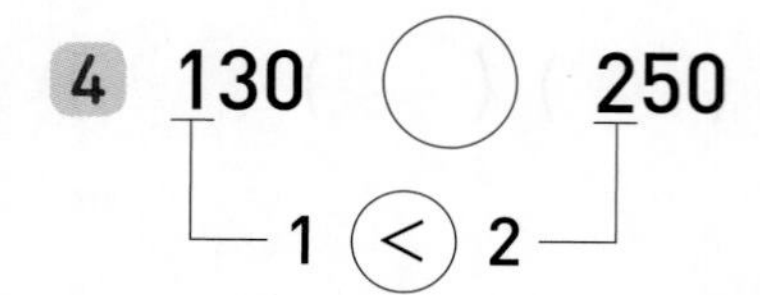

6 282 ○ 295

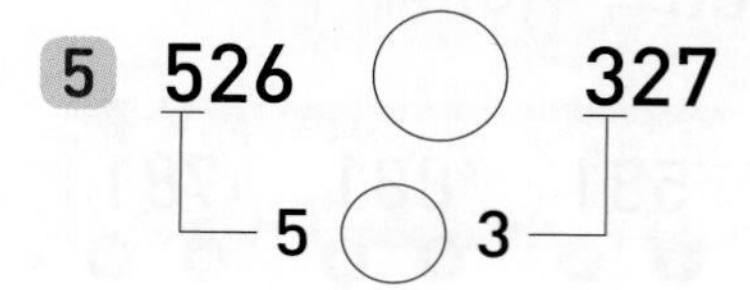

7 645 ○ 653

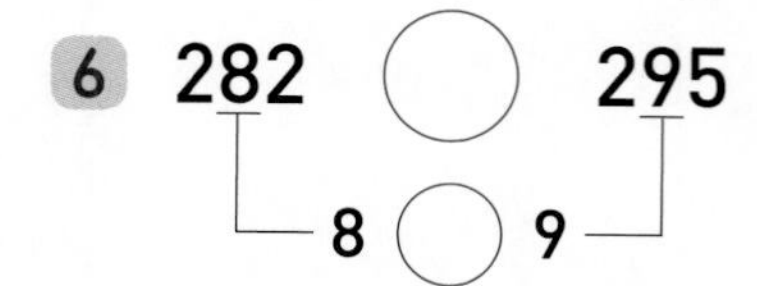

8 717 ○ 714

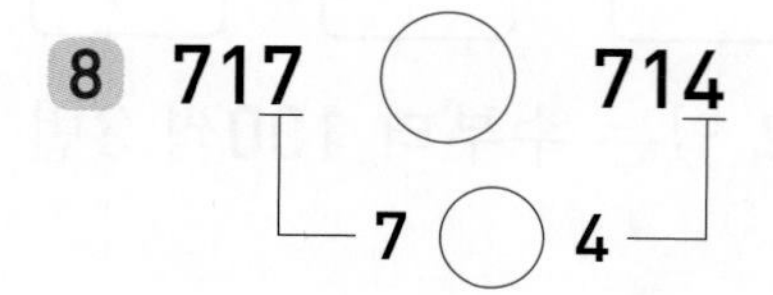

연습 세 자리 수의 크기 비교

실수 콕! 9~19번 문제

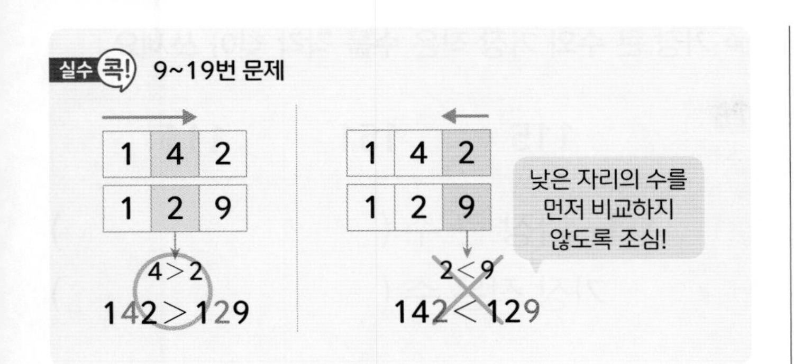

◆ 두 수의 크기를 비교하여 ○ 안에 > 또는 <를 알맞게 써넣으세요.

9 ① 438 ○ 384

② 438 ○ 491

10 ① 530 ○ 525

② 530 ○ 449

11 ① 672 ○ 669

② 672 ○ 674

12 ① 726 ○ 904

② 726 ○ 743

13 ① 801 ○ 805

② 801 ○ 794

◆ 두 수의 크기를 비교하여 ○ 안에 > 또는 <를 알맞게 써넣으세요.

14 ① 249 ○ 195

② 249 ○ 312

15 ① 338 ○ 332

② 338 ○ 319

16 ① 493 ○ 388

② 493 ○ 496

17 ① 513 ○ 570

② 513 ○ 516

18 ① 637 ○ 663

② 637 ○ 635

19 ① 884 ○ 942

② 884 ○ 816

적용 세 자리 수의 크기 비교

◆ 두 수 중 더 큰 수를 찾아 빈칸에 써넣으세요.

20
407	
390	

21
518	
584	

22
760	
808	

23
933	
914	

24
715	
415	

25
682	
680	

◆ 가장 큰 수와 가장 작은 수를 각각 찾아 쓰세요.

26 115 151 111

가장 큰 수 ( )
가장 작은 수 ( )

27 284 265 268

가장 큰 수 ( )
가장 작은 수 ( )

28 300 440 383

가장 큰 수 ( )
가장 작은 수 ( )

29 568 720 610

가장 큰 수 ( )
가장 작은 수 ( )

30 646 621 700

가장 큰 수 ( )
가장 작은 수 ( )

31 913 810 885

가장 큰 수 ( )
가장 작은 수 ( )

★ 완성 세 자리 수의 크기 비교

◆ 청팀이 경기에서 이겼을 때의 점수판입니다. 빈 점수칸에 알맞은 수를 찾아 색칠해 보세요.

32

142	145	149

33

700	564	654

34

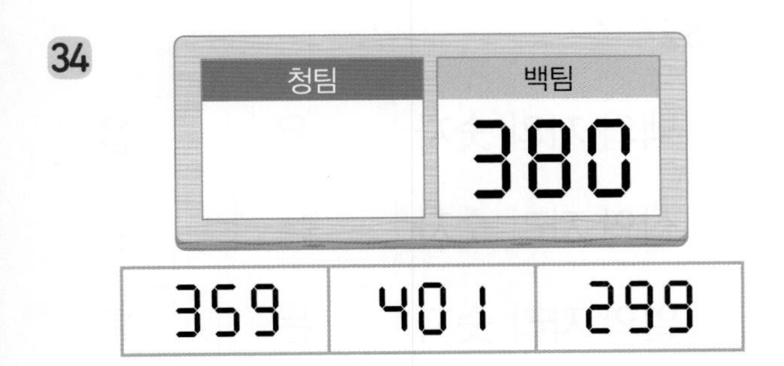

359	401	299

35

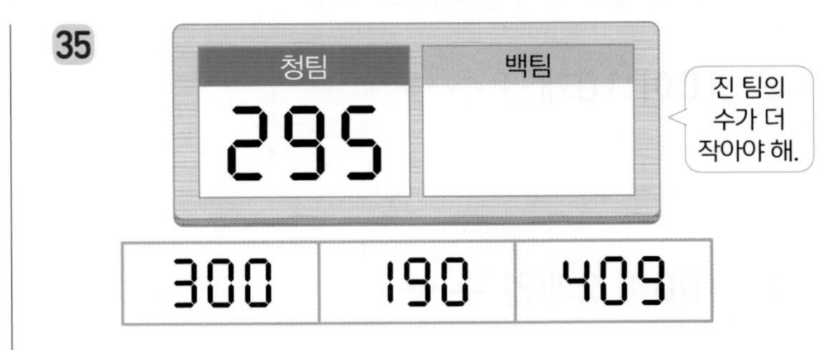

300	190	409

36

821	798	779

37

450	540	600

연산 + 문해력

38 흰색 바둑돌 185개와 검은색 바둑돌 190개가 있습니다. 흰색 바둑돌과 검은색 바둑돌 중 더 많은 것은 무엇일까요?

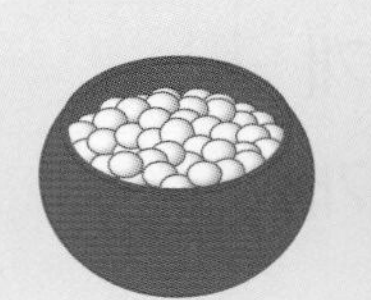

풀이 흰색 바둑돌 검은색 바둑돌

☐ ○ ☐

답 흰색 바둑돌과 검은색 바둑돌 중 더 많은 것은 ☐색 바둑돌입니다.

평가 A 1단원 마무리

06회 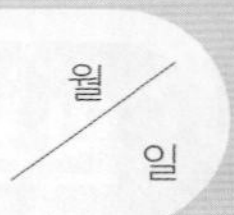

◆ □ 안에 알맞은 수를 써넣으세요.

1 10이 10개인 수 → □

2 100이 2개인 수 → □

3 100이 6개인 수 → □

4 100이 9개인 수 → □

5 100이 1개, 10이 9개, 1이 3개 → □

6 100이 5개, 10이 0개, 1이 8개 → □

7 100이 7개, 10이 1개, 1이 6개 → □

8 100이 9개, 10이 4개, 1이 2개 → □

◆ □ 안에 알맞은 수를 써넣으세요.

9 177

→ 백의 자리 숫자 □은 □을,
십의 자리 숫자 □은 □을,
일의 자리 숫자 □은 □을
나타냅니다.

10 532

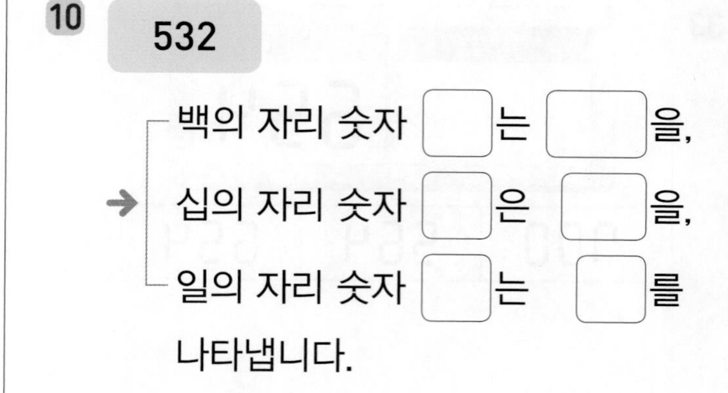

→ 백의 자리 숫자 □는 □을,
십의 자리 숫자 □은 □을,
일의 자리 숫자 □는 □를
나타냅니다.

11 624

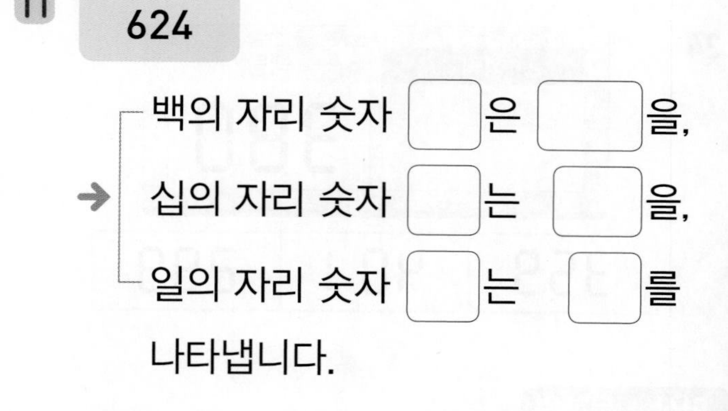

→ 백의 자리 숫자 □은 □을,
십의 자리 숫자 □는 □을,
일의 자리 숫자 □는 □를
나타냅니다.

12 875

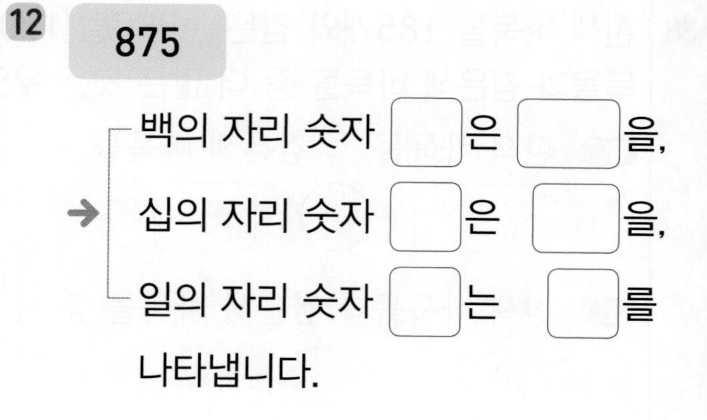

→ 백의 자리 숫자 □은 □을,
십의 자리 숫자 □은 □을,
일의 자리 숫자 □는 □를
나타냅니다.

◆ 주어진 수만큼 뛰어 세어 보세요.

13

14

15

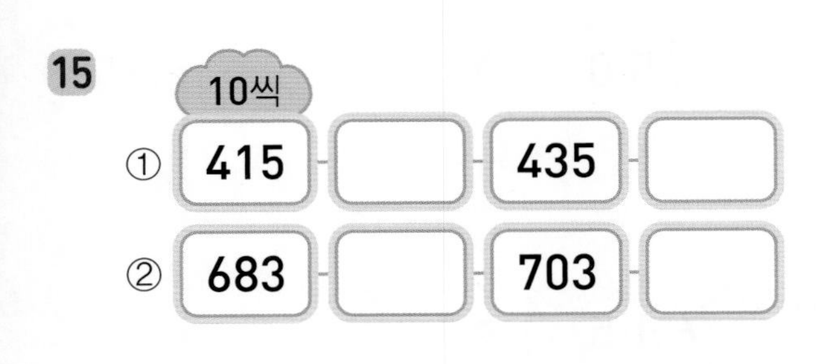

16

17

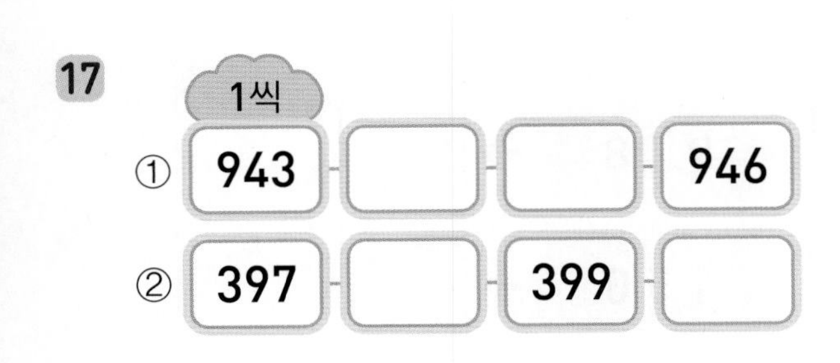

◆ 두 수의 크기를 비교하여 ○ 안에 > 또는 <를 알맞게 써넣으세요.

18 ① 105 ○ 107

② 105 ○ 100

19 ① 374 ○ 336

② 374 ○ 421

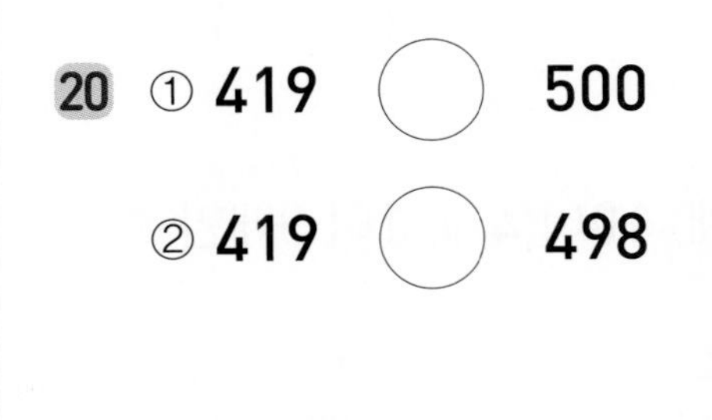

20 ① 419 ○ 500

② 419 ○ 498

21 ① 593 ○ 559

② 593 ○ 595

22 ① 748 ○ 733

② 748 ○ 813

23 ① 826 ○ 824

② 826 ○ 809

평가 B 1단원 마무리

07회

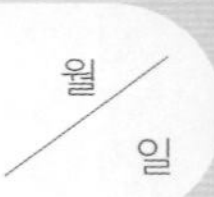

◆ 바르게 읽은 것에 ○표 하세요.

1 100이 7개인 수

백칠	칠백
(　　)	(　　)

2 100이 2개인 수

백	이백
(　　)	(　　)

3 100이 6개, 10이 4개, 1이 3개인 수

육백사십삼	육백사삼
(　　)	(　　)

4 100이 3개, 1이 3개인 수

삼백삼십	삼백삼
(　　)	(　　)

5 100이 4개, 10이 9개인 수

사백구십	사백구
(　　)	(　　)

◆ 밑줄 친 숫자가 나타내는 값을 쓰세요.

6 ① 3 $\underline{2}$ 4 → □
② 5 8 $\underline{2}$ → □

7 ① $\underline{4}$ 2 3 → □
② 1 $\underline{4}$ 6 → □

8 ① 5 $\underline{0}$ 4 → □
② 2 5 $\underline{0}$ → □

9 ① $\underline{6}$ 1 5 → □
② 4 9 $\underline{6}$ → □

10 ① $\underline{8}$ 4 2 → □
② 7 $\underline{8}$ 3 → □

11 ① 9 $\underline{1}$ 8 → □
② $\underline{1}$ 5 0 → □

◆ 보기 와 같은 규칙으로 뛰어 세어 보세요.

12
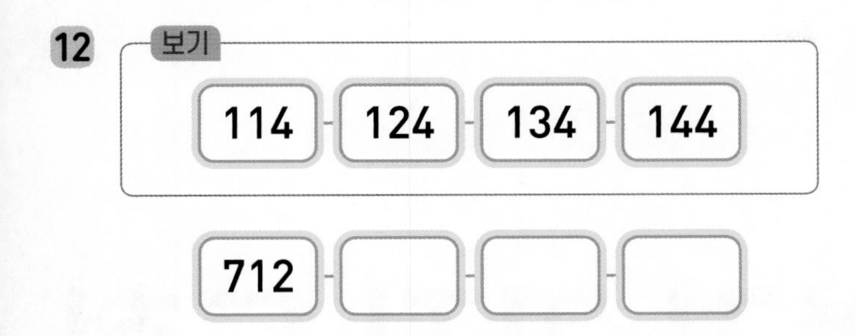

13
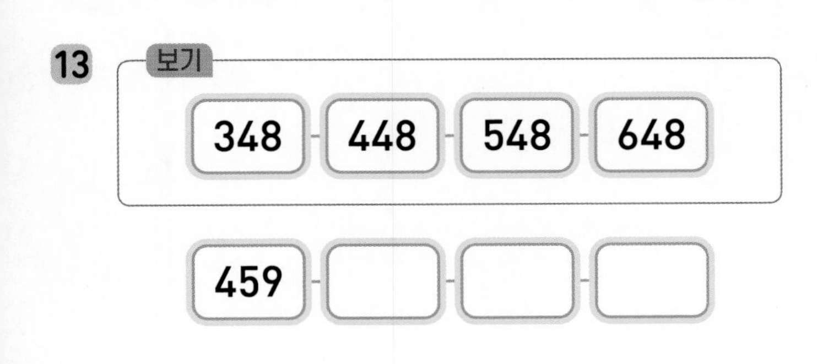

14
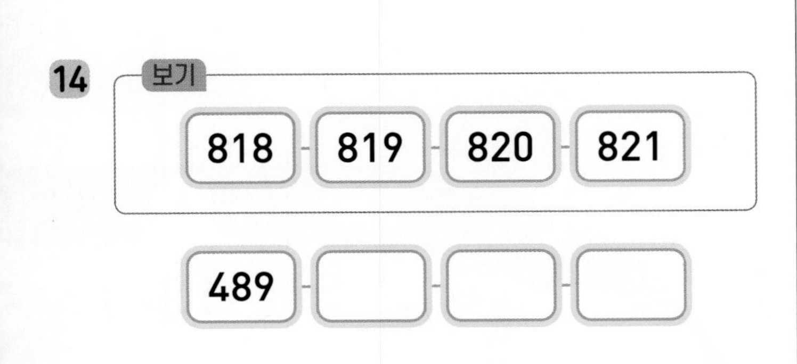

15
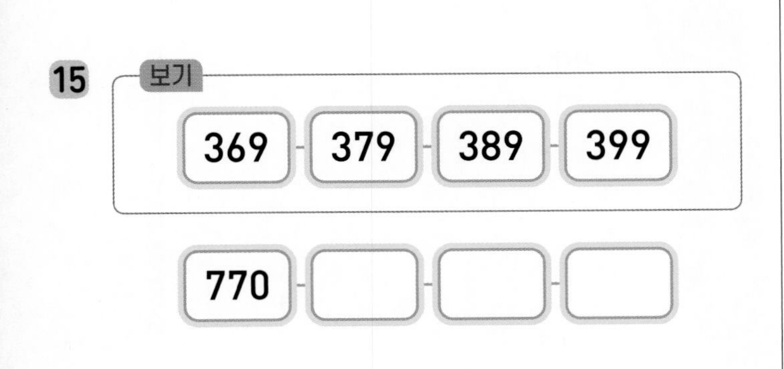

16

◆ 가장 큰 수와 가장 작은 수를 각각 찾아 쓰세요.

17

379 350 390

가장 큰 수 ( )
가장 작은 수 ( )

18

632 451 864

가장 큰 수 ( )
가장 작은 수 ( )

19
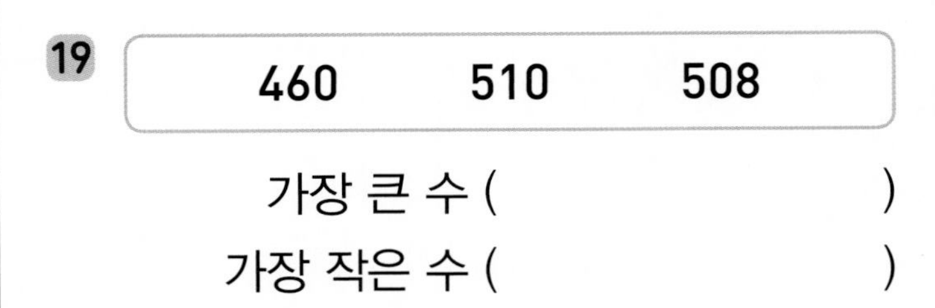

20
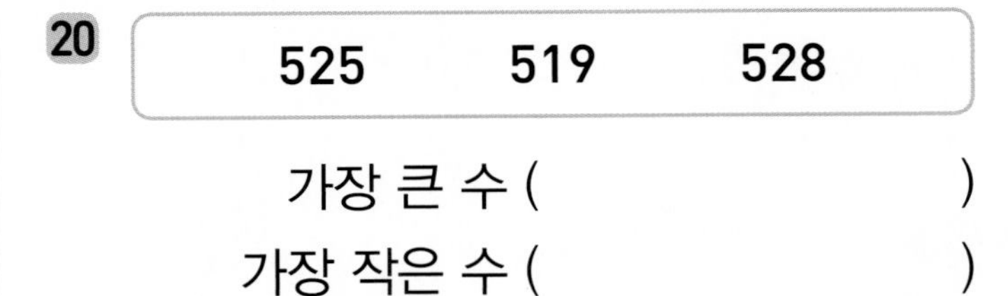

21

812 800 765

가장 큰 수 ( )
가장 작은 수 ( )

22

359 328 396

가장 큰 수 ( )
가장 작은 수 ( )

2 여러 가지 도형

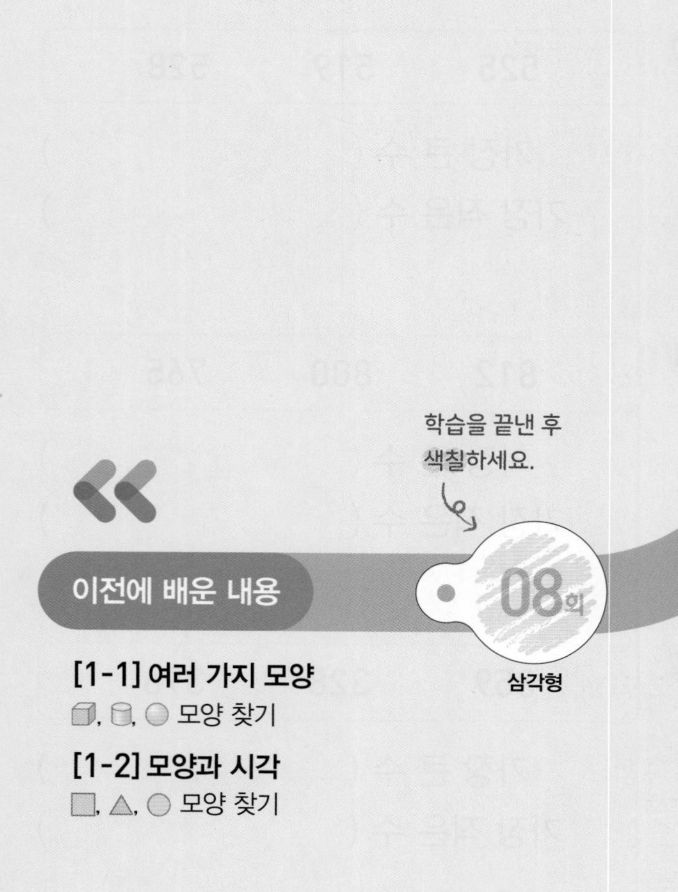

[1-1] 여러 가지 모양
□, □, ○ 모양 찾기

[1-2] 모양과 시각
□, △, ○ 모양 찾기

다음에 배울 내용

[3-1] 평면도형
직각삼각형
직사각형, 정사각형

[3-2] 원
원의 중심
반지름, 지름

14회
평가 B

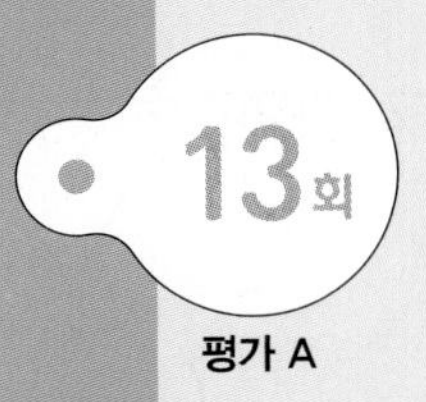

13회
평가 A

11회
쌓은 모양 알아보기

12회
쌓기나무의 개수 구하기

개념 삼각형

삼각형은 그림과 같이 곧은 선 3개로 이루어진 도형입니다.

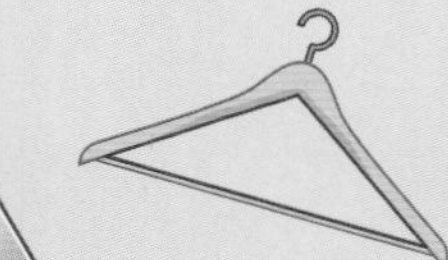
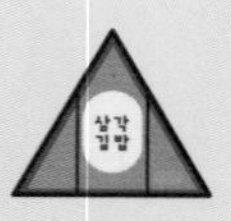

삼각형은 변이 3개, 꼭짓점이 3개입니다.

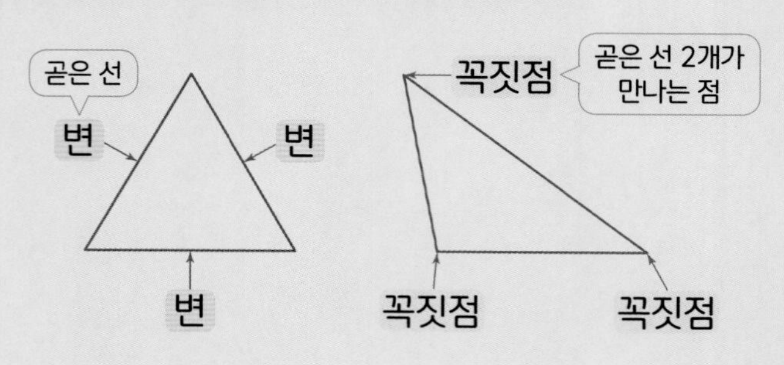

◆ 삼각형이면 ○표, 삼각형이 아니면 ×표 하세요.

1 ① 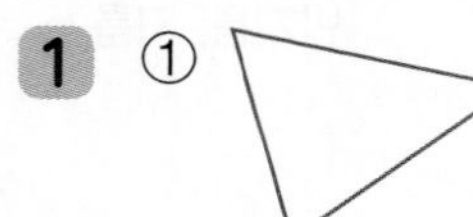 ( )　② 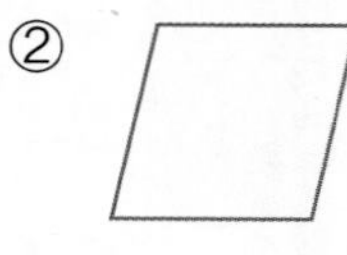 ( )

2 ① 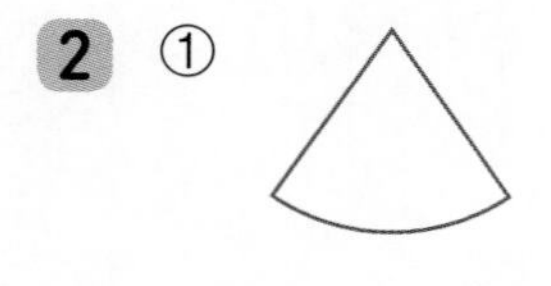 ( )　② 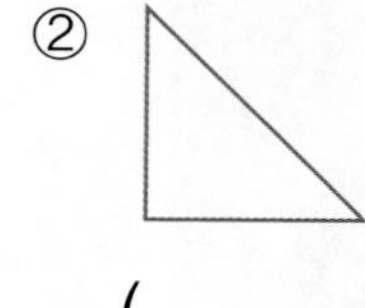 ( )

3 ① 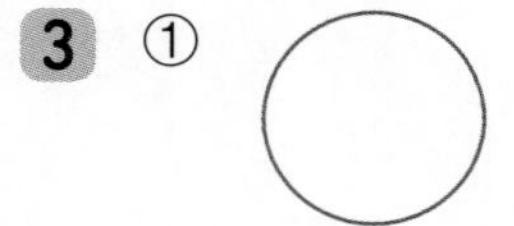 ( )　② 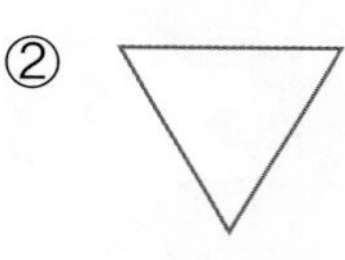 ( )

4 ① ( )　② ( )

5 ① 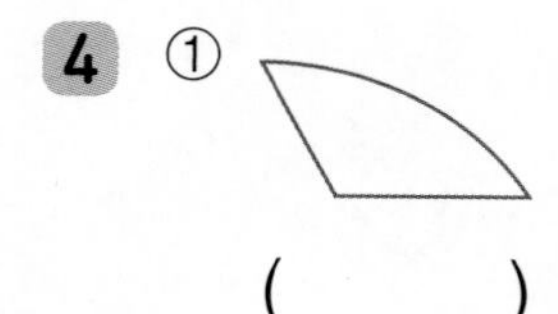 ( )　② 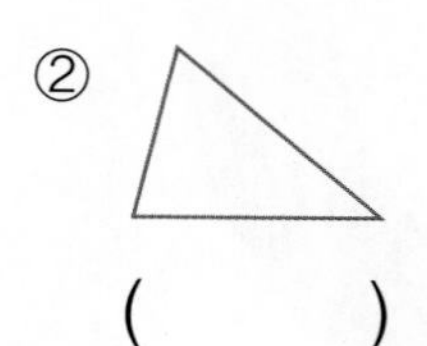 ( )

◆ 삼각형에 대한 설명으로 옳으면 ○표, 틀리면 ×표 하세요.

6 곧은 선으로 이루어진 도형입니다. ( )

7 삼각형의 곧은 선을 변이라고 합니다. ( )

8 끊어진 부분이 있습니다. ( )

9 뾰족한 부분이 있습니다. ( )

10 굽은 선이 있습니다. ( )

11 꼭짓점이 1개입니다. ( )

정답 04쪽

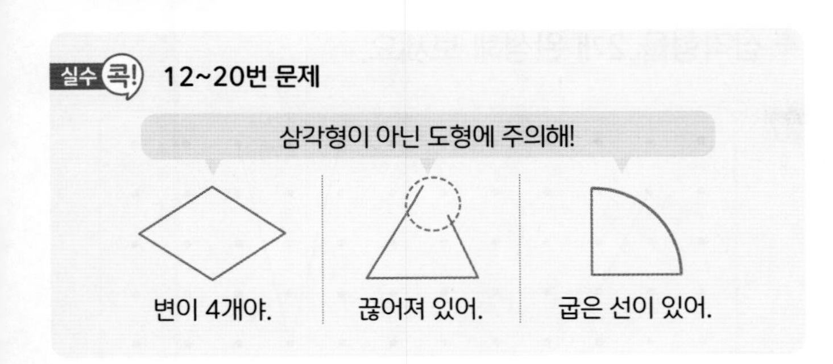

◆ 삼각형을 찾아 선을 따라 그려 보세요.

12

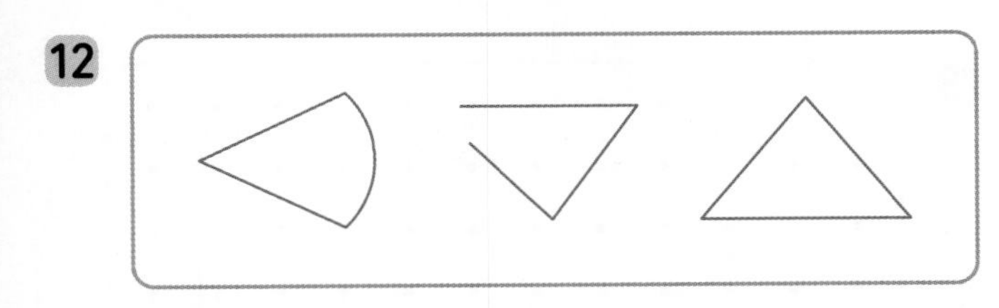

13

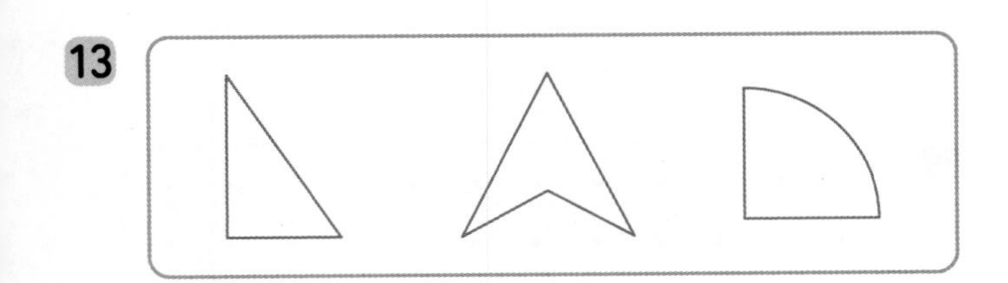

14

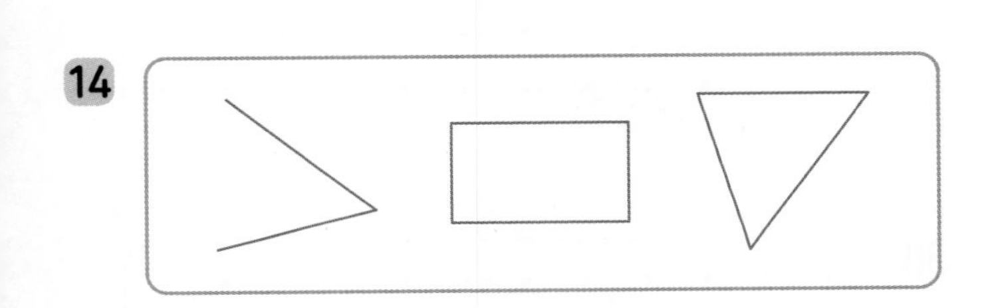

15

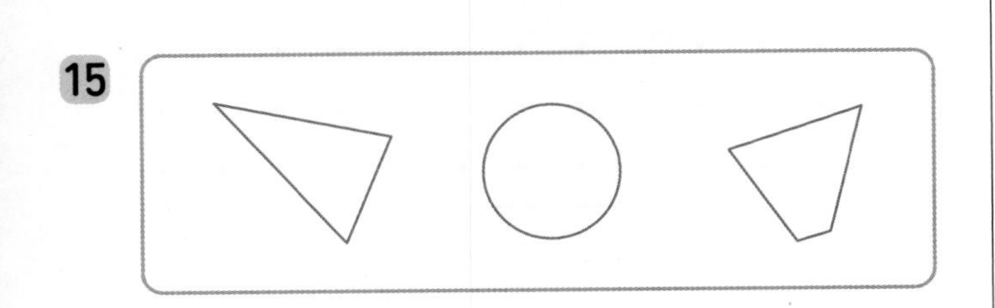

16

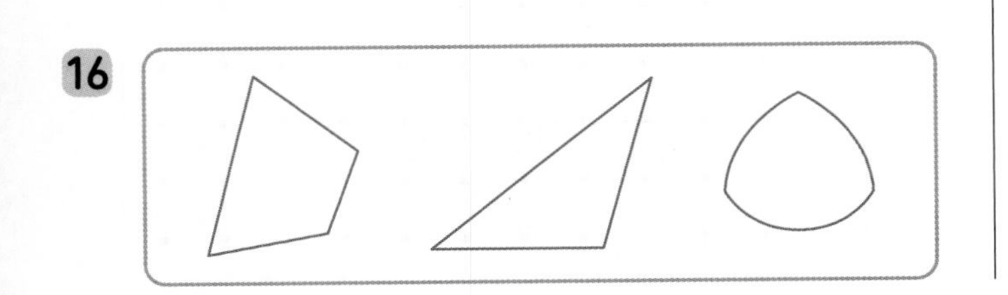

◆ 삼각형을 모두 찾아 기호를 쓰세요.

17

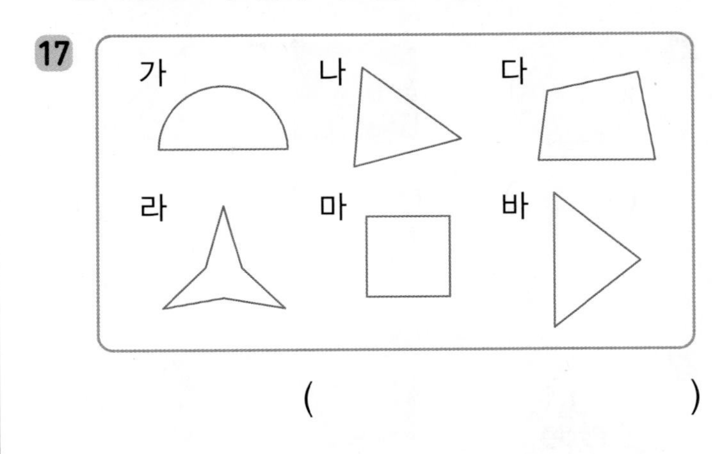

( )

18

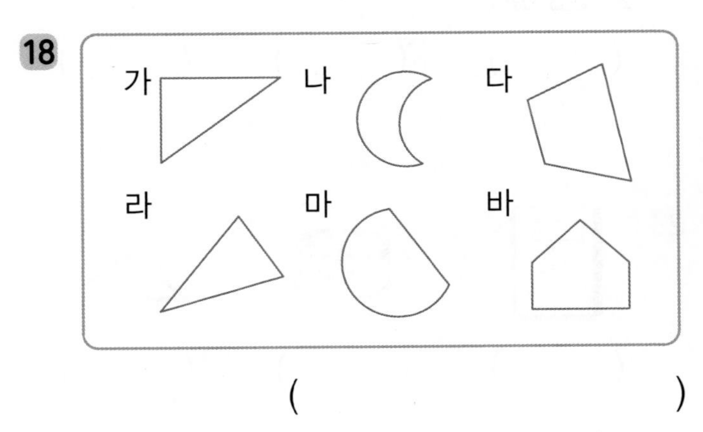

( )

19

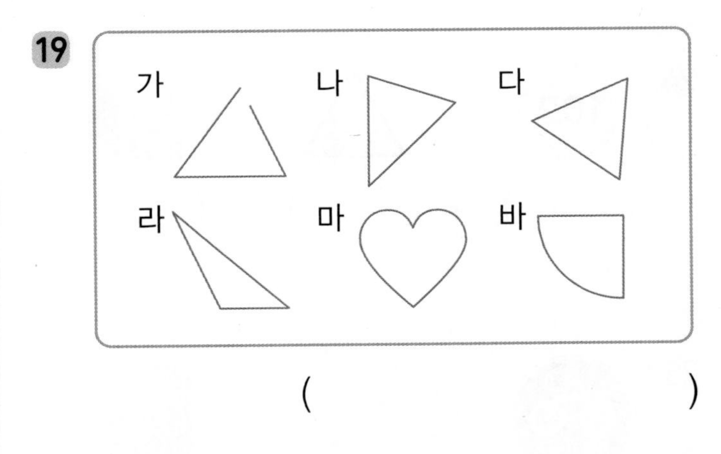

( )

20

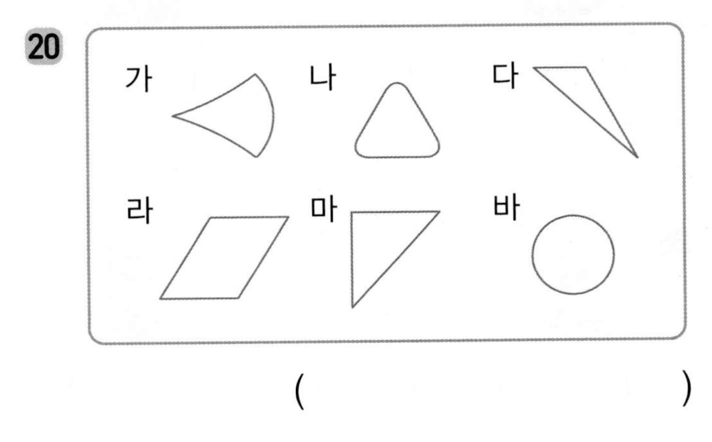

( )

2 단원 08회

적용 삼각형

◆ 삼각형 모양이 있는 물건을 찾아 ○표 하세요.

21

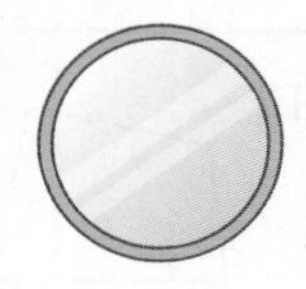 

( ) ( ) ( )

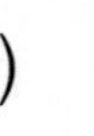 

22

( ) ( ) ( )

23

( ) ( ) ( )

24

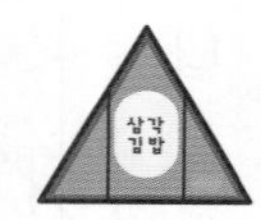 

( ) ( ) ( )

25

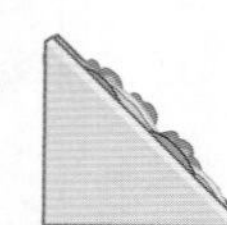 

( ) ( ) ( )

26

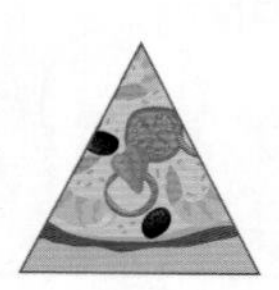 

( ) ( ) ( )

◆ 삼각형을 2개 완성해 보세요.

27

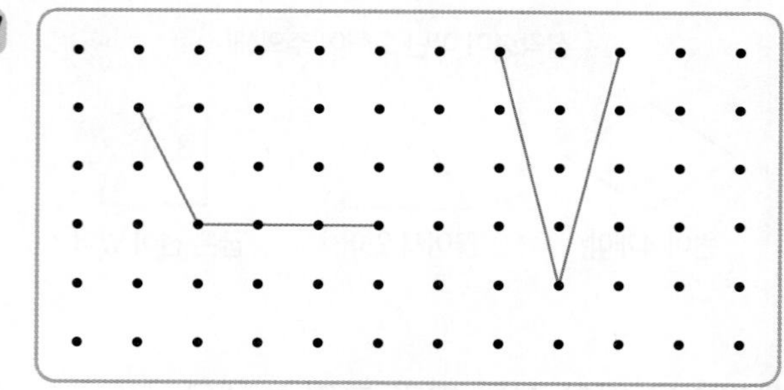

28

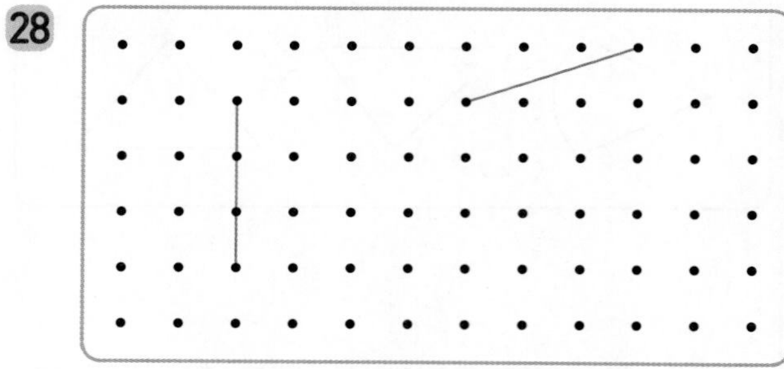

29

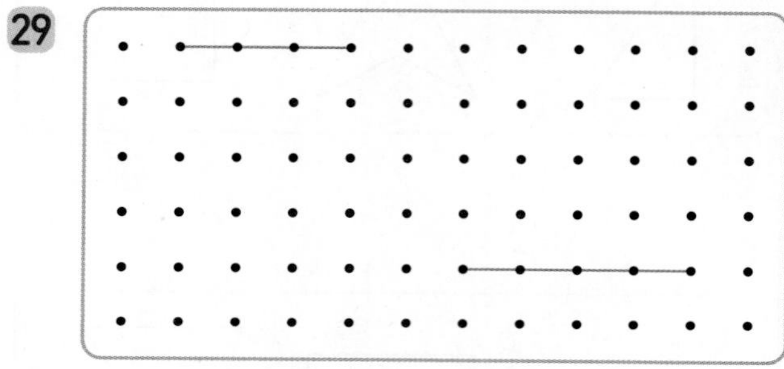

30

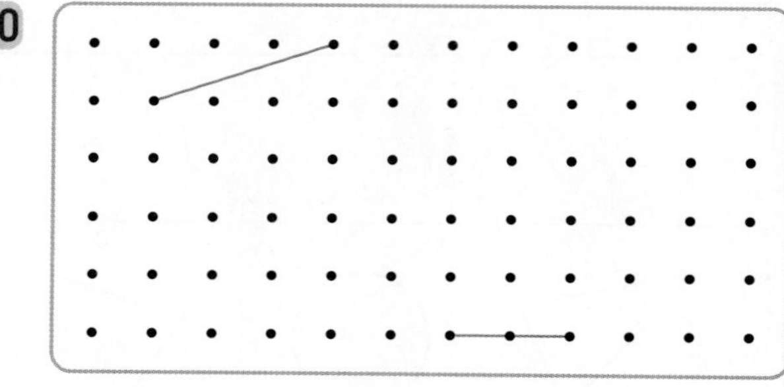

31

★ 완성 삼각형

◆ 칠교판의 삼각형 조각을 각각 몇 개 사용했는지 세어 보세요.

연산 + 문해력

36 오른쪽 색종이를 선을 따라 자르면 어떤 도형이 몇 개 생길까요?

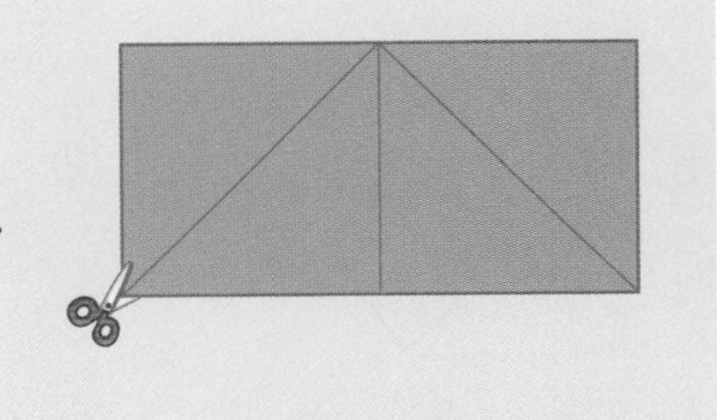

풀이 선을 따라 자르면 변이 ☐개인 도형이 ☐개 생깁니다.

답 ☐이 ☐개 생깁니다.

개념 사각형

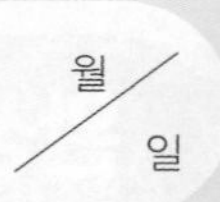

사각형은 그림과 같이 곧은 선 4개로 이루어진 도형입니다.

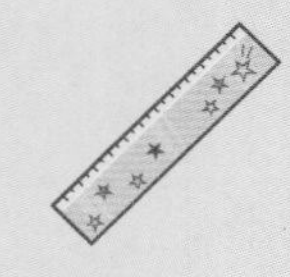

사각형은 변이 4개, 꼭짓점이 4개입니다.

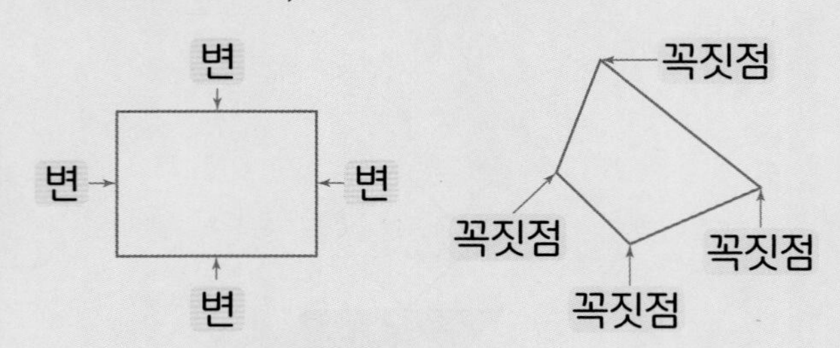

◆ 사각형이면 ○표, 사각형이 아니면 ×표 하세요.

1 ①

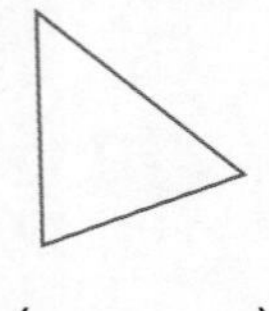

( )

②

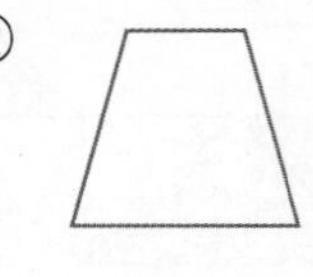

( )

2 ①

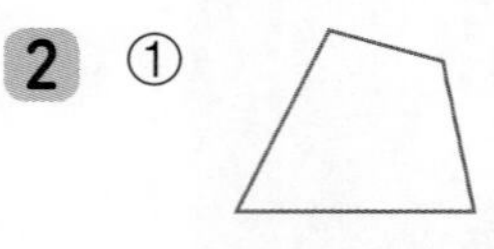

( )

②

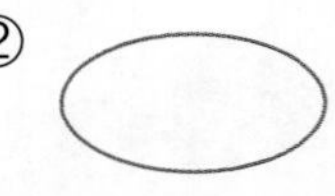

( )

3 ①

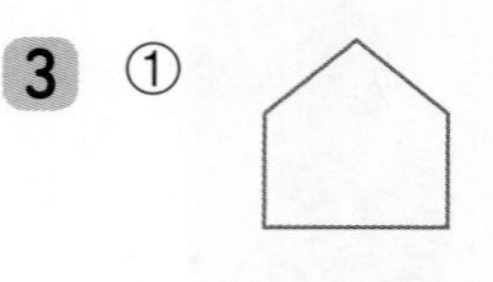

( )

②

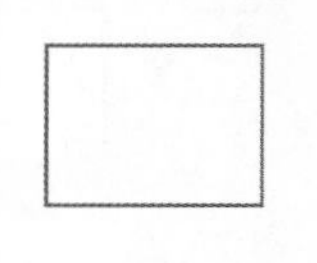

( )

4 ①

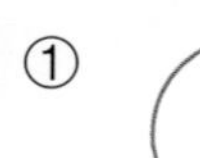

( )

②

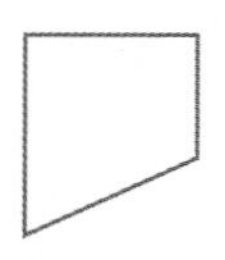

( )

5 ①

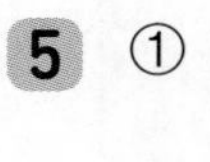

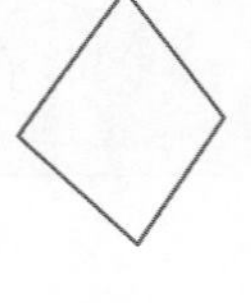

( )

②

( )

◆ 사각형에 대한 설명으로 옳으면 ○표, 틀리면 ×표 하세요.

6 사각형에서 곧은 선 2개가 만나는 점을 꼭짓점이라고 합니다.

( )

7 끊어진 부분이 있습니다.

( )

8 뾰족한 부분이 있습니다.

( )

9 굽은 선이 있습니다.

( )

10 변이 4개입니다.

( )

11 꼭짓점이 4개입니다.

( )

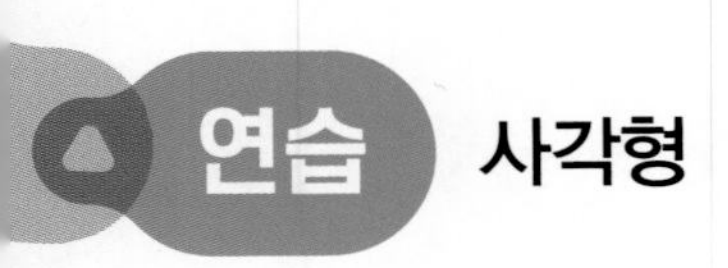

사각형

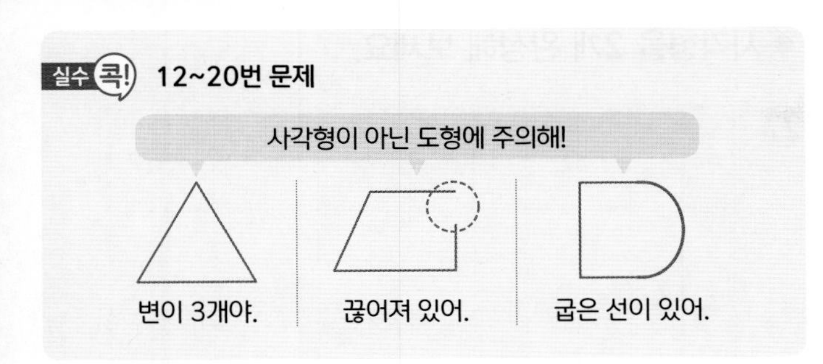

◆ 사각형을 찾아 선을 따라 그려 보세요.

12

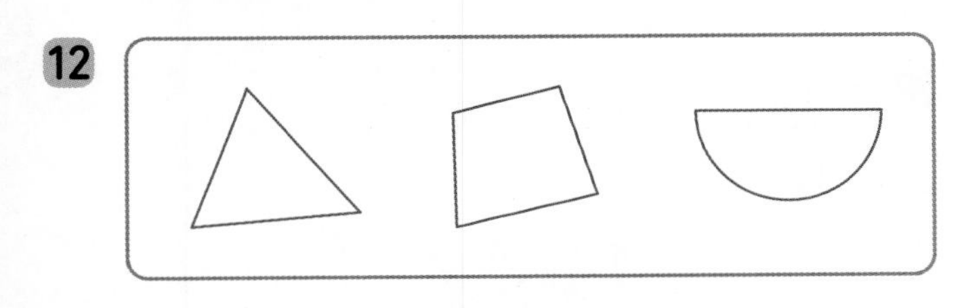

13

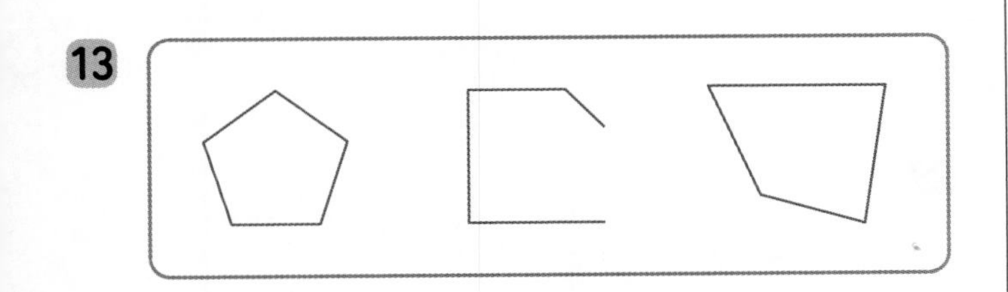

14

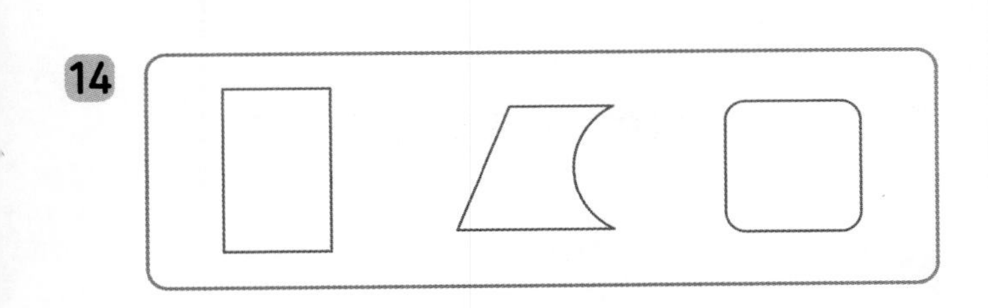

15

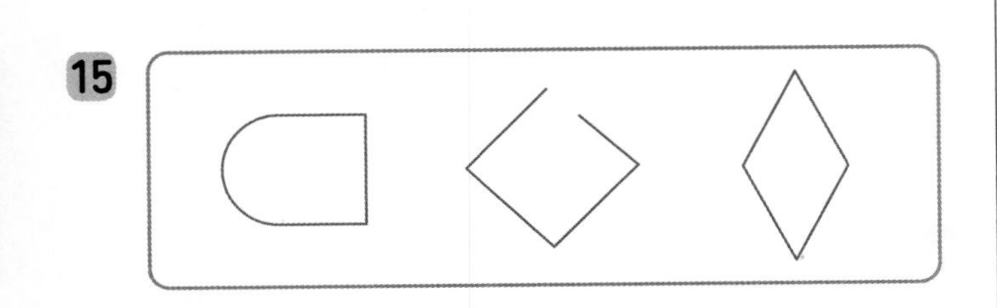

16

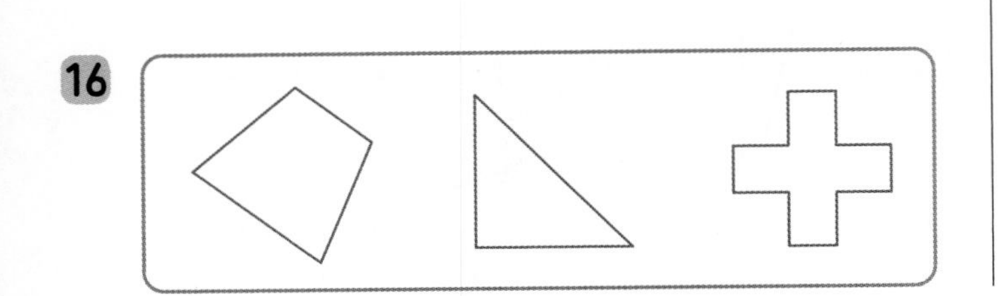

◆ 사각형을 모두 찾아 기호를 쓰세요.

17

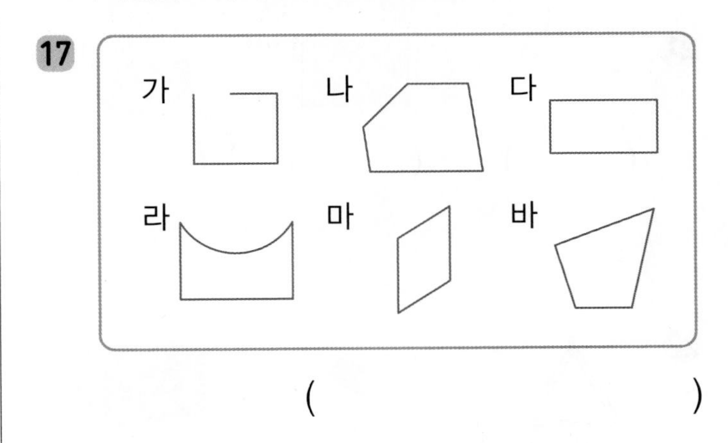

(   )

18

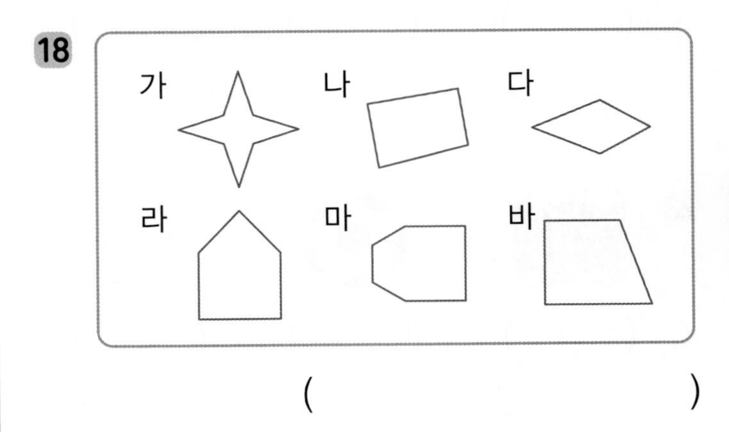

(   )

19

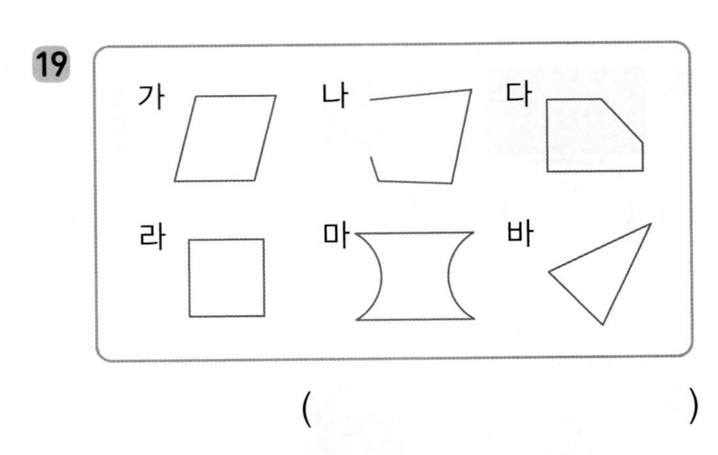

(   )

20

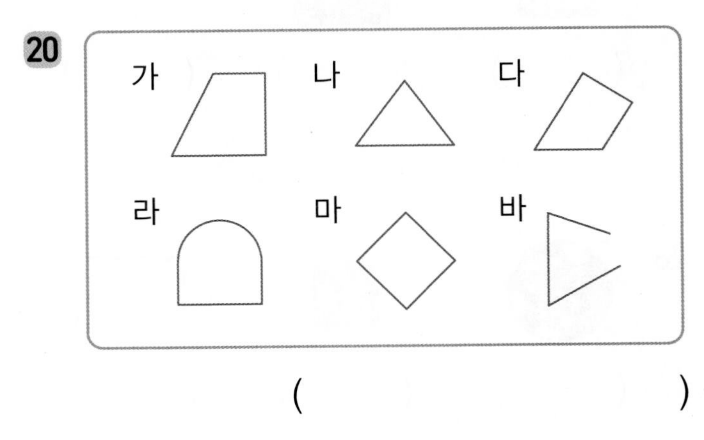

(   )

적용 사각형

◆ 사각형 모양이 없는 물건을 찾아 ○표 하세요.

21

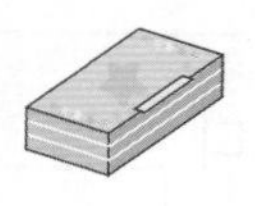  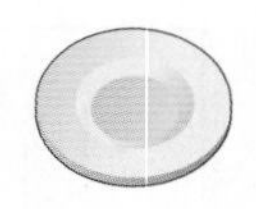

( ) ( ) ( )

22

 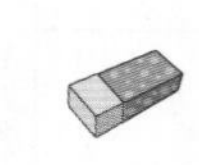 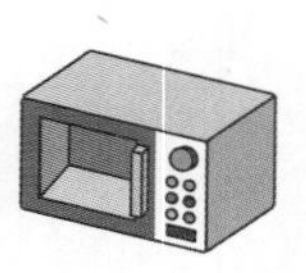

( ) ( ) ( )

23

( ) ( ) ( )

24

 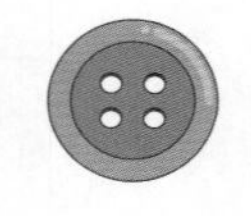 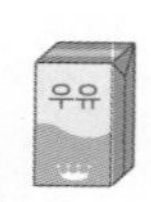

( ) ( ) ( )

25

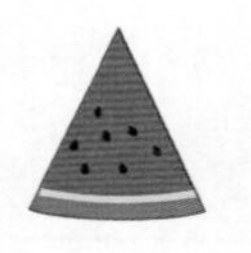  

( ) ( ) ( )

26

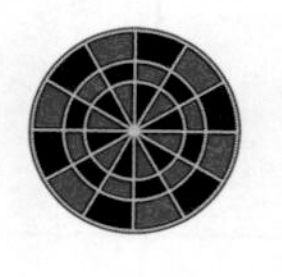 

( ) ( ) ( )

◆ 사각형을 2개 완성해 보세요.

27

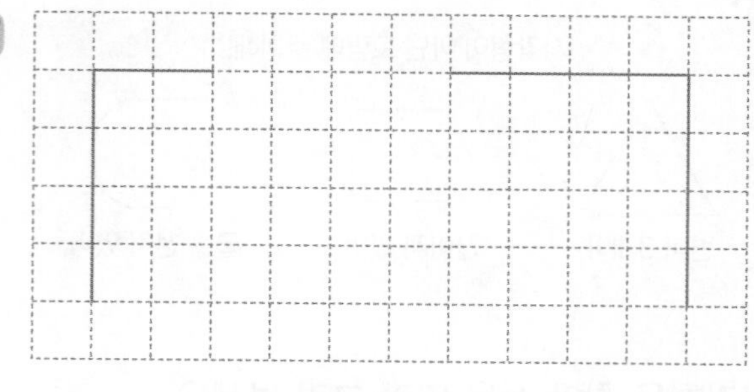

28

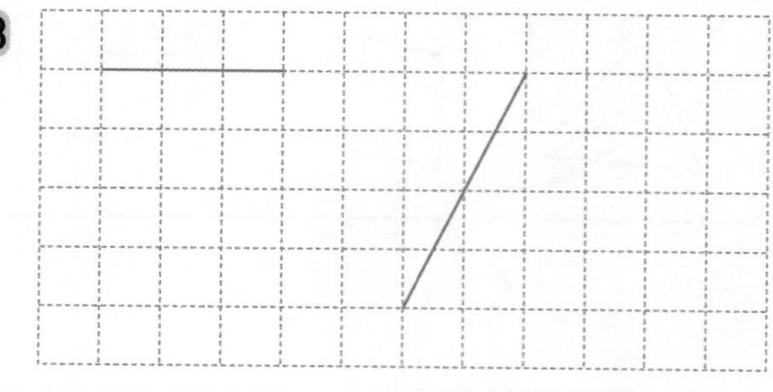

29

30

31

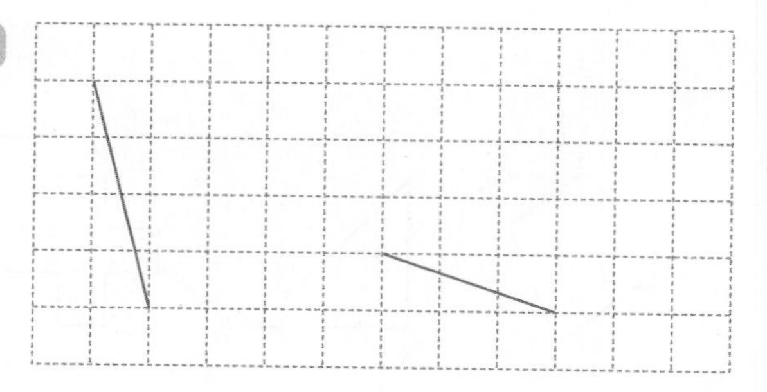

사각형

정답 05쪽

◆ 사각형이 있는 돌을 차례로 밟아서 강을 건너려고 합니다. 밟아야 하는 돌을 선으로 이어 보세요.

32

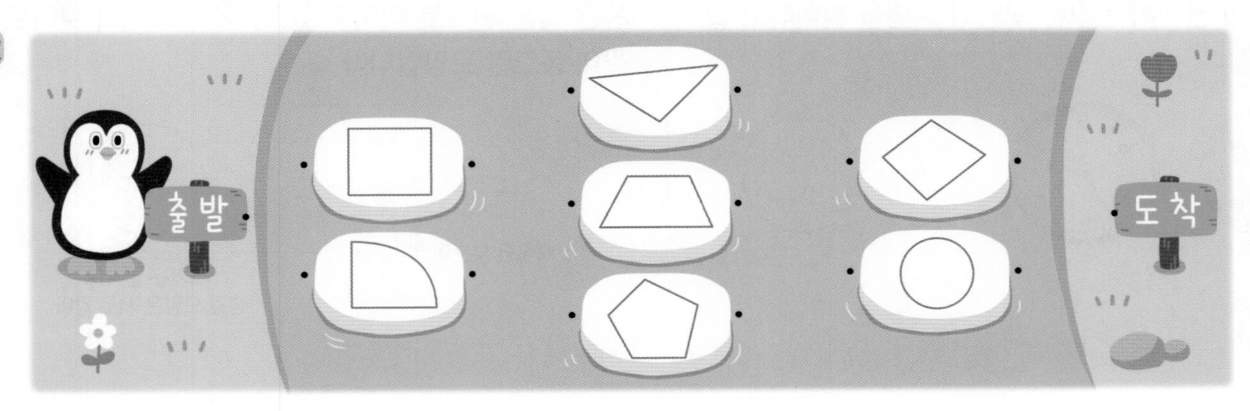

33

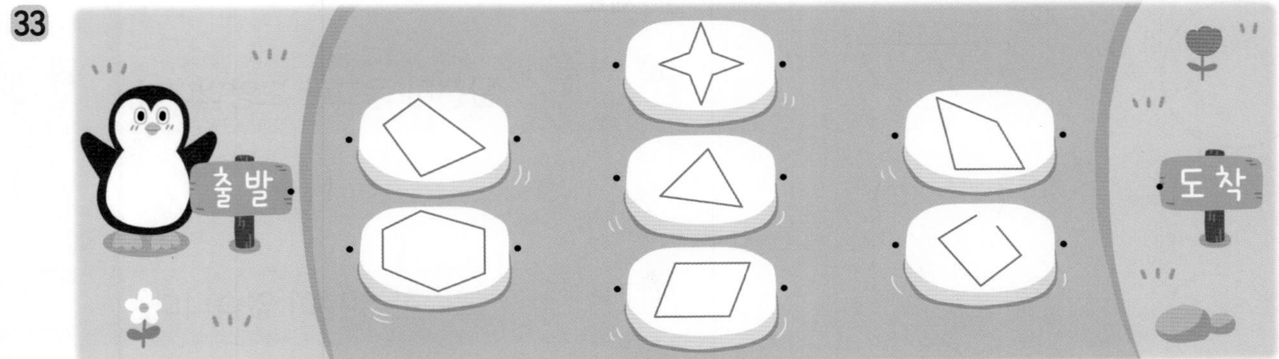

34

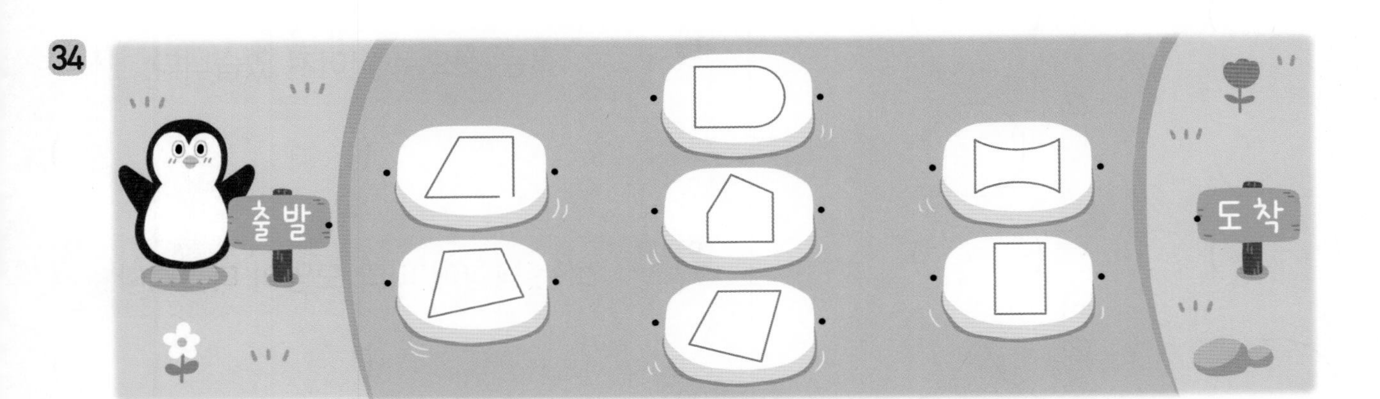

연산 + 문해력

35 사각형의 변의 수와 꼭짓점의 수의 합은 몇 개일까요?

풀이 (사각형의 변의 수)+(사각형의 꼭짓점의 수)= □ + □ = □

답 변의 수와 꼭짓점의 수의 합은 □ 개입니다.

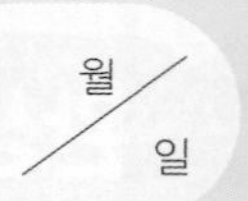

원

그림과 같이 완전히 동그란 모양의 도형을 원이라고 합니다.

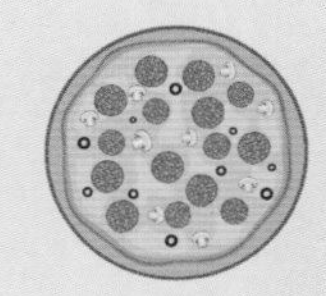

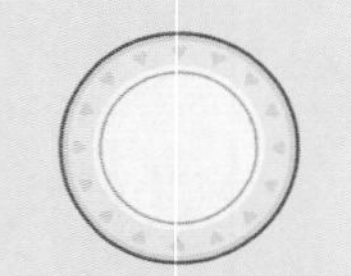

원은 굽은 선으로 이어져 있고, 어느 쪽에서 보아도 똑같이 동그란 모양입니다.

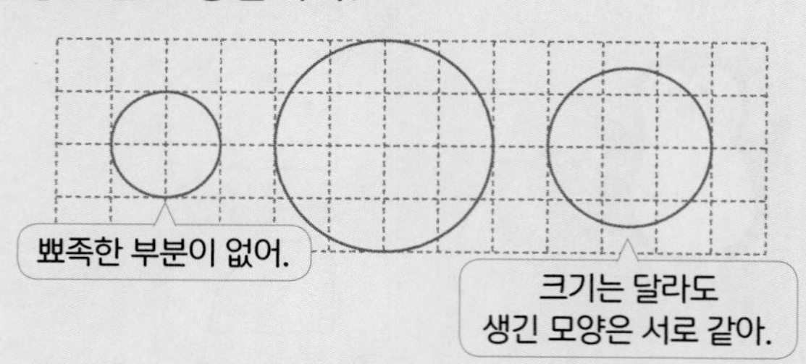

◆ 원이면 ○표, 원이 아니면 ×표 하세요.

1 ①
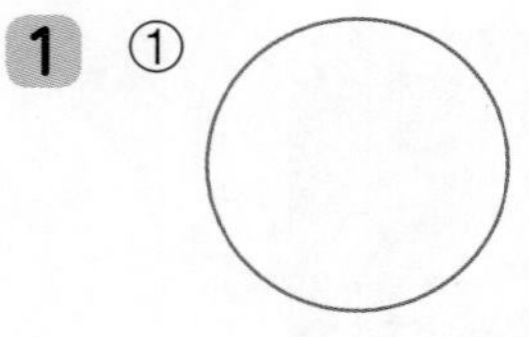
( )

②
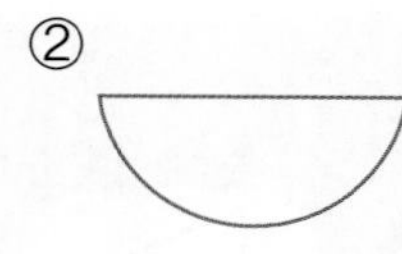
( )

2 ①
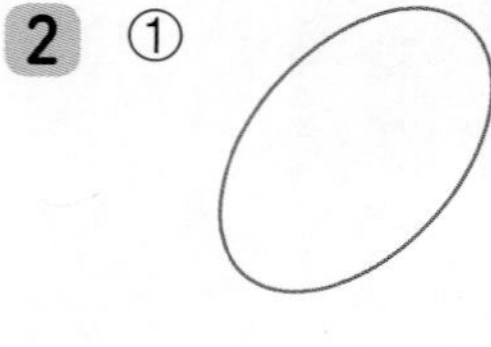
( )

②
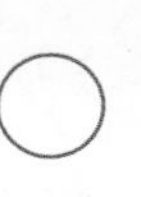
( )

3 ①
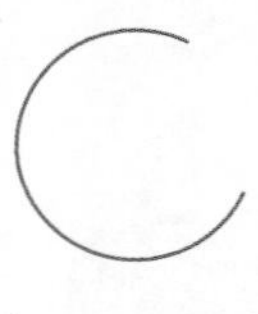
( )

②
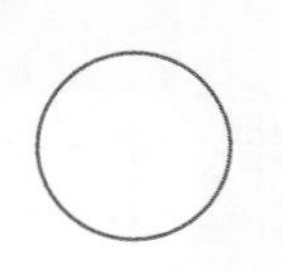
( )

4 ①
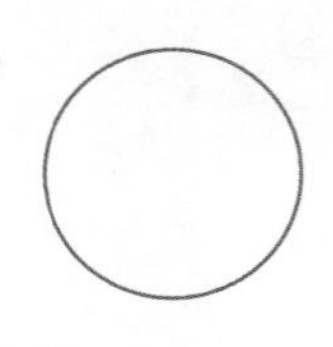
( )

②
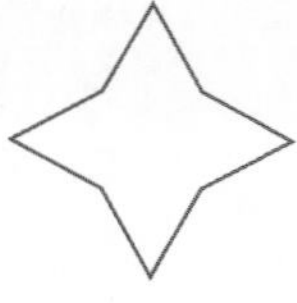
( )

5 ①
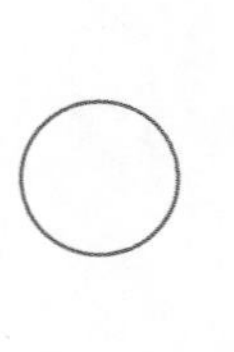
( )

②

( )

◆ 원에 대한 설명으로 옳으면 ○표, 틀리면 ×표 하세요.

6 완전히 동그란 모양입니다.

( )

7 뾰족한 부분이 없습니다.

( )

8 굽은 선으로 이어져 있습니다.

( )

9 보는 방향에 따라 모양이 다릅니다.

( )

10 모든 원은 크기가 같습니다.

( )

11 생긴 모양이 서로 같습니다.

( )

정답 06쪽

실수 콕! 12~20번 문제

원이 아닌 도형에 주의해!

길쭉한 모양이야. 끊어져 있어. 곧은 선이 있어.

◆ 원을 찾아 선을 따라 그려 보세요.

12

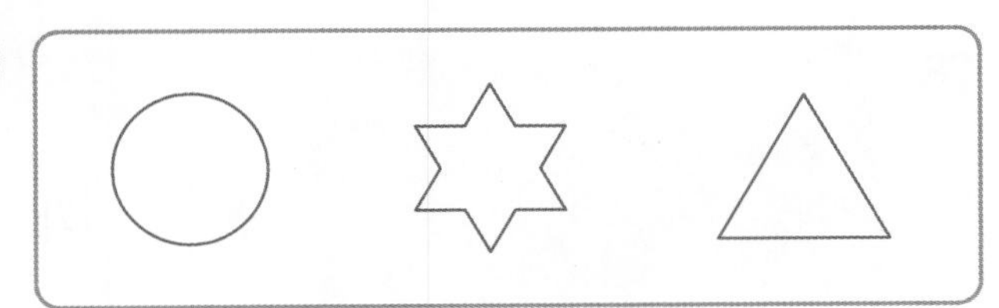

13

14

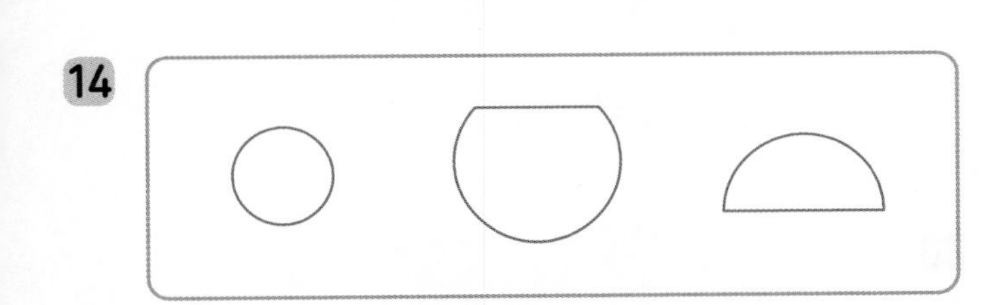

15

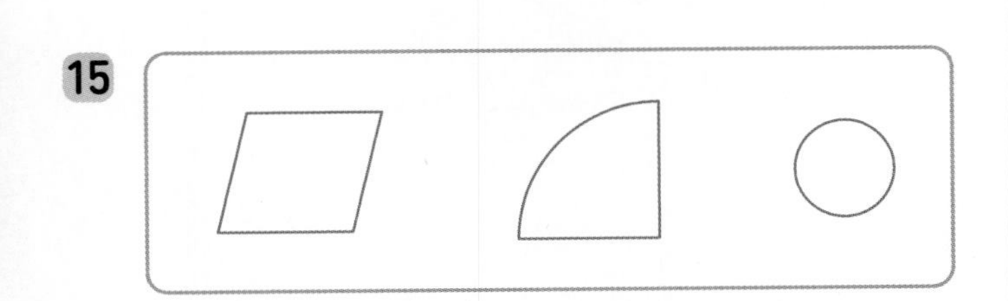

16

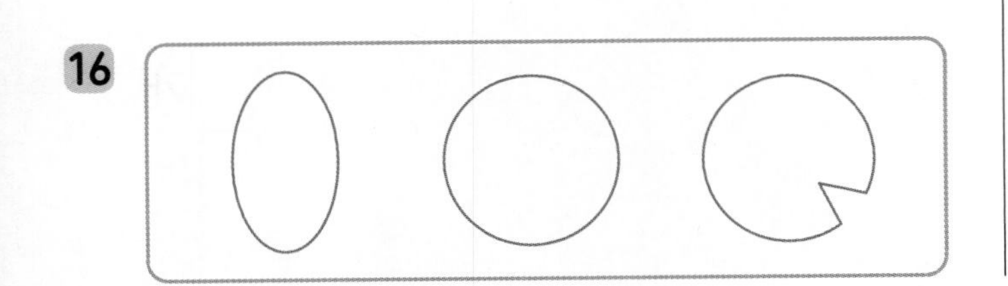

◆ 원을 모두 찾아 기호를 쓰세요.

17

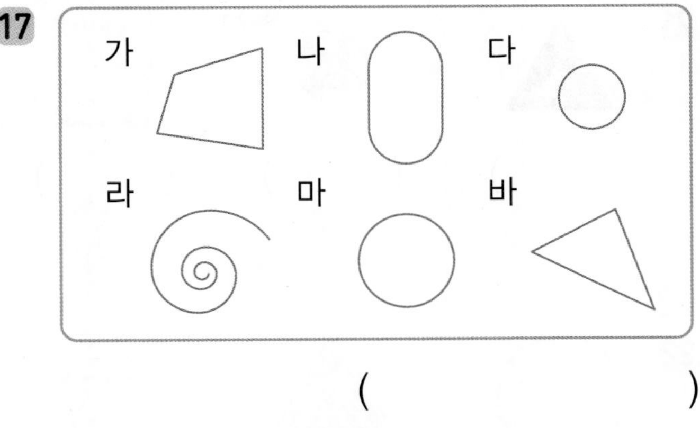

(　　　　　　　　)

18

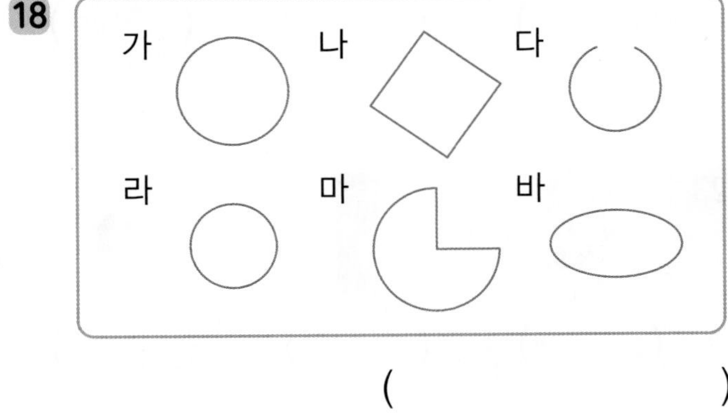

(　　　　　　　　)

19

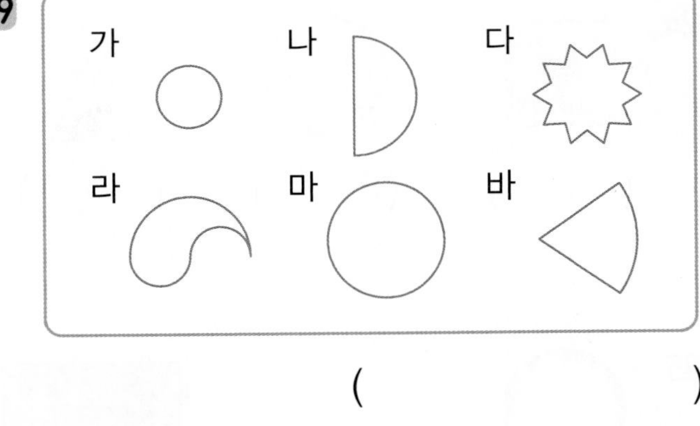

(　　　　　　　　)

20

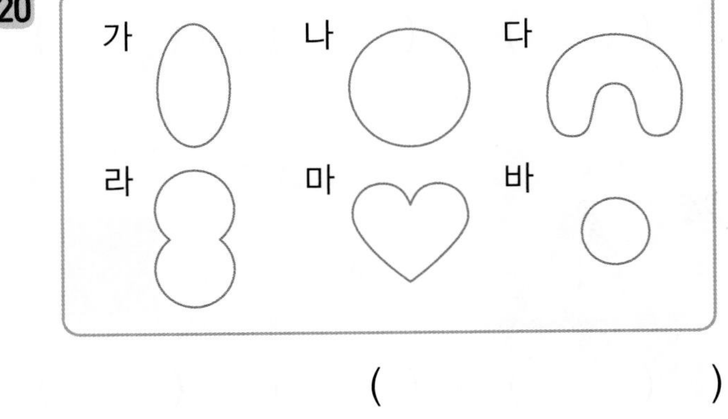

(　　　　　　　　)

2단원 10회

적용 원

◆ 원 모양이 있는 물건을 찾아 ○표 하세요.

21

( ) ( ) ( )

22

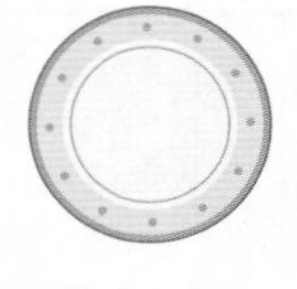 

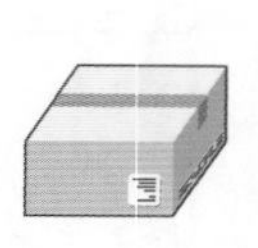

( ) ( ) ( )

23

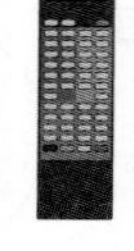 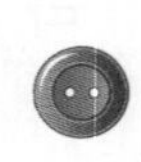

( ) ( ) ( )

24

  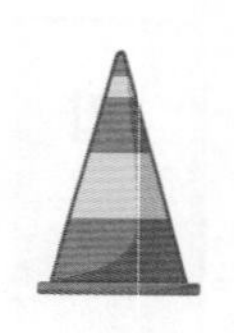

( ) ( ) ( )

25

 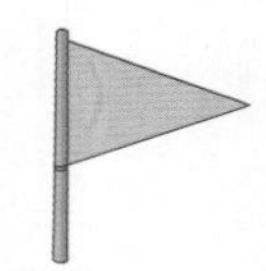 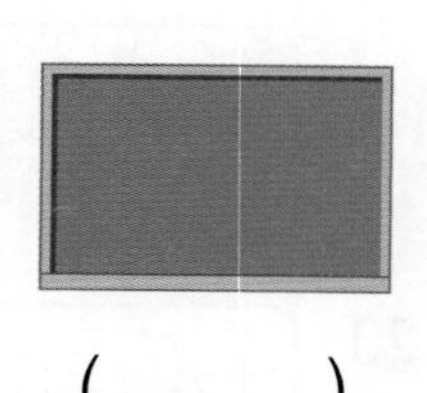

( ) ( ) ( )

26

  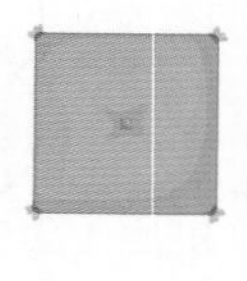

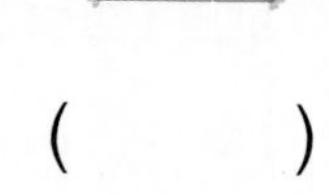

( ) ( ) ( )

◆ 원은 모두 몇 개인지 구하세요.

27

→ □개

28

→ □개

29

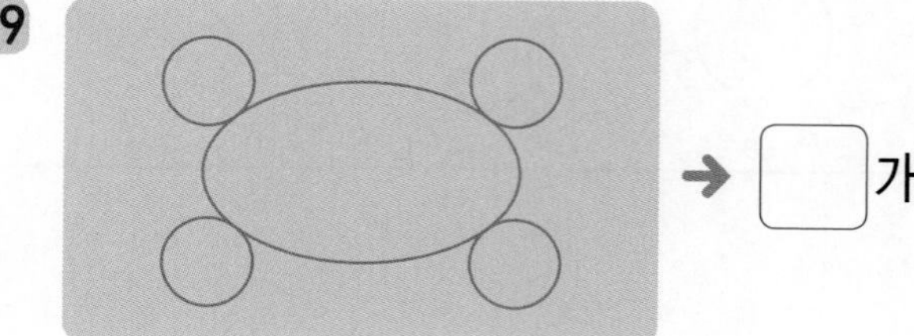

→ □개

30

→ □개

31

→ □개

정답 06쪽

◆ 그림에 숨어 있는 물건의 모양에 맞게 삼각형은 △, 사각형은 □, 원은 ○로 표시하며 찾아보세요.

32

숨은 물건

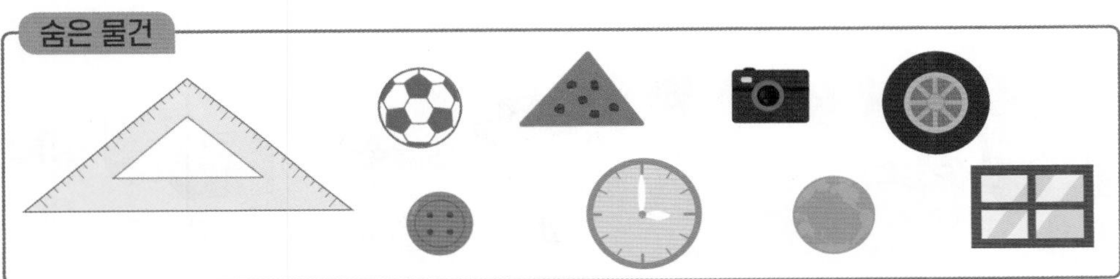

연산 + 문해력

33 오른쪽 도형 중에서 원을 모두 찾아 원 안에 있는 수의 합을 구하세요.

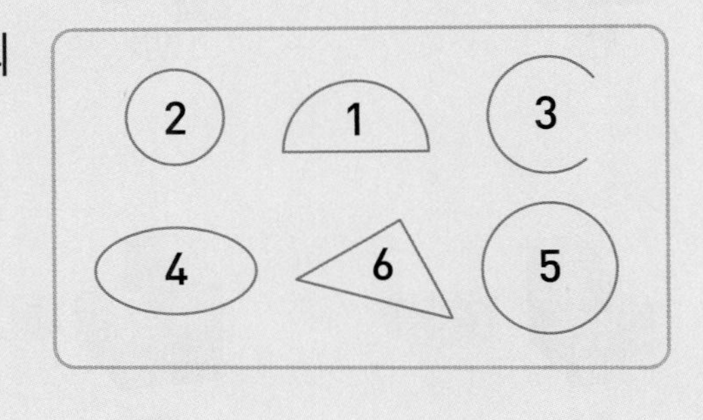

풀이 (원 안에 있는 수의 합) → □ + □ = □

답 원 안에 있는 수의 합은 □ 입니다.

쌓은 모양 알아보기

쌓기나무의 방향을 설명할 때 내가 보고 있는 쪽이 앞쪽, 오른손이 있는 쪽이 오른쪽, 왼손이 있는 쪽이 왼쪽입니다.

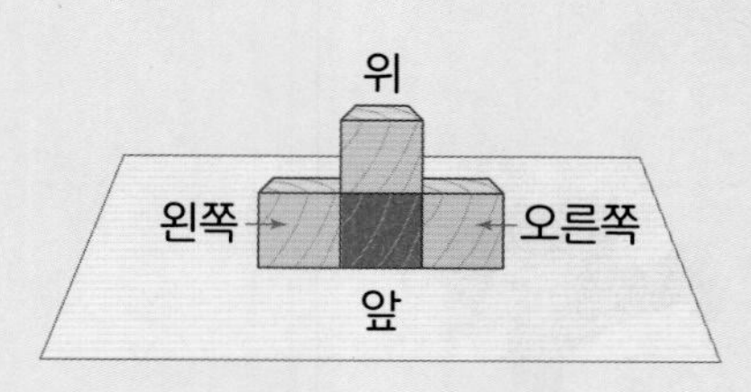

빨간색 쌓기나무를 기준으로 설명한 방향에 맞게 쌓기나무를 똑같이 쌓습니다.

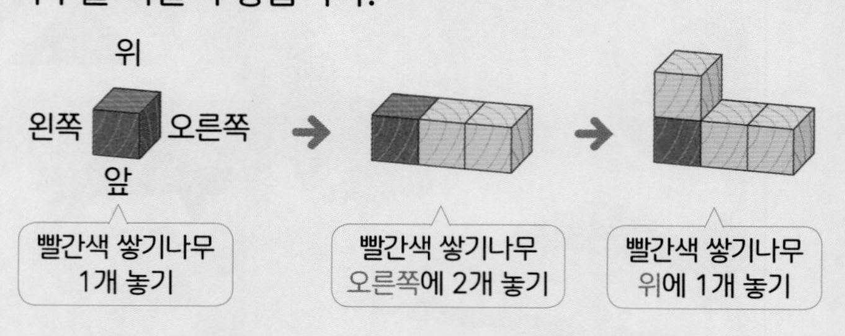

◆ 빨간색 쌓기나무의 위에 있는 쌓기나무를 찾아 ○표 하세요.

1

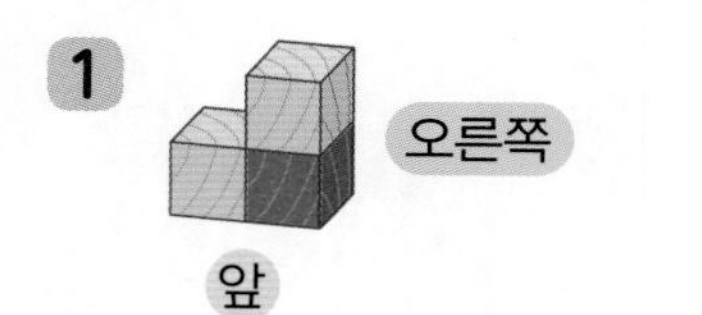

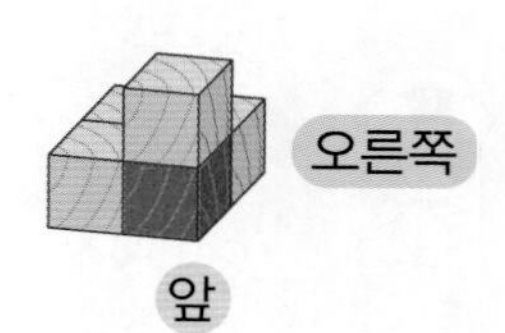

2

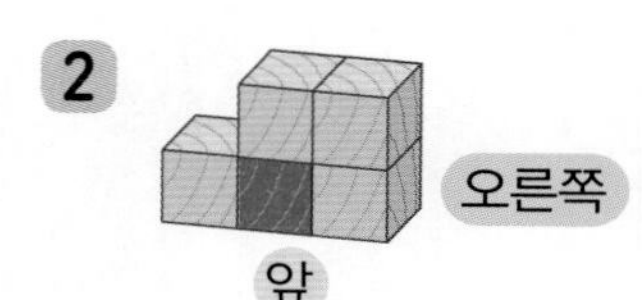

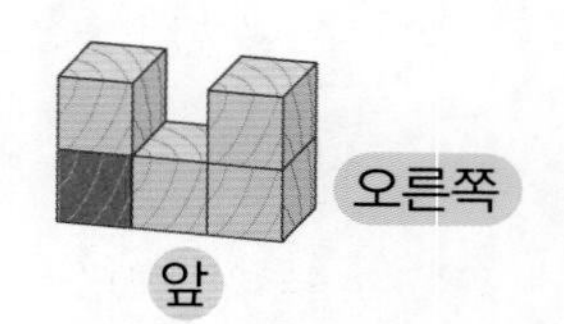

3

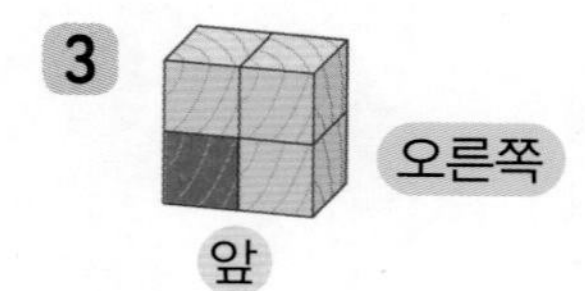

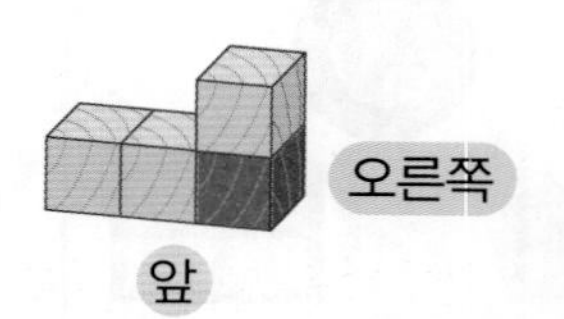

4

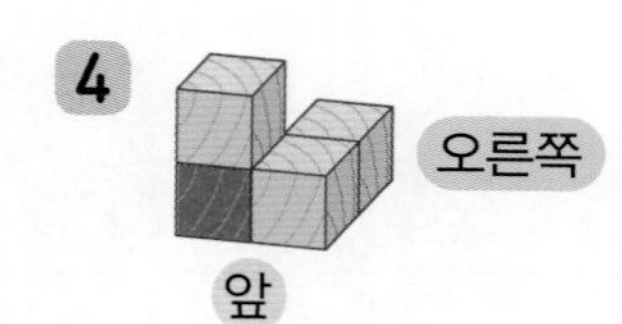

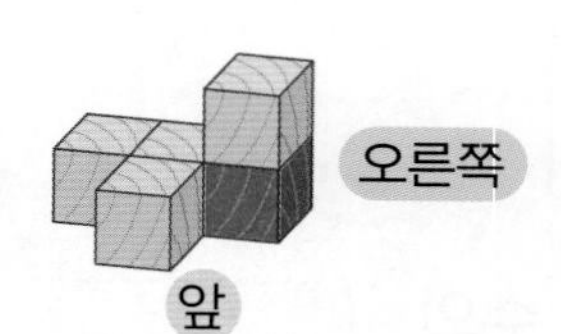

5

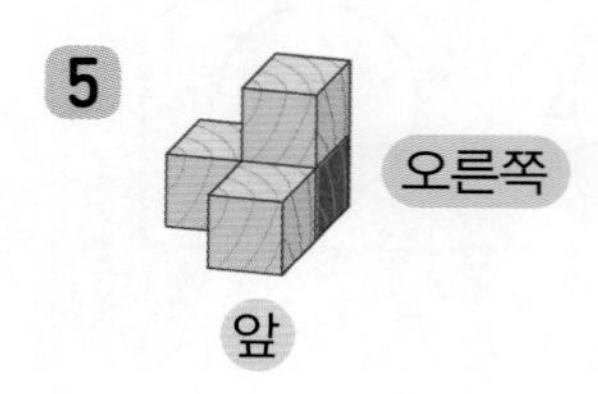

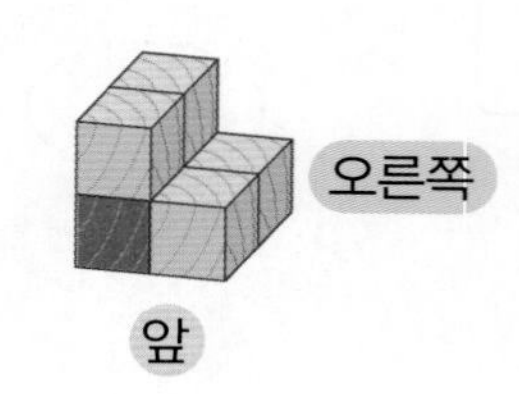

◆ 빨간색 쌓기나무의 왼쪽에 있는 쌓기나무를 찾아 ○표 하세요.

6

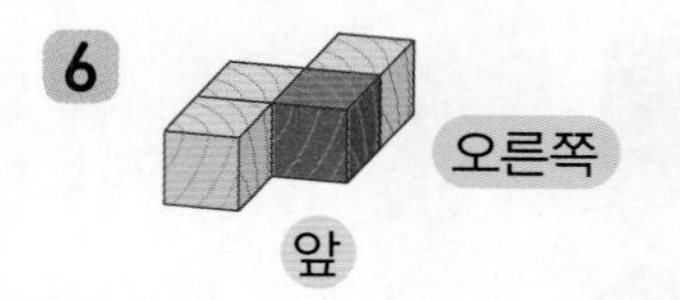

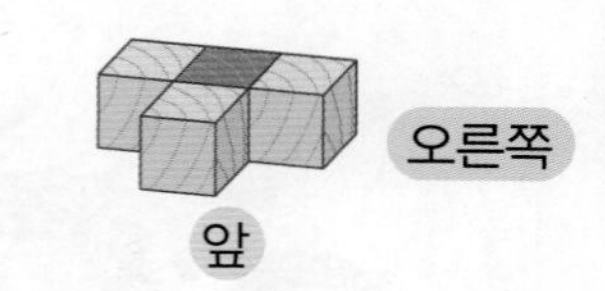

7

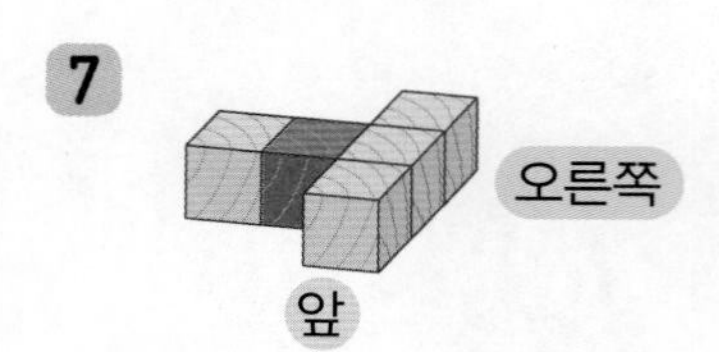

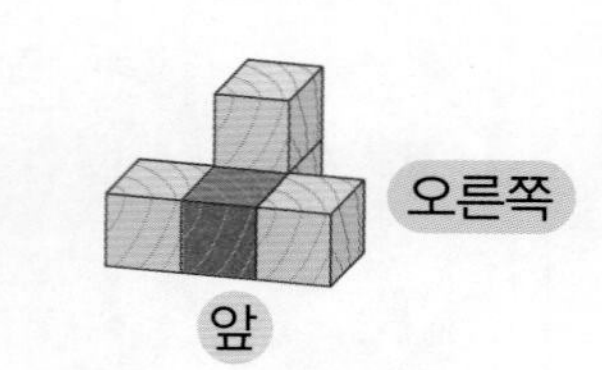

8

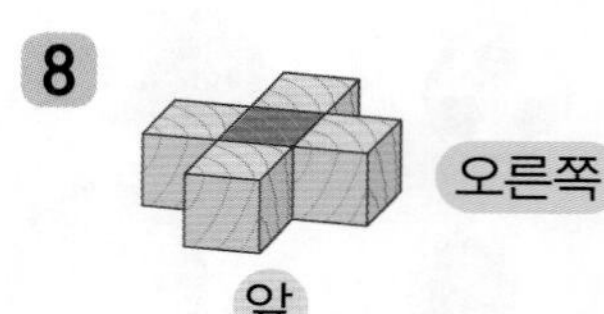

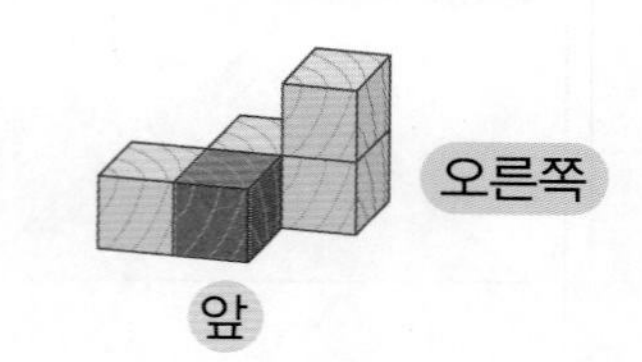

9

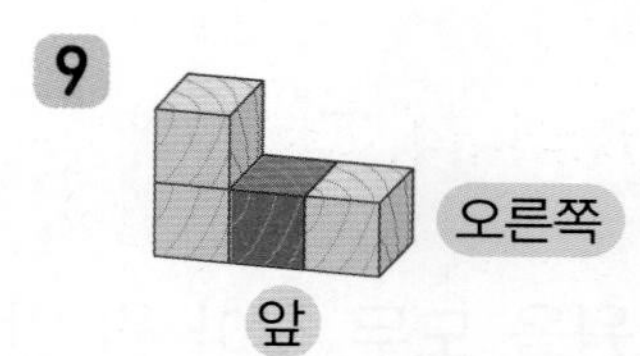

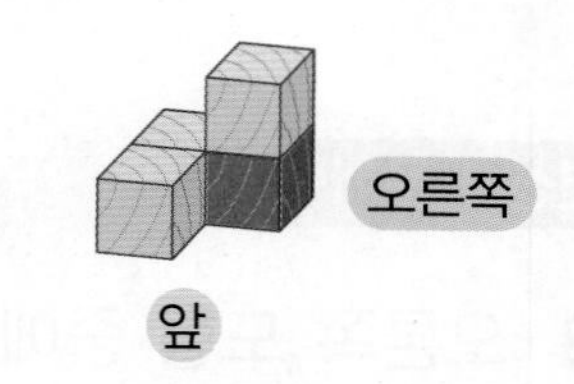

10

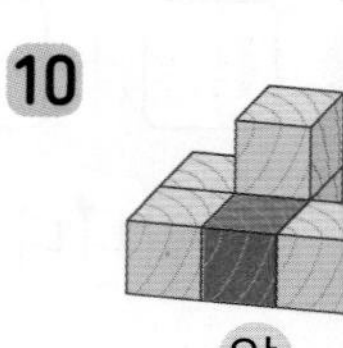

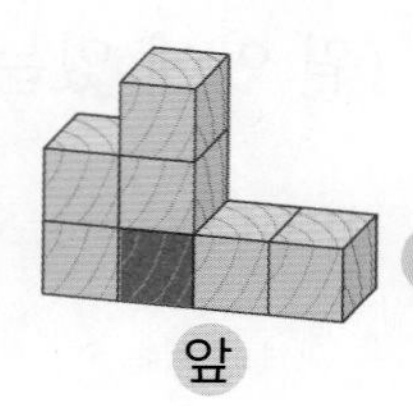

연습 쌓은 모양 알아보기

◆ 설명대로 쌓은 모양을 찾아 ○표 하세요.

11 빨간색 쌓기나무가 1개 있고, 그 앞에 쌓기나무 1개가 있습니다.

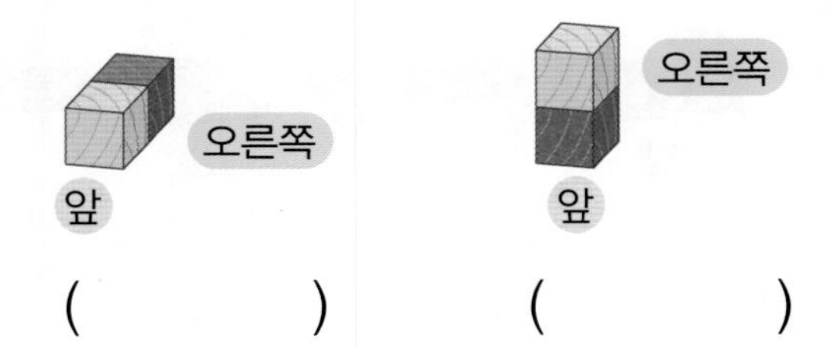

( ) ( )

12 빨간색 쌓기나무가 1개 있고, 그 뒤에 쌓기나무 1개가 있습니다. 그리고 빨간색 쌓기나무 왼쪽과 오른쪽에 쌓기나무가 각각 1개씩 있습니다.

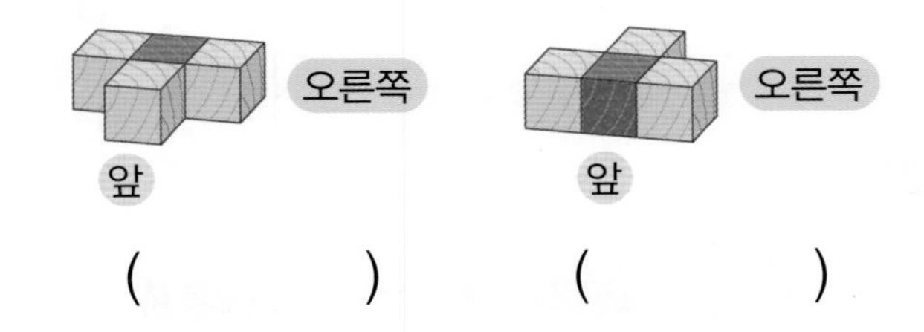

( ) ( )

13 빨간색 쌓기나무가 1개 있고, 그 오른쪽에 쌓기나무 2개가 있습니다. 그리고 빨간색 쌓기나무 위에 쌓기나무가 1개 있습니다.

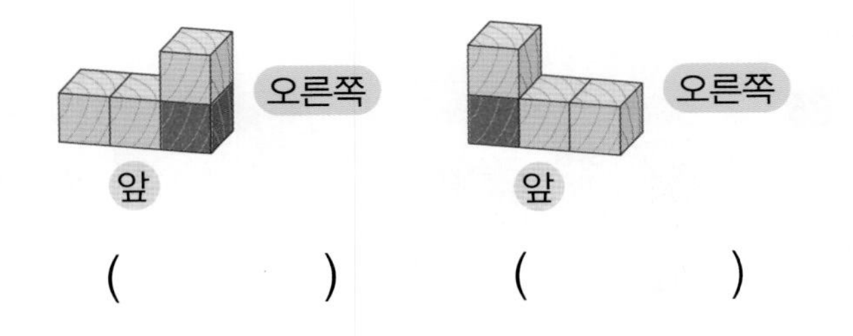

( ) ( )

◆ 설명하는 쌓기나무를 찾아 색칠해 보세요.

14 빨간색 쌓기나무의 오른쪽에 있는 쌓기나무

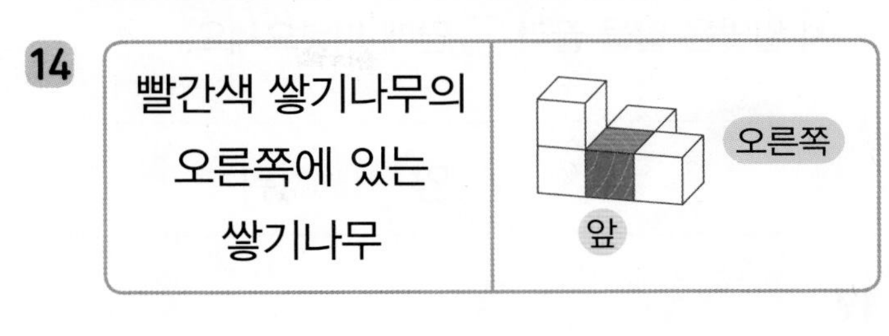

15 빨간색 쌓기나무의 뒤에 있는 쌓기나무

오른쪽
앞

16 빨간색 쌓기나무의 왼쪽에 있는 쌓기나무

오른쪽
앞

17 빨간색 쌓기나무의 앞에 있는 쌓기나무

오른쪽
앞

18 빨간색 쌓기나무의 위에 있는 쌓기나무

오른쪽
앞

적용 쌓은 모양 알아보기

◆ 쌓기나무로 쌓은 모양에 대한 설명입니다. 보기 에서 알맞은 말을 골라 ☐ 안에 써넣으세요.

보기

위 앞 뒤

19

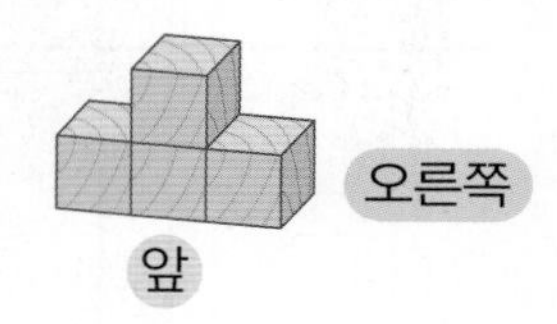

- 쌓기나무 3개가 1층에 옆으로 나란히 있습니다.
- 가운데 쌓기나무 ☐에 쌓기나무 1개가 있습니다.

20

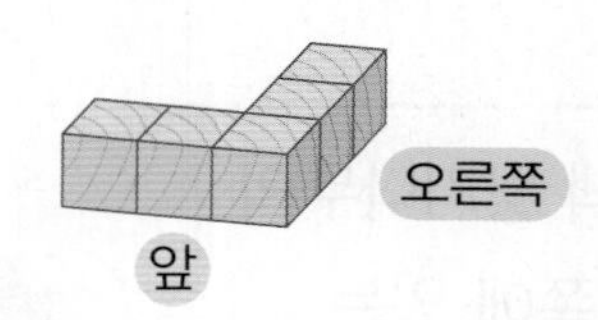

- 쌓기나무 3개가 1층에 옆으로 나란히 있습니다.
- 맨 오른쪽 쌓기나무 ☐에 2개가 있습니다.

21

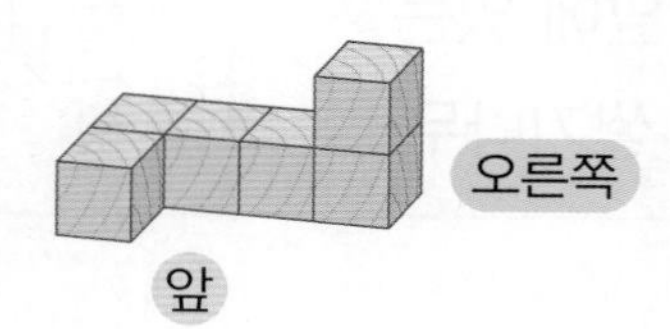

- 쌓기나무 4개가 1층에 옆으로 나란히 있습니다.
- 맨 왼쪽 쌓기나무 ☐과 맨 오른쪽 쌓기나무 ☐에 각각 1개가 있습니다.

◆ 왼쪽 모양에서 빨간색 쌓기나무 1개를 옮겨 오른쪽과 똑같은 모양을 만들었습니다. 보기 와 같이 옮긴 쌓기나무에 ○표 하세요.

보기

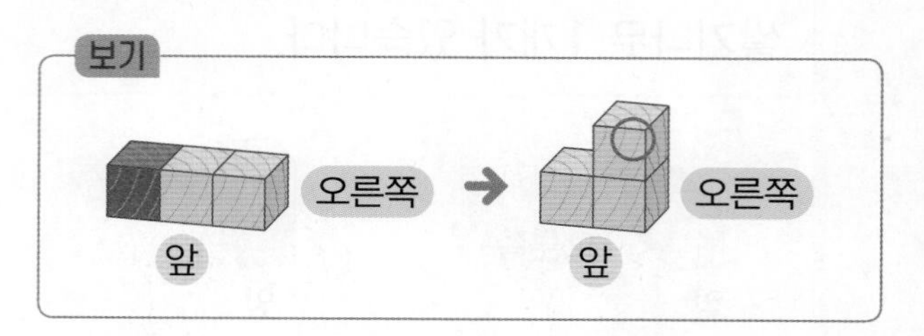

22

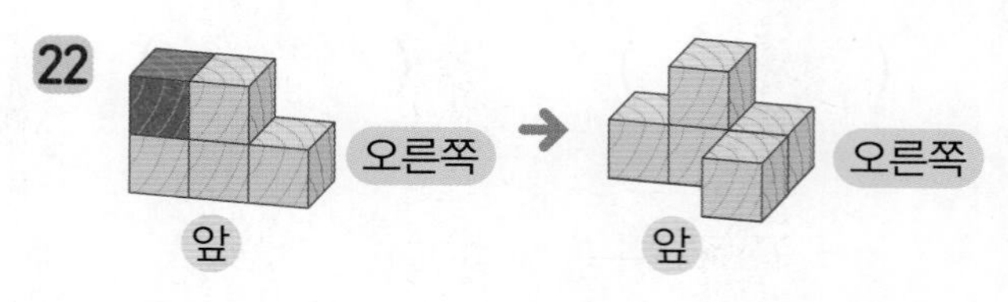

23

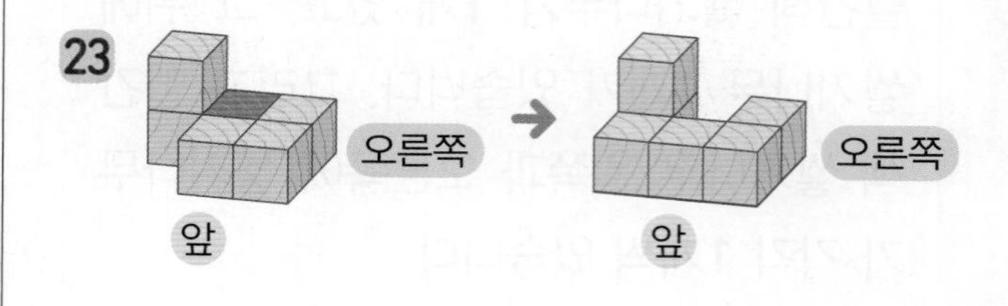

24

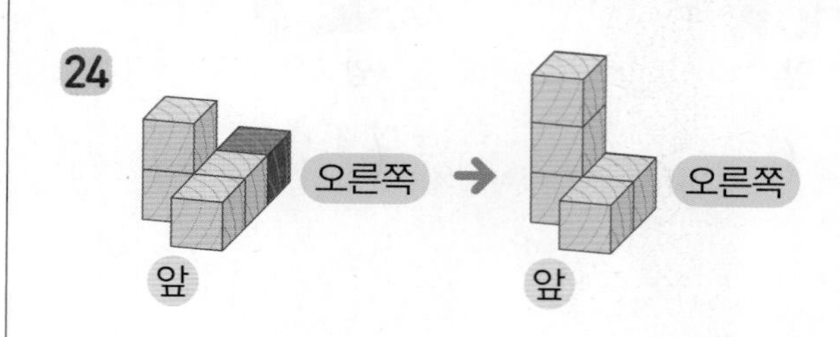

25

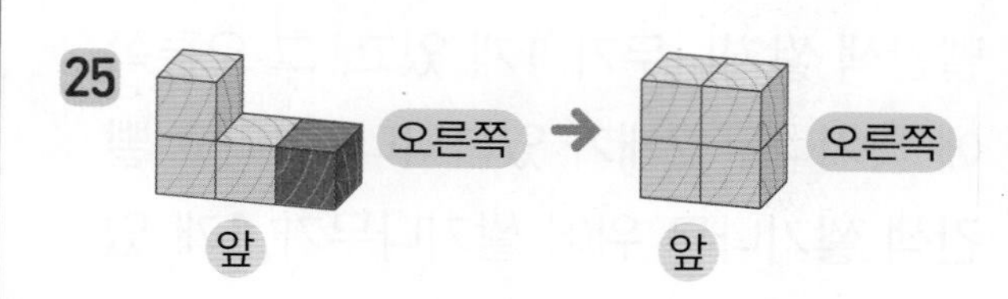

26

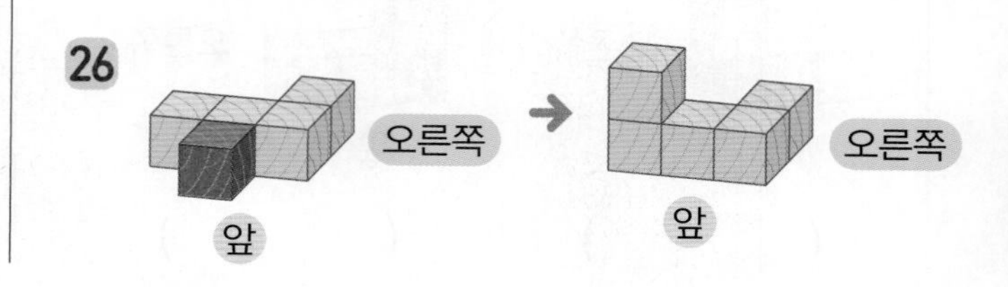

완성 쌓은 모양 알아보기

◆ 알맞은 모양을 찾아 ○표 하세요.

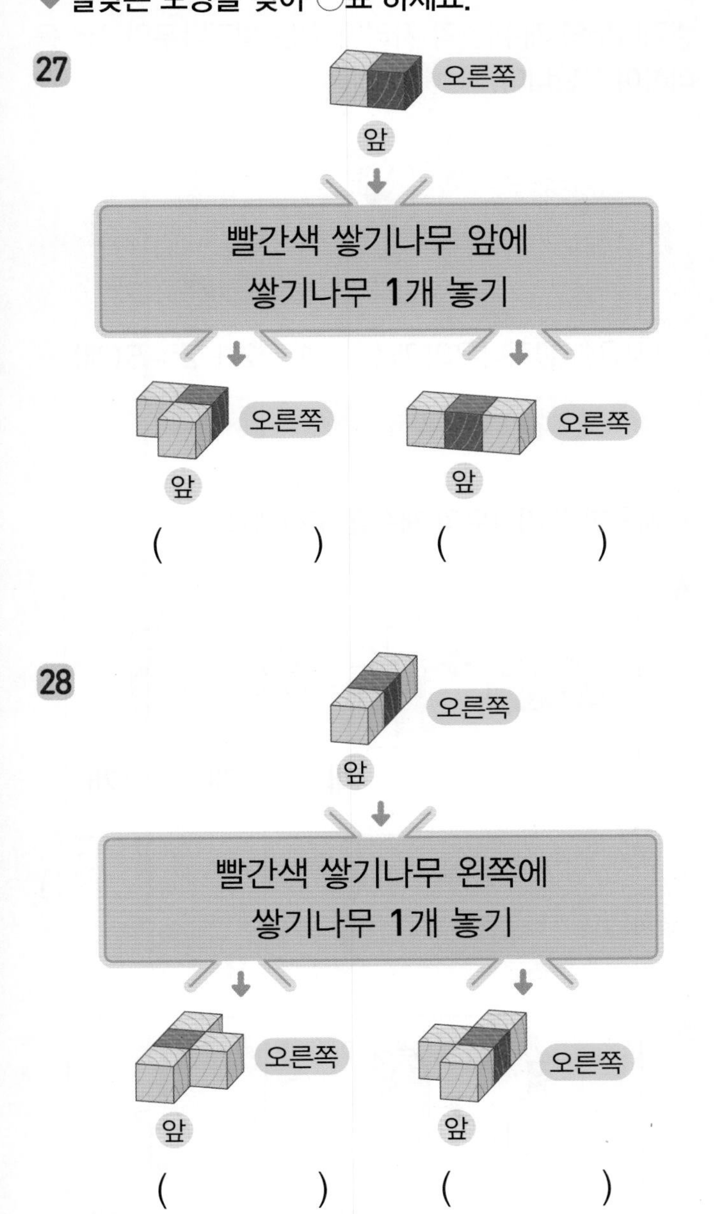

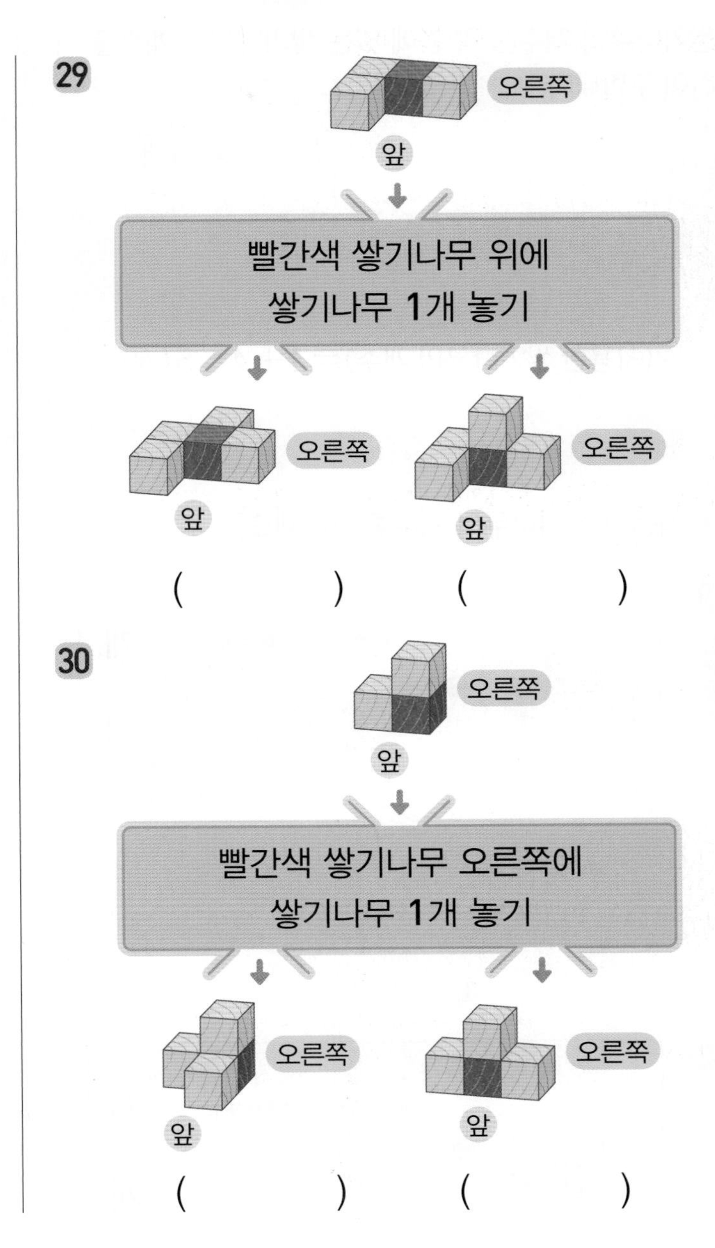

연산＋문해력

31 왼쪽 모양을 오른쪽과 똑같은 모양으로 만들려면 쌓기나무 몇 개를 빼야 할까요?

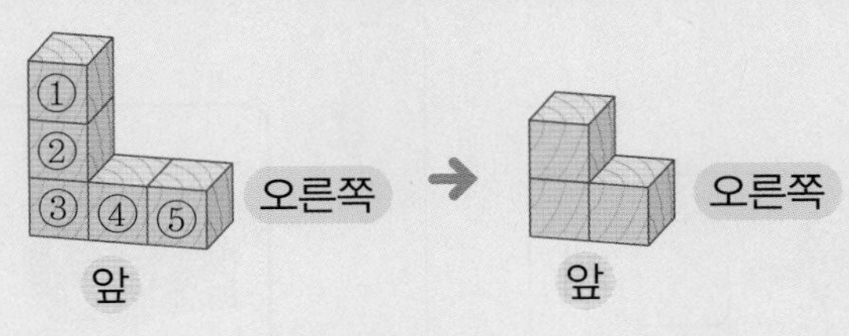

풀이 왼쪽 모양에서 빼야 할 쌓기나무의 번호 → (①, ②, ③, ④, ⑤)

답 쌓기나무 □ 개를 빼야 합니다.

개념 쌓기나무의 개수 구하기

쌓기나무의 개수는 각 층에 있는 쌓기나무의 개수를 더하여 구합니다.

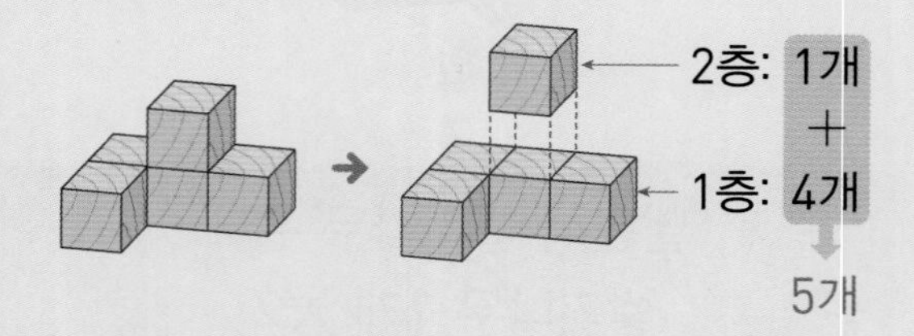

(사용한 쌓기나무의 개수)$=1+4=5$(개)

쌓기나무의 개수는 각 자리에 있는 쌓기나무의 개수를 더하여 구합니다.

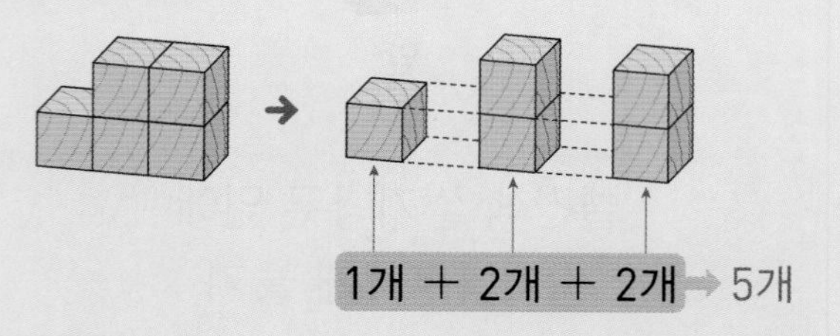

(사용한 쌓기나무의 개수)$=1+2+2=5$(개)

◆ 사용한 쌓기나무의 개수를 구하세요.

1

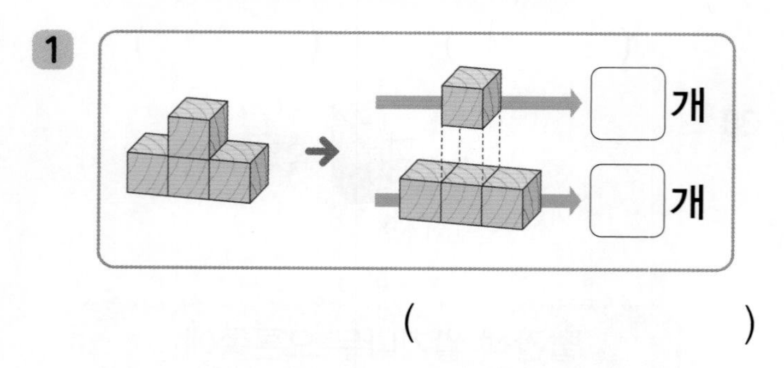

( )

2

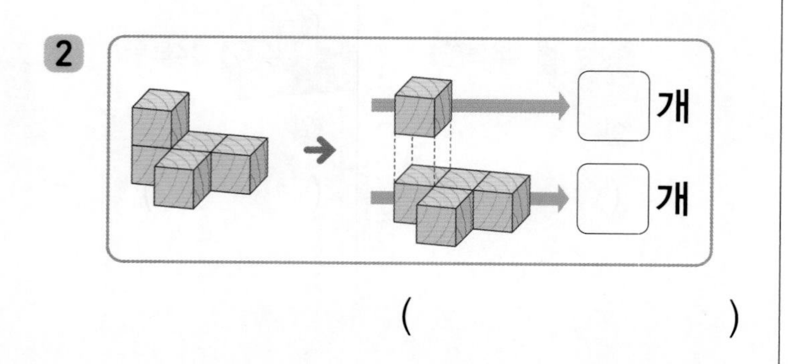

( )

3

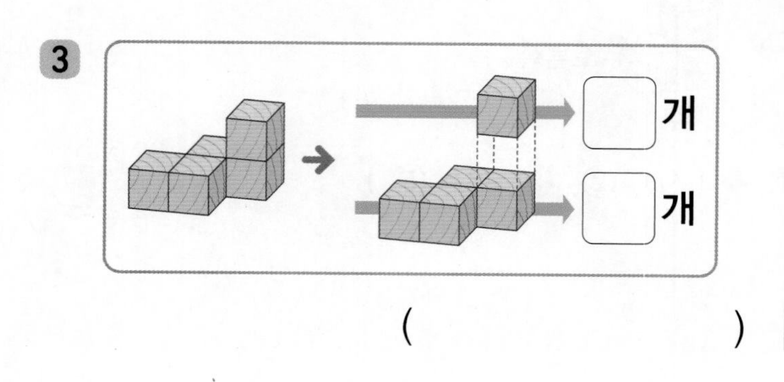

( )

◆ 사용한 쌓기나무의 개수를 구하세요.

4

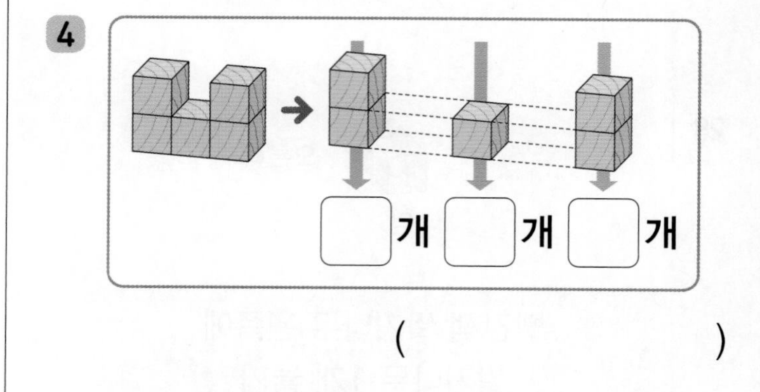

( )

5

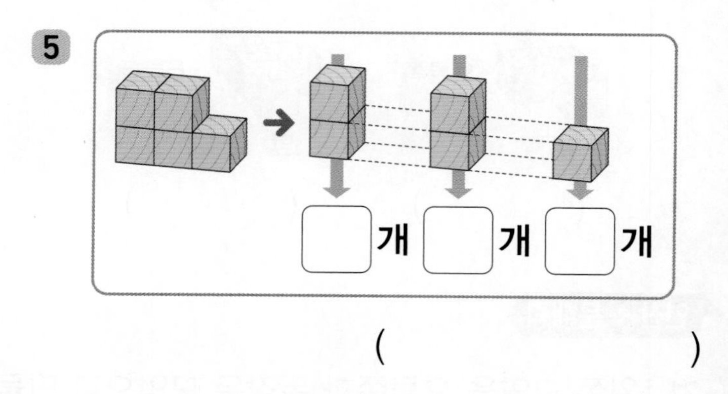

( )

6

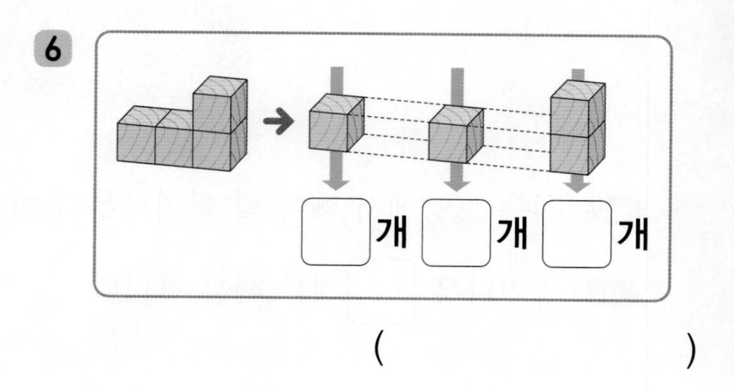

( )

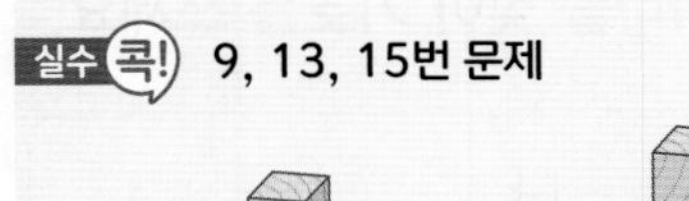

연습 쌓기나무의 개수 구하기

정답 08쪽

실수 콕! 9, 13, 15번 문제

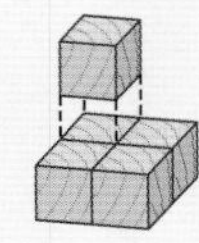

1층에 있는 보이지 않는 쌓기나무 조심!

◆ 사용한 쌓기나무의 개수를 구하세요.

7 ① 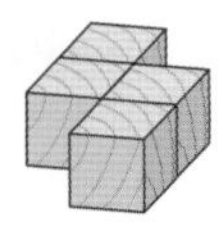

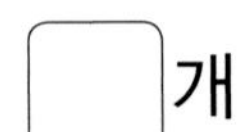

□개

② 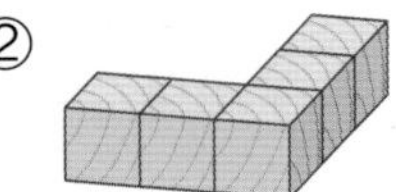

□개

8 ① 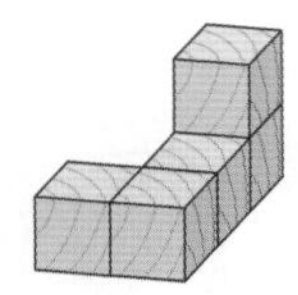

□개

② 

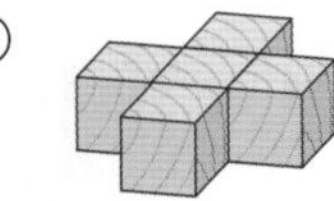

□개

9 ① 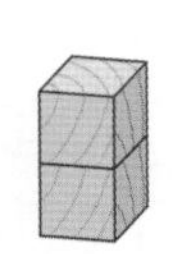

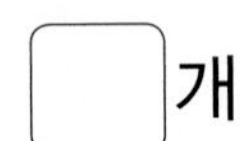

□개

② 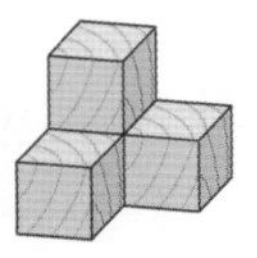

□개

10 ①

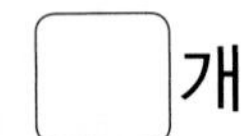

□개

② 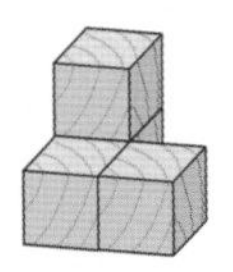

□개

11 ① 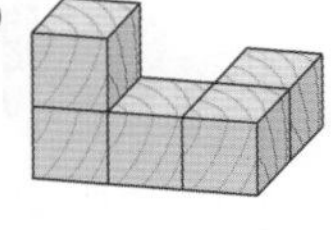

□개

② 

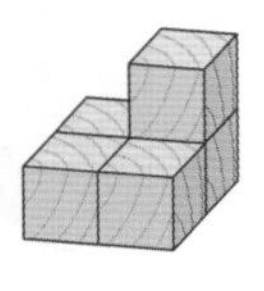

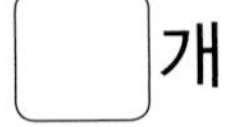

□개

◆ 사용한 쌓기나무의 개수를 구하세요.

12 ① 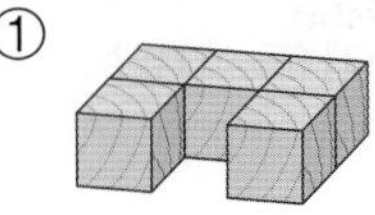

□개

② 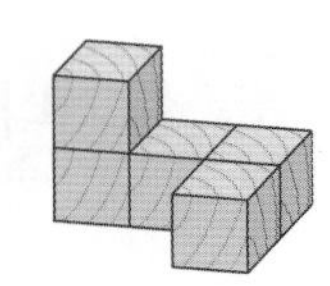

□개

실수 콕!

13 ① 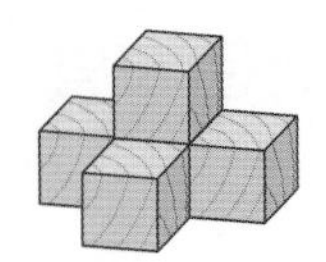

□개

② 

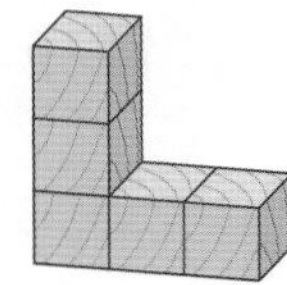

□개

14 ① 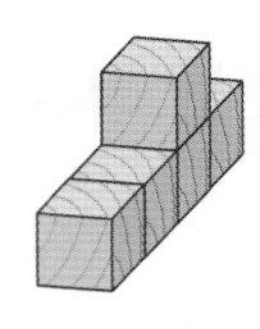

□개

② 

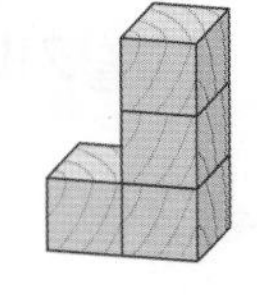

□개

실수 콕!

15 ① 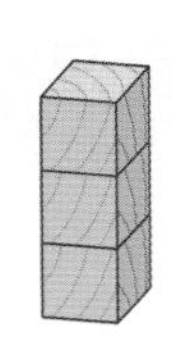

□개

② 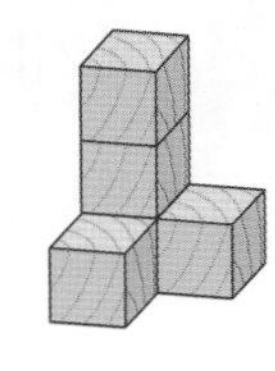

□개

16 ① 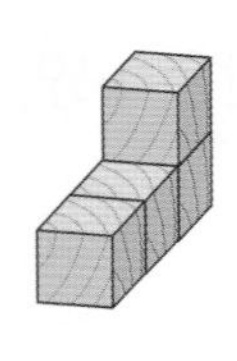

□개

② 

□개

적용 쌓기나무의 개수 구하기

◆ 알맞은 모양을 찾아 ○표 하세요.

17 쌓기나무 3개로 만든 모양

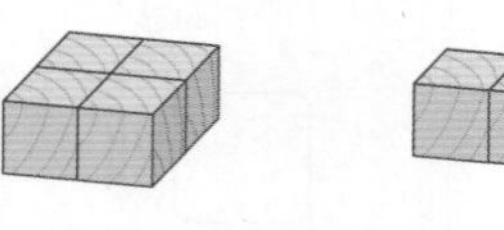 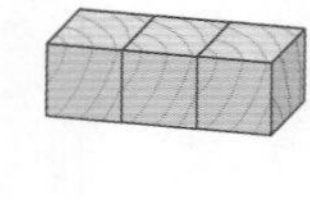 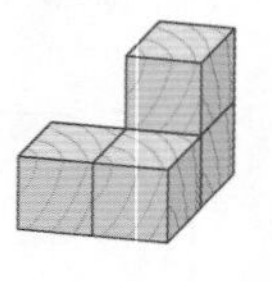

(　　) (　　) (　　)

18 쌓기나무 4개로 만든 모양

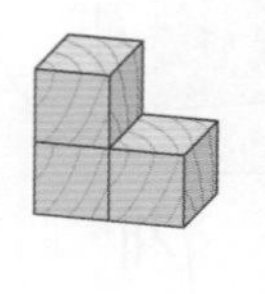 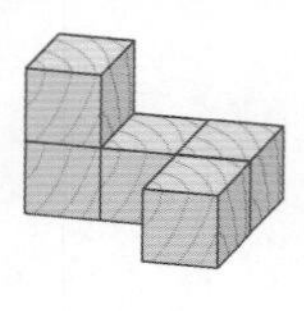 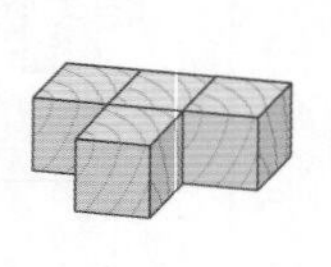

(　　) (　　) (　　)

19 쌓기나무 5개로 만든 모양

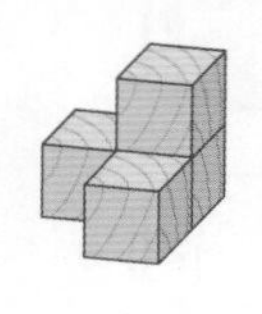 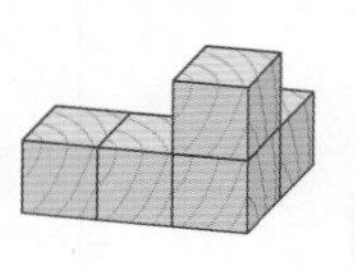 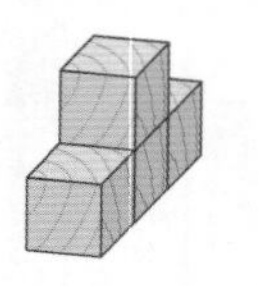

(　　) (　　) (　　)

20 쌓기나무 3개로 만든 모양

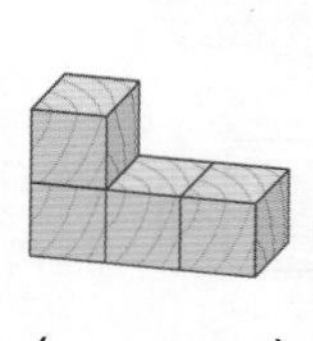 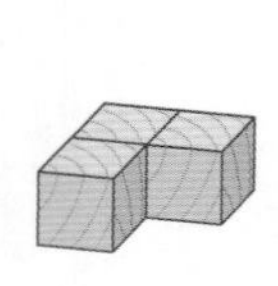 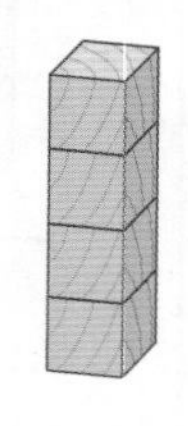

(　　) (　　) (　　)

21 쌓기나무 4개로 만든 모양

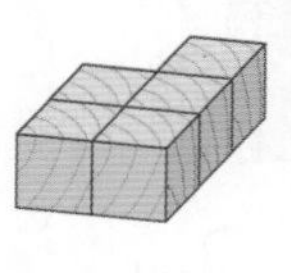 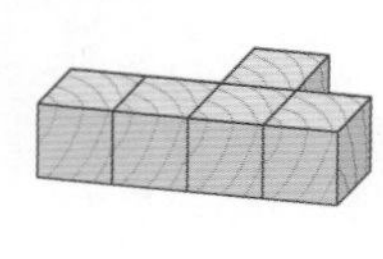 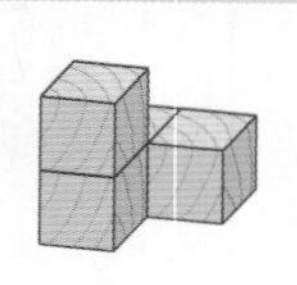

(　　) (　　) (　　)

◆ 쌓기나무의 수가 다른 하나를 찾아 기호를 쓰세요.

22

가　나

다　라

(　　　　)

23

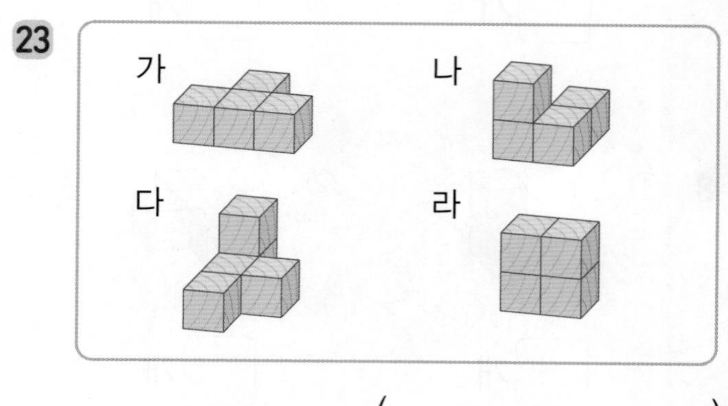

가　나

다　라

(　　　　)

24

가　나

다　라

(　　　　)

25

가　나

다　라

(　　　　)

★ 완성 쌓기나무의 개수 구하기

◆ 쌓기나무로 만든 모양이 잘못 들어 있는 칸은 몇 번 칸인지 찾아 쓰세요.

26

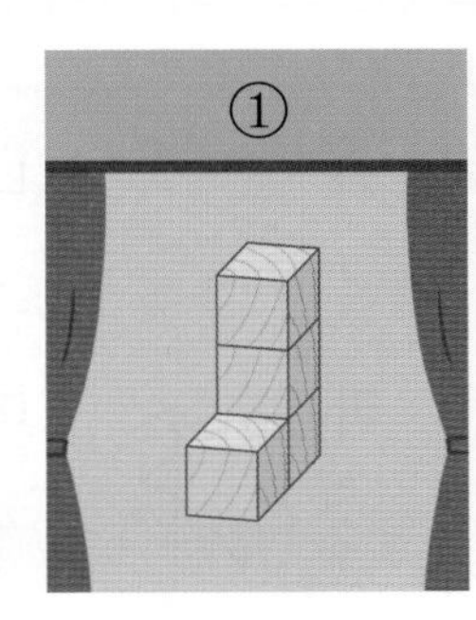

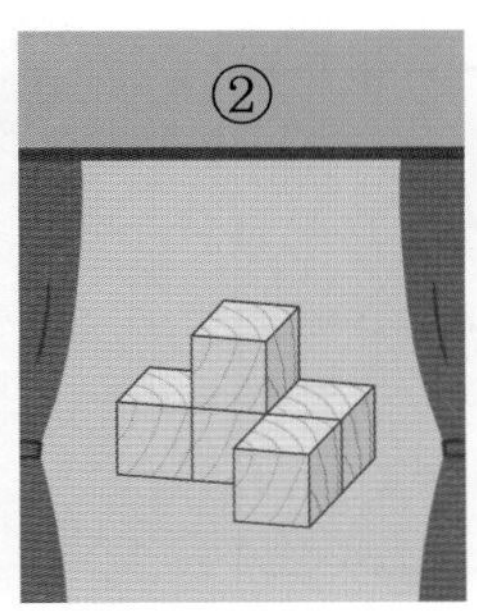

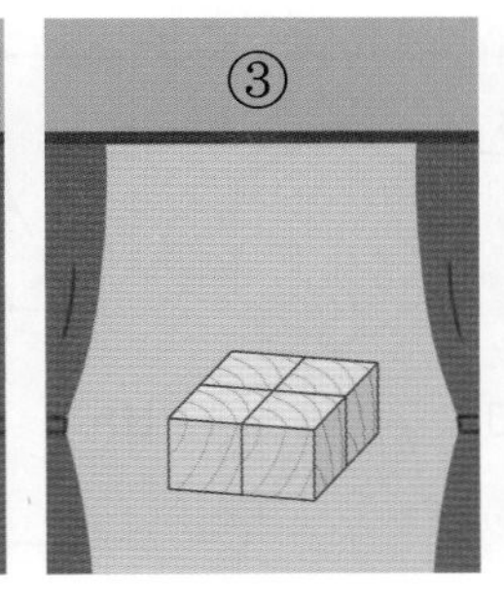

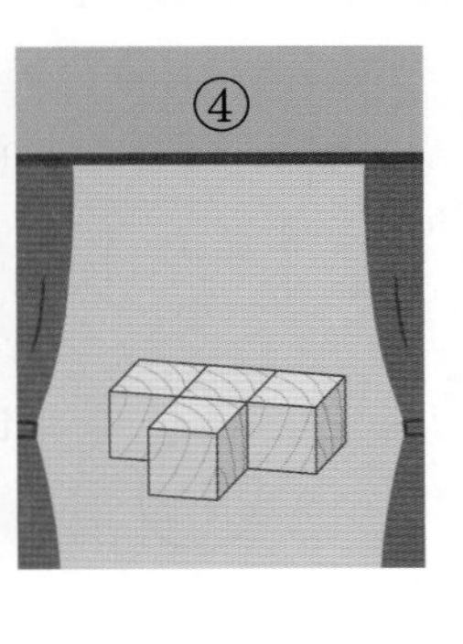

(　　　　　　　　)

27

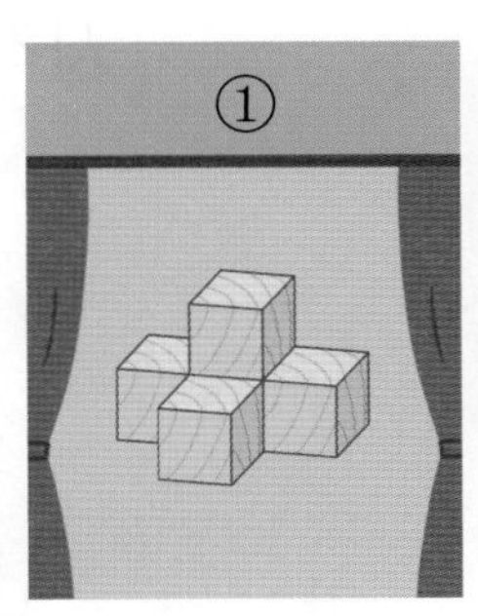

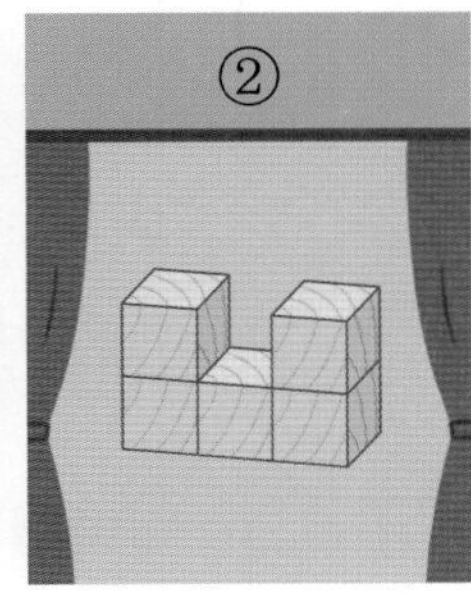

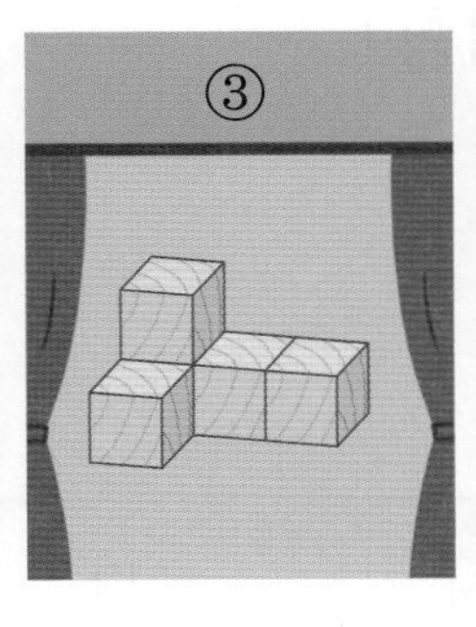

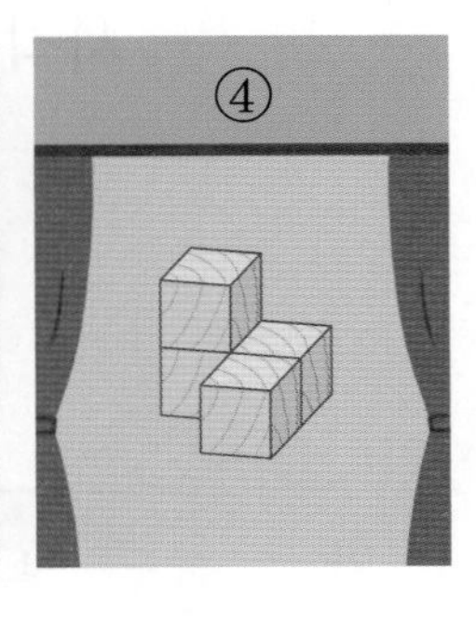

(　　　　　　　　)

28

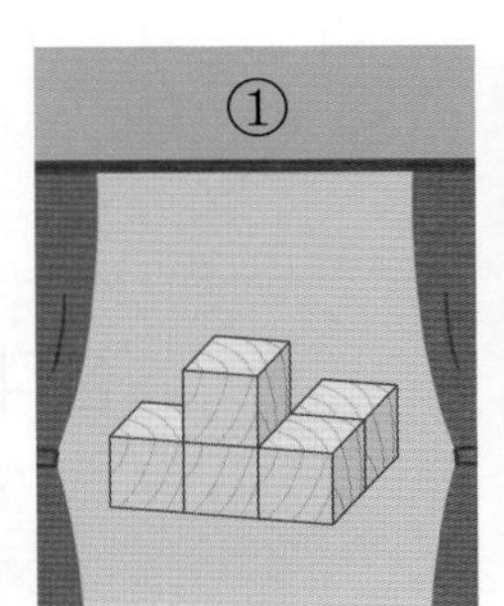

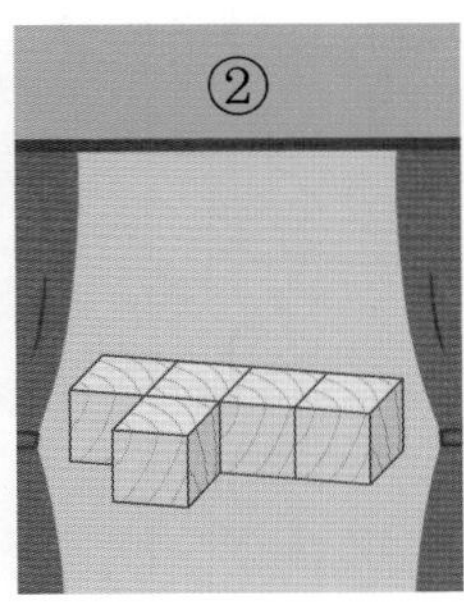

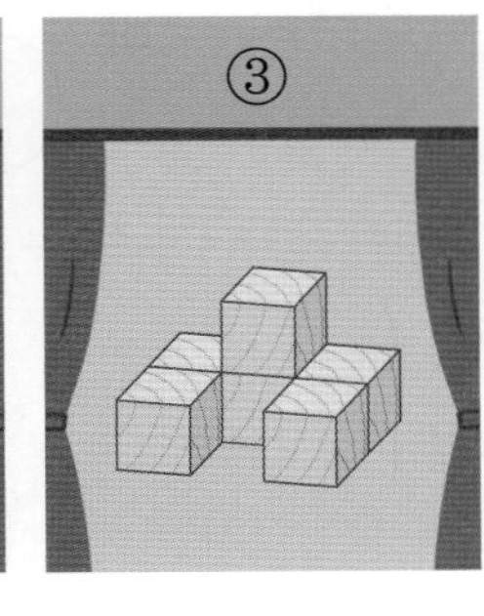

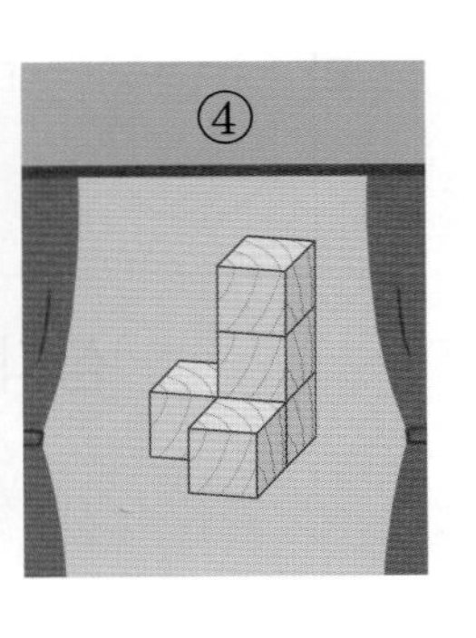

(　　　　　　　　)

연산 + 문해력

29 오른쪽과 똑같은 모양으로 쌓기나무를 쌓았습니다. 쌓기나무를 더 많이 사용한 모양을 찾아 기호를 쓰세요.

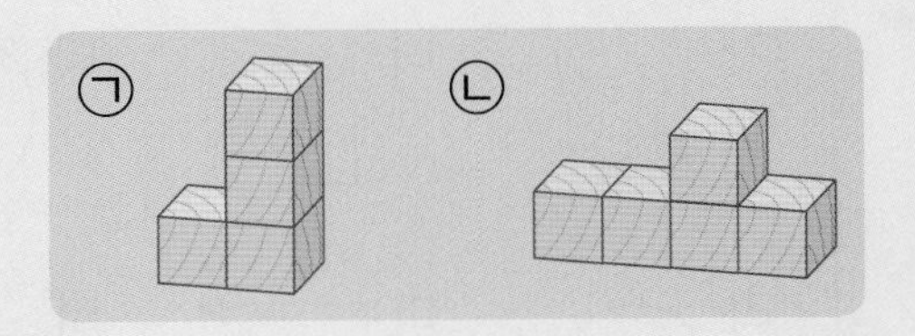

풀이 ㉠의 쌓기나무 개수: □

㉡의 쌓기나무 개수: □

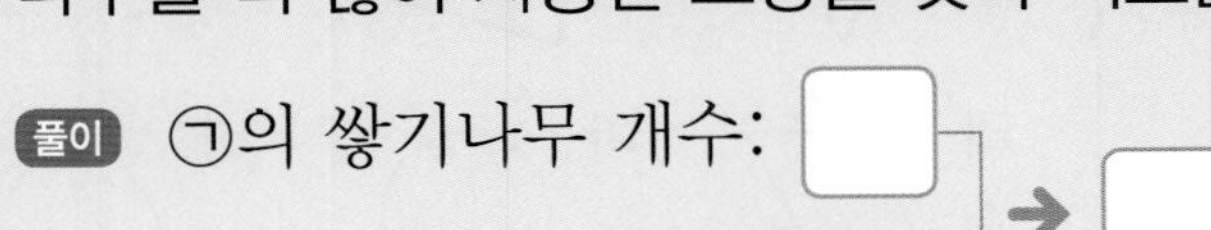

→ □ ○ □

답 쌓기나무를 더 많이 사용한 모양은 □입니다.

2단원 마무리

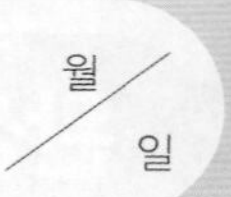

◆ 알맞은 도형을 각각 찾아 기호를 쓰세요.

1

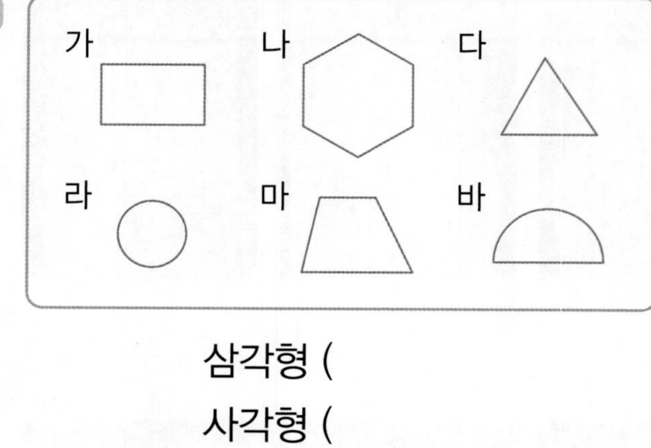

삼각형 (   )

사각형 (   )

2

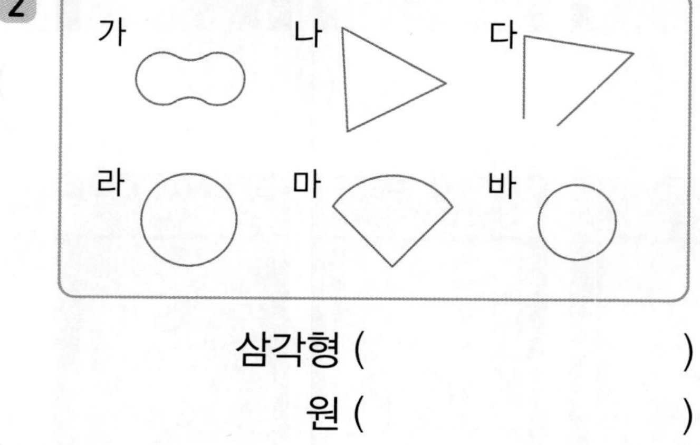

삼각형 (   )

원 (   )

3

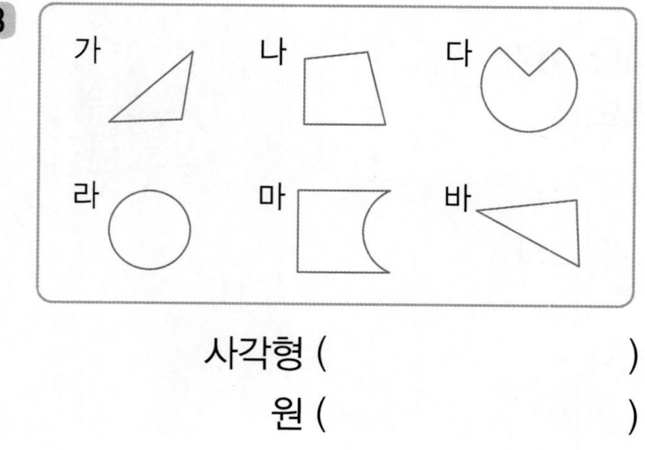

사각형 (   )

원 (   )

◆ 알맞은 도형을 각각 찾아 기호를 쓰세요.

4

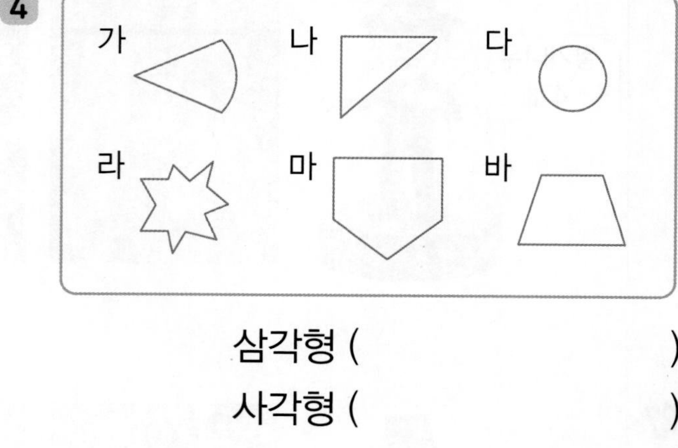

삼각형 (   )

사각형 (   )

5

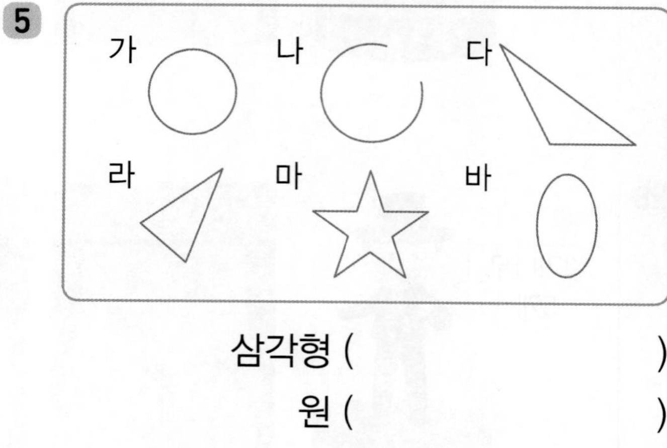

삼각형 (   )

원 (   )

6

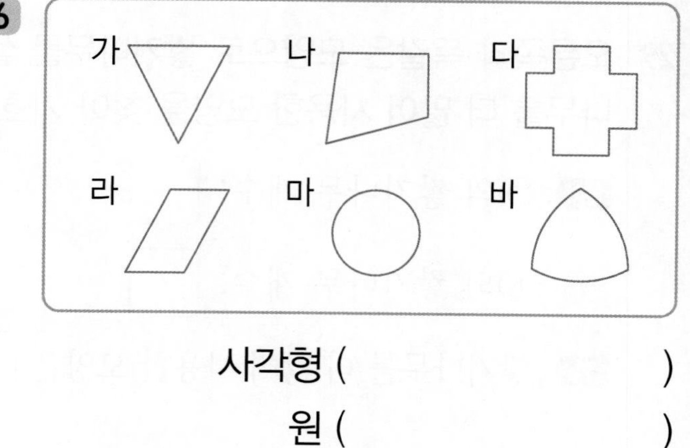

사각형 (   )

원 (   )

◆ 설명하는 쌓기나무를 찾아 색칠해 보세요.

7 빨간색 쌓기나무의 왼쪽에 있는 쌓기나무

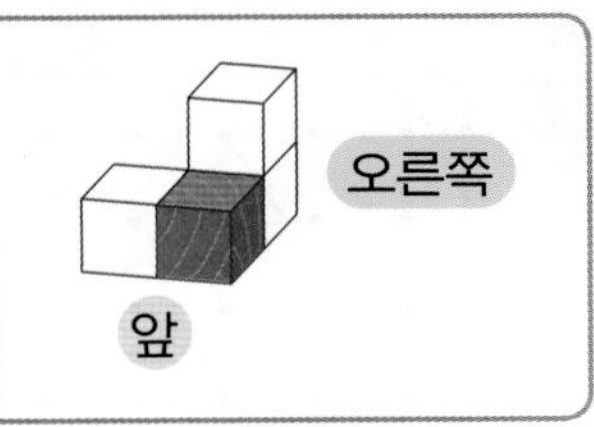

8 빨간색 쌓기나무의 위에 있는 쌓기나무

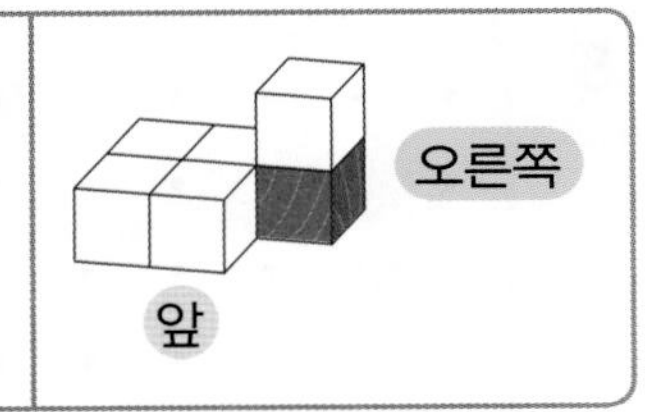

9 빨간색 쌓기나무의 오른쪽에 있는 쌓기나무

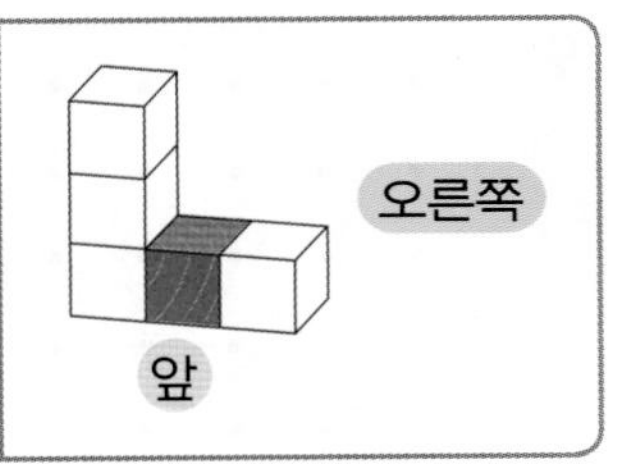

10 빨간색 쌓기나무의 뒤에 있는 쌓기나무

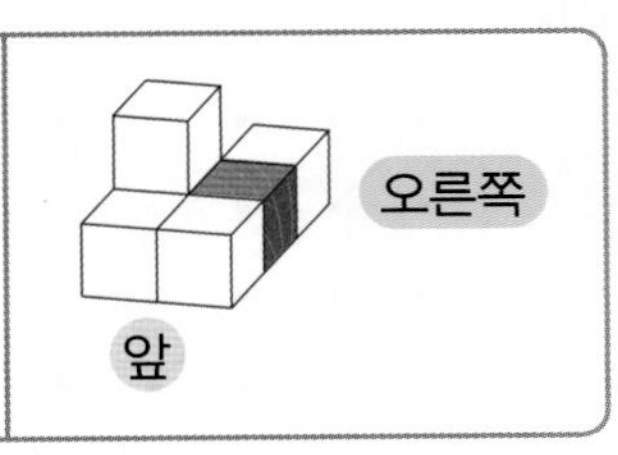

11 빨간색 쌓기나무의 앞에 있는 쌓기나무

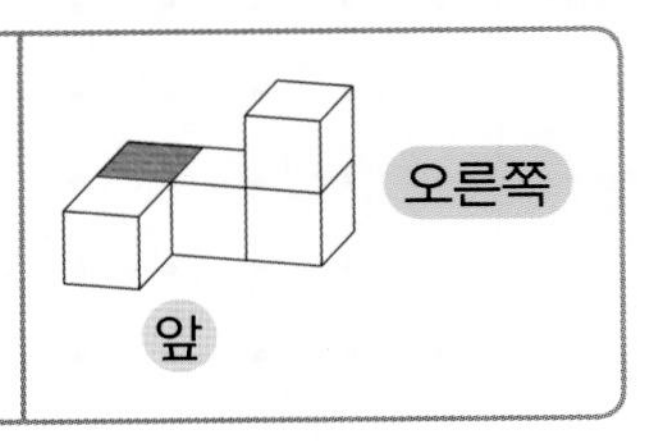

◆ 사용한 쌓기나무의 개수를 구하세요.

12 ① 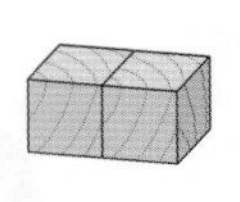 ☐개 ② 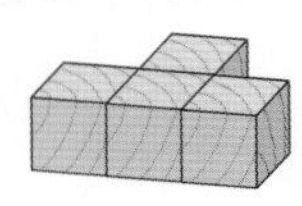 ☐개

13 ① 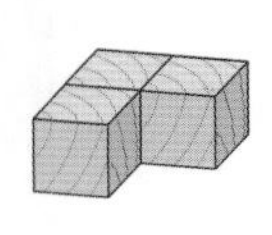 ☐개 ② 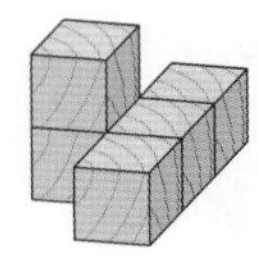 ☐개

14 ① 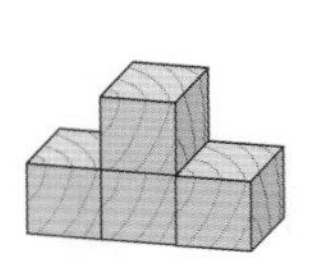 ☐개 ② 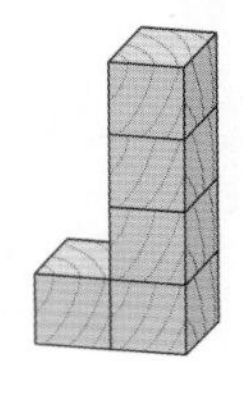 ☐개

15 ① 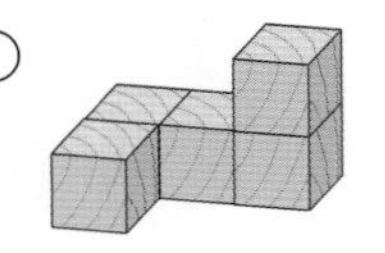 ☐개 ② 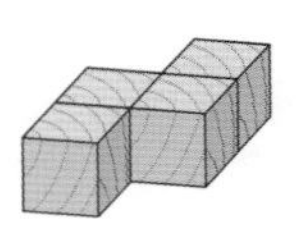 ☐개

16 ① 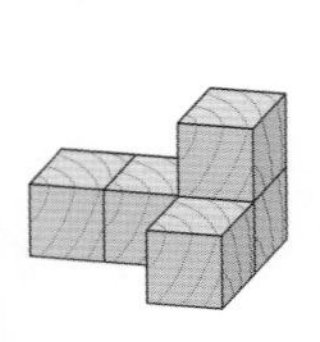 ☐개 ② 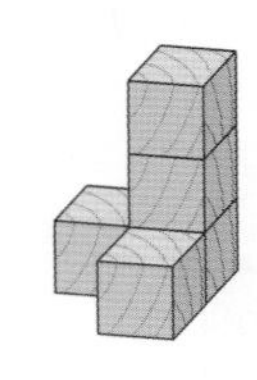 ☐개

◆ 삼각형 모양이 있는 물건을 찾아 ○표 하세요.

1

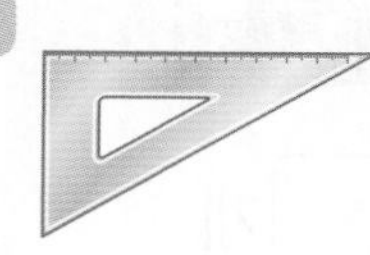 

( ) ( ) ( )

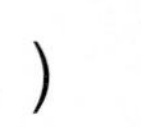

2

  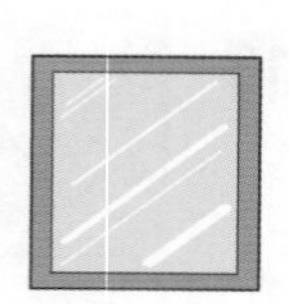

( ) ( ) ( )

3

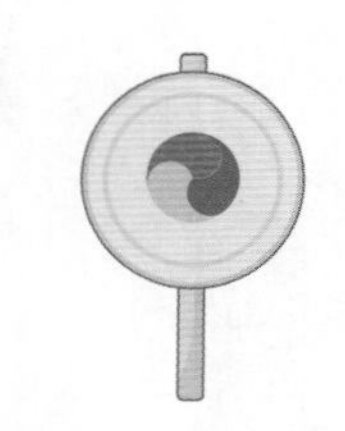 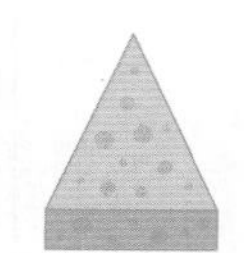 

( ) ( ) ( )

◆ 사각형 모양이 있는 물건을 찾아 ○표 하세요.

4

 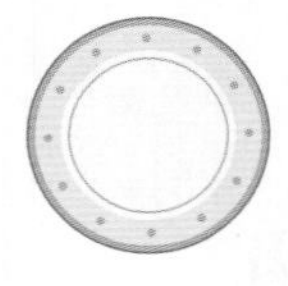 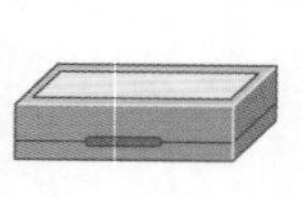

( ) ( ) ( )

5

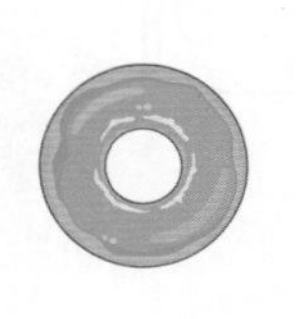  

( ) ( ) ( )

 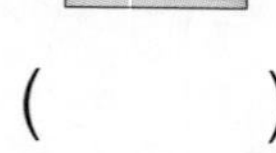

6

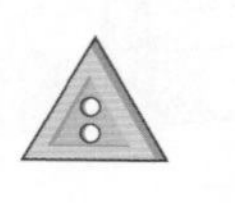  

( ) ( ) ( )

◆ 삼각형과 사각형을 1개씩 그려 보세요.

7

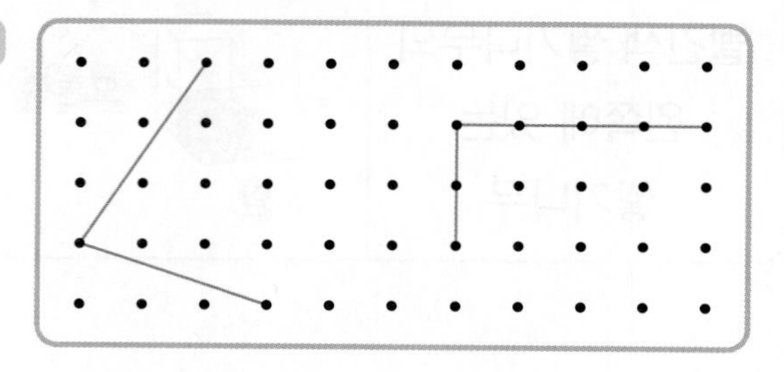

8

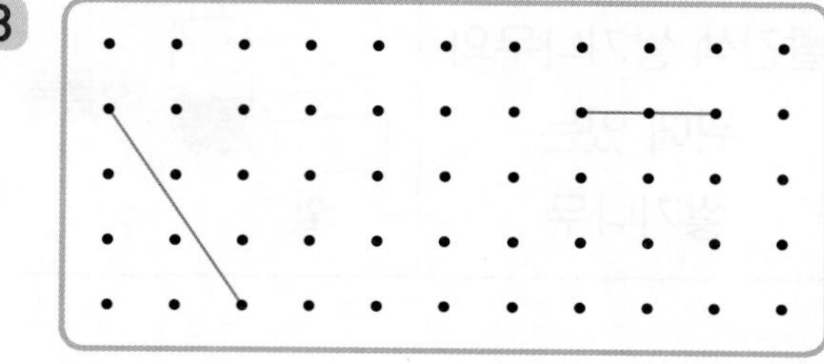

9

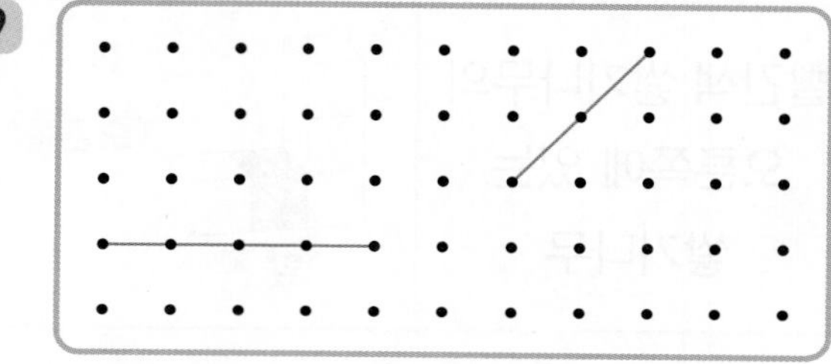

10

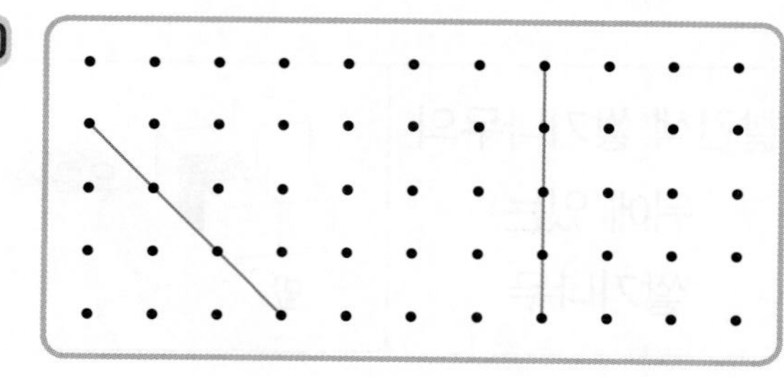

11

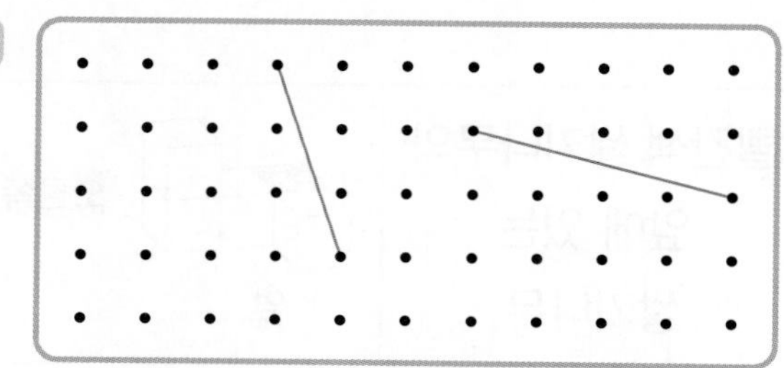

정답 08쪽

◆ 왼쪽 모양에서 빨간색 쌓기나무 1개를 옮겨 오른쪽과 똑같은 모양을 만들었습니다. 옮긴 쌓기나무에 ○표 하세요.

12

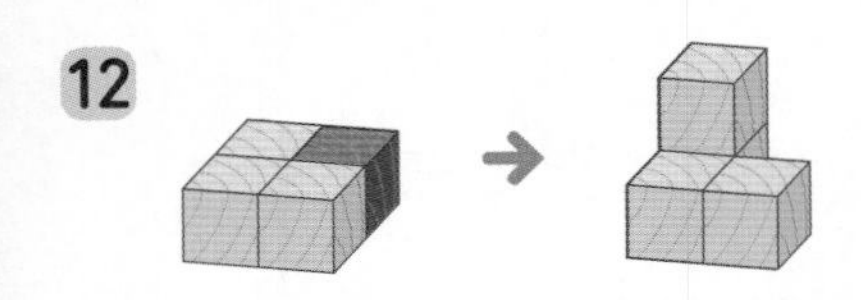

13

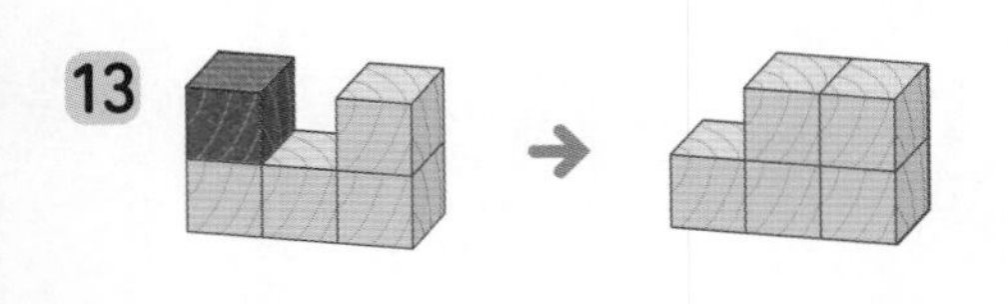

14

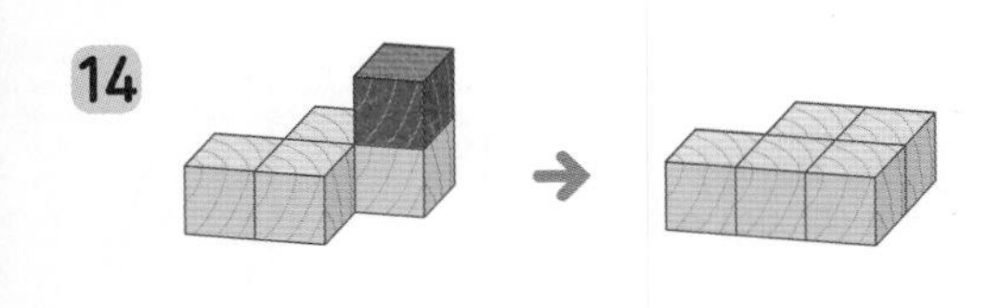

15

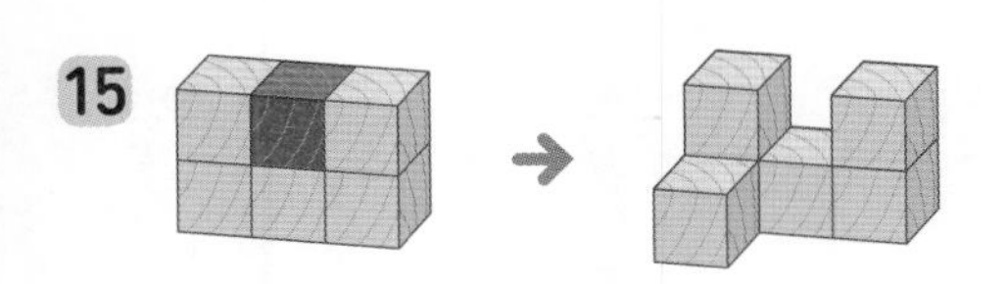

16

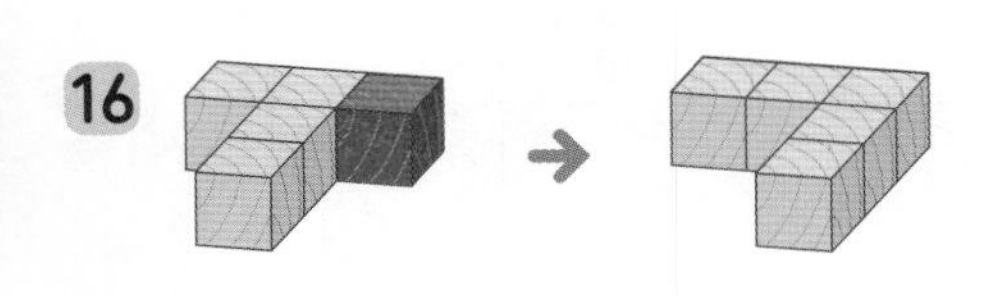

17

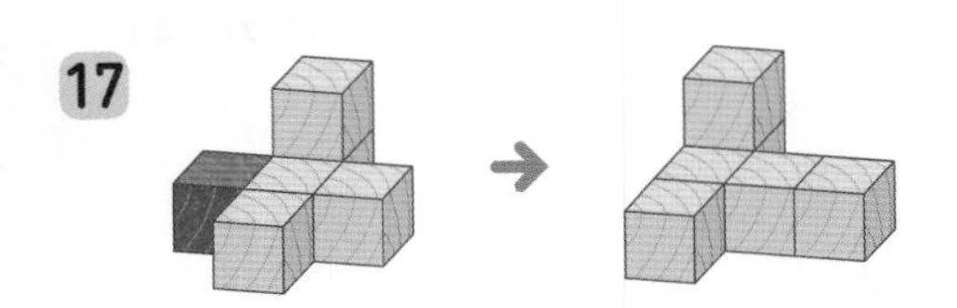

◆ 알맞은 모양을 찾아 ○표 하세요.

18 쌓기나무 3개로 만든 모양

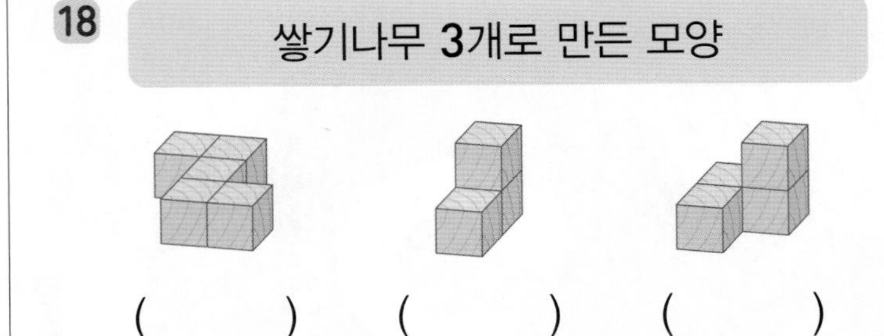

( ) ( ) ( )

19 쌓기나무 4개로 만든 모양

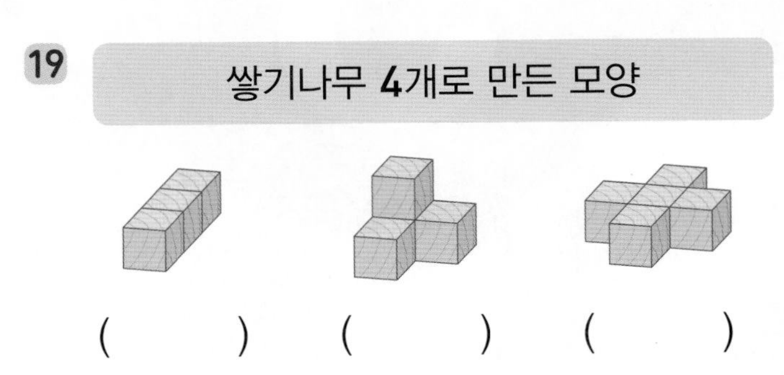

( ) ( ) ( )

20 쌓기나무 3개로 만든 모양

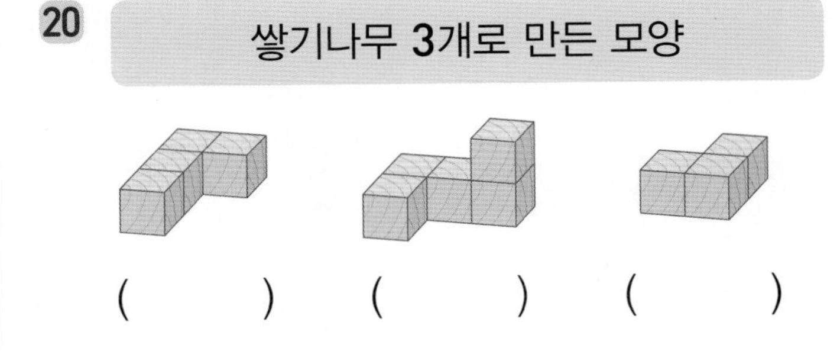

( ) ( ) ( )

21 쌓기나무 5개로 만든 모양

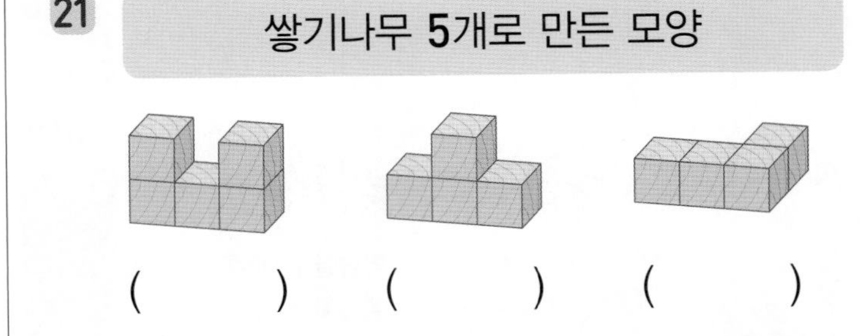

( ) ( ) ( )

22 쌓기나무 4개로 만든 모양

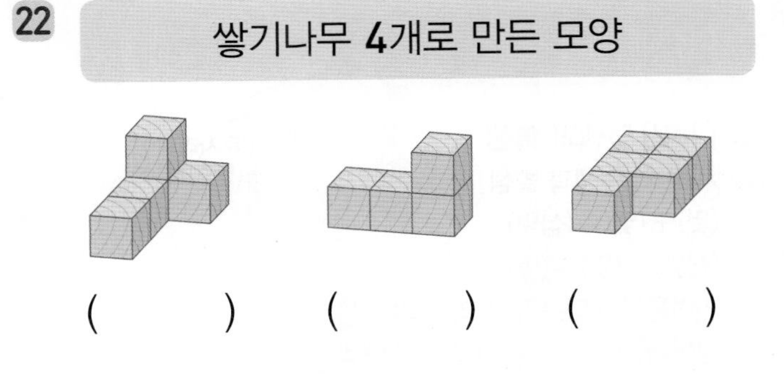

( ) ( ) ( )

덧셈과 뺄셈

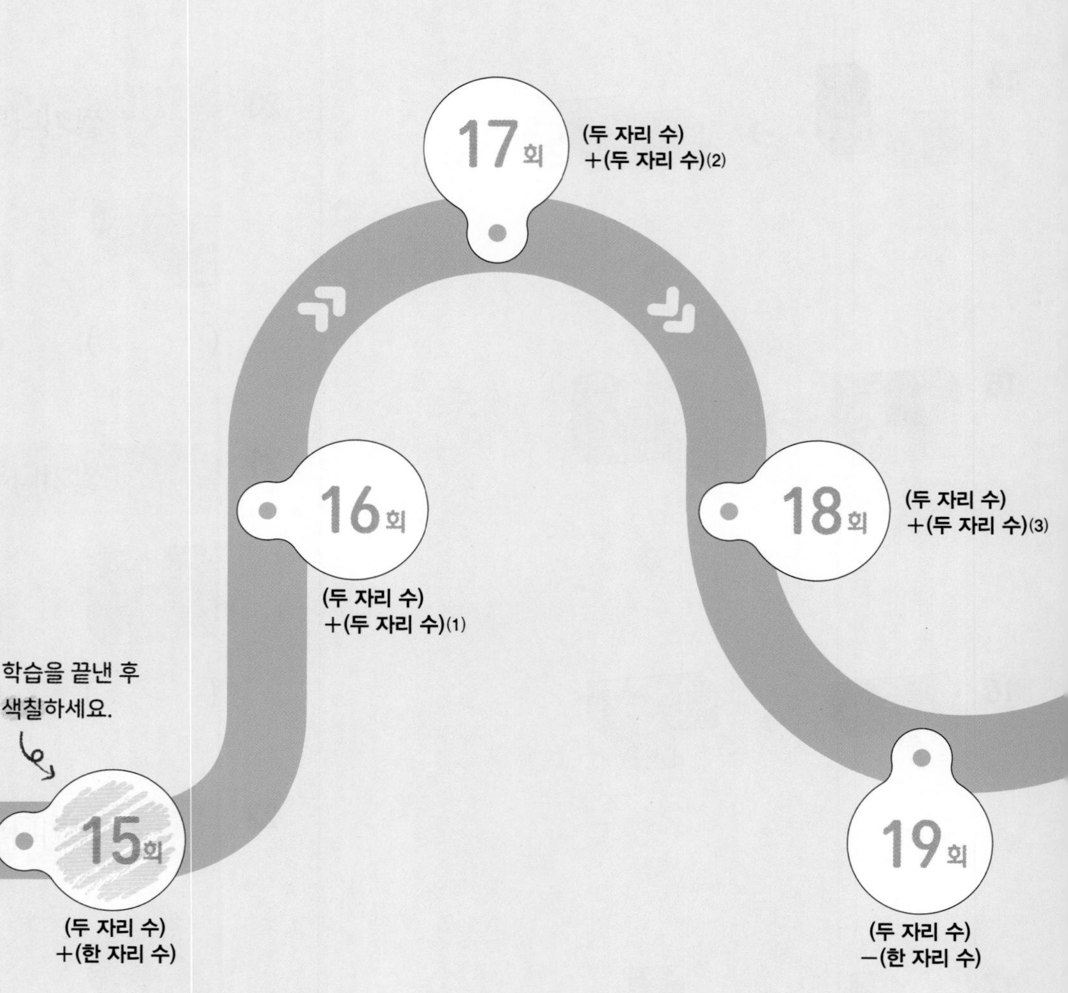

이전에 배운 내용

[1-2] 덧셈과 뺄셈

세 수의 덧셈과 뺄셈

(몇)+(몇)=(십몇)

(십몇)−(몇)=(몇)

받아올림이 없는 두 자리 수의 덧셈

받아내림이 없는 두 자리 수의 뺄셈

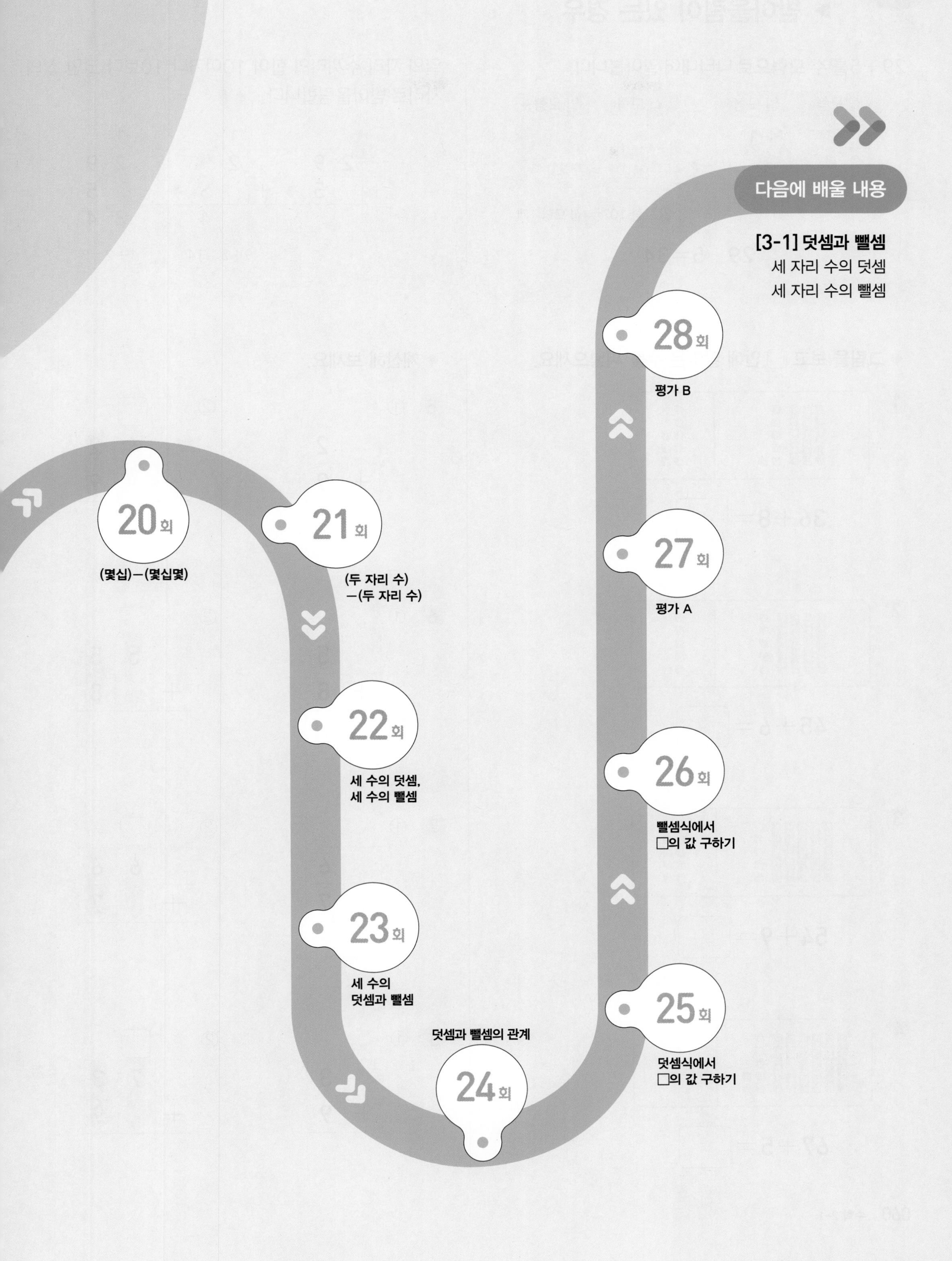

다음에 배울 내용
[3-1] 덧셈과 뺄셈
세 자리 수의 덧셈
세 자리 수의 뺄셈
20회
(몇십)−(몇십몇)
21회
(두 자리 수)
−(두 자리 수)
22회
세 수의 덧셈,
세 수의 뺄셈
23회
세 수의
덧셈과 뺄셈
24회
덧셈과 뺄셈의 관계
25회
덧셈식에서
□의 값 구하기
26회
뺄셈식에서
□의 값 구하기
27회
평가 A
28회
평가 B

개념 (두 자리 수)+(한 자리 수)

▶ 받아올림이 있는 경우

15회 월 / 일

29+5를 수 모형으로 나타내어 알아봅니다.

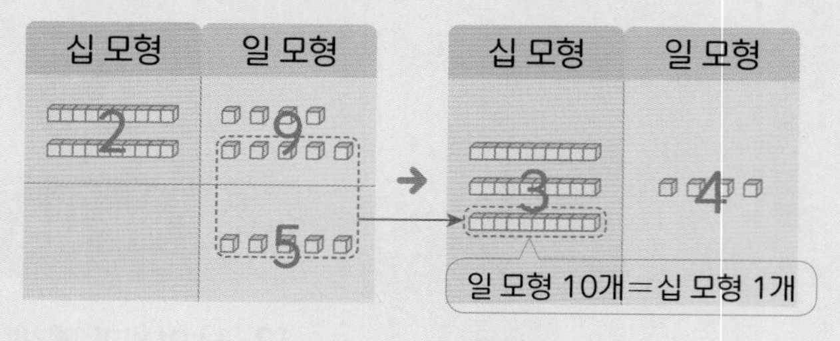

29+5=34

일의 자리 수끼리의 합이 10이거나 10보다 크면 십의 자리로 받아올림합니다.

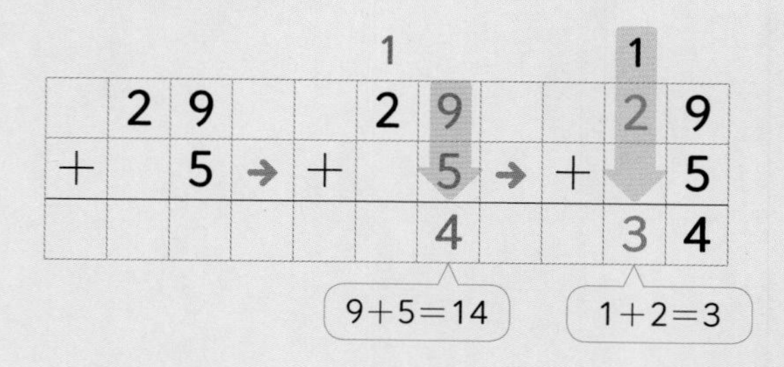

◆ 그림을 보고 ☐ 안에 알맞은 수를 써넣으세요.

1

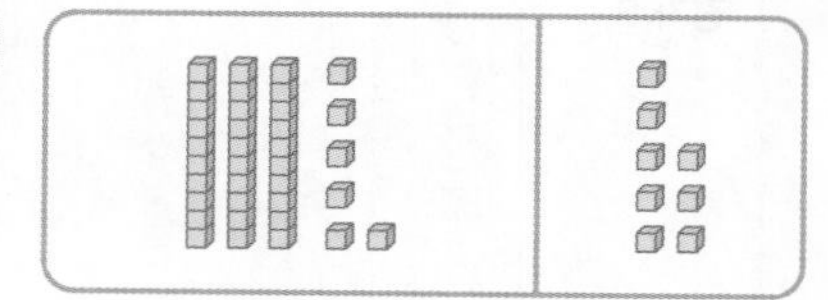

36+8=☐

2

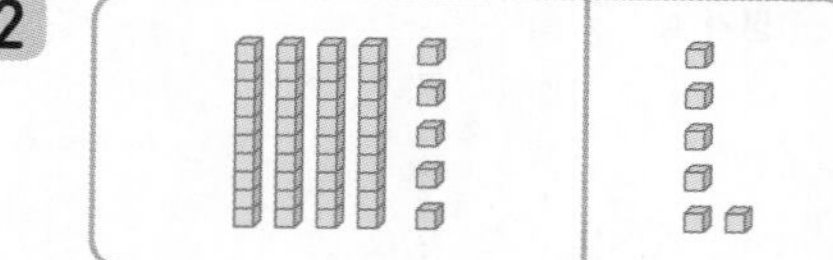

45+6=☐

3

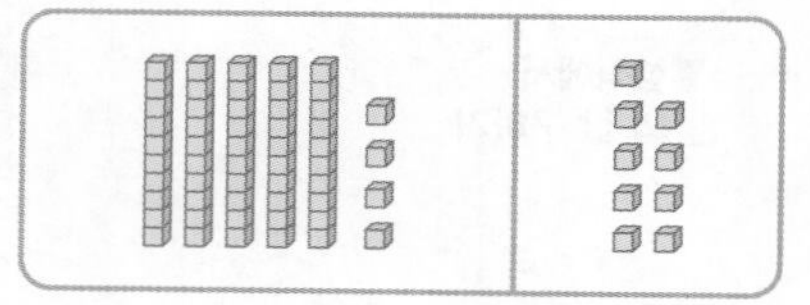

54+9=☐

4

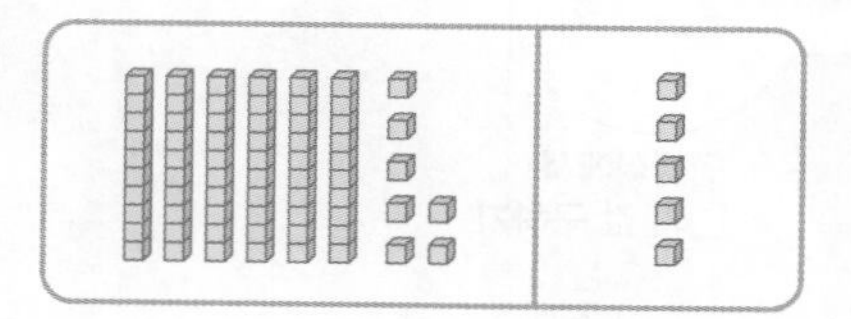

67+5=☐

◆ 계산해 보세요.

5 ①

	2
+	9

②

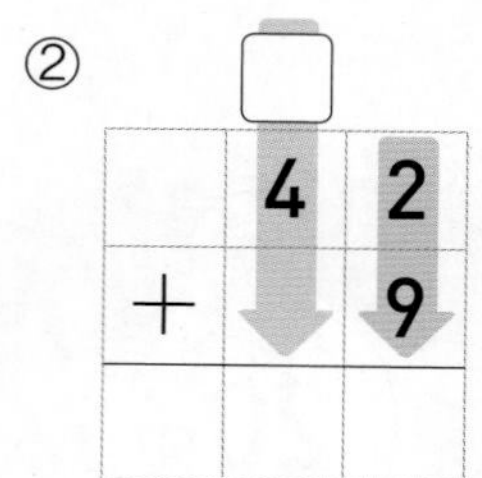

	4	2
+		9

6 ①

	5
+	8

②

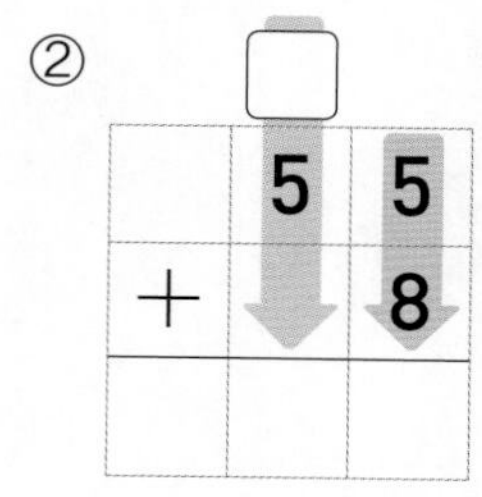

	5	5
+		8

7 ①

	6
+	7

②

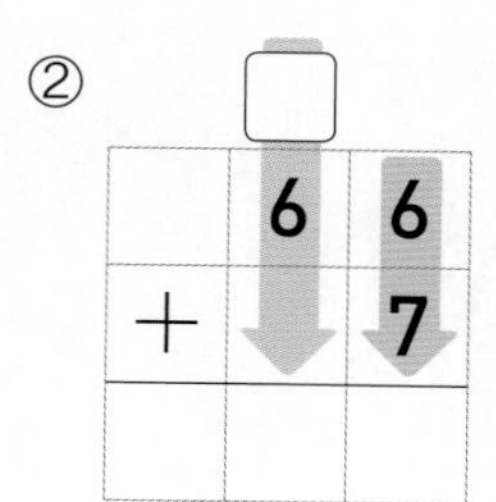

	6	6
+		7

8 ①

	3
+	9

②

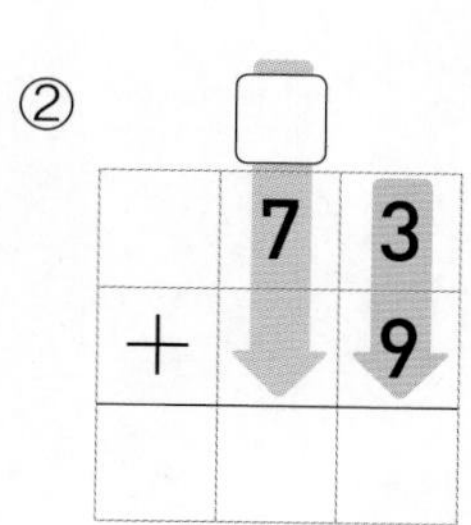

	7	3
+		9

연습 (두 자리 수)+(한 자리 수) ▶ 받아올림이 있는 경우

정답 09쪽

실수 콕! 9~22번 문제

17+8 →

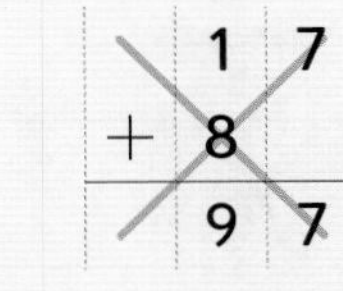

십의 자리 수와 일의 자리 수를 더하지 않도록 조심!

◆ 계산해 보세요.

9 ① $\begin{array}{r} 13 \\ +\ \ 7 \\ \hline \end{array}$ ② $\begin{array}{r} 13 \\ +\ \ 9 \\ \hline \end{array}$

10 ① $\begin{array}{r} 36 \\ +\ \ 6 \\ \hline \end{array}$ ② $\begin{array}{r} 36 \\ +\ \ 9 \\ \hline \end{array}$

11 ① $\begin{array}{r} 58 \\ +\ \ 4 \\ \hline \end{array}$ ② $\begin{array}{r} 58 \\ +\ \ 5 \\ \hline \end{array}$

12 ① $\begin{array}{r} 65 \\ +\ \ 5 \\ \hline \end{array}$ ② $\begin{array}{r} 65 \\ +\ \ 7 \\ \hline \end{array}$

13 ① $\begin{array}{r} 79 \\ +\ \ 3 \\ \hline \end{array}$ ② $\begin{array}{r} 79 \\ +\ \ 6 \\ \hline \end{array}$

14 ① $\begin{array}{r} 87 \\ +\ \ 6 \\ \hline \end{array}$ ② $\begin{array}{r} 87 \\ +\ \ 8 \\ \hline \end{array}$

◆ 계산해 보세요.

15 ① $6+14$
② $8+14$

16 ① $4+27$
② $9+27$

17 ① $5+29$
② $8+29$

18 ① $2+38$
② $8+38$

19 ① $5+45$
② $8+45$

20 ① $2+59$
② $4+59$

21 ① $4+77$
② $7+77$

22 ① $4+86$
② $8+86$

3단원 15회

◆ 보기 와 같이 수를 가르기하여 계산해 보세요.

보기

$15+7=15+5+2$
$=20+2=22$

23 $23+9=23+7+\square$
$=30+\square=\square$

24 $39+8=39+1+\square$
$=40+\square=\square$

25 $48+7=48+2+\square$
$=50+\square=\square$

26 $57+6=57+\square+3$
$=60+\square=\square$

27 $66+5=66+\square+1$
$=70+\square=\square$

28 $84+8=84+\square+2$
$=90+\square=\square$

◆ 빈칸에 알맞은 수를 써넣으세요.

29 ⊕ →

17	9	
33	8	

30 ⊕ →

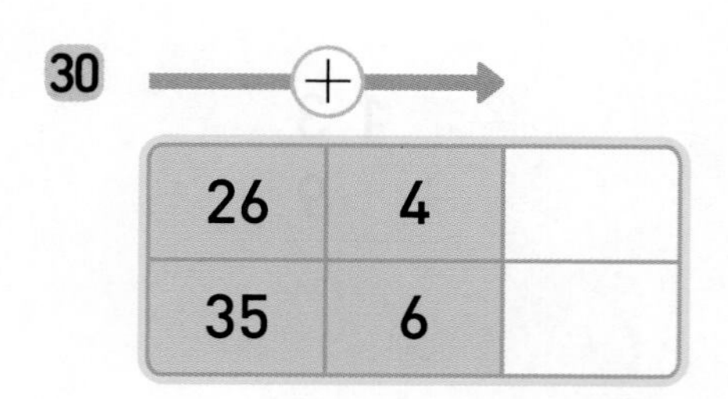

26	4	
35	6	

31 ⊕ →

37	7	
41	9	

32 ⊕ →

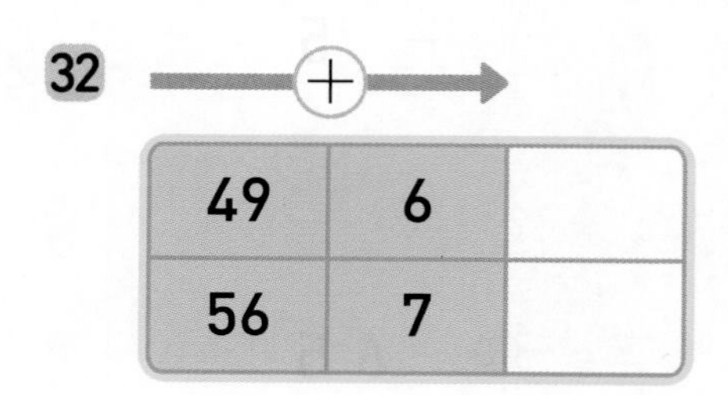

49	6	
56	7	

33 ⊕ →

53	9	
67	3	

34 ⊕ →

75	5	
89	2	

★ 완성 (두 자리 수)+(한 자리 수) ▶ 받아올림이 있는 경우

◆ 두 수의 합이 같은 것끼리 그림에 같은 색으로 칠해 보세요.

35

32+9

48+5

34+8

45+9

36

27+7

35+5

28+5

43+7

연산+문해력

37 정연이는 종이학 12개를 접었고, 민주는 종이학 9개를 접었습니다. 정연이와 민주가 접은 종이학은 모두 몇 개일까요?

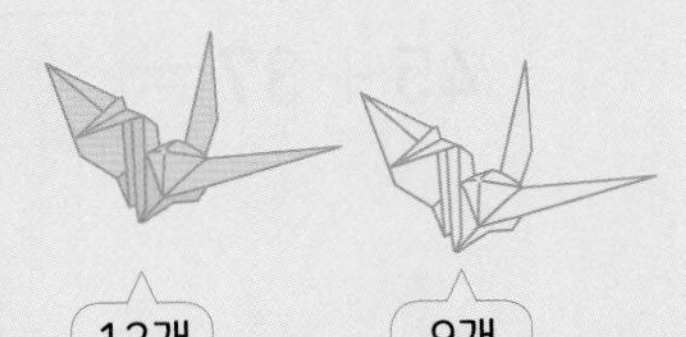

풀이 (정연이가 접은 종이학 수)+(민주가 접은 종이학 수)

=☐+☐=☐

답 정연이와 민주가 접은 종이학은 모두 ☐개입니다.

(두 자리 수)+(두 자리 수) (1)

▶ 일의 자리에서 받아올림이 있는 경우

16회 월 일

16+27을 수 모형으로 나타내어 알아봅니다.

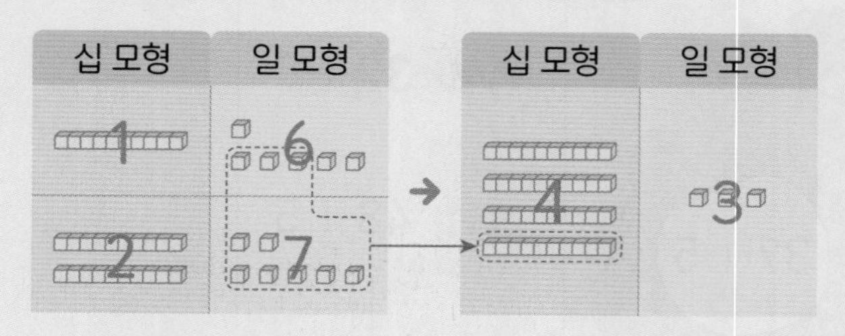

16+27=43

일의 자리 수끼리의 합이 10이거나 10보다 크면 십의 자리로 받아올림합니다.

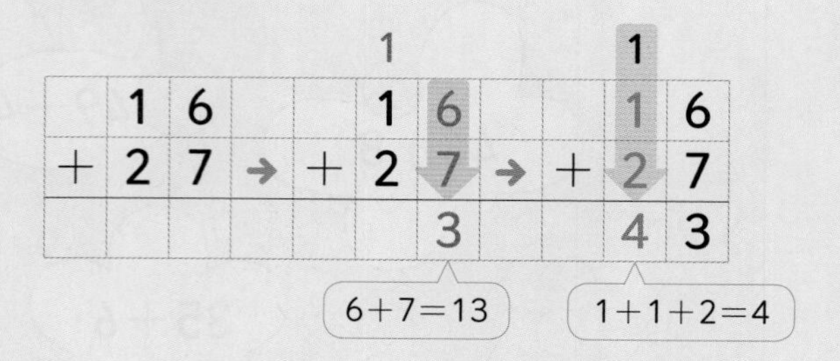

◆ 그림을 보고 ☐ 안에 알맞은 수를 써넣으세요.

1

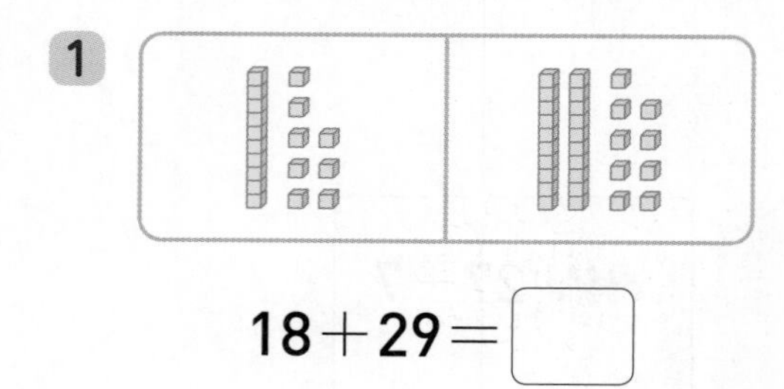

18+29=☐

2

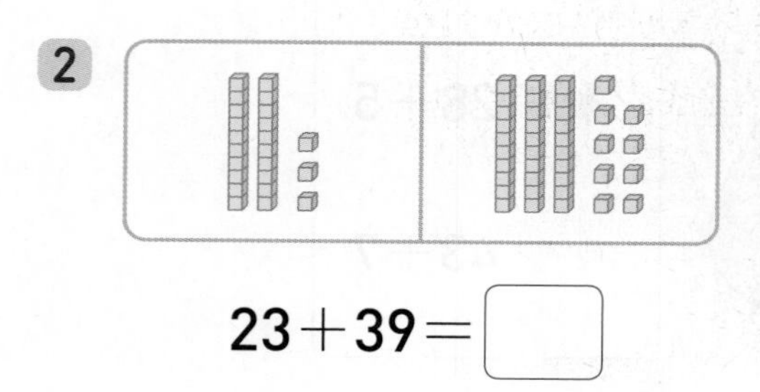

23+39=☐

3

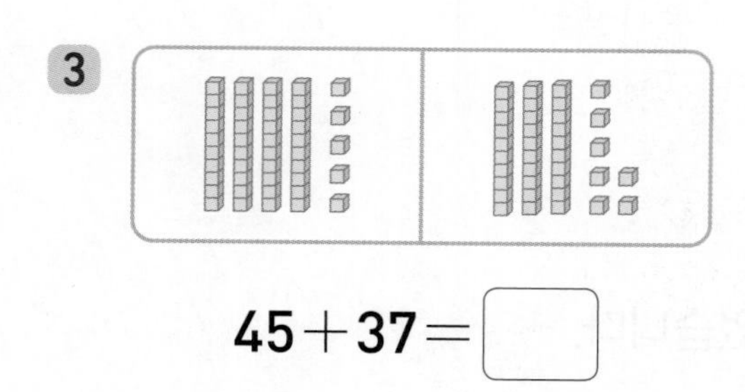

45+37=☐

4

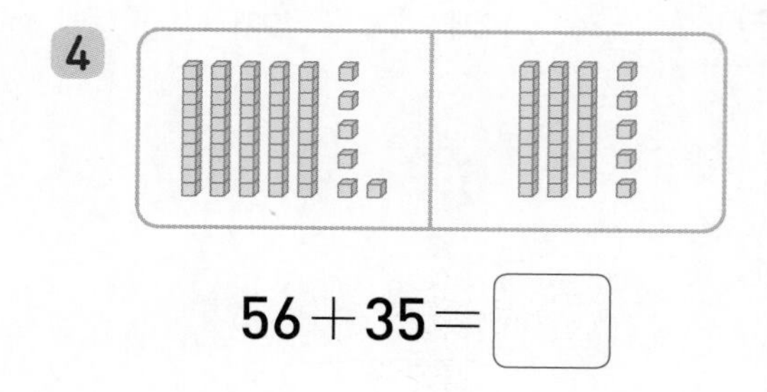

56+35=☐

◆ 계산해 보세요.

5 ①

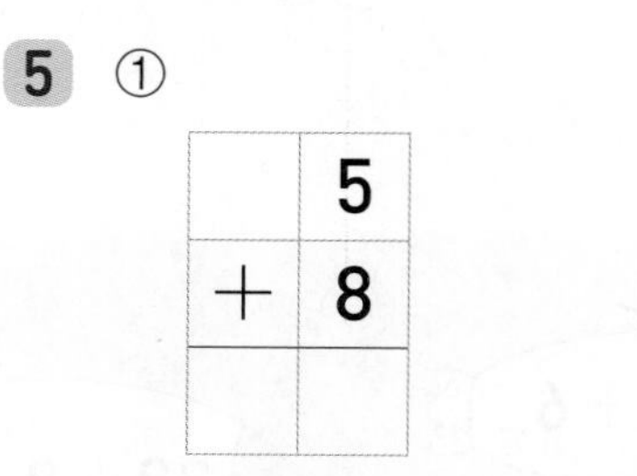

②

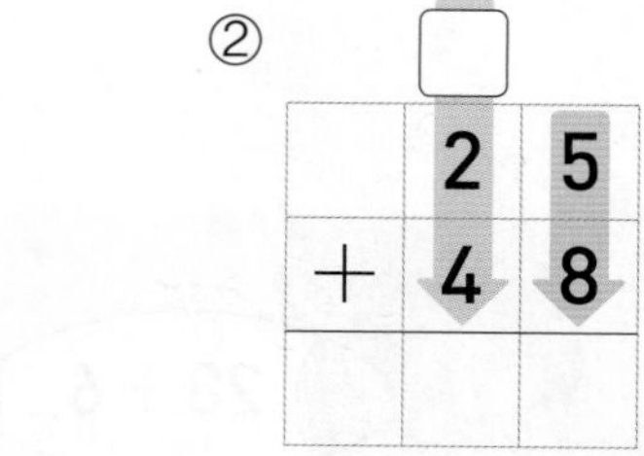

6 ①

②

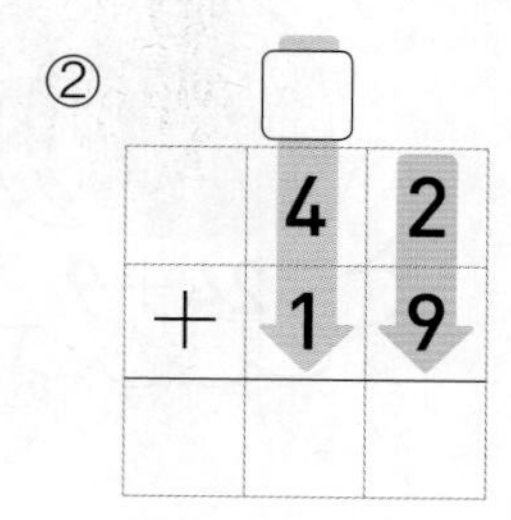

7 ①

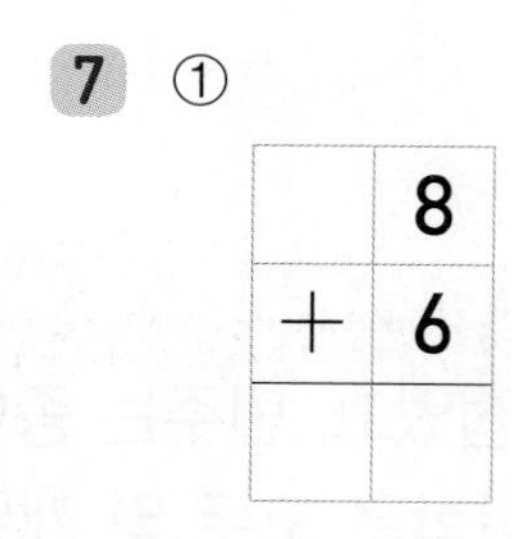

②

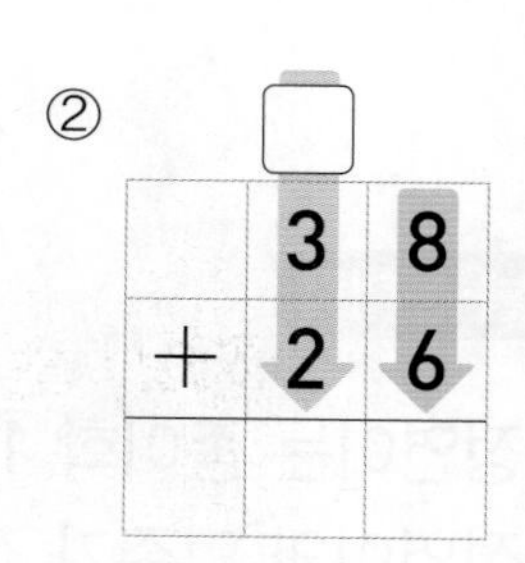

8 ①

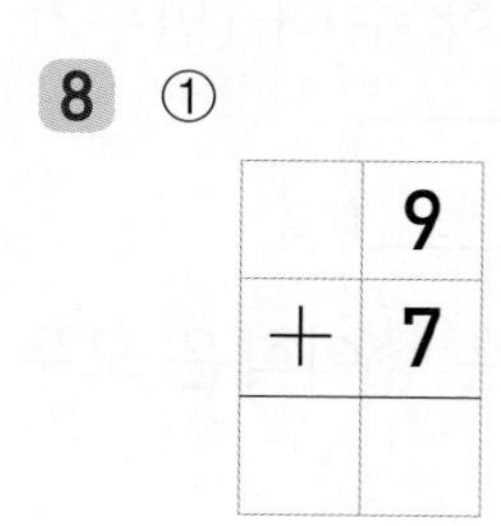

②

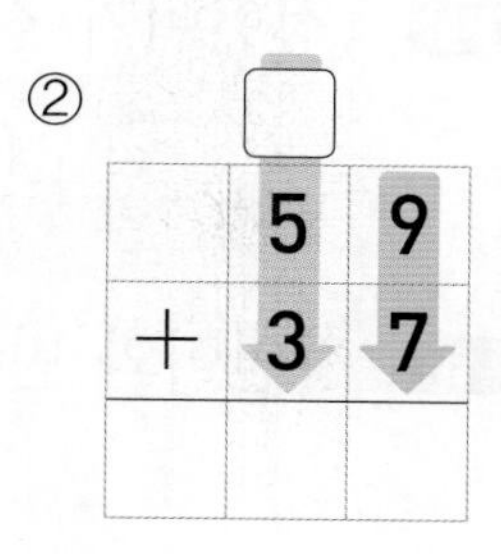

연습 (두 자리 수)+(두 자리 수)(1) ▶ 일의 자리에서 받아올림이 있는 경우

실수 콕! 9~22번 문제

십의 자리 계산을 할 때 일의 자리에서 받아올림한 수를 빠뜨리지 않도록 조심!

	1	5
+	2	9
	3 (✗)	4

1+2=3

	1	5
+	2	9
	4 (○)	4

1+1+2=4

◆ 계산해 보세요.

9 ① $19+19$ ② $19+24$

10 ① $27+38$ ② $27+45$

11 ① $33+19$ ② $33+27$

12 ① $46+25$ ② $46+39$

13 ① $54+16$ ② $54+28$

14 ① $68+15$ ② $68+23$

◆ 계산해 보세요.

15 ① $47+14$ ② $59+14$

16 ① $11+29$ ② $16+29$

17 ① $26+35$ ② $49+35$

18 ① $39+36$ ② $46+36$

19 ① $23+48$ ② $44+48$

20 ① $17+53$ ② $29+53$

21 ① $13+57$ ② $37+57$

22 ① $19+62$ ② $28+62$

적용 (두 자리 수)+(두 자리 수)(1) ▶ 일의 자리에서 받아올림이 있는 경우

◆ 보기 와 같이 수를 몇십과 몇으로 가르기하여 계산해 보세요.

보기

$29+15=29+10+5$
$=39+5=44$

23 $25+37=25+30+7$
$=55+\square=\square$

24 $39+16=39+10+\square$
$=49+\square=\square$

25 $48+23=48+20+\square$
$=68+\square=\square$

26 $57+37=57+\square+7$
$=\square+7=\square$

27 $79+12=79+\square+2$
$=\square+2=\square$

28 $63+29=63+\square+9$
$=\square+9=\square$

◆ 빈칸에 알맞은 수를 써넣으세요.

29
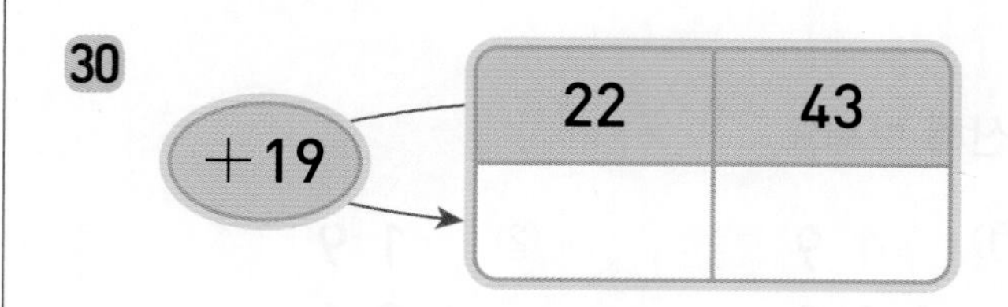

30
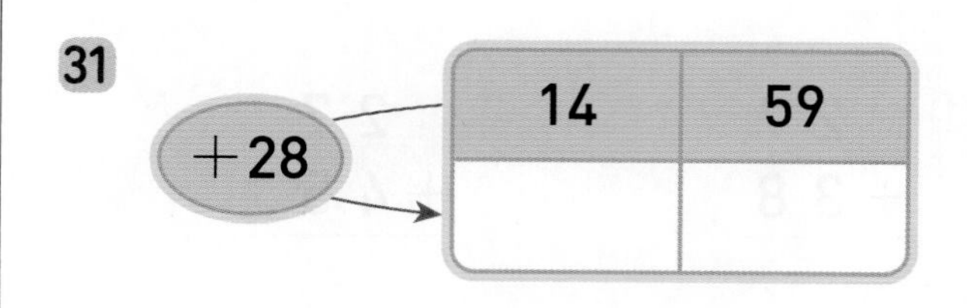

31
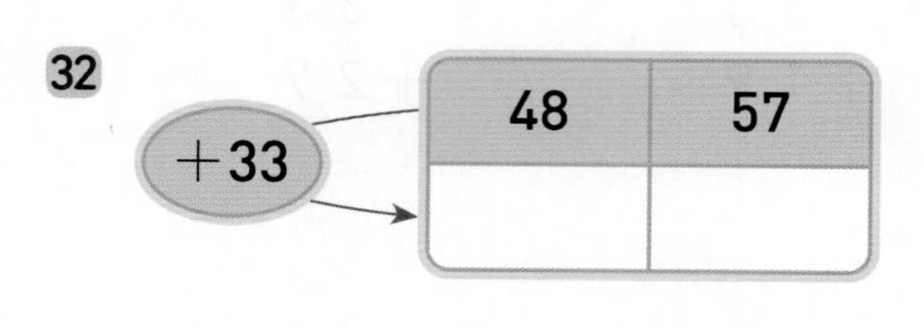

32
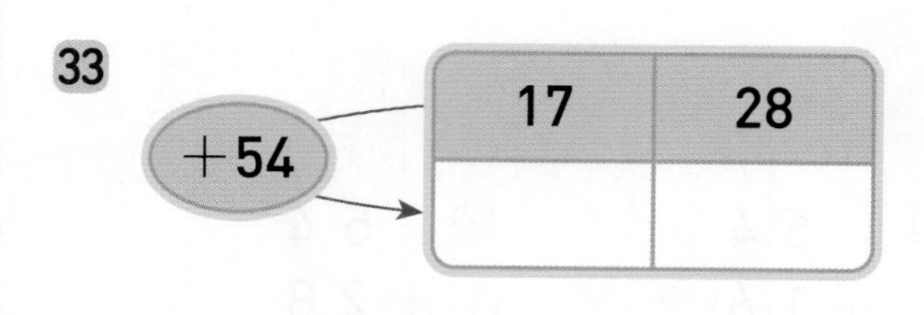

33

34
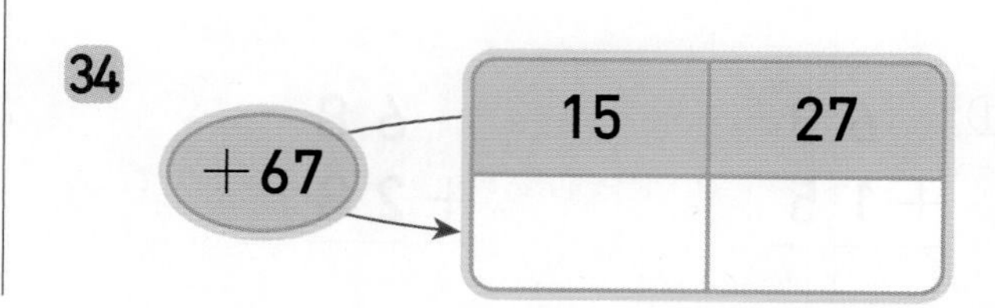

(두 자리 수)+(두 자리 수)(1) ▶ 일의 자리에서 받아올림이 있는 경우

◆ 같은 모양에 있는 두 수의 합을 구하려고 합니다. ☐ 안에 알맞은 수를 써넣으세요.

35

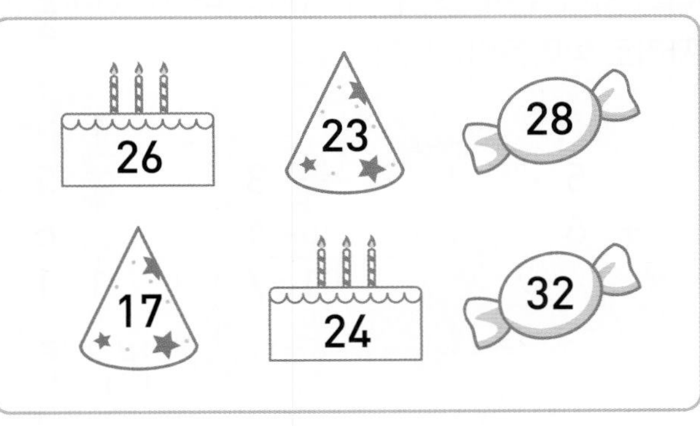

37

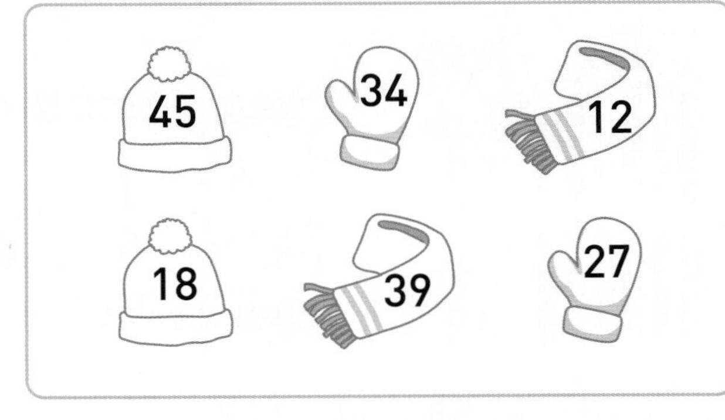

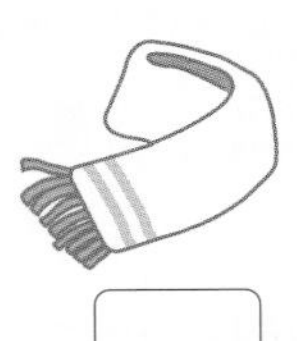

36

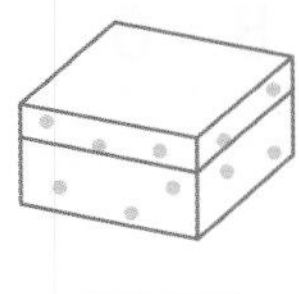

38

연산 + 문해력

39 은채네 농장에 돼지가 37마리, 닭이 47마리 있습니다. 은채네 농장에 있는 돼지와 닭은 모두 몇 마리일까요?

풀이 (돼지 수)+(닭 수)= ☐ + ☐ = ☐

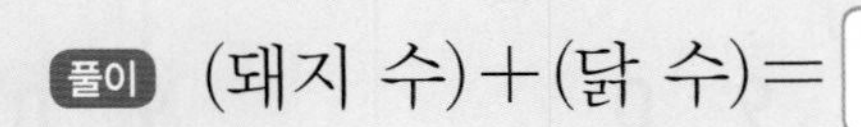

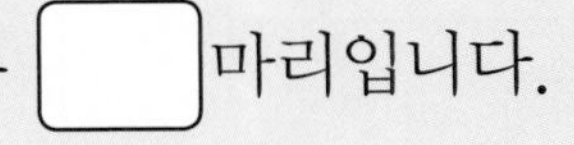

답 은채네 농장에 있는 돼지와 닭은 모두 ☐ 마리입니다.

(두 자리 수)+(두 자리 수) (2)

▶ 십의 자리에서 받아올림이 있는 경우

53+64를 수 모형으로 나타내어 알아봅니다.

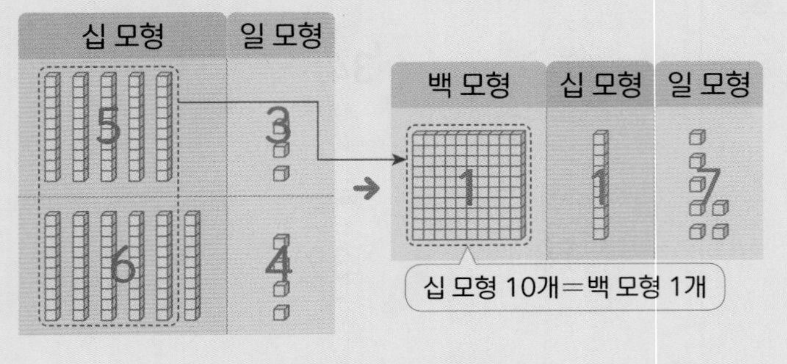

53+64=117

십의 자리 수끼리의 합이 10이거나 10보다 크면 백의 자리로 받아올림합니다.

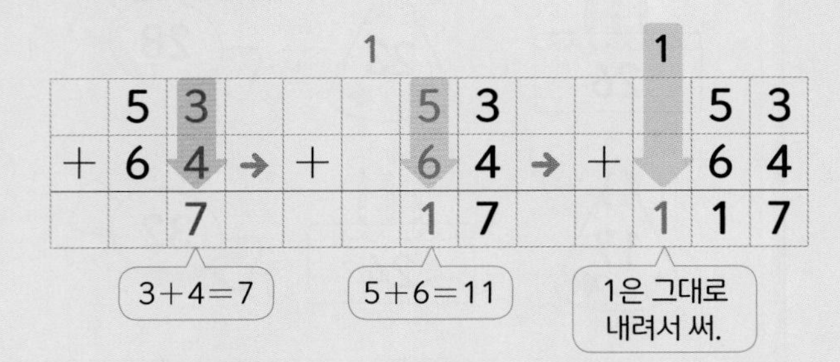

◆ 그림을 보고 ☐ 안에 알맞은 수를 써넣으세요.

1

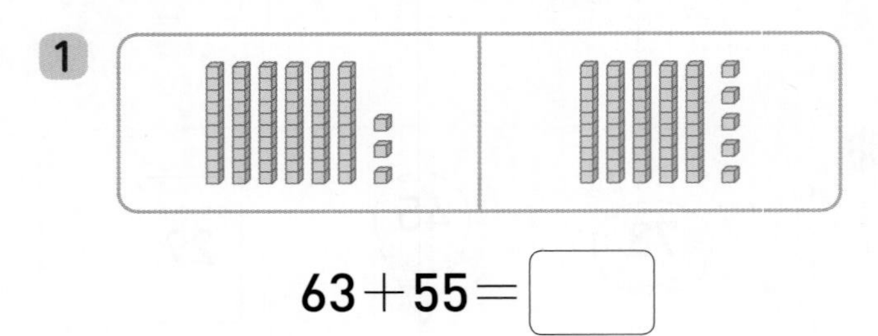

63+55=☐

2

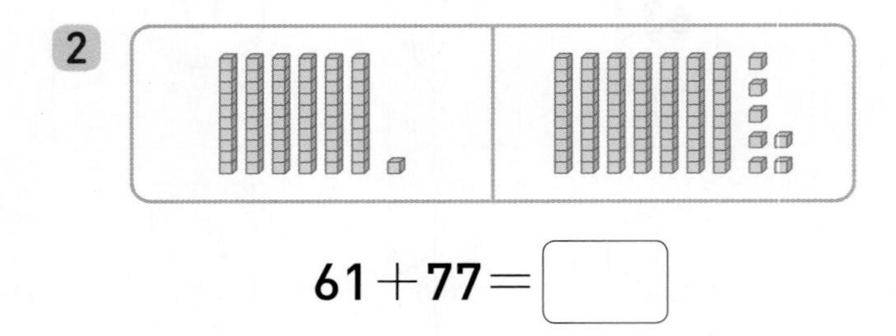

61+77=☐

3

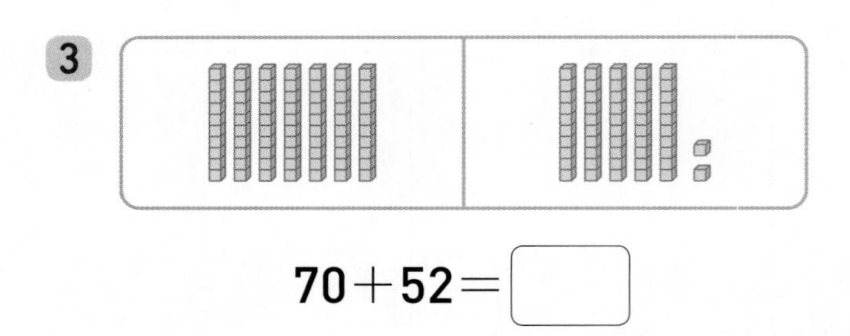

70+52=☐

4

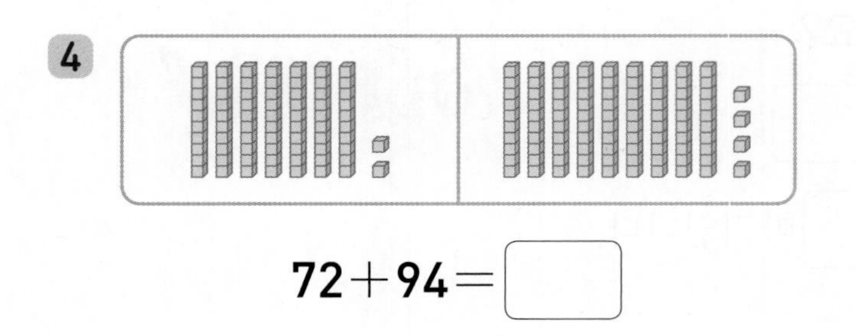

72+94=☐

◆ 계산해 보세요.

5

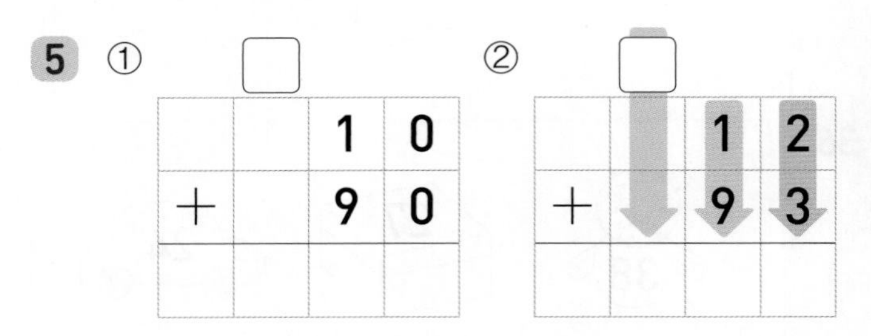

① 10 + 90

② 12 + 93

6

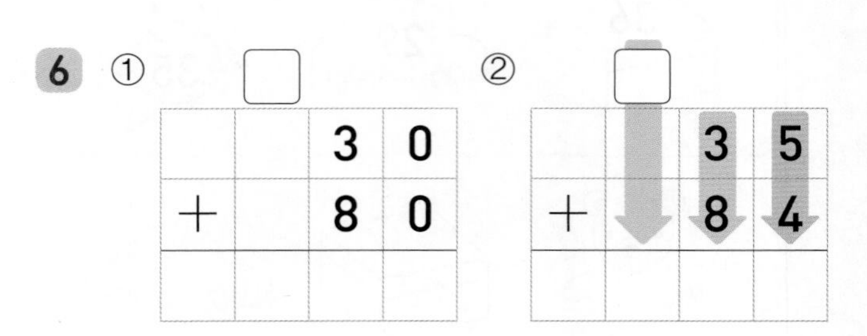

① 30 + 80

② 35 + 84

7

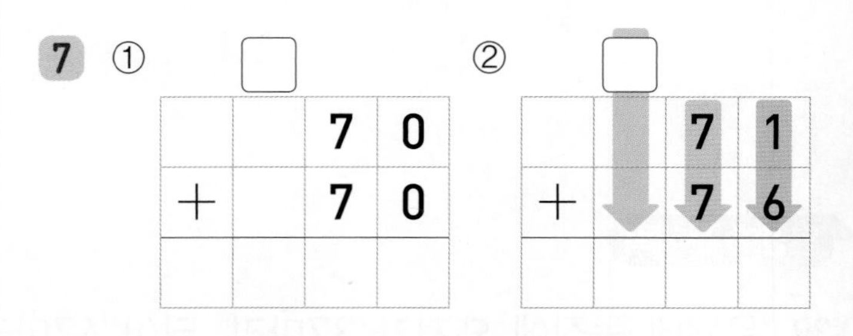

① 70 + 70

② 71 + 76

8

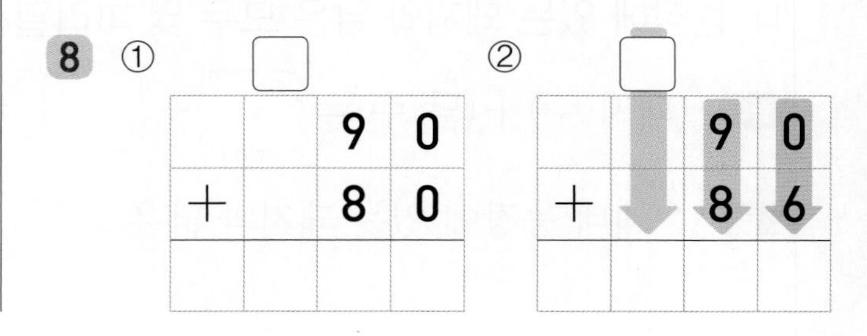

① 90 + 80

② 90 + 86

연습 (두 자리 수)+(두 자리 수)(2) ▶ 십의 자리에서 받아올림이 있는 경우

정답 10쪽

실수 콕! 13, 17, 18번 문제

$$\begin{array}{r} 12 \\ +\ 95 \\ \hline 107 \end{array} \qquad \begin{array}{r} 23 \\ +\ 81 \\ \hline 104 \end{array}$$

십의 자리 수끼리의 합이 10인 경우 백의 자리로 1을 받아올림하고 십의 자리에도 0을 꼭 써야 해.

◆ 계산해 보세요.

9 ① $\begin{array}{r} 37 \\ +81 \\ \hline \end{array}$ ② $\begin{array}{r} 37 \\ +92 \\ \hline \end{array}$

10 ① $\begin{array}{r} 42 \\ +73 \\ \hline \end{array}$ ② $\begin{array}{r} 42 \\ +94 \\ \hline \end{array}$

11 ① $\begin{array}{r} 53 \\ +86 \\ \hline \end{array}$ ② $\begin{array}{r} 53 \\ +95 \\ \hline \end{array}$

12 ① $\begin{array}{r} 64 \\ +55 \\ \hline \end{array}$ ② $\begin{array}{r} 64 \\ +63 \\ \hline \end{array}$

실수 콕!

13 ① $\begin{array}{r} 75 \\ +34 \\ \hline \end{array}$ ② $\begin{array}{r} 75 \\ +82 \\ \hline \end{array}$

14 ① $\begin{array}{r} 83 \\ +62 \\ \hline \end{array}$ ② $\begin{array}{r} 83 \\ +93 \\ \hline \end{array}$

◆ 계산해 보세요.

15 ① $84+31$

② $93+31$

16 ① $76+43$

② $85+43$

실수 콕!

17 ① $66+52$

② $52+52$

실수 콕!

18 ① $41+65$

② $74+65$

19 ① $42+75$

② $61+75$

20 ① $82+81$

② $93+81$

21 ① $32+84$

② $73+84$

22 ① $50+96$

② $71+96$

적용 (두 자리 수)+(두 자리 수)(2) ▶ 십의 자리에서 받아올림이 있는 경우

◆ 보기 와 같이 두 수를 각각 십의 자리 수와 일의 자리 수로 가르기하여 계산해 보세요.

보기

$87+21=80+20+7+1$
$=100+8=108$

23 $72+56=70+\square+2+\square$
$=\square+8=\square$

24 $94+83=90+\square+4+\square$
$=\square+\square=\square$

25 $95+32=\square+30+5+2$
$=\square+7=\square$

26 $41+84=\square+80+\square+4$
$=\square+5=\square$

27 $82+77=\square+70+\square+7$
$=\square+\square=\square$

28 $54+65=\square+60+\square+5$
$=\square+9=\square$

◆ 빈칸에 알맞은 수를 써넣으세요.

29

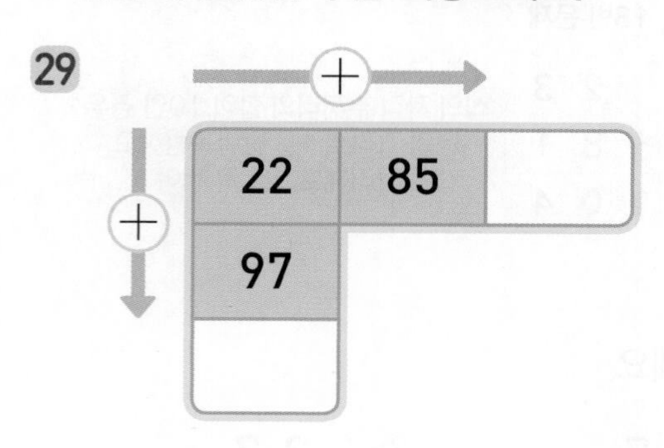

30

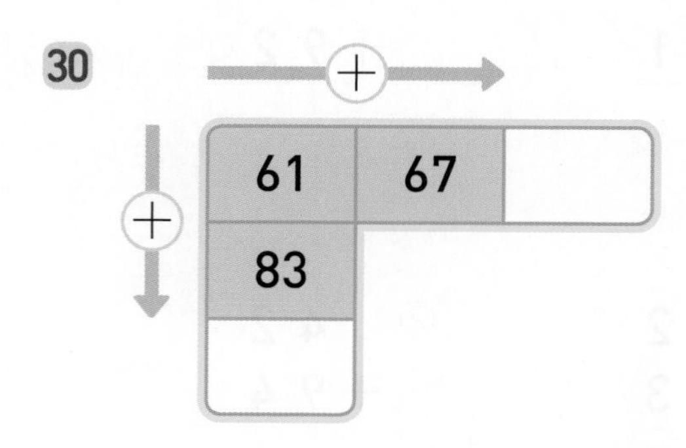

31

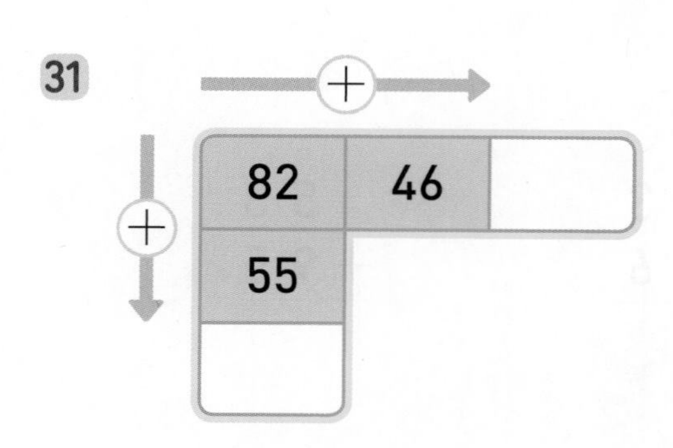

32

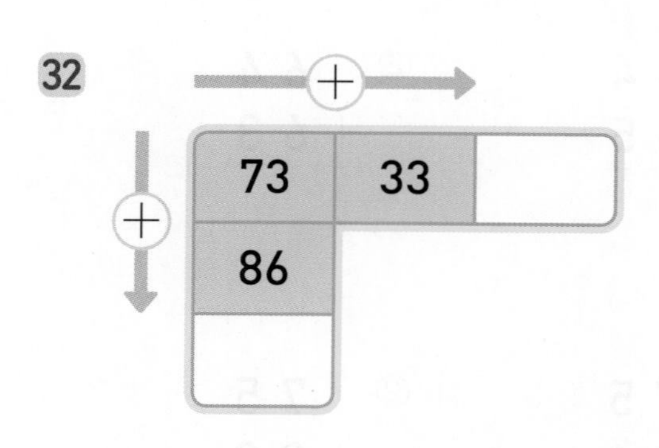

33

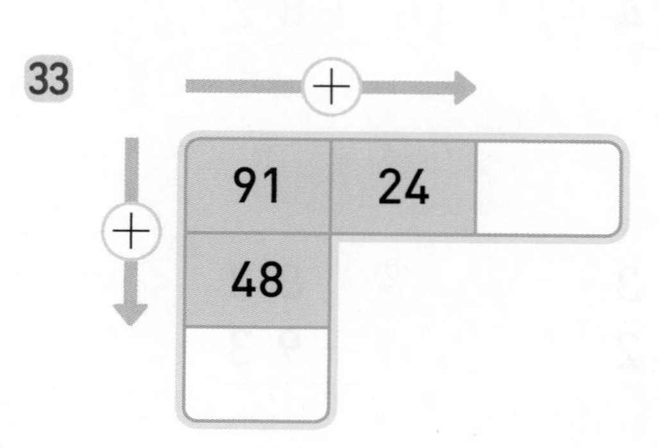

★ 완성 (두 자리 수)+(두 자리 수)(2) ▶ 십의 자리에서 받아올림이 있는 경우

정답 11쪽

◆ 주어진 푯말의 수와 관계있는 것을 찾아 낚싯줄을 이어 보세요.

34

35

36

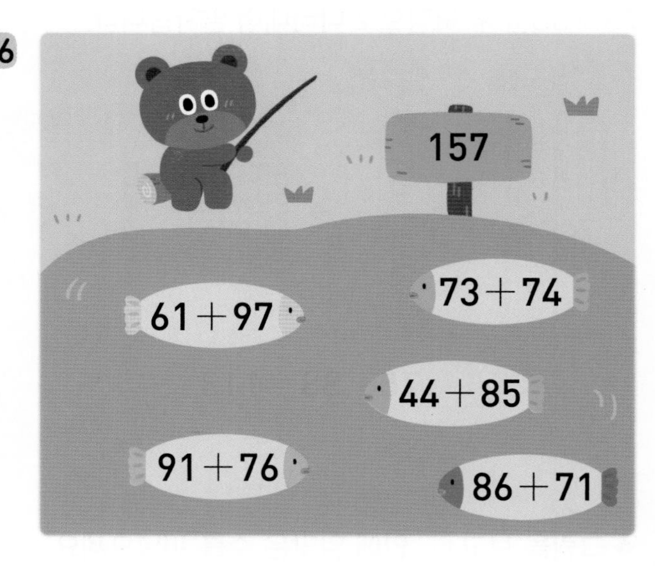

37

3단원 17회

연산 + 문해력

38 지수는 동화책을 어제는 56쪽, 오늘은 51쪽 읽었습니다. 지수가 어제와 오늘 읽은 동화책은 모두 몇 쪽일까요?

풀이 (어제 읽은 쪽수)+(오늘 읽은 쪽수)

=☐+☐=☐

답 지수가 어제와 오늘 읽은 동화책은 모두 ☐쪽입니다.

개념 **(두 자리 수)+(두 자리 수) (3)**

▶ 일, 십의 자리에서 받아올림이 있는 경우

75+38을 수 모형으로 나타내어 알아봅니다.

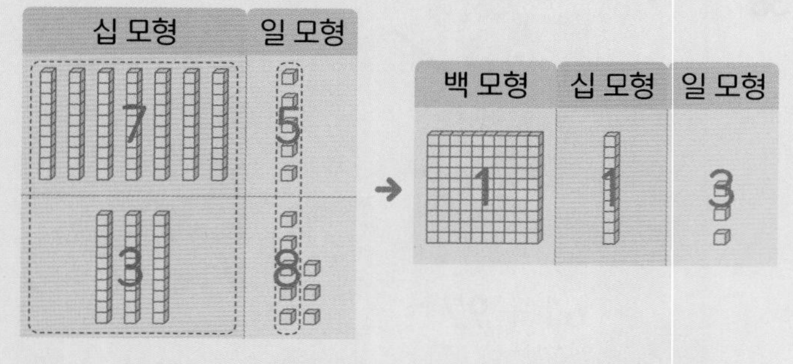

75+38=113

같은 자리 수끼리의 합이 10이거나 10보다 크면 바로 윗자리로 받아올림합니다.

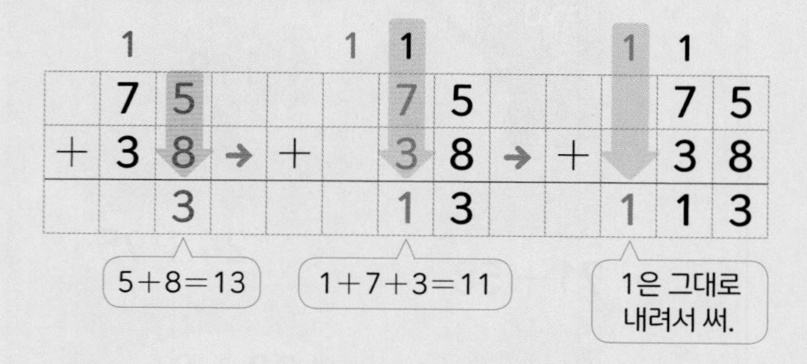

◆ 그림을 보고 ▢ 안에 알맞은 수를 써넣으세요.

1

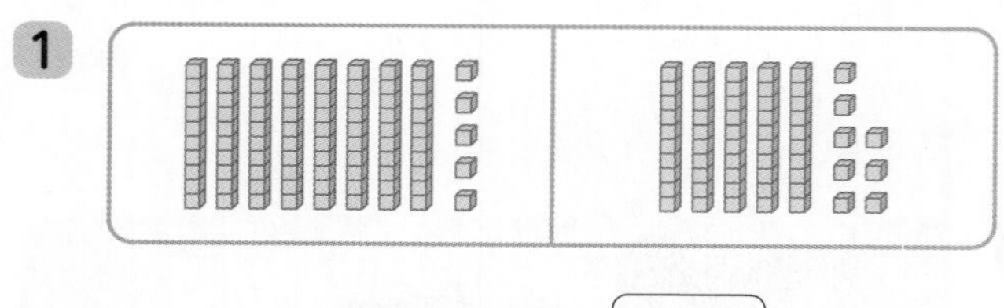

85+58=▢

2

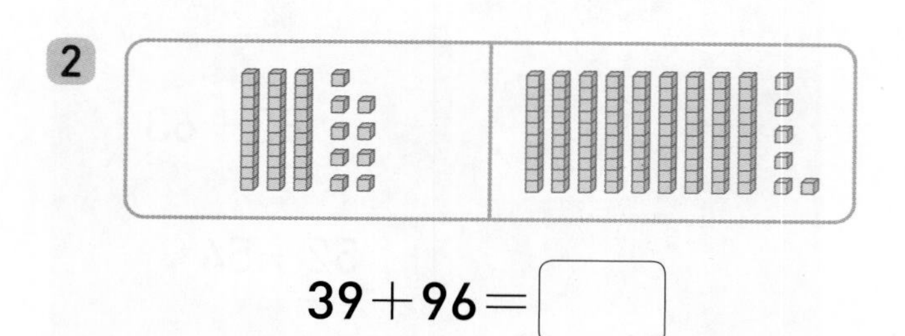

39+96=▢

3

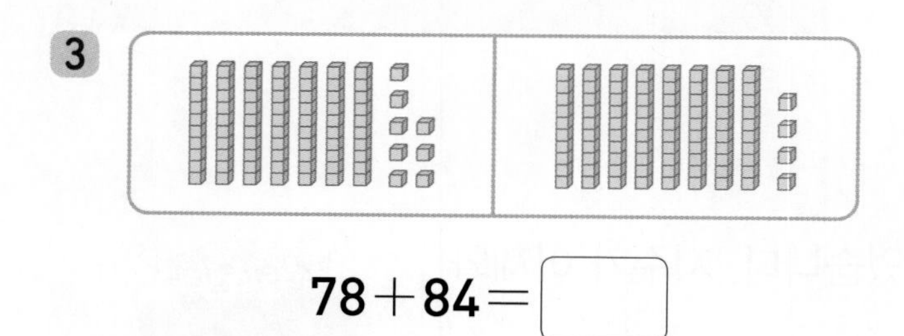

78+84=▢

4

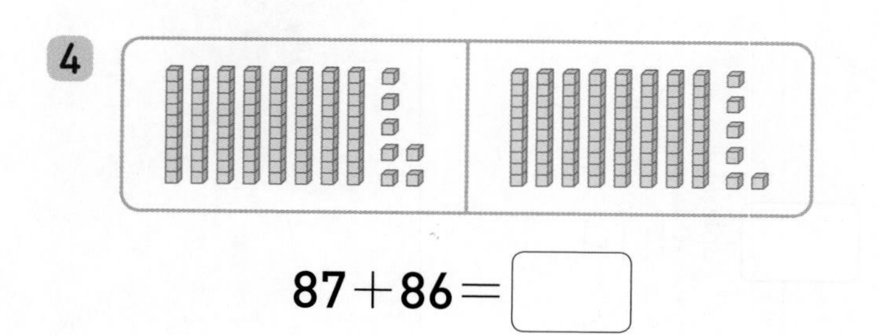

87+86=▢

◆ 계산해 보세요.

5

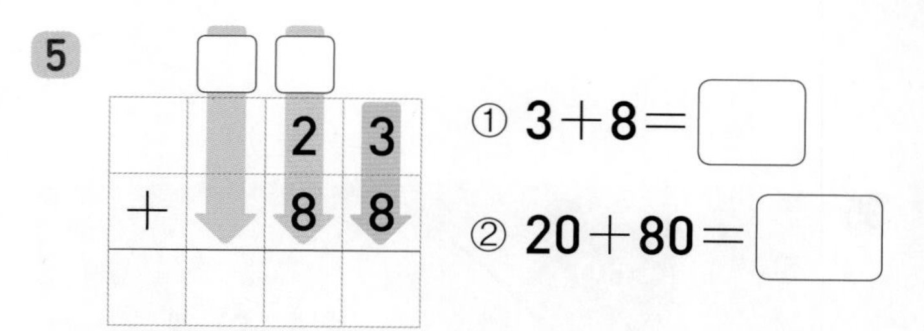

① 3+8=▢

② 20+80=▢

6

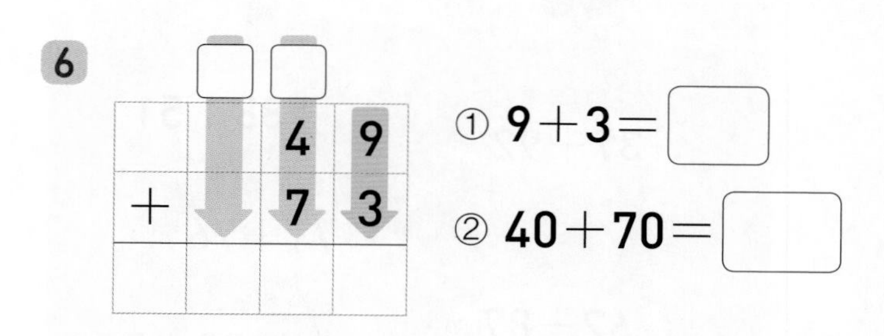

① 9+3=▢

② 40+70=▢

7

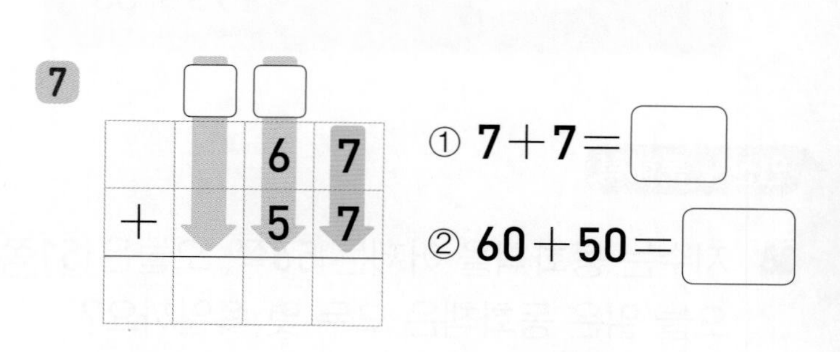

① 7+7=▢

② 60+50=▢

8

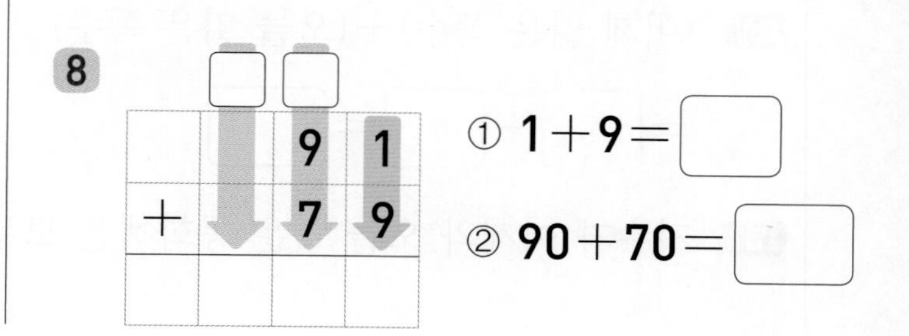

① 1+9=▢

② 90+70=▢

(두 자리 수)+(두 자리 수)(3) ▶ 일, 십의 자리에서 받아올림이 있는 경우

실수 콕! 9~22번 문제

1	1	
	3	8
+	9	4
1	3	2

받아올림한 수를 십의 자리와 백의 자리 위에 작게 써서 계산하면 실수를 줄일 수 있어.

◆ 계산해 보세요.

9 ① $\begin{array}{r} 26 \\ +87 \\ \hline \end{array}$ ② $\begin{array}{r} 26 \\ +98 \\ \hline \end{array}$

10 ① $\begin{array}{r} 35 \\ +79 \\ \hline \end{array}$ ② $\begin{array}{r} 35 \\ +95 \\ \hline \end{array}$

11 ① $\begin{array}{r} 43 \\ +68 \\ \hline \end{array}$ ② $\begin{array}{r} 43 \\ +87 \\ \hline \end{array}$

12 ① $\begin{array}{r} 59 \\ +62 \\ \hline \end{array}$ ② $\begin{array}{r} 59 \\ +84 \\ \hline \end{array}$

13 ① $\begin{array}{r} 78 \\ +54 \\ \hline \end{array}$ ② $\begin{array}{r} 78 \\ +78 \\ \hline \end{array}$

14 ① $\begin{array}{r} 84 \\ +36 \\ \hline \end{array}$ ② $\begin{array}{r} 84 \\ +99 \\ \hline \end{array}$

◆ 계산해 보세요.

15 ① $73+37$

② $86+37$

16 ① $76+45$

② $89+45$

17 ① $67+58$

② $99+58$

18 ① $56+64$

② $98+64$

19 ① $35+77$

② $64+77$

20 ① $76+87$

② $84+87$

21 ① $43+89$

② $66+89$

22 ① $36+95$

② $58+95$

3단원 18회

적용 (두 자리 수)+(두 자리 수)(3) ▶ 일, 십의 자리에서 받아올림이 있는 경우

◆ 빈칸에 알맞은 수를 써넣으세요.

23 36, 89 → +77 → ☐, ☐

24 49, 76 → +86 → ☐, ☐

25 54, 75 → +96 → ☐, ☐

26 42, 59 → +98 → ☐, ☐

27 67, 95 → +75 → ☐, ☐

◆ 계산 결과가 더 작은 것에 ○표 하세요.

28 45+96 ( ) 72+88 ( )

29 97+36 ( ) 84+48 ( )

30 83+47 ( ) 56+75 ( )

31 67+85 ( ) 55+98 ( )

32 64+89 ( ) 48+97 ( )

33 78+87 ( ) 67+99 ( )

34 59+96 ( ) 85+75 ( )

★ 완성 (두 자리 수)+(두 자리 수)(3) ▶ 일, 십의 자리에서 받아올림이 있는 경우

◆ 친구들이 쓴 쪽지를 보고 타야 하는 버스를 찾아 ○표 하세요.

35

지후야. 우리 집은

78＋55＝□□□번

버스를 타고 오면 돼.

－ 서율

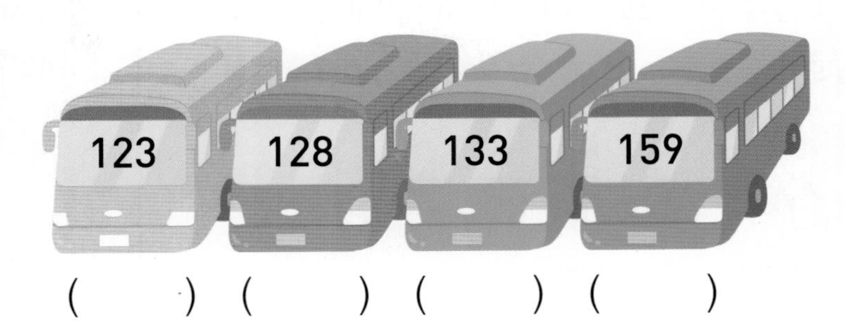

(　　) (　　) (　　) (　　)

36

다은아. 우리 집은

83＋68＝□□□번

버스를 타고 오면 돼.

－ 준희

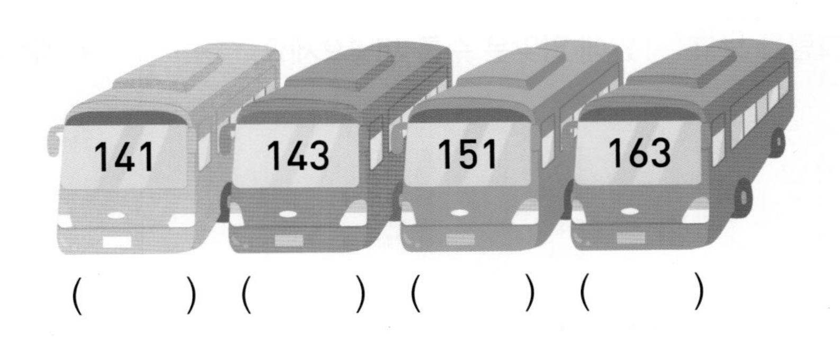

(　　) (　　) (　　) (　　)

37

도현아. 우리 집은

46＋94＝□□□번

버스를 타고 오면 돼.

－ 민아

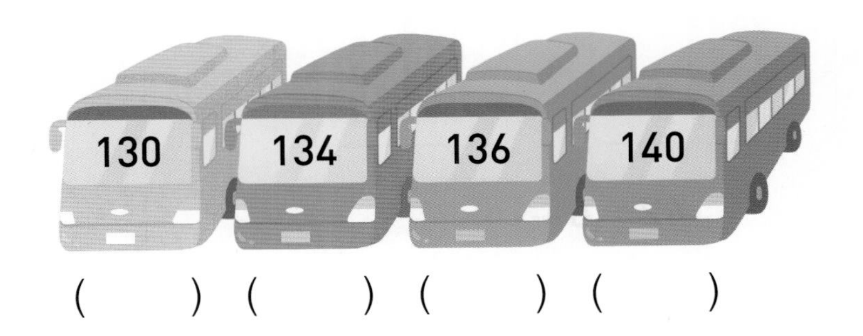

(　　) (　　) (　　) (　　)

연산＋문해력

38 상자에 각각 빨간색 공이 66개, 파란색 공이 76개 들어 있습니다. 상자에 들어 있는 빨간색 공과 파란색 공은 모두 몇 개일까요?

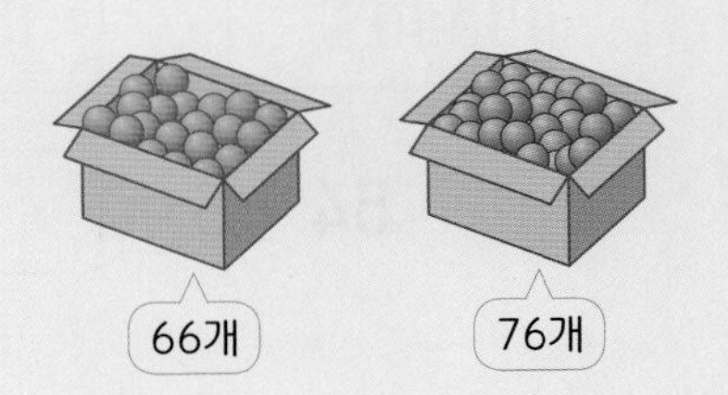

풀이 (빨간색 공 수)＋(파란색 공 수)

＝□＋□＝□

답 빨간색 공과 파란색 공은 모두 □개입니다.

개념 (두 자리 수)－(한 자리 수)

▶ 받아내림이 있는 경우

31－8을 수 모형으로 나타내어 알아봅니다.

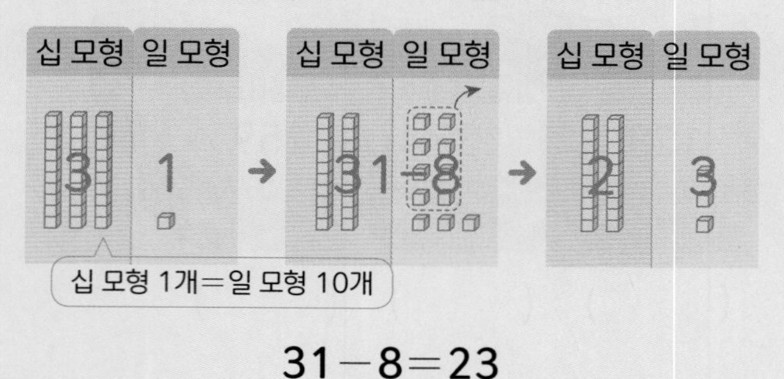

31－8＝23

일의 자리 수끼리 뺄 수 없으면 십의 자리에서 10을 받아내림합니다.

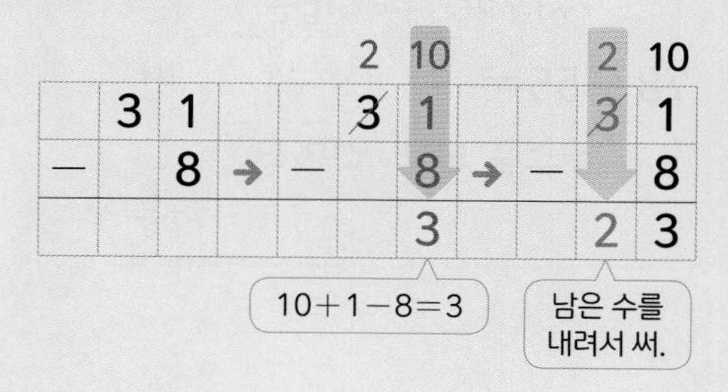

◆ 그림을 보고 ☐ 안에 알맞은 수를 써넣으세요.

1

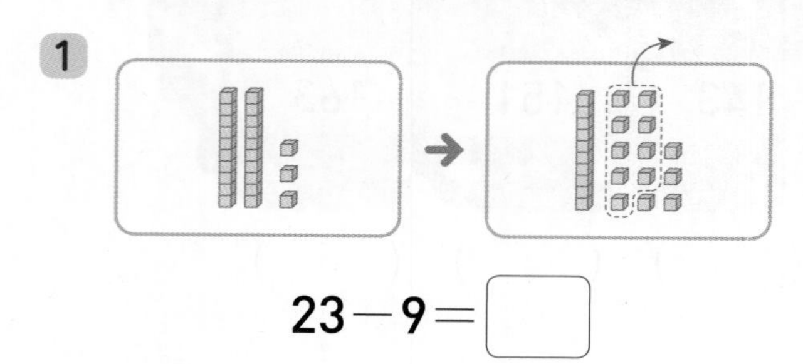

23－9＝☐

2

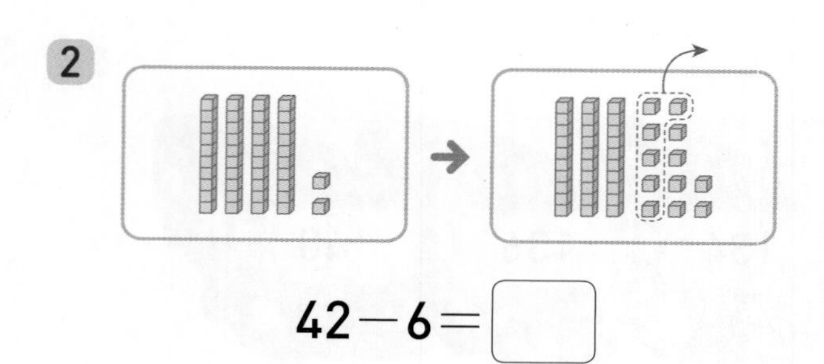

42－6＝☐

3

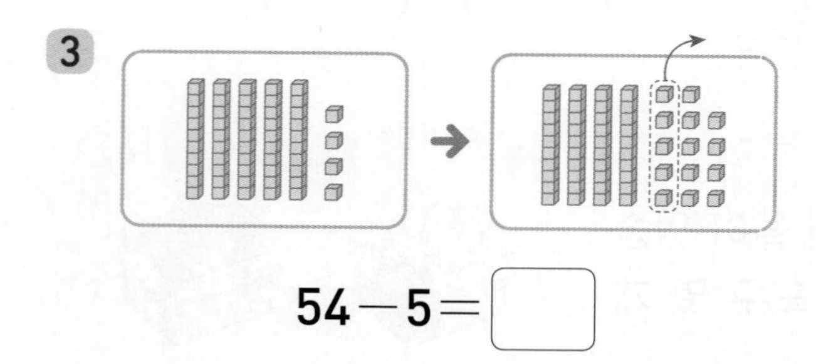

54－5＝☐

4

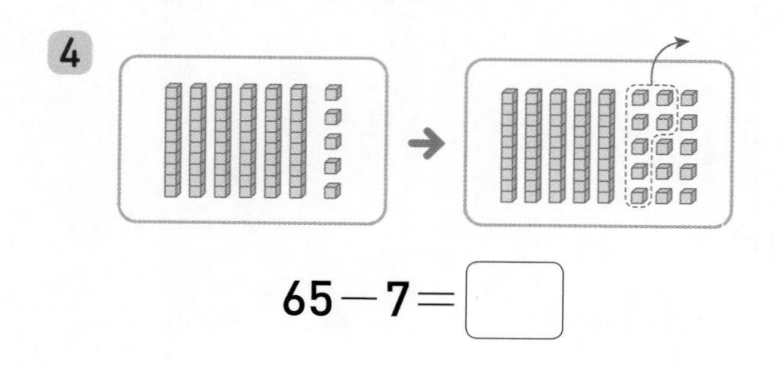

65－7＝☐

◆ 계산해 보세요.

5 ①

	1	2
－		8

②

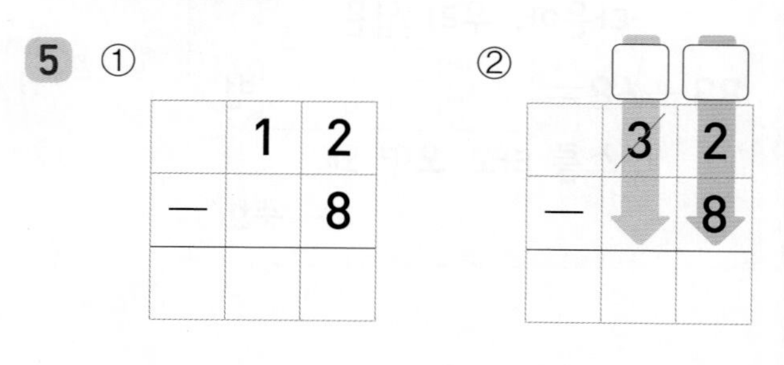

6 ①

	1	1
－		4

②

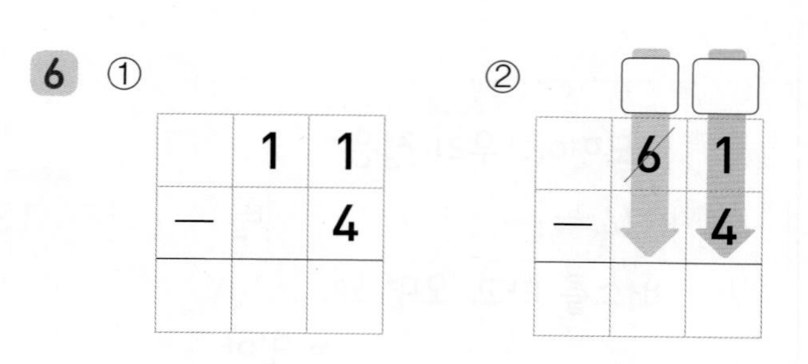

7 ①

	1	3
－		8

②

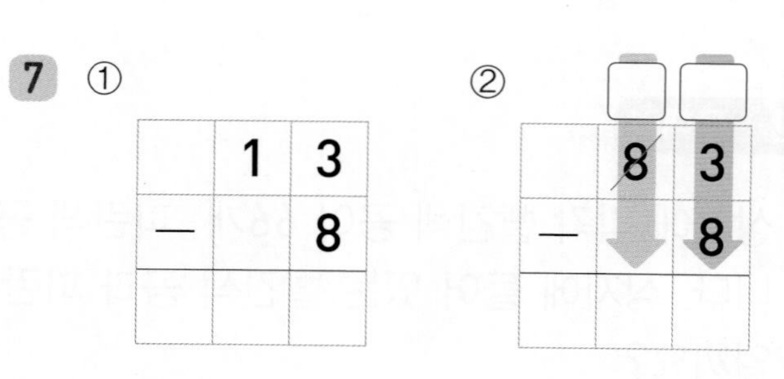

8 ①

	1	8
－		9

②

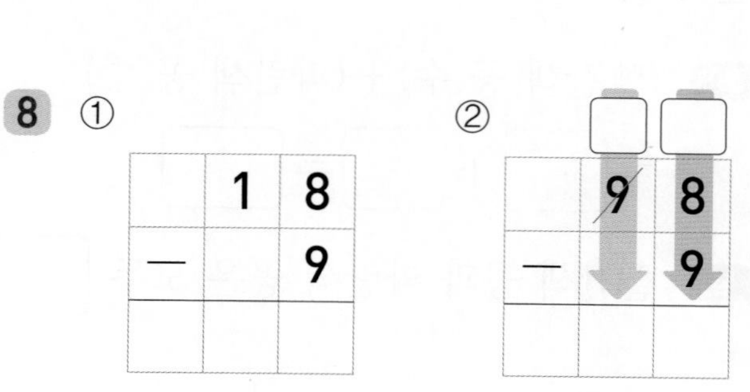

(두 자리 수)－(한 자리 수) ▶ 받아내림이 있는 경우

정답 11쪽

실수 콕! 9~22번 문제

42－3 →

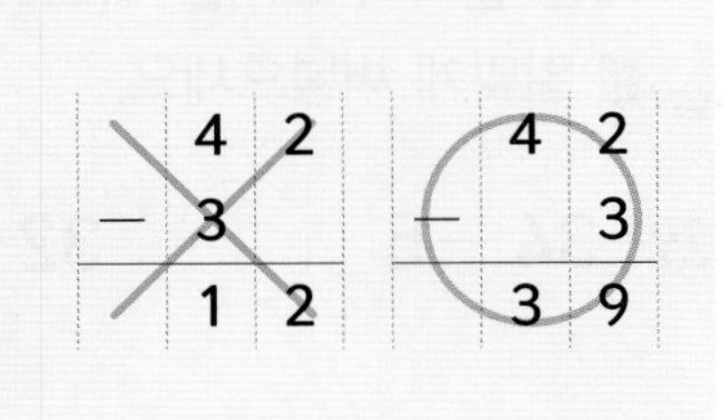

십의 자리 수에서 일의 자리 수를 빼지 않도록 조심!

◆ 계산해 보세요.

9 ① $\begin{array}{r} 27 \\ -\ 8 \\ \hline \end{array}$ ② $\begin{array}{r} 27 \\ -\ 9 \\ \hline \end{array}$

10 ① $\begin{array}{r} 42 \\ -\ 4 \\ \hline \end{array}$ ② $\begin{array}{r} 42 \\ -\ 6 \\ \hline \end{array}$

11 ① $\begin{array}{r} 51 \\ -\ 7 \\ \hline \end{array}$ ② $\begin{array}{r} 51 \\ -\ 8 \\ \hline \end{array}$

12 ① $\begin{array}{r} 63 \\ -\ 5 \\ \hline \end{array}$ ② $\begin{array}{r} 63 \\ -\ 9 \\ \hline \end{array}$

13 ① $\begin{array}{r} 84 \\ -\ 6 \\ \hline \end{array}$ ② $\begin{array}{r} 84 \\ -\ 8 \\ \hline \end{array}$

14 ① $\begin{array}{r} 95 \\ -\ 6 \\ \hline \end{array}$ ② $\begin{array}{r} 95 \\ -\ 9 \\ \hline \end{array}$

◆ 계산해 보세요.

15 ① 31－3 ② 52－3

16 ① 32－4 ② 41－4

17 ① 23－5 ② 34－5

18 ① 44－6 ② 65－6

19 ① 45－7 ② 52－7

20 ① 84－8 ② 97－8

21 ① 53－7 ② 62－7

22 ① 67－9 ② 71－9

적용 (두 자리 수)-(한 자리 수) ▶ 받아내림이 있는 경우

◆ 보기 와 같이 일의 자리 수를 같게 만들어 계산해 보세요.

보기

$32-4=32-2-2$
$=30-2=28$

23 $43-5=43-\square-2$
$=\square-2=\square$

24 $51-6=51-\square-5$
$=\square-5=\square$

25 $57-8=57-\square-1$
$=\square-1=\square$

26 $65-7=65-\square-2$
$=\square-2=\square$

27 $73-9=73-\square-6$
$=\square-6=\square$

28 $94-7=94-\square-3$
$=\square-3=\square$

◆ 계산 결과의 크기를 비교하여 ○ 안에 >, =, <를 알맞게 써넣으세요.

29 $34-5$ ○ $32-6$

30 $43-6$ ○ $47-9$

31 $36-8$ ○ $33-9$

32 $64-7$ ○ $68-9$

33 $91-5$ ○ $95-9$

34 $82-6$ ○ $87-8$

35 $75-9$ ○ $71-6$

36 $53-5$ ○ $56-8$

정답 12쪽

★ 완성 (두 자리 수)－(한 자리 수) ▶ 받아내림이 있는 경우

◆ 공룡이 지나간 두 수의 차가 공룡알의 수가 되도록 보기 와 같이 연결해 보세요.

보기

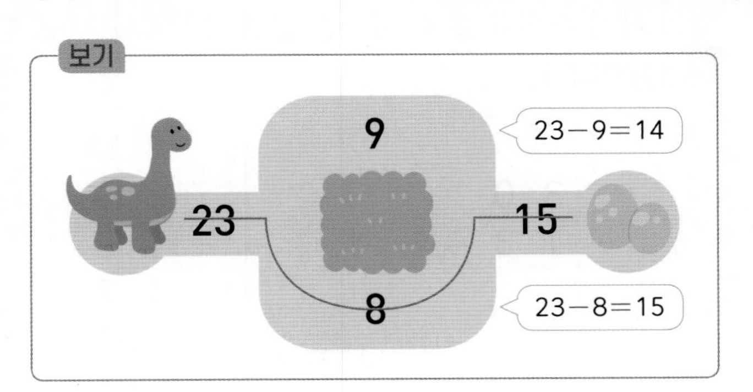

39

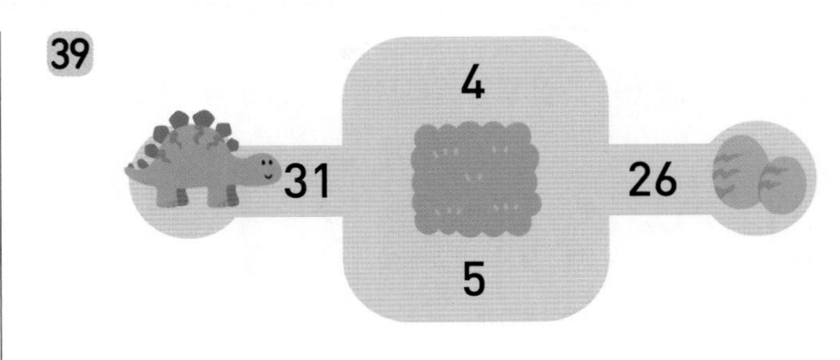

37

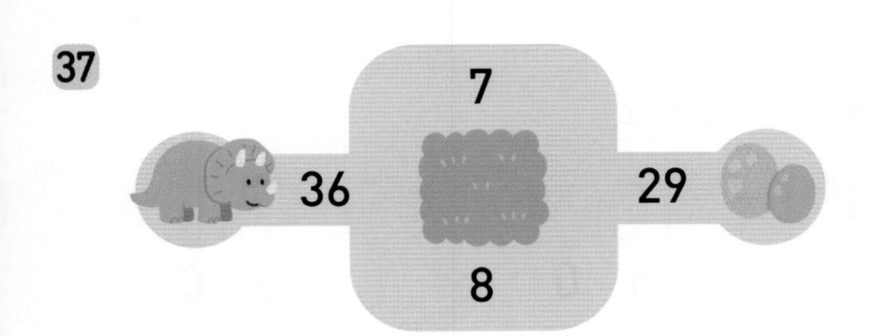

40

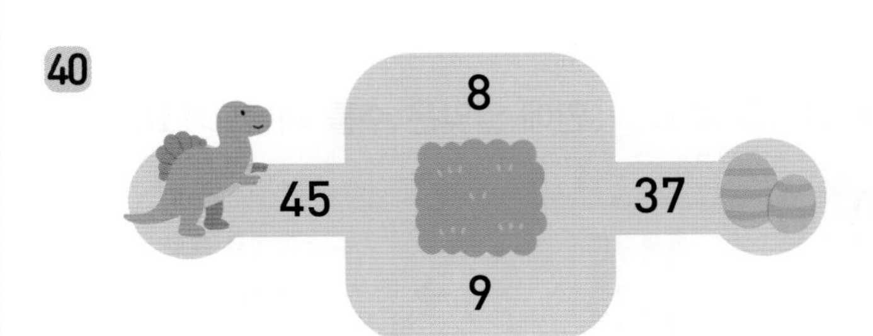

38

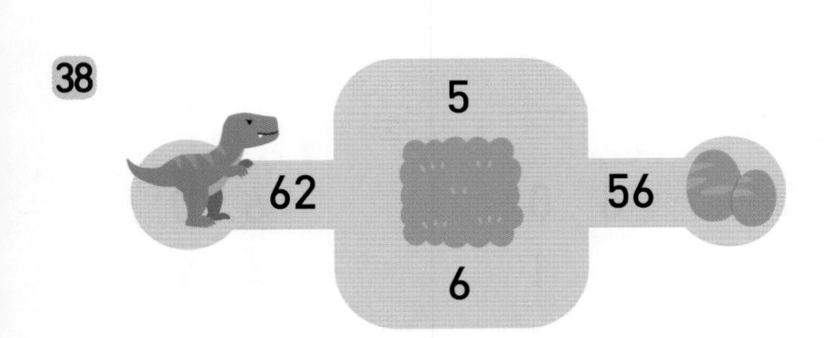

41

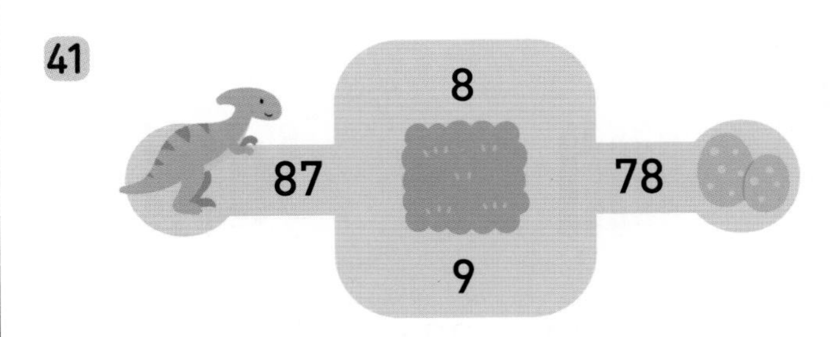

연산＋문해력

42 정후는 초콜릿을 24개 가지고 있습니다. 형에게 초콜릿 8개를 주면 남는 초콜릿은 몇 개일까요?

풀이 (가지고 있는 초콜릿 수)－(형에게 준 초콜릿 수)

＝☐－☐＝☐

답 남는 초콜릿은 ☐개입니다.

(몇십) − (몇십몇)

30 − 13을 수 모형으로 나타내어 알아봅니다.

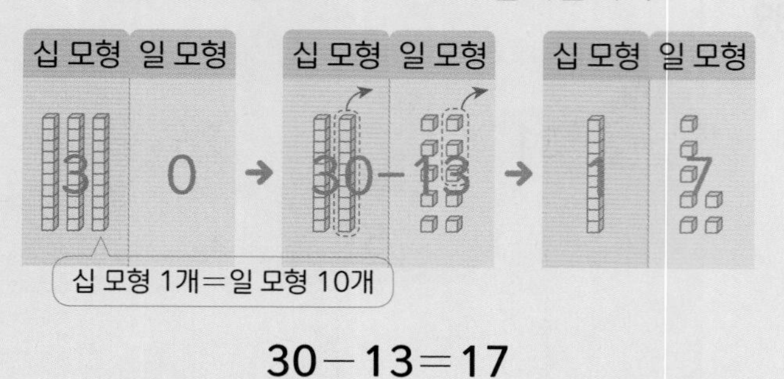

$30 - 13 = 17$

일의 자리 수끼리 뺄 수 없으면 십의 자리에서 10을 받아내림합니다.

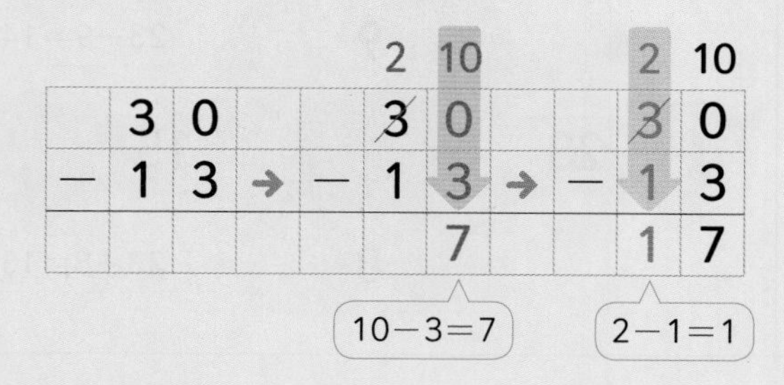

◆ 그림을 보고 ☐ 안에 알맞은 수를 써넣으세요.

1

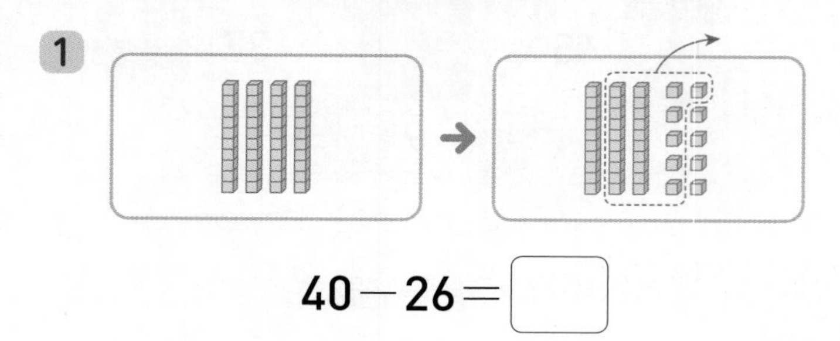

$40 - 26 =$ ☐

2

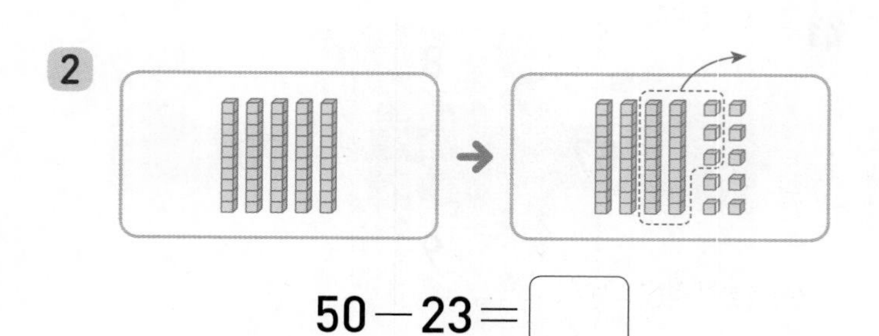

$50 - 23 =$ ☐

3

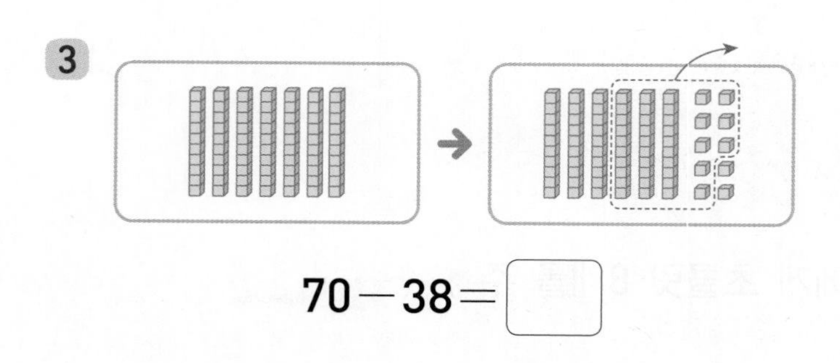

$70 - 38 =$ ☐

4

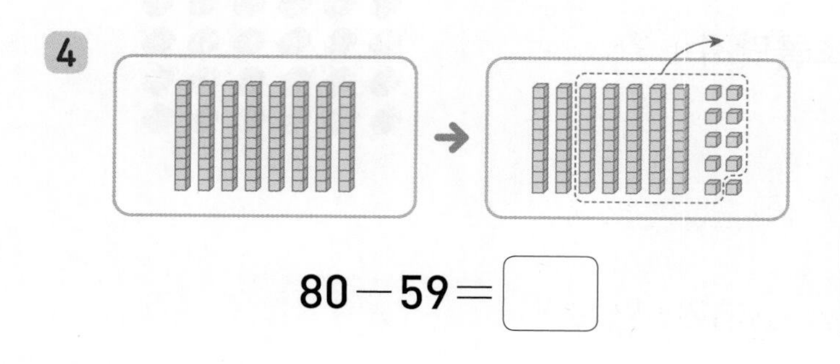

$80 - 59 =$ ☐

◆ 계산해 보세요.

5

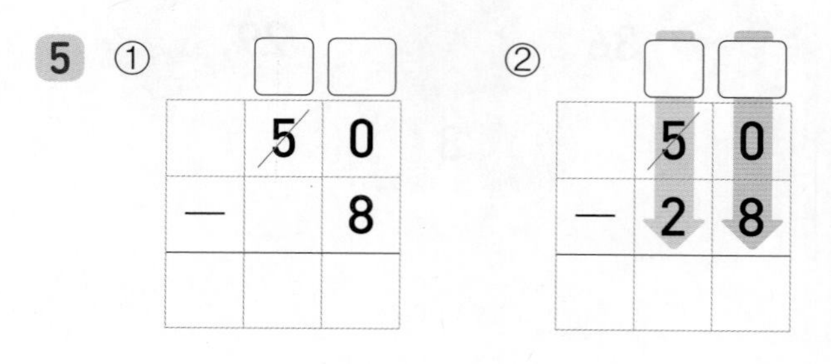

6

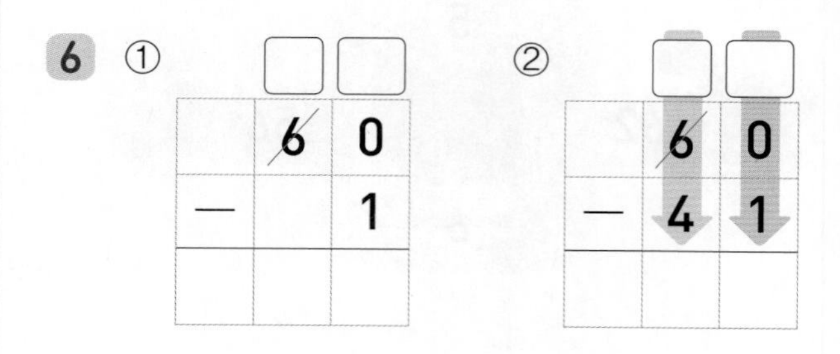

7

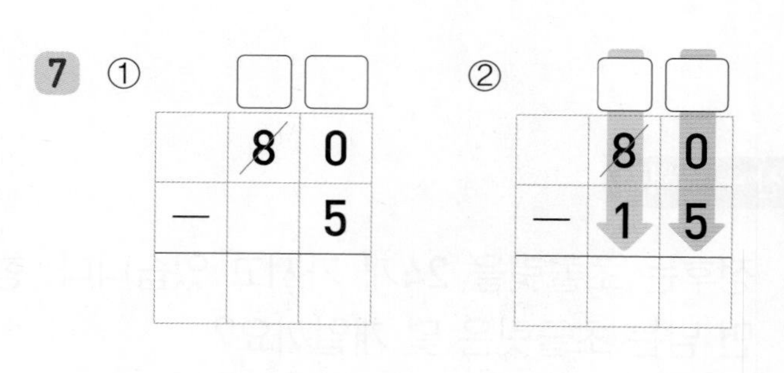

8

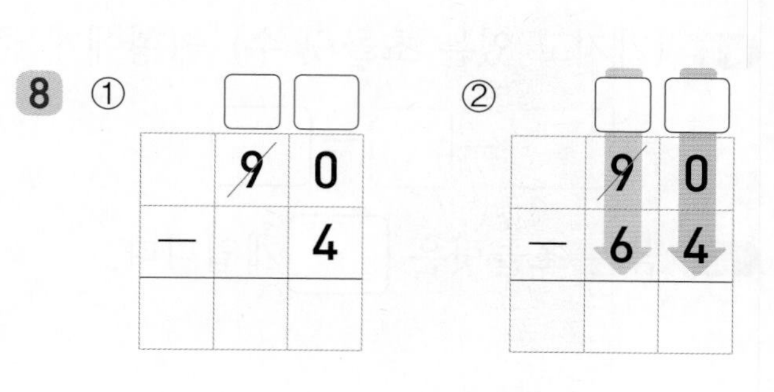

연습 (몇십) – (몇십몇)

실수 콕! 9~22번 문제

	4	0
−	2	9
	2	9

9에서 0을 빼면 안 돼!

	3	10
	4	0
−	2	9
	1	1

받아내림한 10에서 9를 빼.

◆ 계산해 보세요.

9 ① $30 - 11$ ② $30 - 15$

10 ① $50 - 31$ ② $50 - 26$

11 ① $60 - 28$ ② $60 - 44$

12 ① $70 - 18$ ② $70 - 37$

13 ① $80 - 39$ ② $80 - 52$

14 ① $90 - 42$ ② $90 - 65$

◆ 계산해 보세요.

15 ① $30 - 12$

② $40 - 12$

16 ① $50 - 24$

② $70 - 24$

17 ① $90 - 33$

② $70 - 33$

18 ① $60 - 39$

② $90 - 39$

19 ① $80 - 42$

② $60 - 42$

20 ① $60 - 46$

② $80 - 46$

21 ① $70 - 53$

② $90 - 53$

22 ① $80 - 61$

② $90 - 61$

적용 (몇십)－(몇십몇)

◆ 보기 와 같이 수를 몇십과 몇으로 가르기하여 계산해 보세요.

보기

$30-16=30-10-6$
$=20-6=14$

23 $40-27=40-\square-7$
$=\square-7=\square$

24 $50-18=50-\square-8$
$=\square-8=\square$

25 $60-25=60-\square-5$
$=\square-5=\square$

26 $70-34=70-\square-4$
$=\square-4=\square$

27 $80-13=80-\square-3$
$=\square-3=\square$

28 $90-56=90-\square-6$
$=\square-6=\square$

◆ 빈칸에 알맞은 수를 써넣으세요.

29 ⊖ →

40	19	
50	11	

30 ⊖ →

30	14	
70	26	

31 ⊖ →

60	34	
90	19	

32 ⊖ →

80	26	
40	15	

33 ⊖ →

30	17	
50	29	

34 ⊖ →

70	32	
90	54	

★ 완성 (몇십)－(몇십몇)

◆ 계산 결과에 맞는 두더지를 찾아 ○표 하세요.

35

36

37

38

39

40

연산 + 문해력

41 태은이는 연필을 30자루 가지고 있고, 경민이는 16자루 가지고 있습니다. 태은이는 경민이보다 연필을 몇 자루 더 많이 가지고 있을까요?

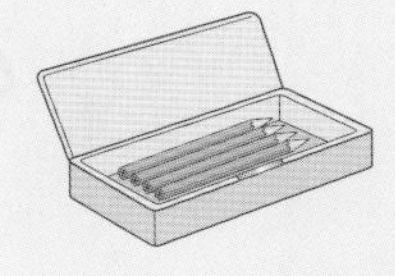

풀이 (태은이의 연필 수)－(경민이의 연필 수)

답 태은이는 경민이보다 연필을 □자루 더 많이 가지고 있습니다.

개념 (두 자리 수)−(두 자리 수)

▶ 받아내림이 있는 경우

36−19를 수 모형으로 나타내어 알아봅니다.

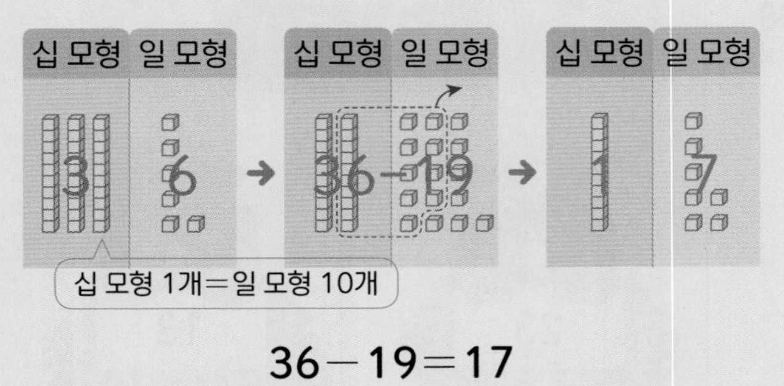

36−19=17

일의 자리 수끼리 뺄 수 없으면 십의 자리에서 10을 받아내림합니다.

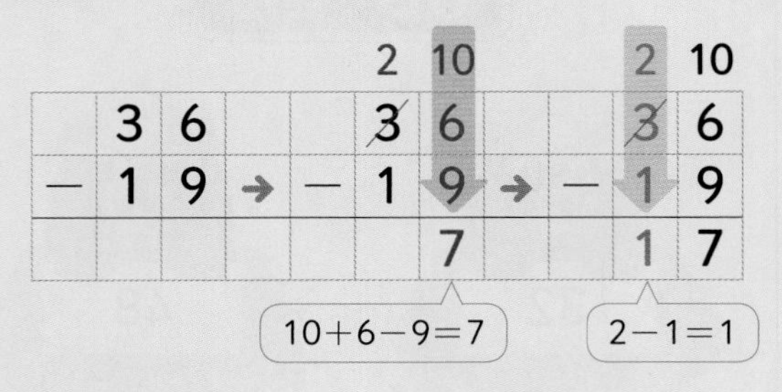

◆ 그림을 보고 ▢ 안에 알맞은 수를 써넣으세요.

1

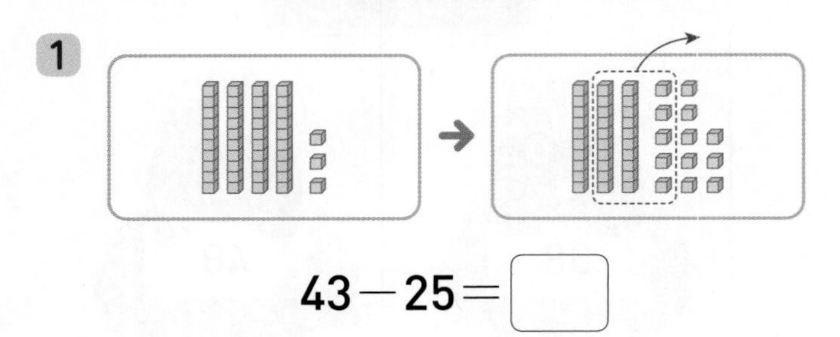

43−25=▢

2

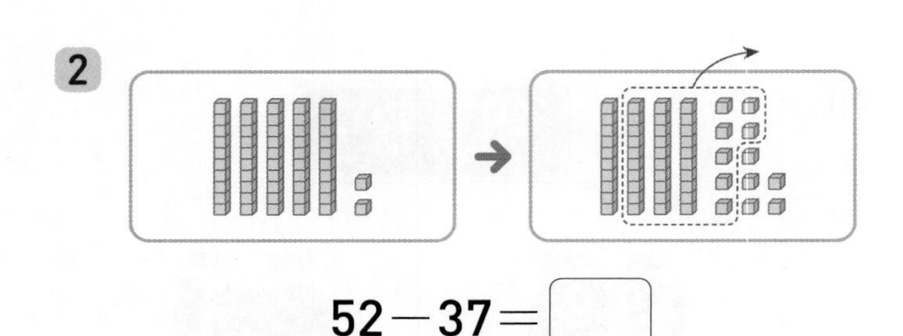

52−37=▢

3

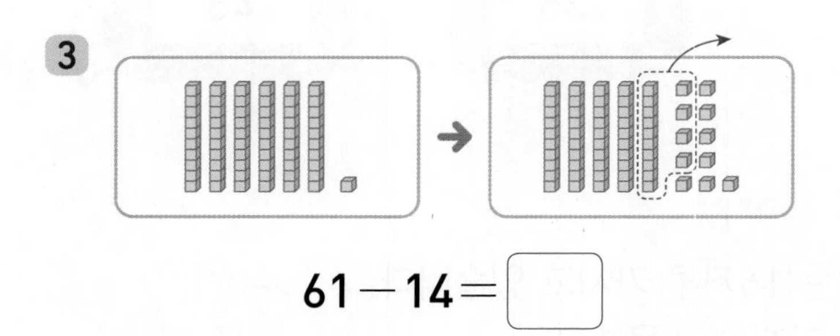

61−14=▢

4

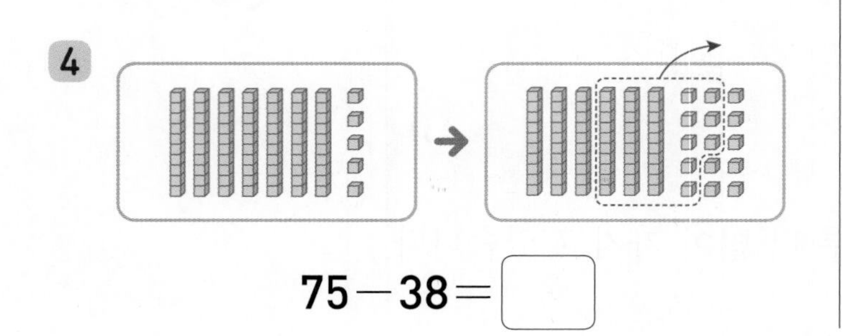

75−38=▢

◆ 계산해 보세요.

5 ① ②

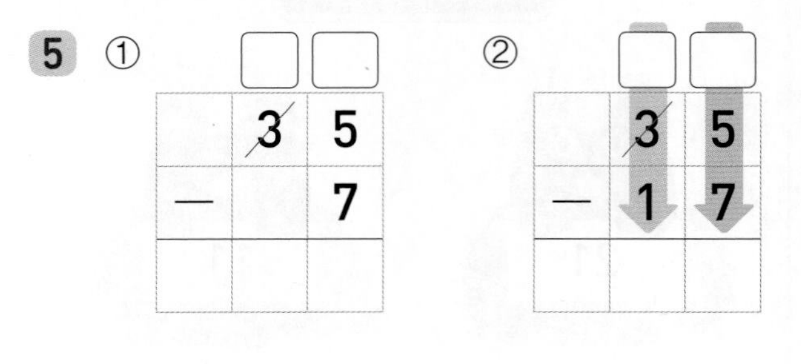

6 ① ②

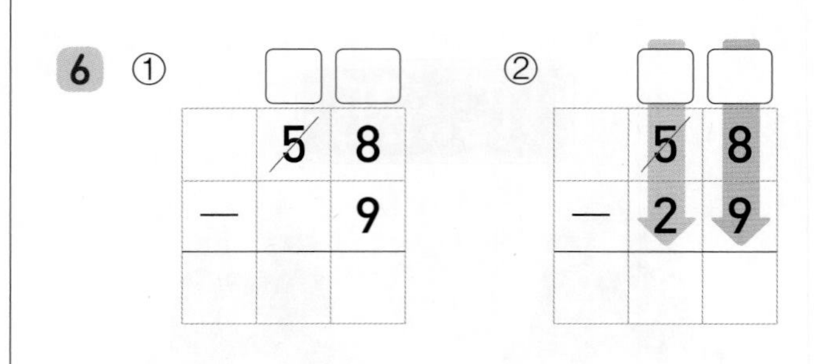

7 ① ②

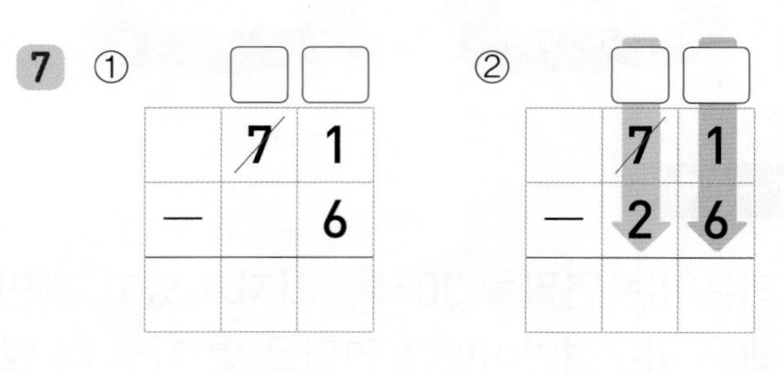

8 ① ②

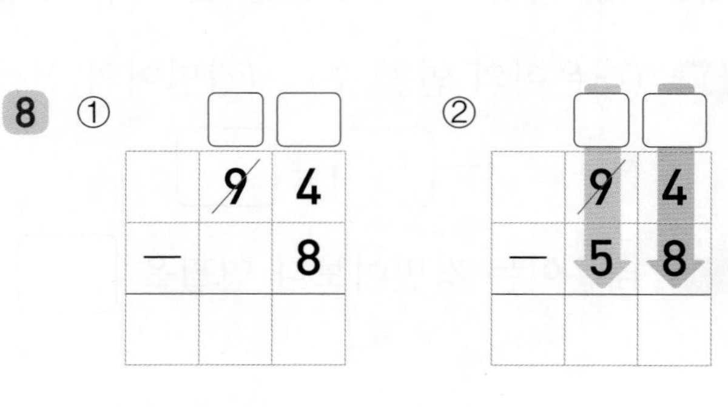

정답 13쪽

연습 (두 자리 수)−(두 자리 수) ▶ 받아내림이 있는 경우

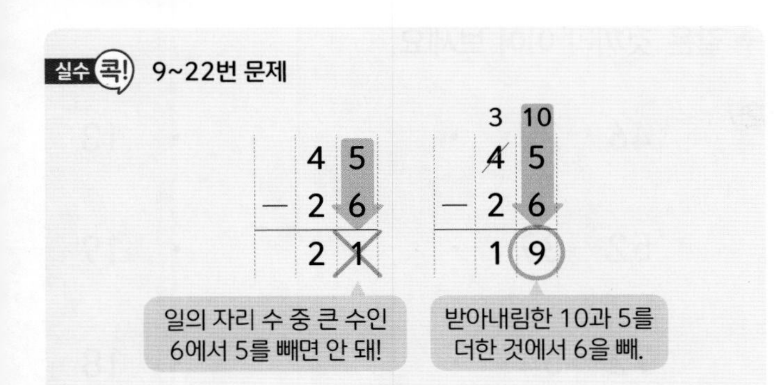

◆ 계산해 보세요.

9 ① $\begin{array}{r} 34 \\ -\ 15 \\ \hline \end{array}$ ② $\begin{array}{r} 34 \\ -\ 18 \\ \hline \end{array}$

10 ① $\begin{array}{r} 41 \\ -\ 16 \\ \hline \end{array}$ ② $\begin{array}{r} 41 \\ -\ 22 \\ \hline \end{array}$

11 ① $\begin{array}{r} 56 \\ -\ 29 \\ \hline \end{array}$ ② $\begin{array}{r} 56 \\ -\ 37 \\ \hline \end{array}$

12 ① $\begin{array}{r} 62 \\ -\ 25 \\ \hline \end{array}$ ② $\begin{array}{r} 62 \\ -\ 46 \\ \hline \end{array}$

13 ① $\begin{array}{r} 73 \\ -\ 19 \\ \hline \end{array}$ ② $\begin{array}{r} 73 \\ -\ 58 \\ \hline \end{array}$

14 ① $\begin{array}{r} 97 \\ -\ 68 \\ \hline \end{array}$ ② $\begin{array}{r} 97 \\ -\ 39 \\ \hline \end{array}$

◆ 계산해 보세요.

15 ① $33-16$
② $84-16$

16 ① $47-28$
② $54-28$

17 ① $65-37$
② $53-37$

18 ① $63-45$
② $91-45$

19 ① $75-49$
② $82-49$

20 ① $81-56$
② $94-56$

21 ① $92-64$
② $83-64$

22 ① $81-68$
② $95-68$

◆ ☐ 안에 알맞은 수를 써넣으세요.

23

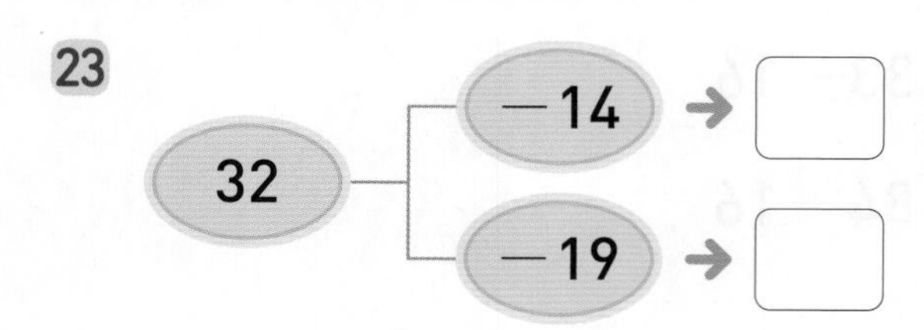

24

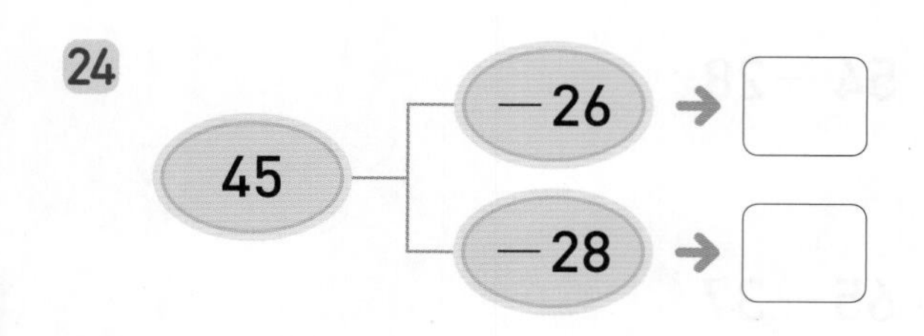

25

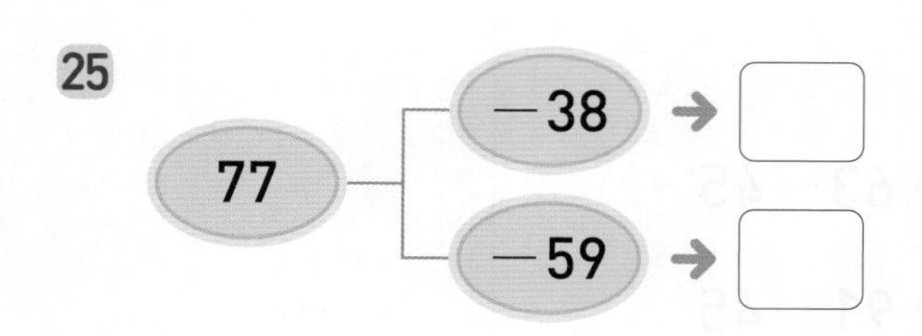

26

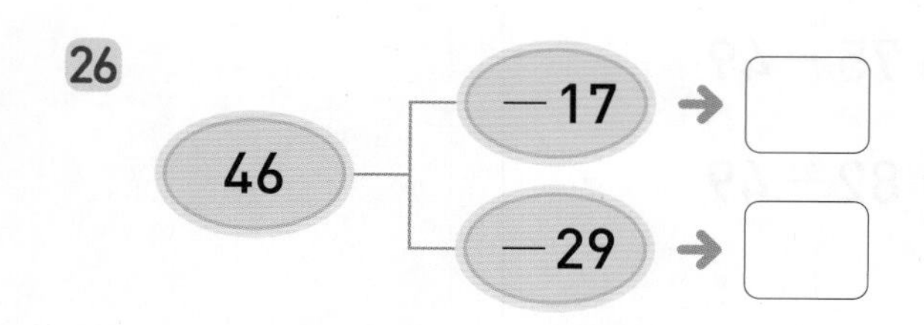

27

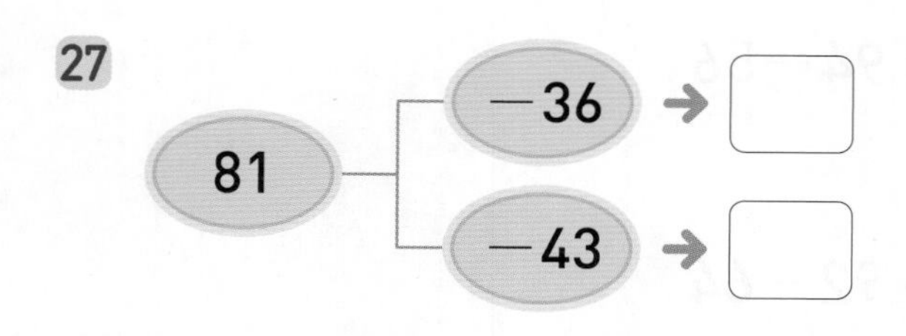

28

63 → －35 → ☐

63 → －47 → ☐

◆ 같은 것끼리 이어 보세요.

29

46－27 ·	· 13
52－39 ·	· 19
72－54 ·	· 18

30

92－65 ·	· 25
51－26 ·	· 24
62－38 ·	· 27

31

83－36 ·	· 48
73－24 ·	· 49
96－48 ·	· 47

32

72－37 ·	· 35
81－49 ·	· 36
94－58 ·	· 32

33

93－39 ·	· 56
91－33 ·	· 54
84－28 ·	· 58

★ 완성 (두 자리 수)－(두 자리 수) ▶ 받아내림이 있는 경우

◆ 친구들이 날린 비행기를 찾아 계산 결과를 써넣으세요.

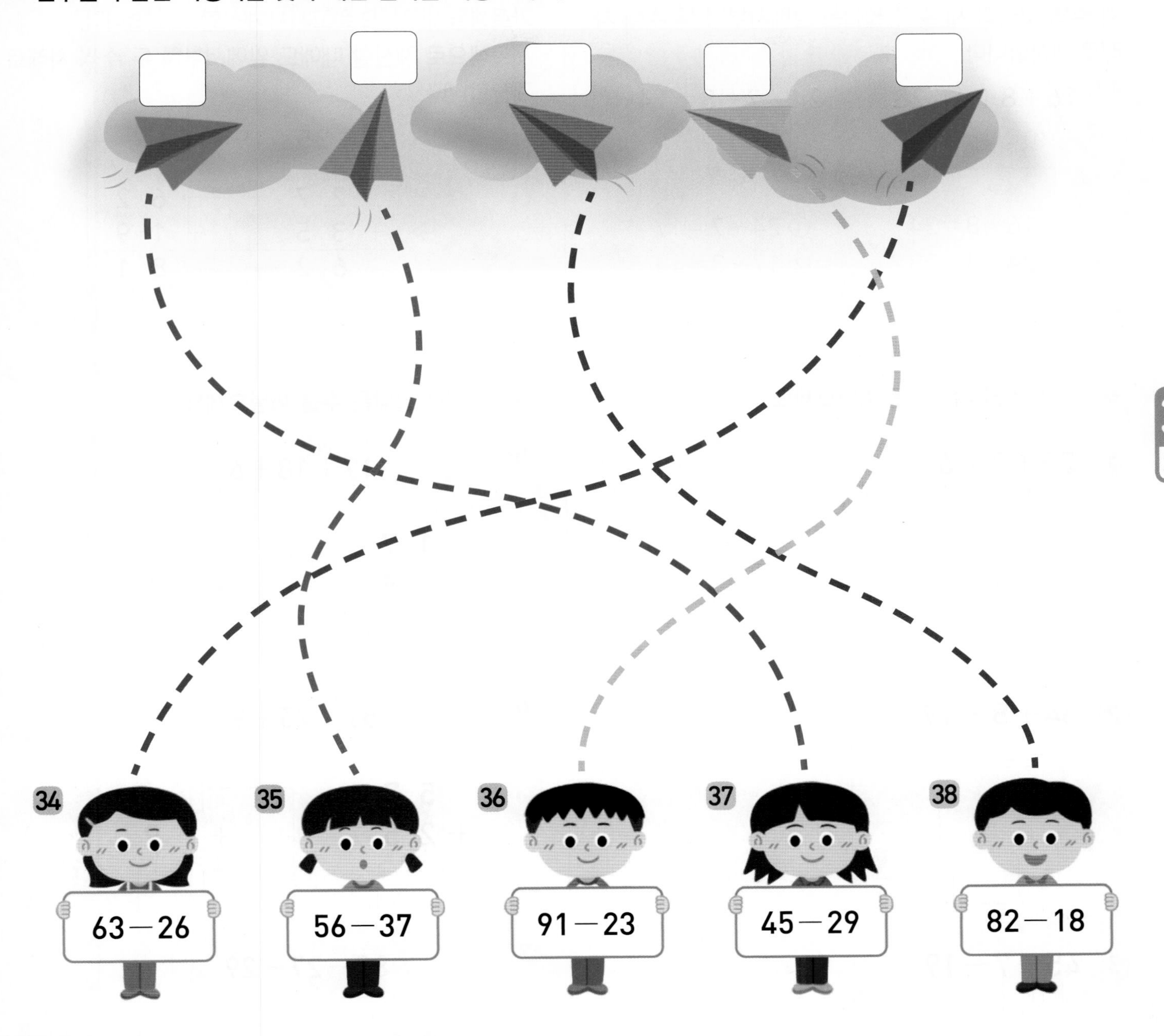

연산＋문해력

39 방울토마토가 53개 있었는데 지후가 15개 먹었습니다. 남은 방울토마토는 몇 개일까요?

풀이 (처음에 있었던 방울토마토 수)－(지후가 먹은 방울토마토 수)

＝□－□＝□

답 남은 방울토마토는 □개입니다.

개념 세 수의 덧셈, 세 수의 뺄셈

세 수의 덧셈과 세 수의 뺄셈은 앞에서부터 두 수씩 차례로 계산합니다.

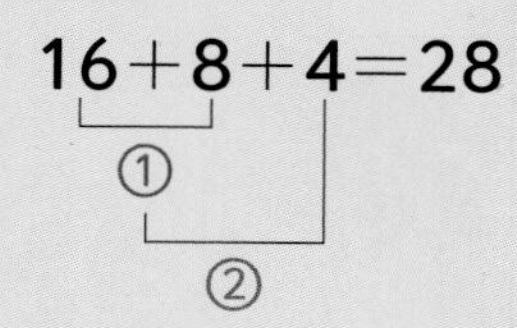

16+8+4=28

① 16+8=24
② 24+4=28

24−7−3=14

① 24−7=17
② 17−3=14

가로셈을 세로셈으로 고쳐서 계산할 수 있습니다.
세로셈으로 계산할 때에도 앞에서부터 두 수씩 차례로 계산합니다.

27+35+19=81

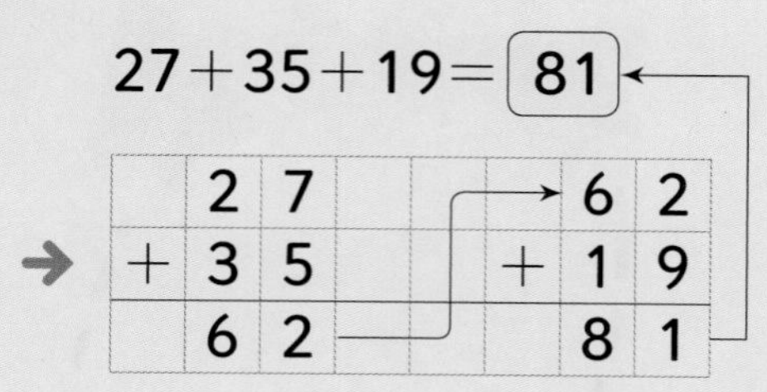

◆ □ 안에 알맞은 수를 써넣으세요.

1 25+7+6=□

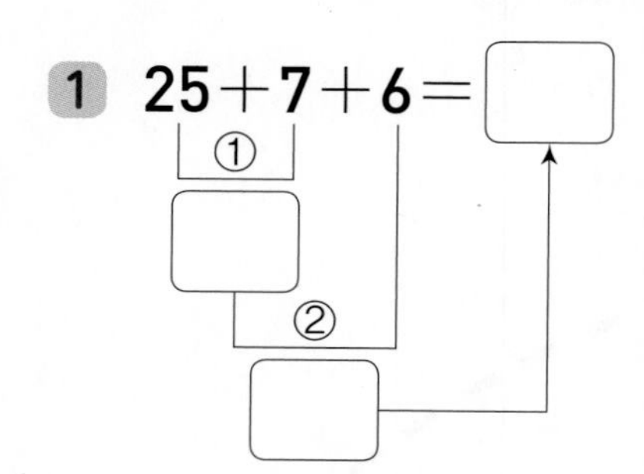

2 34+8+19=□

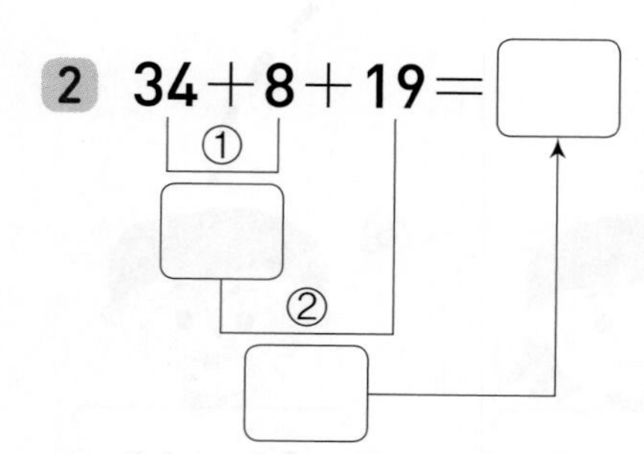

3 45−7−19=□

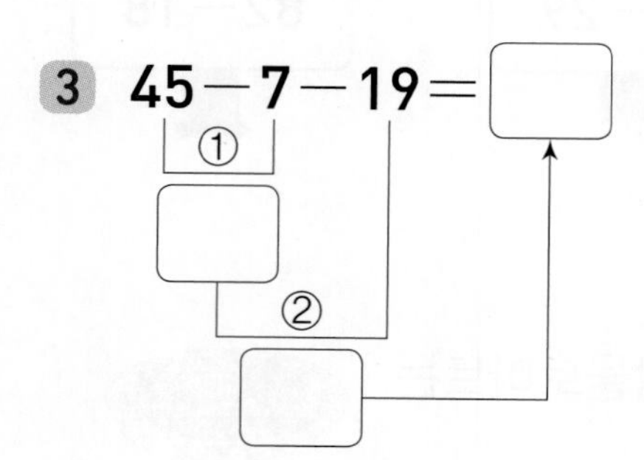

4 73−26−18=□

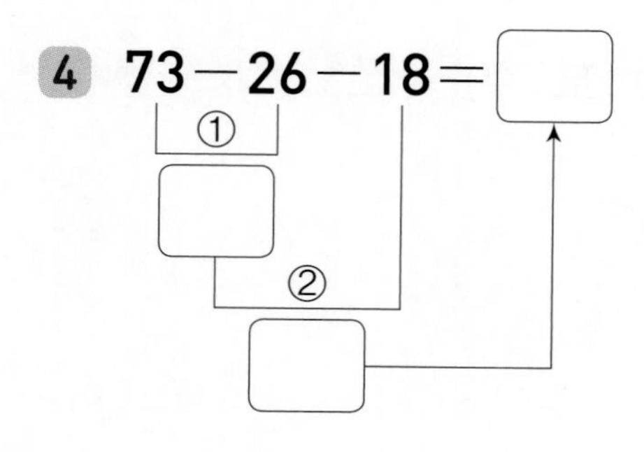

◆ □ 안에 알맞은 수를 써넣으세요.

5 17+18+6

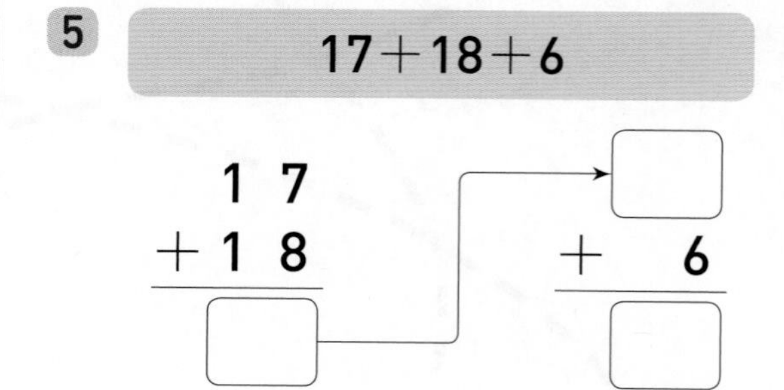

6 57+25+9

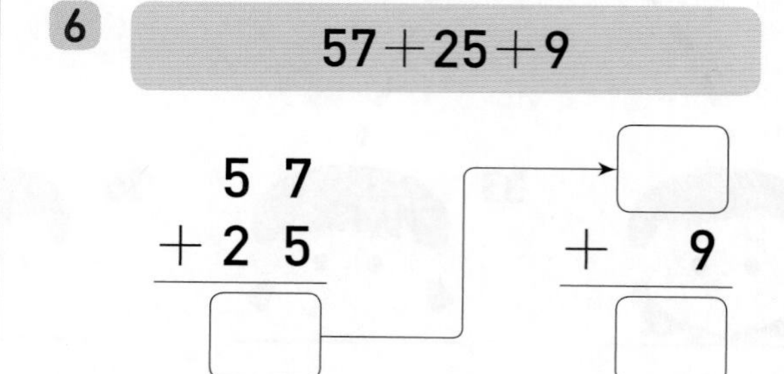

7 82−27−29

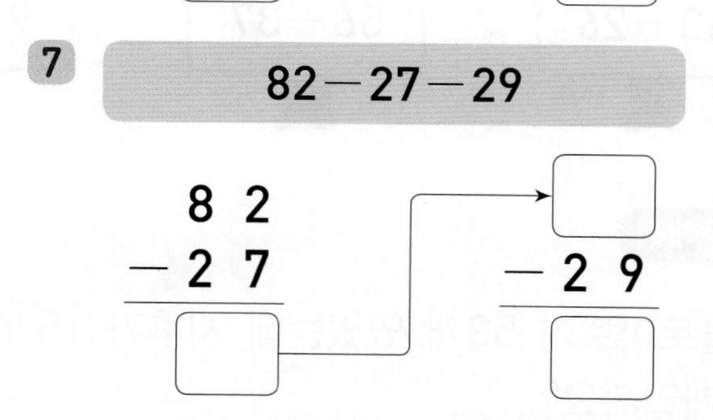

8 90−44−18

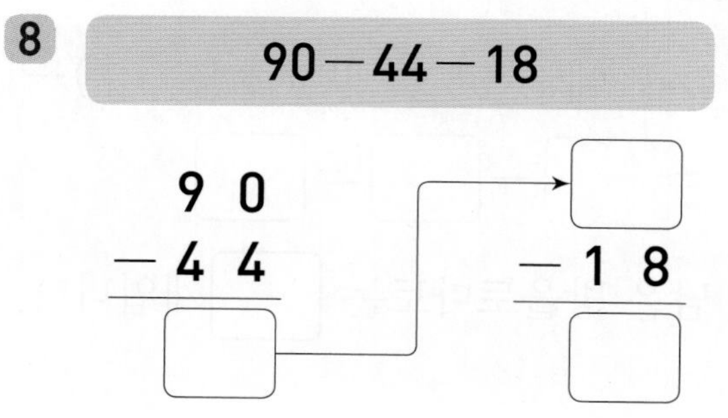

세 수의 덧셈, 세 수의 뺄셈

정답 13쪽

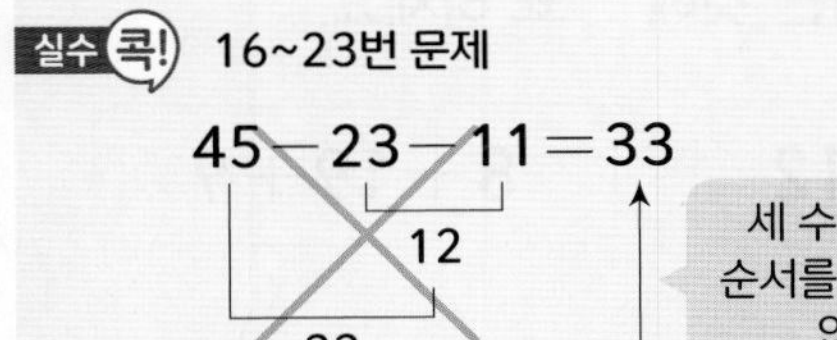

세 수의 뺄셈을 할 때 순서를 바꾸어 계산하지 않도록 조심!

◆ 계산해 보세요.

9 ① 18+19+15

② 18+28+16

10 ① 23+8+39

② 23+5+18

11 ① 27+28+15

② 27+13+33

12 ① 35+18+3

② 35+6+12

13 ① 39+17+23

② 39+24+19

14 ① 46+38+11

② 46+26+18

15 ① 57+15+19

② 57+18+17

◆ 계산해 보세요.

16 ① 30−4−8

② 30−9−6

17 ① 43−4−9

② 43−8−15

18 ① 52−9−7

② 52−5−18

19 ① 64−25−13

② 64−17−18

20 ① 71−35−17

② 71−24−19

21 ① 83−16−29

② 83−19−39

22 ① 92−28−25

② 92−36−37

23 ① 99−35−26

② 99−42−29

적용 세 수의 덧셈, 세 수의 뺄셈

◆ 빈칸에 알맞은 수를 써넣으세요.

24 26 - +15 - +8 → □

25 37 - +7 - +6 → □

26 53 - +18 - +24 → □

27 68 - +15 - +7 → □

28 41 - −14 - −18 → □

29 71 - −39 - −14 → □

30 83 - −28 - −38 → □

31 94 - −38 - −27 → □

◆ 계산 결과가 더 작은 것에 ○표 하세요.

32 $16+7+12$ ( ) $8+19+9$ ( )

33 $25+27+13$ ( ) $18+24+22$ ( )

34 $58+16+24$ ( ) $45+17+28$ ( )

35 $73-15-29$ ( ) $80-6-46$ ( )

36 $85-28-9$ ( ) $90-17-24$ ( )

37 $60-8-3$ ( ) $70-7-16$ ( )

38 $72-29-25$ ( ) $84-18-37$ ( )

정답 14쪽

★ 완성 세 수의 덧셈, 세 수의 뺄셈

◆ 라희의 쪽지 시험지를 보기 와 같이 채점하고, 틀린 답은 바르게 고쳐 보세요.

보기

• 9+17+36= 62 (○)   • 50−8−16= 27 (✕) 26

수학 2-1	쪽지 시험	2 학년 3 반 이름: 최라희

※ 계산해 보세요.

39 24+28+32= 84

40 72−27−19= 36

41 17+16+3= 26

42 53−18−16= 19

43 21+25+14= 50

44 95−53−29= 13

45 36+38+15= 89

46 75−29−18= 38

3단원 22회

연산 + 문해력

47 수호는 윗몸 일으키기를 52번 했습니다. 현규는 수호보다 19번 더 적게 했고, 민재는 현규보다 16번 더 적게 했습니다. 민재는 윗몸 일으키기를 몇 번 했을까요?

수호

현규

민재

풀이 (민재의 윗몸 일으키기 횟수)= □ − □ − □ = □

답 민재는 윗몸 일으키기를 □번 했습니다.

개념 # 세 수의 덧셈과 뺄셈

덧셈과 뺄셈이 섞여 있는 세 수의 계산은 앞에서부터 두 수씩 차례로 계산합니다.

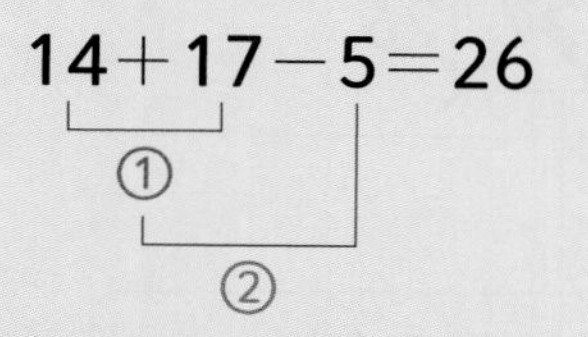

① 14+17=31
② 31−5=26

54−26+13=41

① 54−26=28
② 28+13=41

가로셈을 세로셈으로 고쳐서 계산할 수 있습니다.
세로셈으로 계산할 때에도 앞에서부터 두 수씩 차례로 계산합니다.

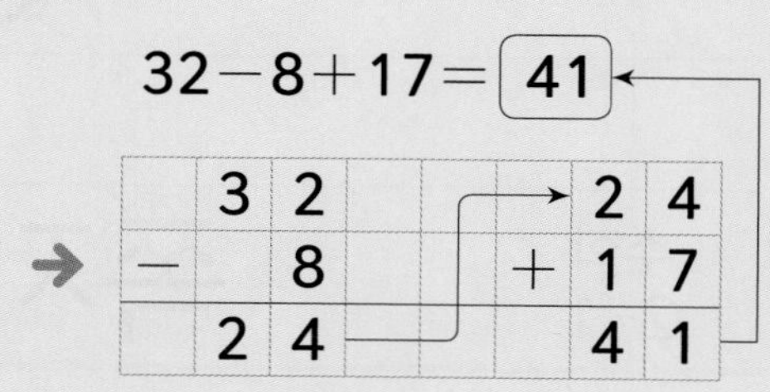

◆ □ 안에 알맞은 수를 써넣으세요.

1 25+8−6=□

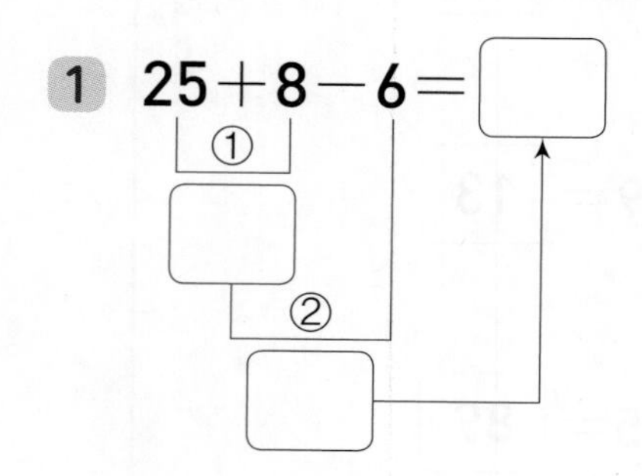

2 18+24−19=□

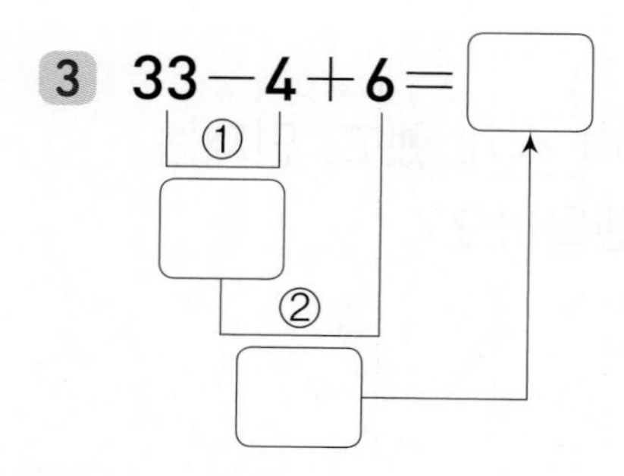

3 33−4+6=□

①
②

4 52−24+17=□

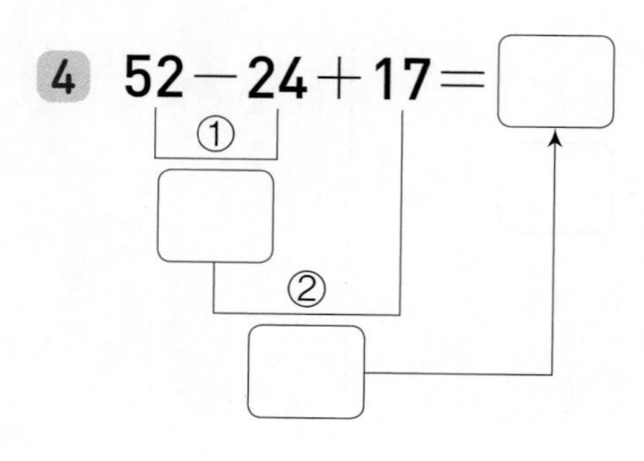

◆ □ 안에 알맞은 수를 써넣으세요.

5 17+26−15

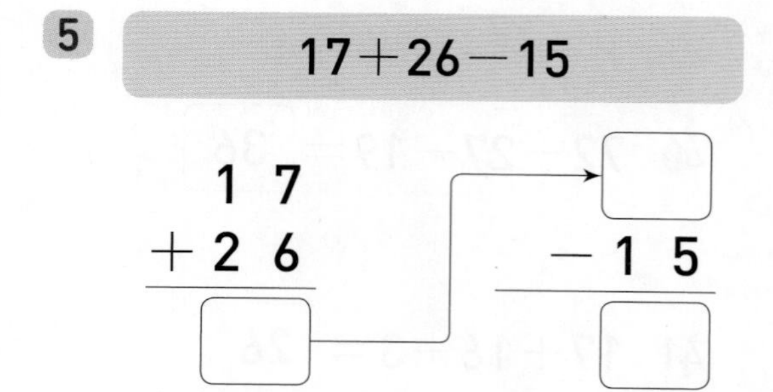

6 48+14−16

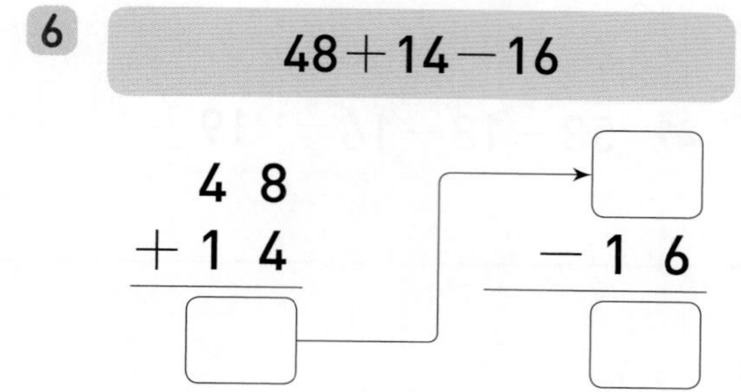

7 37−18+14

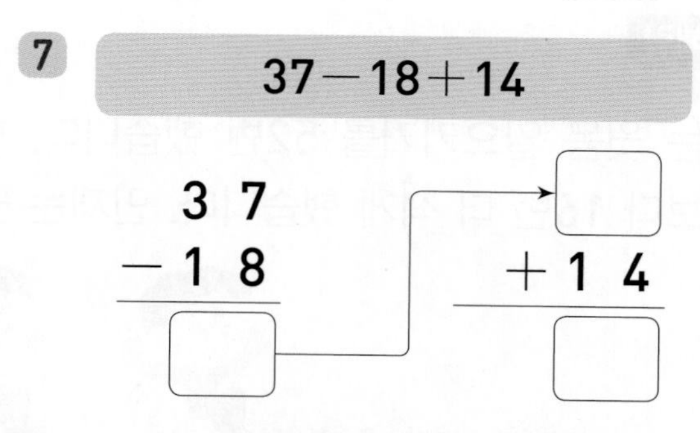

8 61−15+36

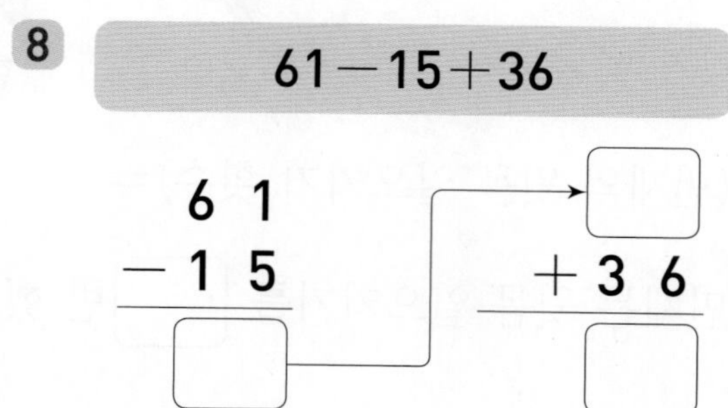

연습 세 수의 덧셈과 뺄셈

실수 콕! 16~23번 문제

빼셈이 앞에 있는 계산은 앞에서부터 차례로 계산해야 해.

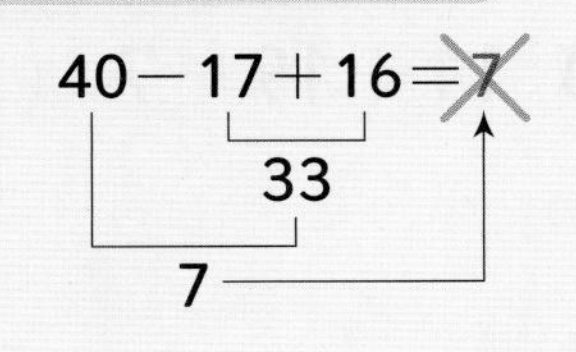

◆ 계산해 보세요.

9 ① $15+68-36$

② $15+55-21$

10 ① $27+25-14$

② $27+36-19$

11 ① $34+8-3$

② $34+7-6$

12 ① $38+24-37$

② $38+45-26$

13 ① $42+18-34$

② $42+39-25$

14 ① $49+12-23$

② $49+44-65$

15 ① $56+35-43$

② $56+19-37$

◆ 계산해 보세요.

16 ① $22-3+8$

② $22-6+7$

17 ① $33-14+26$

② $33-27+58$

18 ① $41-5+16$

② $41-9+28$

19 ① $55-18+23$

② $55-27+38$

20 ① $65-37+48$

② $65-16+31$

21 ① $72-39+27$

② $72-48+18$

22 ① $84-17+25$

② $84-49+26$

23 ① $97-35+28$

② $97-44+19$

◆ 빈칸에 알맞은 수를 써넣으세요.

24

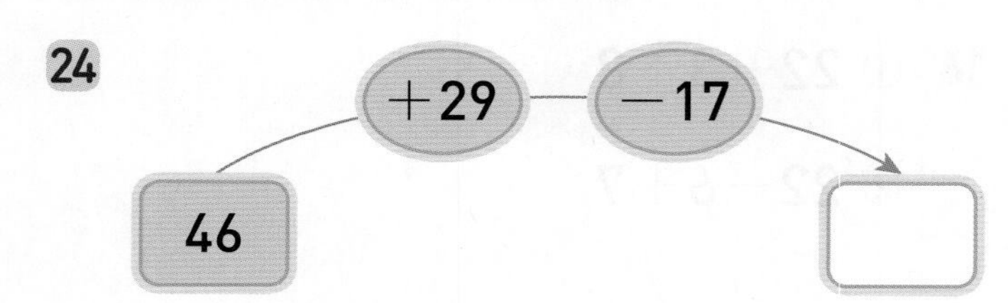

25

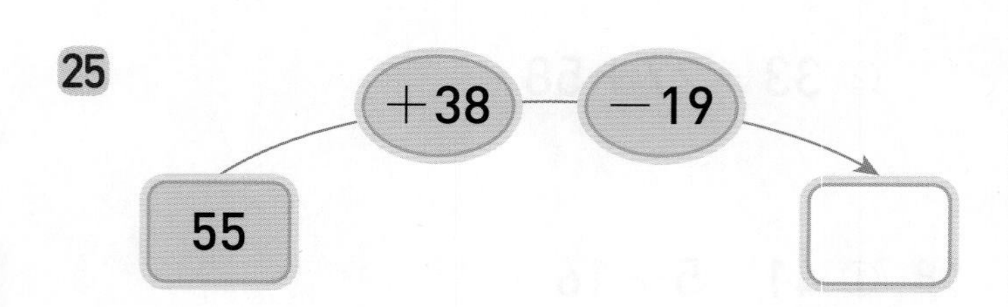

26

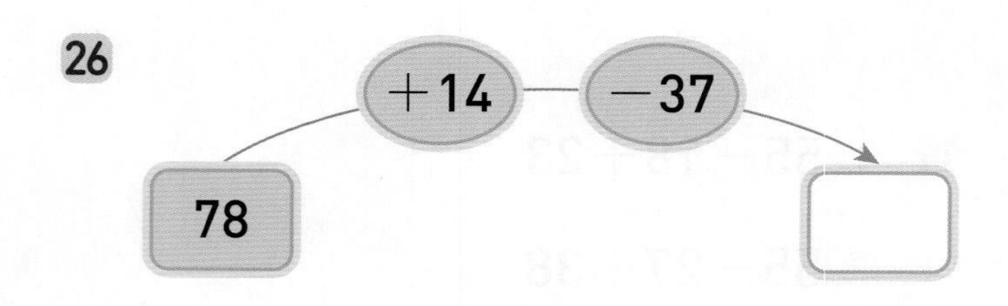

27

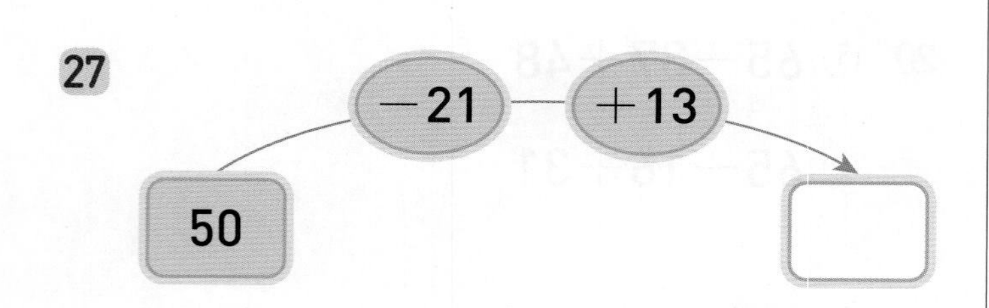

28

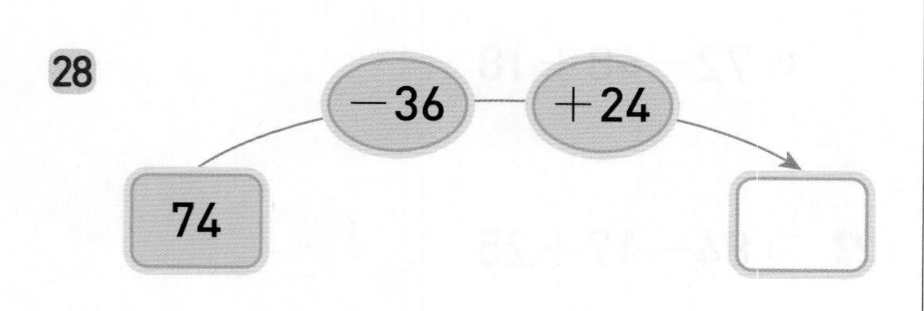

29

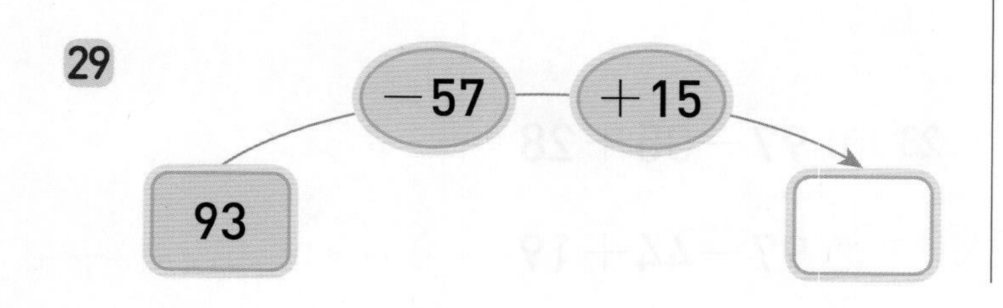

◆ 계산 결과의 크기를 비교하여 ○ 안에 >, =, < 를 알맞게 써넣으세요.

30 $11+19-7$ ○ $18+13-9$

31 $24+38-45$ ○ $47+16-34$

32 $51+19-32$ ○ $63+8-39$

33 $36+37-25$ ○ $45+27-19$

34 $62-37+29$ ○ $73-44+28$

35 $84-15+24$ ○ $83-29+36$

36 $76-29+13$ ○ $81-35+16$

37 $55-37+25$ ○ $92-58+7$

완성 세 수의 덧셈과 뺄셈

◆ 오른쪽 버스에 타고 있는 사람 수를 ☐ 안에 써넣으세요.

38

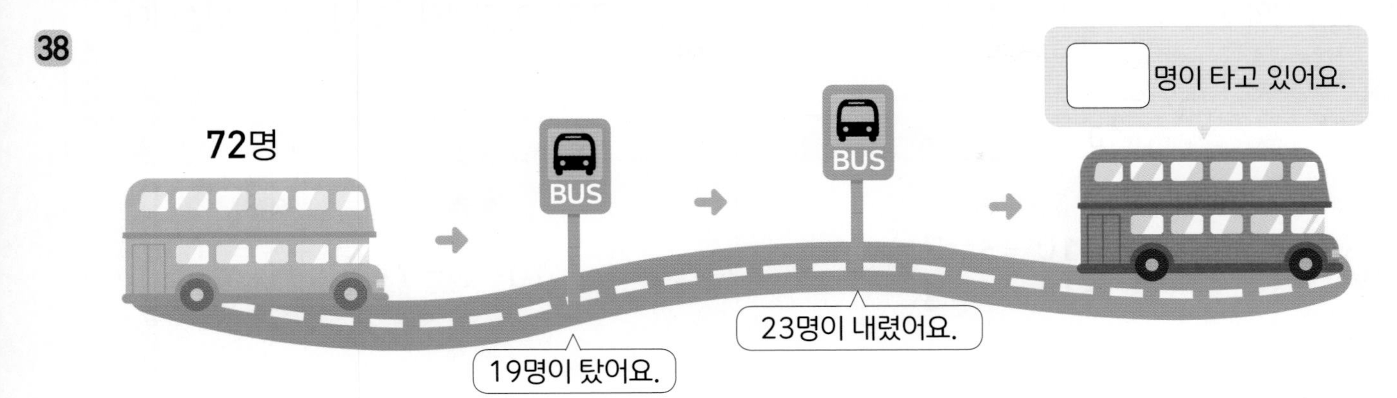

39

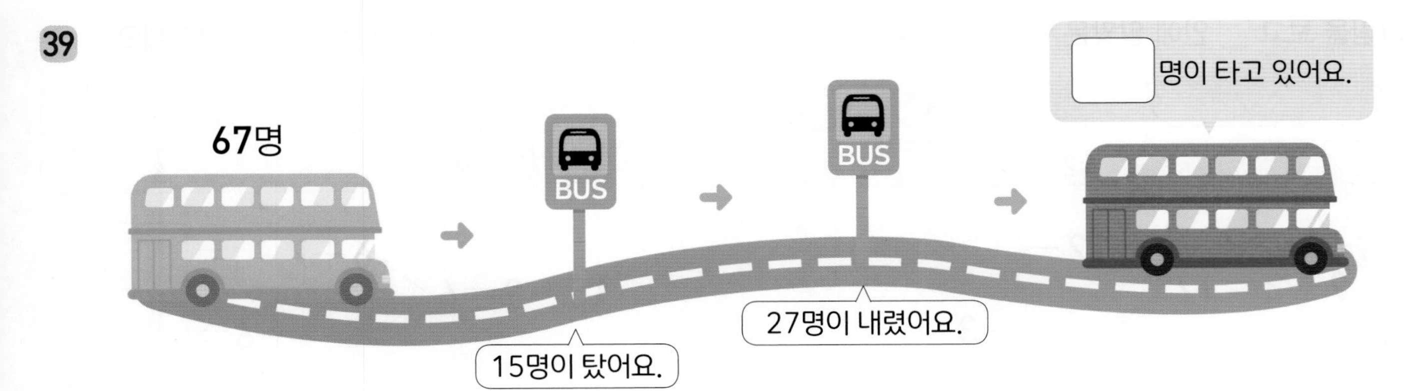

40

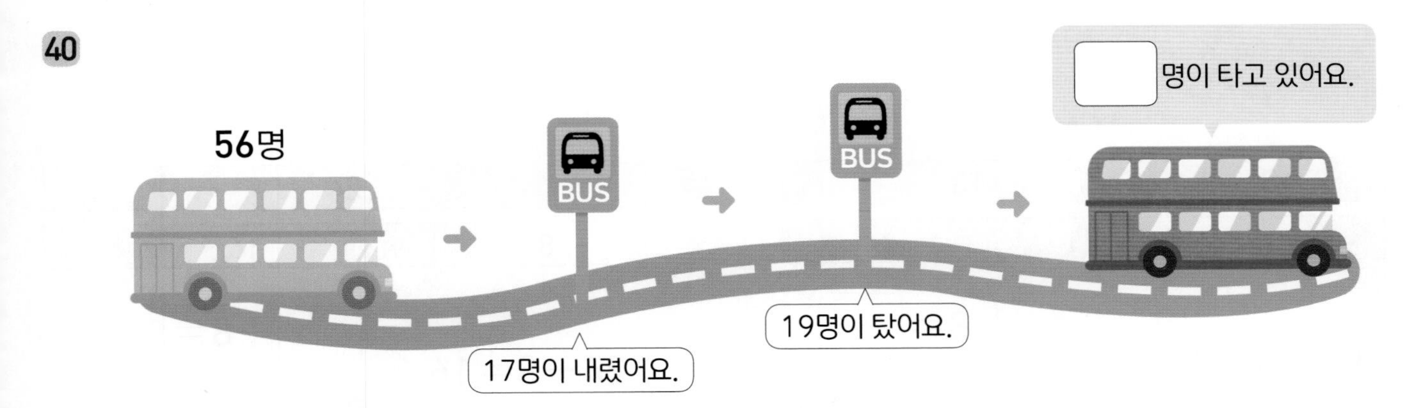

연산 + 문해력

41 민형이는 빨간색 리본 25개와 파란색 리본 26개를 가지고 있었습니다. 친구들에게 리본 19개를 나누어 주었다면 남은 리본은 몇 개일까요?

풀이 (빨간색 리본 수) + (파란색 리본 수) − (나누어 준 리본 수)

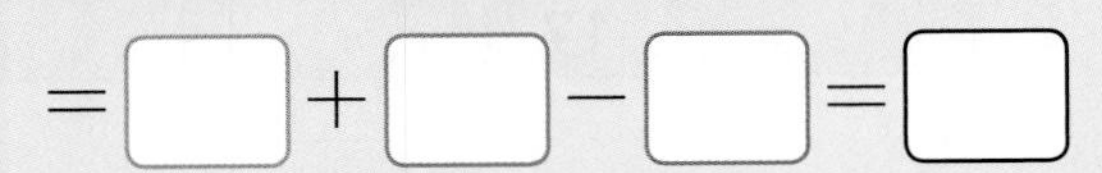

= ☐ + ☐ − ☐ = ☐

답 남은 리본은 ☐ 개입니다.

개념 덧셈과 뺄셈의 관계

덧셈식은 2개의 뺄셈식으로 나타낼 수 있습니다.

3	7
10	

덧셈식 / 뺄셈식

$3+7=10$ → $10-3=7$, $10-7=3$

뺄셈식은 2개의 덧셈식으로 나타낼 수 있습니다.

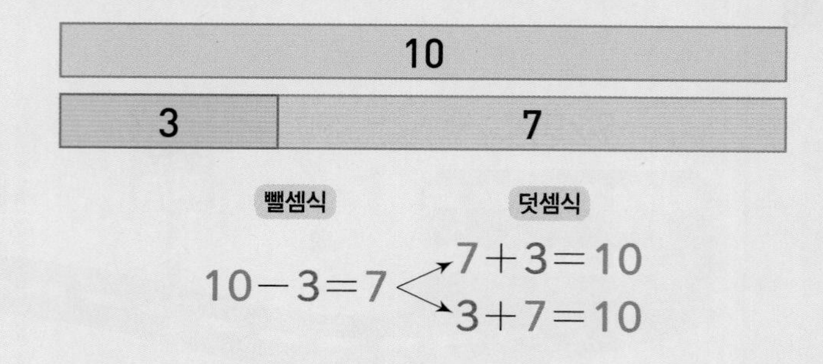

◆ 그림을 보고 ☐ 안에 알맞은 수를 써넣으세요.

1

9	3
12	

$9+3=12$ → $12-\square=\square$, $\square-3=\square$

2

8	13
21	

$8+13=21$ → $\square-8=\square$, $\square-\square=8$

3

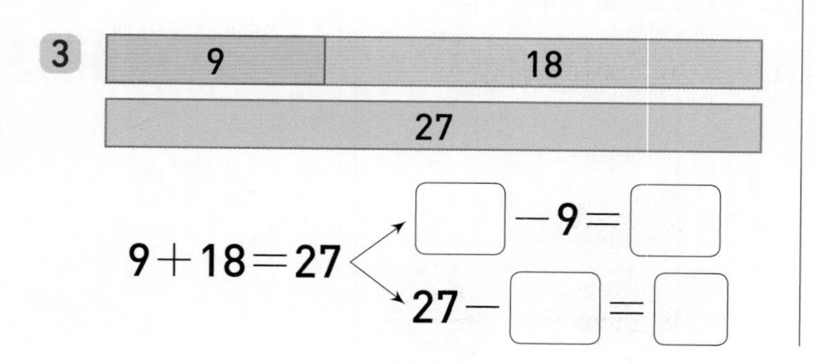

◆ 그림을 보고 ☐ 안에 알맞은 수를 써넣으세요.

4

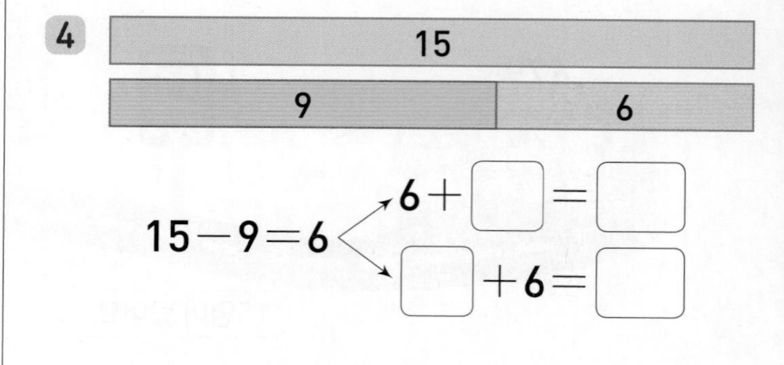

5

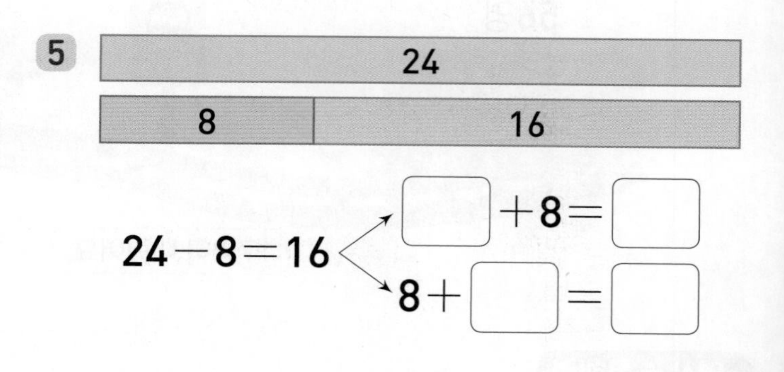

6

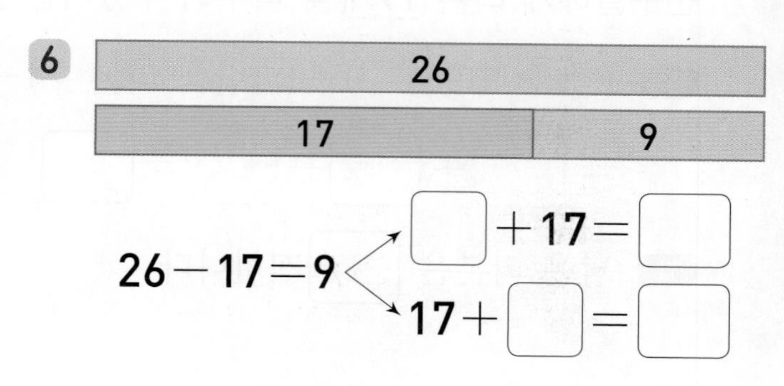

연습 덧셈과 뺄셈의 관계

정답 15쪽

◆ 덧셈식을 뺄셈식으로 나타내세요.

7 $8+9=17$

8 $19+6=25$

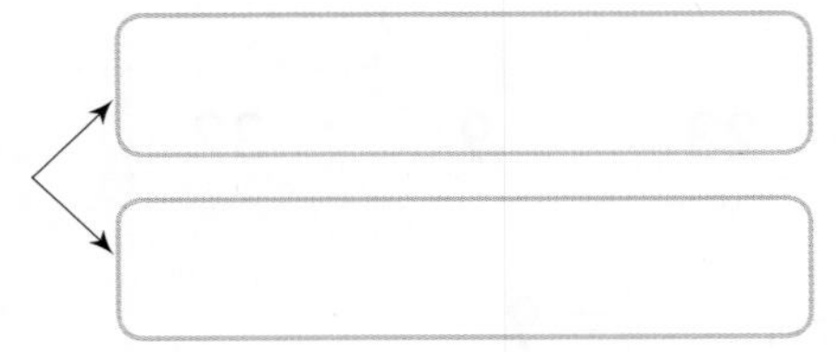

9 $15+27=42$

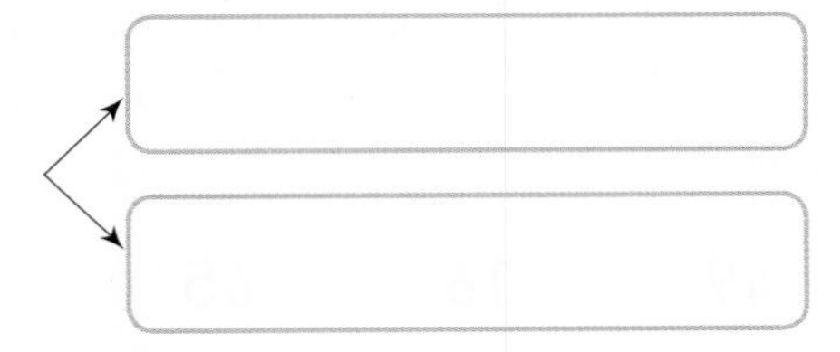

10 $24+29=53$

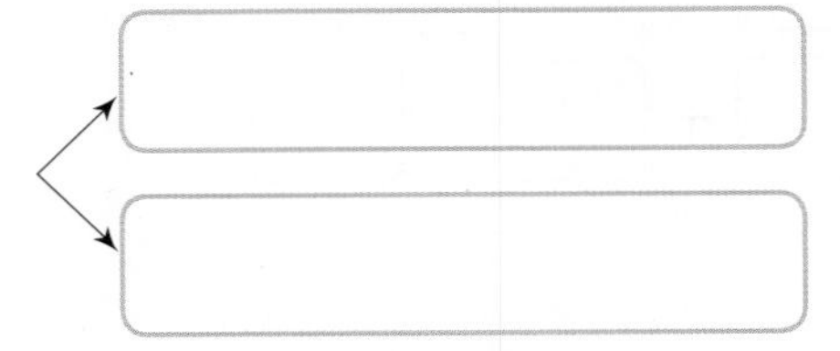

11 $59+18=77$

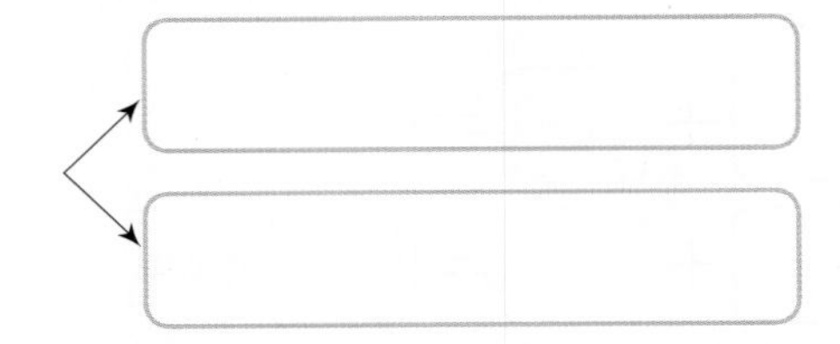

◆ 뺄셈식을 덧셈식으로 나타내세요.

12 $21-14=7$

13 $32-19=13$

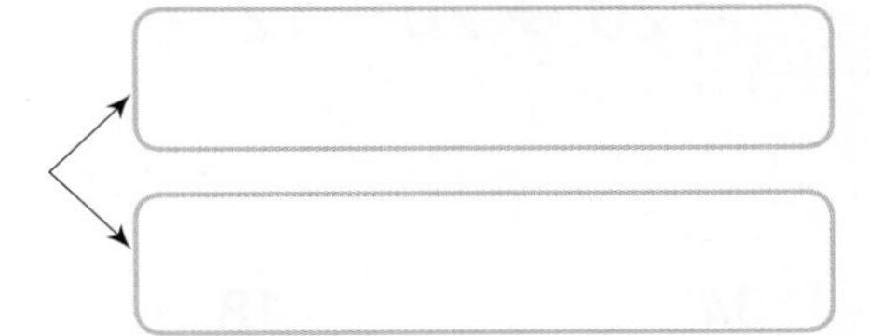

14 $53-25=28$

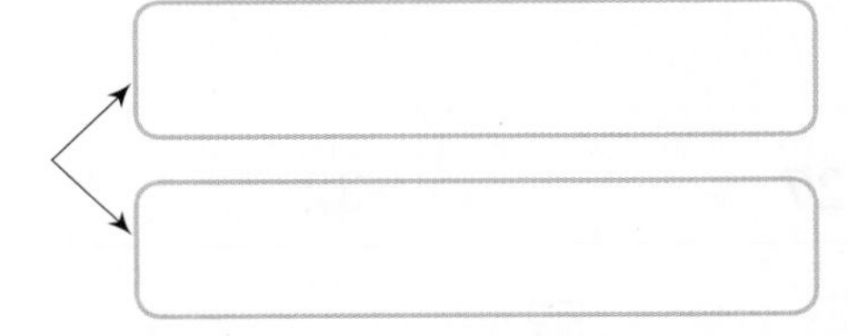

15 $66-37=29$

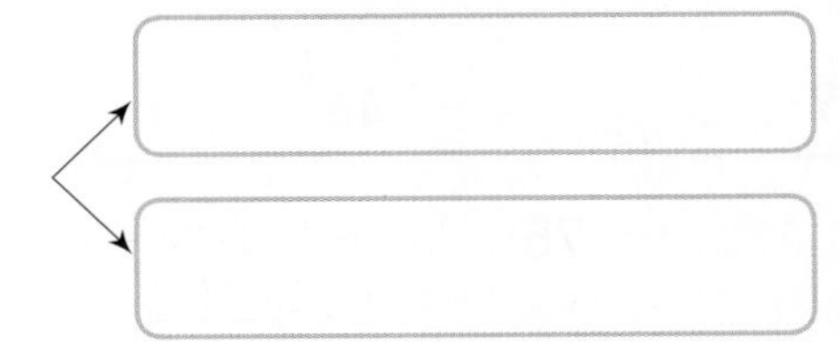

16 $72-54=18$

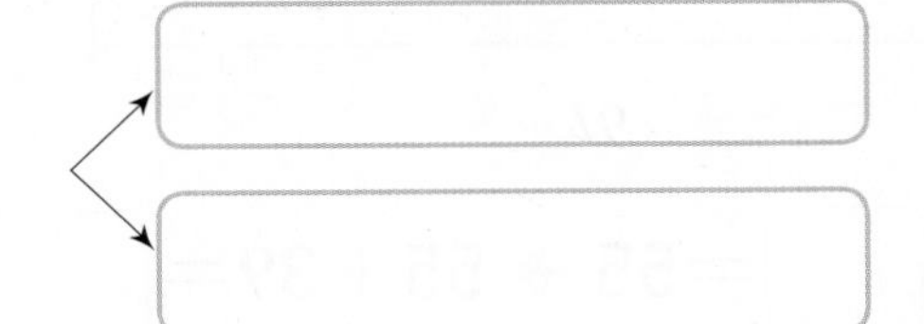

3단원 24회

적용 덧셈과 뺄셈의 관계

◆ 그림을 보고 □ 안에 알맞은 수를 써넣으세요.

17

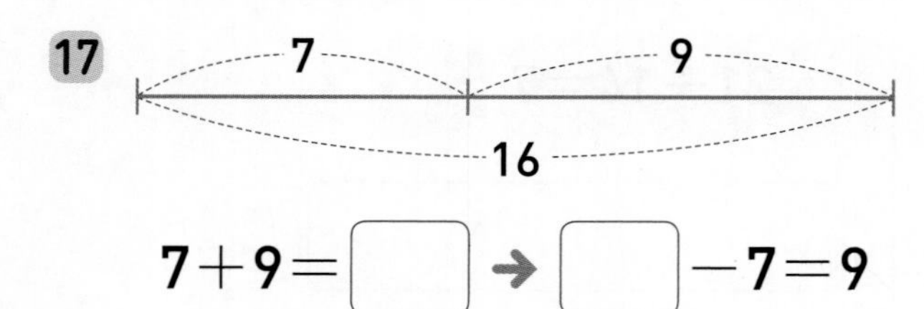

7＋9＝□ → □－7＝9

18

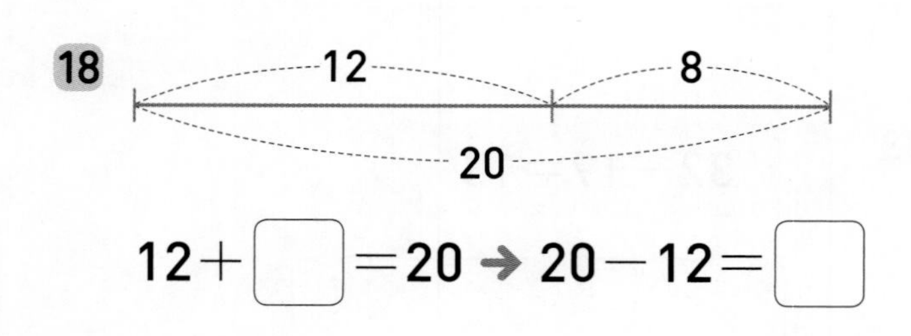

12＋□＝20 → 20－12＝□

19

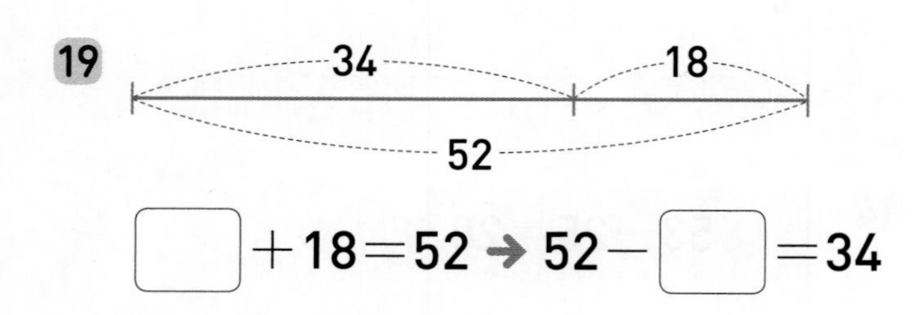

□＋18＝52 → 52－□＝34

20

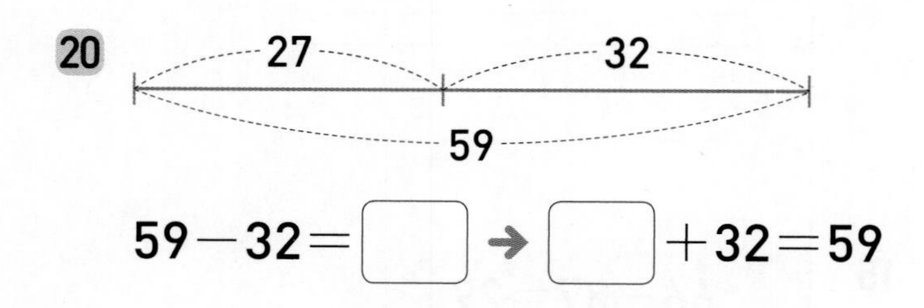

59－32＝□ → □＋32＝59

21

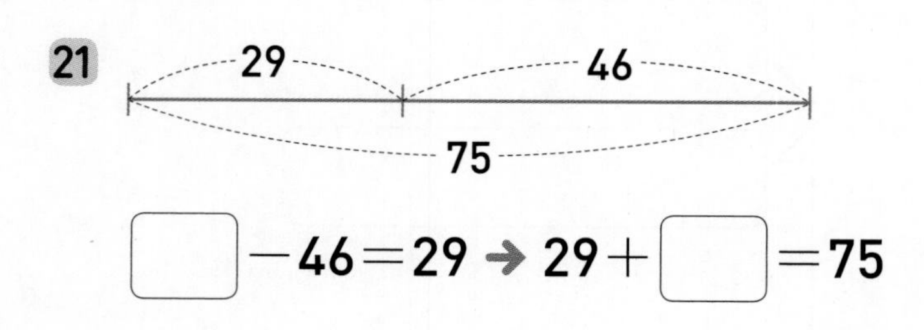

□－46＝29 → 29＋□＝75

22

55　39　94

94－□＝55 → 55＋39＝□

◆ 주어진 세 수를 이용하여 뺄셈식을 완성하고, 덧셈식으로 나타내세요.

23

7　15　22

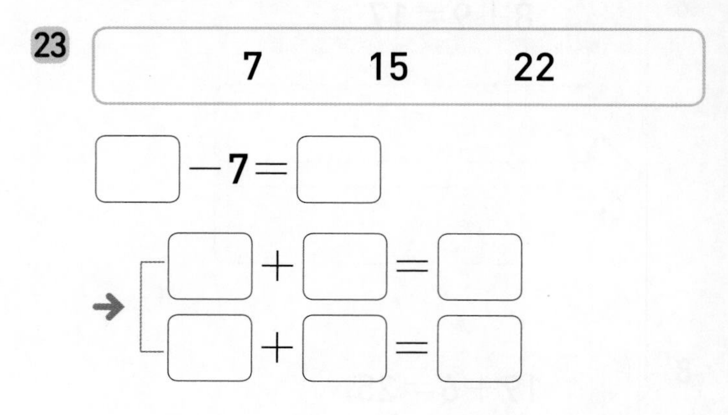

□－7＝□

→ □＋□＝□
　 □＋□＝□

24

23　9　32

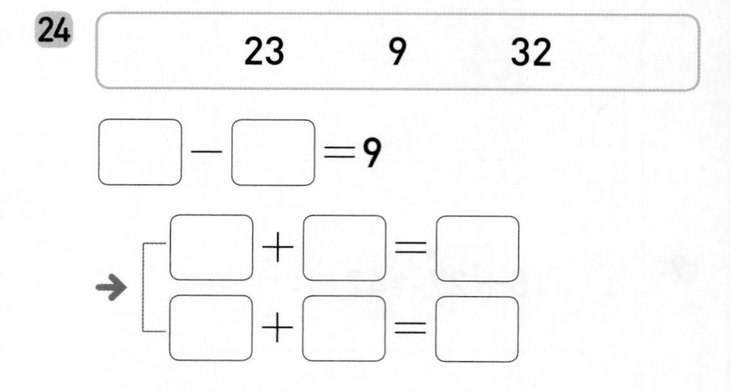

□－□＝9

→ □＋□＝□
　 □＋□＝□

25

49　16　65

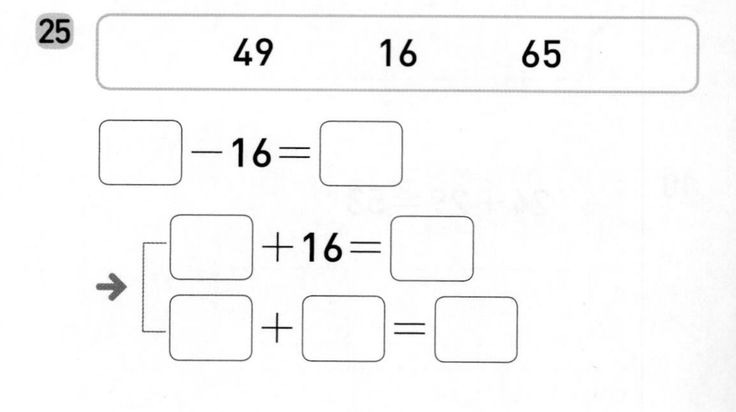

□－16＝□

→ □＋16＝□
　 □＋□＝□

26

34　91　57

□－□＝34

→ □＋□＝□
　 □＋□＝□

정답 15쪽

완성 덧셈과 뺄셈의 관계

◆ 그림을 보고 알맞은 식을 모두 찾아 ○표 하세요.

27

$2+9=11$ / $11+2=9$ / $9-2=11$ / $11-2=9$

$11-9=2$ / $2-9=11$ / $9+2=11$

28

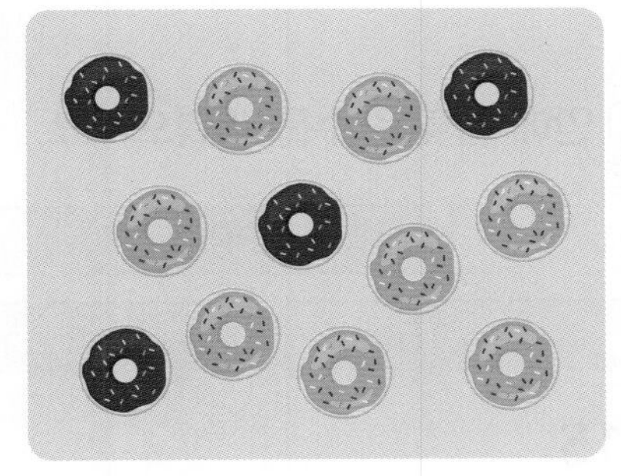

$12+4=8$ / $4+8=12$ / $8+4=12$ / $4-12=8$

$8-4=12$ / $4+12=8$ / $12-8=4$

29

$17+5=22$ / $17+22=5$ / $5+17=22$ / $17-22=5$

$5+22=17$ / $22-17=5$ / $17-5=22$

연산 + 문해력

30 3개의 공에 적힌 수를 한 번씩만 이용하여 덧셈식을 만들고, 뺄셈식으로 나타내세요.

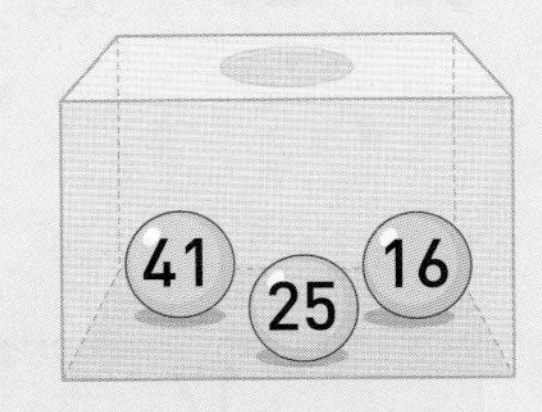

풀이 (큰 , 작은) 두 수를 더하여 가장 (큰 , 작은) 수가 되도록 덧셈식을 만듭니다.

답

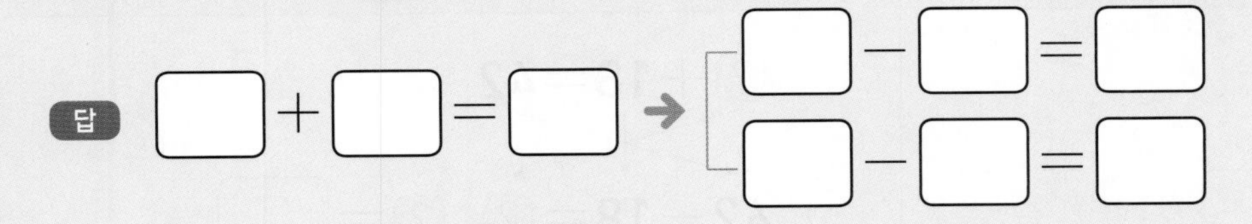

개념 덧셈식에서 □의 값 구하기

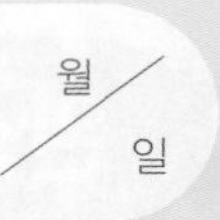

덧셈과 뺄셈의 관계를 이용하여 덧셈식에서 더하는 수 ?의 값을 구할 수 있습니다.

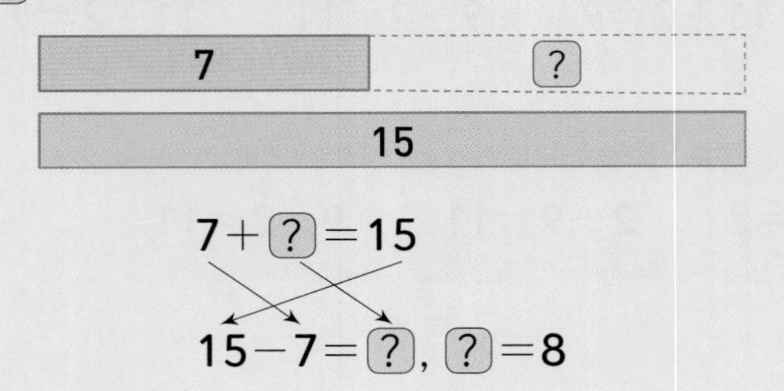

덧셈과 뺄셈의 관계를 이용하여 덧셈식에서 더해지는 수 ?의 값을 구할 수 있습니다.

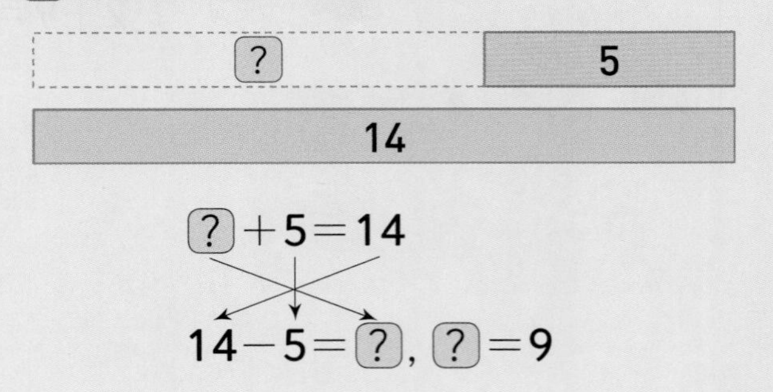

◆ 그림을 보고 □ 안에 알맞은 수를 써넣으세요.

1

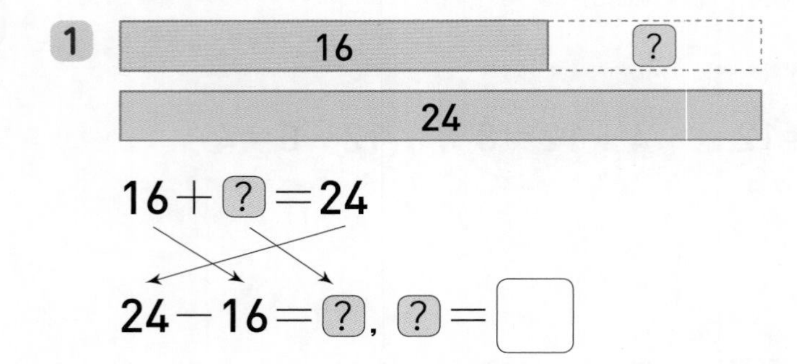

2

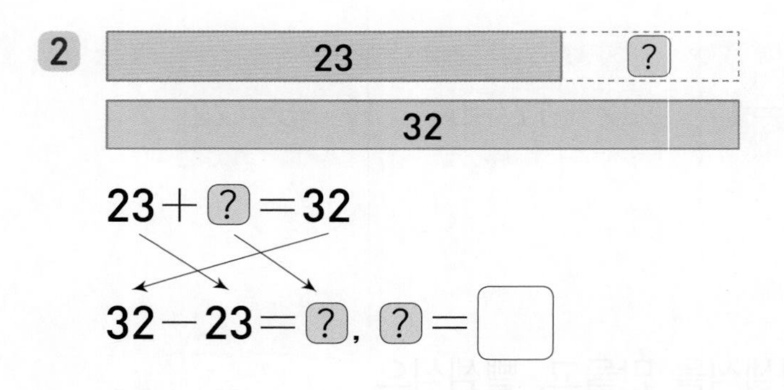

3

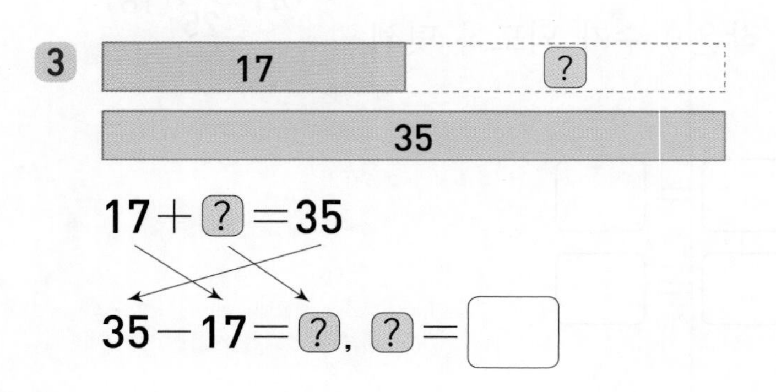

◆ 그림을 보고 □ 안에 알맞은 수를 써넣으세요.

4

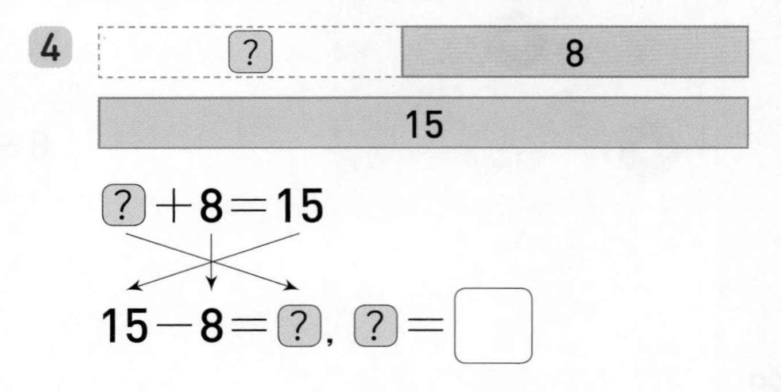

5

? + 9 = 28

28 − 9 = ?, ? = □

6

? + 18 = 42

42 − 18 = ?, ? = □

덧셈식에서 □의 값 구하기

정답 15쪽

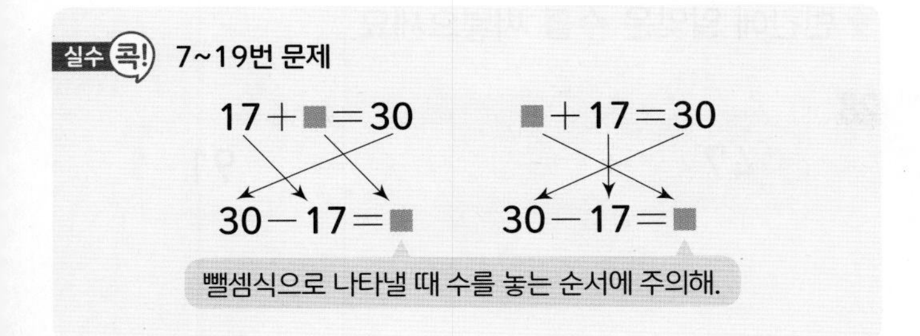

◆ ■의 값을 구하려고 합니다. □ 안에 알맞은 수를 써넣으세요.

7 19+■=33
→ □−19=■, ■=□

8 26+■=85
→ □−26=■, ■=□

9 38+■=51
→ □−38=■, ■=□

10 45+■=72
→ □−45=■, ■=□

11 57+■=91
→ □−57=■, ■=□

12 64+■=90
→ □−64=■, ■=□

◆ ■의 값을 구하려고 합니다. □ 안에 알맞은 수를 써넣으세요.

13 ■+14=40
→ □−14=■, ■=□

14 ■+19=53
→ □−19=■, ■=□

15 ■+23=81
→ □−23=■, ■=□

16 ■+45=73
→ □−45=■, ■=□

17 ■+55=92
→ □−55=■, ■=□

18 ■+67=93
→ □−67=■, ■=□

19 ■+78=95
→ □−78=■, ■=□

적용 덧셈식에서 □의 값 구하기

◆ □ 안에 알맞은 수를 써넣으세요.

20 $25+\square=32$

21 $37+\square=64$

22 $52+\square=70$

23 $15+\square=42$

24 $\square+29=63$

25 $\square+48=81$

26 $\square+26=72$

27 $\square+38=77$

◆ 빈칸에 알맞은 수를 써넣으세요.

28 47 → $+\square$ → 91

29 16 → $+\square$ → 41

30 18 → $+\square$ → 57

31 27 → $+\square$ → 55

32 □ → +15 → 40

33 □ → +26 → 81

34 □ → +36 → 70

35 □ → +28 → 52

★ 완성 덧셈식에서 □의 값 구하기

정답 15쪽

◆ 관계있는 것끼리 선으로 이어 보세요.

36

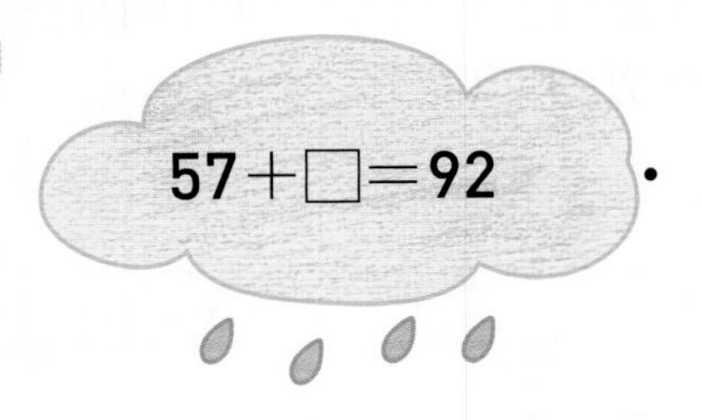

• ㉮ 

• ㉠ 

37

• ㉯ 

• ㉡ 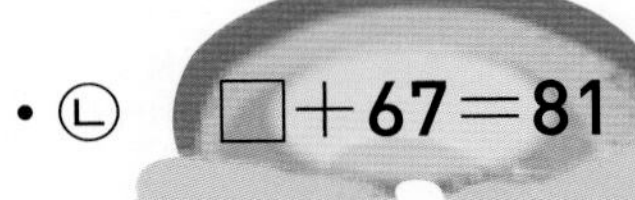

38

• ㉰ 35 •

• ㉢ 

39

• ㉱ 

• ㉣ □+36=71

연산+문해력

40 주차장에 자동차 12대가 있었는데 몇 대가 더 들어와서 21대가 되었습니다. 더 들어온 자동차의 수를 ▲로 하여 덧셈식을 만들고, ▲의 값을 구하세요.

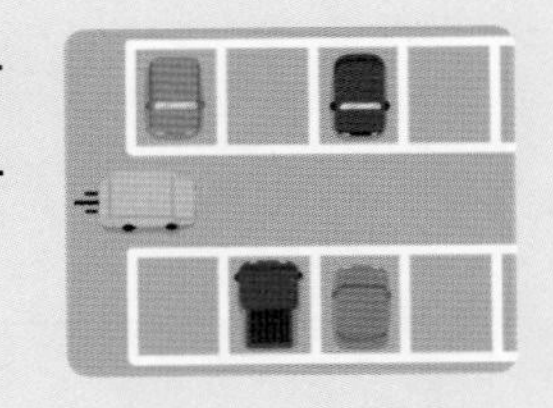

풀이 (처음에 있던 자동차 수)+(더 들어온 자동차 수)=21

➔ □+▲=21, ▲=21−□=□

답 더 들어온 자동차는 □대입니다.

빼셈식에서 □의 값 구하기

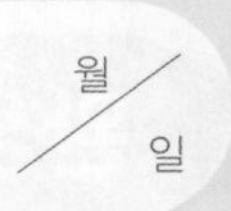

덧셈과 뺄셈의 관계를 이용하여 뺄셈식에서 빼는 수 ?의 값을 구할 수 있습니다.

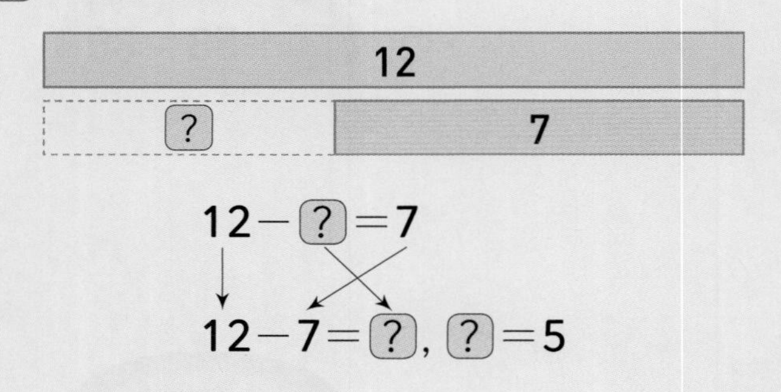

덧셈과 뺄셈의 관계를 이용하여 뺄셈식에서 빼지는 수 ?의 값을 구할 수 있습니다.

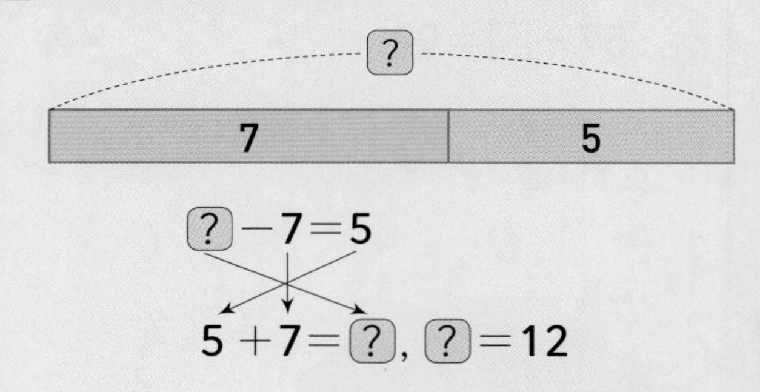

◆ 그림을 보고 □ 안에 알맞은 수를 써넣으세요.

1

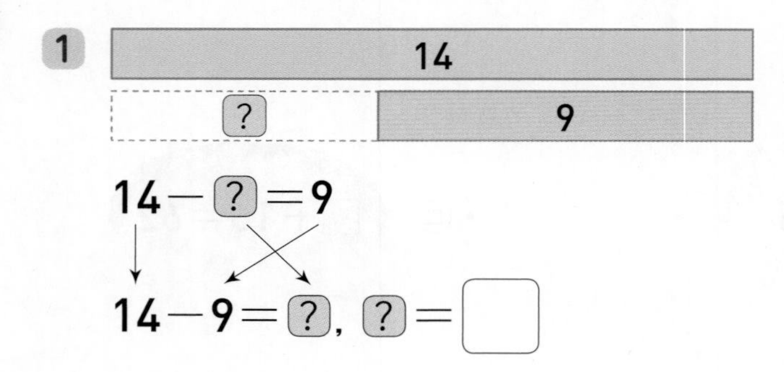

2

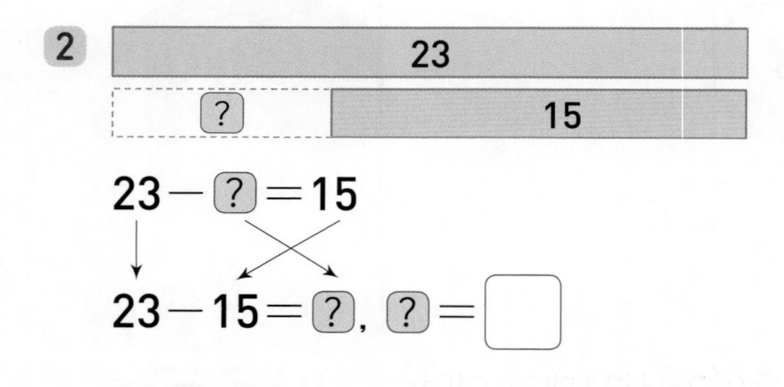

3

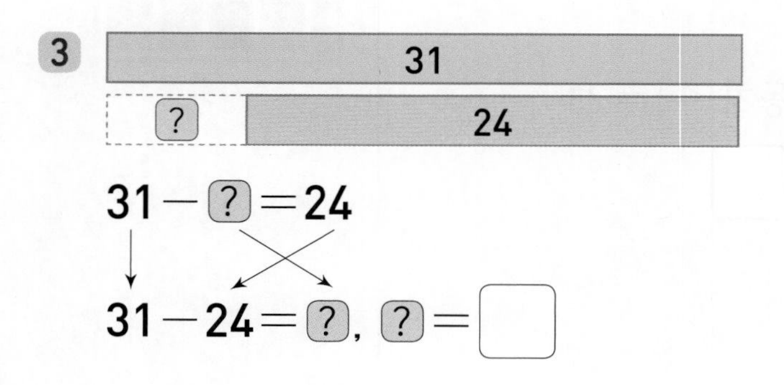

◆ 그림을 보고 □ 안에 알맞은 수를 써넣으세요.

4

? − 8 = 7

7 + 8 = ?, ? = □

5

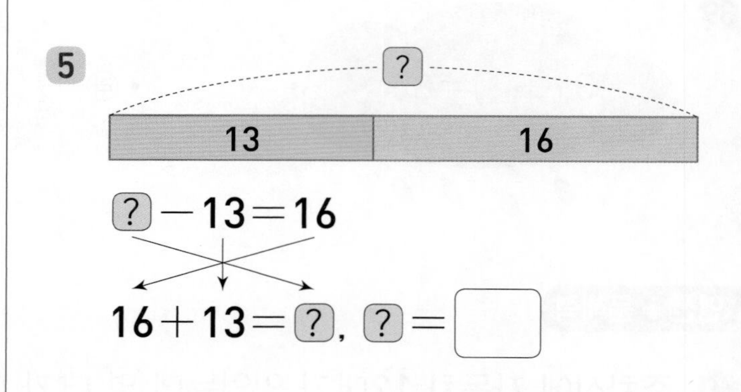

6

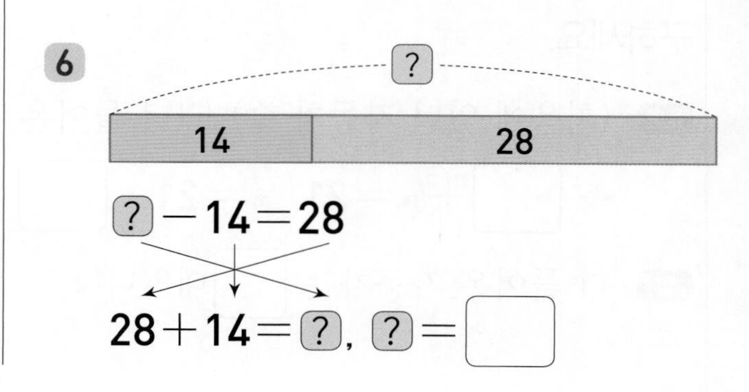

연습 뺄셈식에서 □의 값 구하기

실수 콕! 7~19번 문제

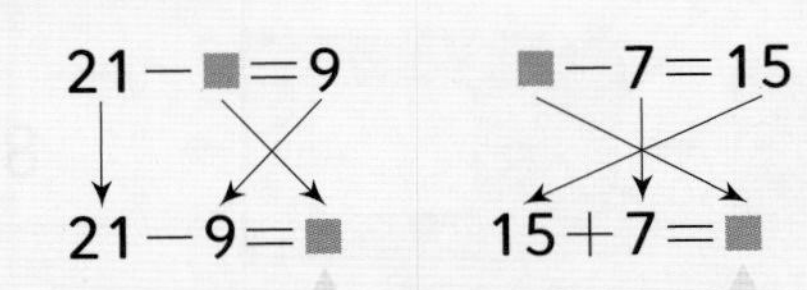

구하려는 ■를 오른쪽으로 보내면 돼.
'＝'의 양쪽이 같음을 기억해서 실수하지 않도록 주의해!

◆ ■의 값을 구하려고 합니다. □ 안에 알맞은 수를 써넣으세요.

7 15－■＝7

→ □－7＝■, ■＝□

8 31－■＝25

→ □－25＝■, ■＝□

9 46－■＝27

→ □－27＝■, ■＝□

10 53－■＝35

→ □－35＝■, ■＝□

11 62－■＝17

→ □－17＝■, ■＝□

12 77－■＝39

→ □－39＝■, ■＝□

◆ ■의 값을 구하려고 합니다. □ 안에 알맞은 수를 써넣으세요.

13 ■－5＝37

→ 37＋□＝■, ■＝□

14 ■－18＝49

→ 49＋□＝■, ■＝□

15 ■－27＝24

→ 24＋□＝■, ■＝□

16 ■－33＝48

→ 48＋□＝■, ■＝□

17 ■－49＝35

→ 35＋□＝■, ■＝□

18 ■－54＝16

→ 16＋□＝■, ■＝□

19 ■－15＝68

→ 68＋□＝■, ■＝□

적용 뺄셈식에서 □의 값 구하기

◆ □ 안에 알맞은 수를 써넣으세요.

20. $25-\square=8$

21. $32-\square=19$

22. $43-\square=24$

23. $80-\square=52$

24. $\square-7=14$

25. $\square-15=17$

26. $\square-36=26$

27. $\square-49=21$

◆ 빈칸에 알맞은 수를 써넣으세요.

28. 42 → $-\square$ → 8

29. 80 → $-\square$ → 56

30. 62 → $-\square$ → 25

31. 93 → $-\square$ → 45

32. □ → -19 → 13

33. □ → -46 → 18

34. □ → -35 → 49

★ 완성 뺄셈식에서 □의 값 구하기

◆ 뺄셈식에서 구한 ★의 값과 자물쇠의 번호가 같으면 자물쇠가 열립니다. 알맞은 말에 ○표 하세요.

35

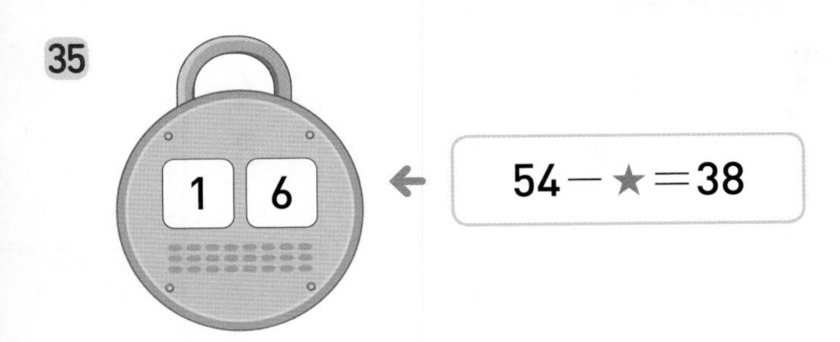

자물쇠가 (열립니다 , 열리지 않습니다).

36

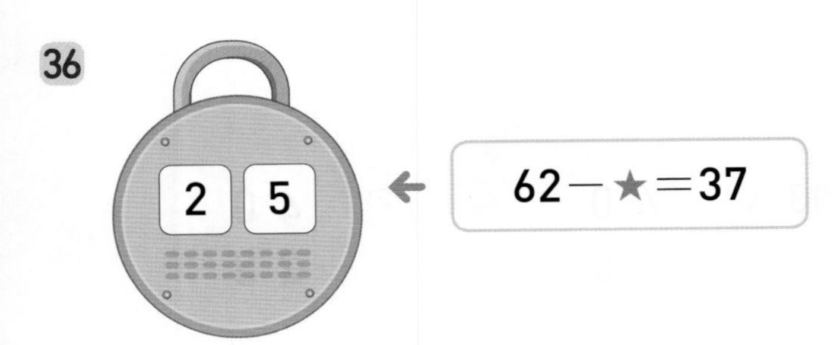

자물쇠가 (열립니다 , 열리지 않습니다).

37

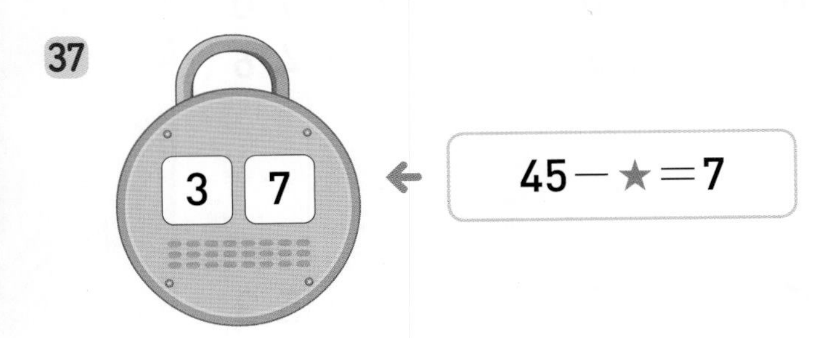

자물쇠가 (열립니다 , 열리지 않습니다).

38

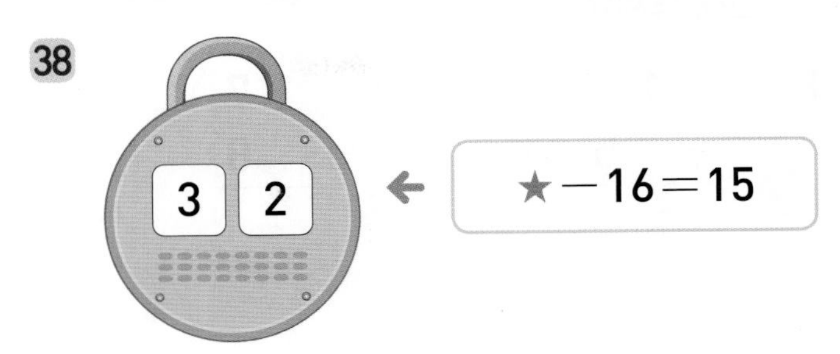

자물쇠가 (열립니다 , 열리지 않습니다).

39

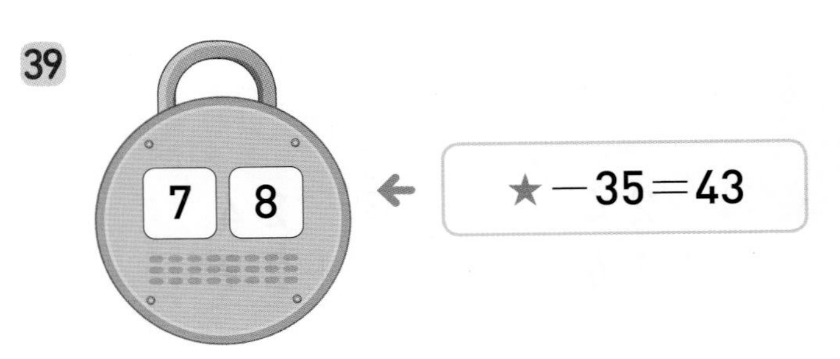

자물쇠가 (열립니다 , 열리지 않습니다).

40

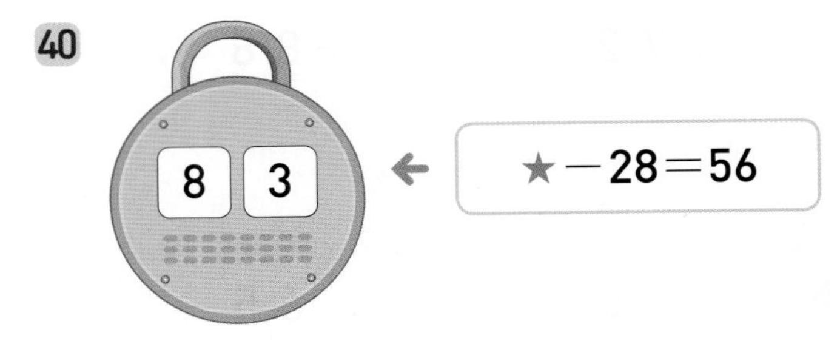

자물쇠가 (열립니다 , 열리지 않습니다).

연산＋문해력

41 유준이는 9살입니다. 유준이는 누나보다 3살 더 적습니다. 누나의 나이를 ■로 하여 뺄셈식을 만들고, ■의 값을 구하세요.

풀이 (누나의 나이)－3＝(유준이의 나이)

→ ■－□＝9, ■＝9＋□＝□

답 누나의 나이는 □살입니다.

3단원 마무리

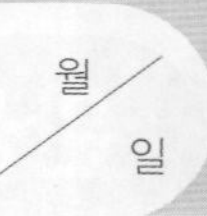

◆ 계산해 보세요.

1 ① $\begin{array}{r} 17 \\ +\ \ 5 \\ \hline \end{array}$ ② $\begin{array}{r} 17 \\ +\ \ 8 \\ \hline \end{array}$

2 ① $\begin{array}{r} 39 \\ +\ \ 2 \\ \hline \end{array}$ ② $\begin{array}{r} 39 \\ +\ \ 7 \\ \hline \end{array}$

3 ① $\begin{array}{r} 24 \\ +16 \\ \hline \end{array}$ ② $\begin{array}{r} 24 \\ +29 \\ \hline \end{array}$

4 ① $\begin{array}{r} 41 \\ +72 \\ \hline \end{array}$ ② $\begin{array}{r} 41 \\ +88 \\ \hline \end{array}$

5 ① $\begin{array}{r} 65 \\ +83 \\ \hline \end{array}$ ② $\begin{array}{r} 65 \\ +41 \\ \hline \end{array}$

6 ① $\begin{array}{r} 58 \\ +64 \\ \hline \end{array}$ ② $\begin{array}{r} 58 \\ +76 \\ \hline \end{array}$

7 ① $\begin{array}{r} 85 \\ +26 \\ \hline \end{array}$ ② $\begin{array}{r} 85 \\ +89 \\ \hline \end{array}$

◆ 계산해 보세요.

8 ① $\begin{array}{r} 34 \\ -\ \ 5 \\ \hline \end{array}$ ② $\begin{array}{r} 34 \\ -\ \ 8 \\ \hline \end{array}$

9 ① $\begin{array}{r} 61 \\ -\ \ 4 \\ \hline \end{array}$ ② $\begin{array}{r} 61 \\ -\ \ 7 \\ \hline \end{array}$

10 ① $\begin{array}{r} 40 \\ -15 \\ \hline \end{array}$ ② $\begin{array}{r} 40 \\ -28 \\ \hline \end{array}$

11 ① $\begin{array}{r} 70 \\ -32 \\ \hline \end{array}$ ② $\begin{array}{r} 70 \\ -46 \\ \hline \end{array}$

12 ① $\begin{array}{r} 53 \\ -18 \\ \hline \end{array}$ ② $\begin{array}{r} 53 \\ -24 \\ \hline \end{array}$

13 ① $\begin{array}{r} 87 \\ -38 \\ \hline \end{array}$ ② $\begin{array}{r} 87 \\ -59 \\ \hline \end{array}$

14 ① $\begin{array}{r} 92 \\ -27 \\ \hline \end{array}$ ② $\begin{array}{r} 92 \\ -45 \\ \hline \end{array}$

◆ 계산해 보세요.

15 ① $18+7+4$

② $18+3+6$

16 ① $23+29+18$

② $23+37+15$

17 ① $41-7-6$

② $41-4-8$

18 ① $94-26-49$

② $94-38-18$

19 ① $27+16-4$

② $27+24-14$

20 ① $35+56-12$

② $35+35-27$

21 ① $46-7+23$

② $46-18+8$

22 ① $82-15+23$

② $82-28+17$

◆ 덧셈식은 뺄셈식으로, 뺄셈식은 덧셈식으로 나타내세요.

23 $16+5=21$

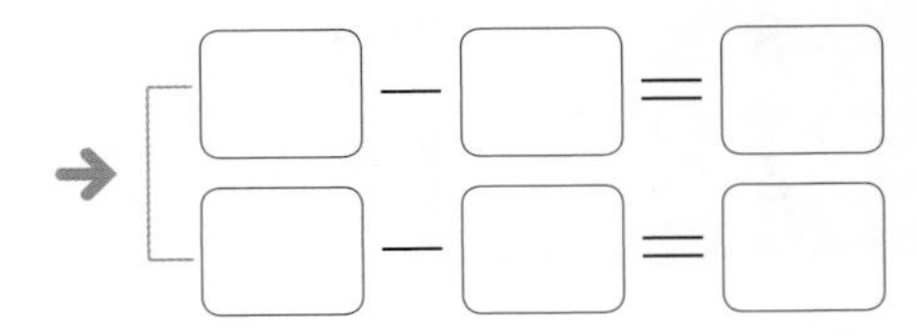

24 $39+27=66$

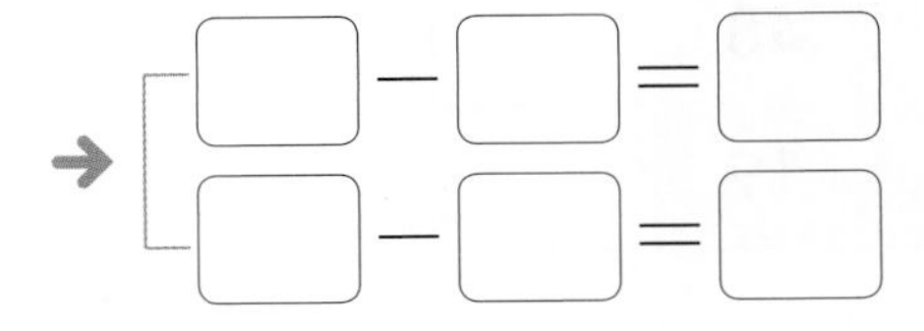

25 $49+24=73$

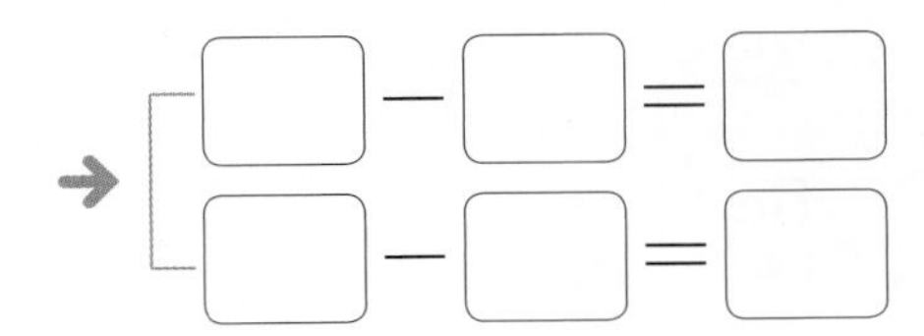

26 $13-9=4$

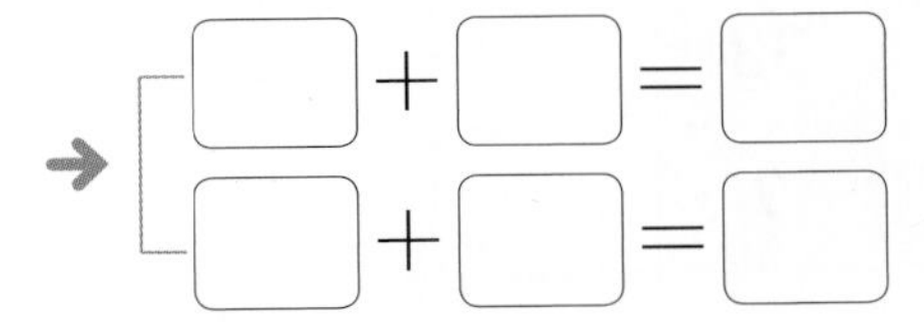

27 $72-26=46$

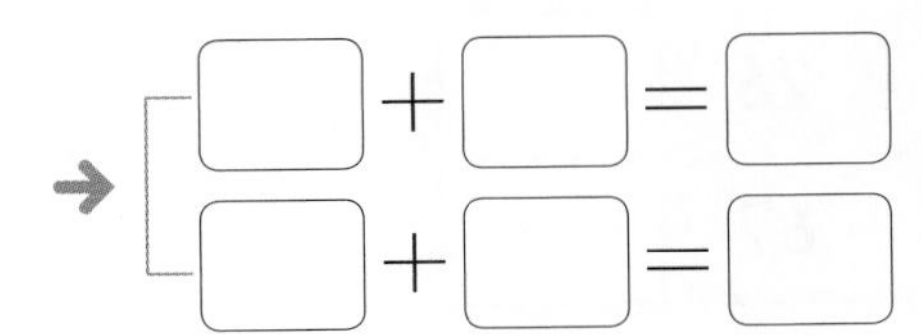

28 $82-45=37$

→ □+□=□ / □+□=□

평가 B 3단원 마무리

28회 월 / 일

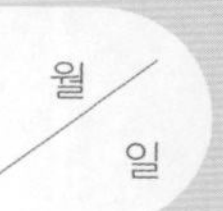

◆ 빈칸에 알맞은 수를 써넣으세요.

1 (+)

22	8	
39	4	

2 (+)

45	48	
63	19	

3 (+)

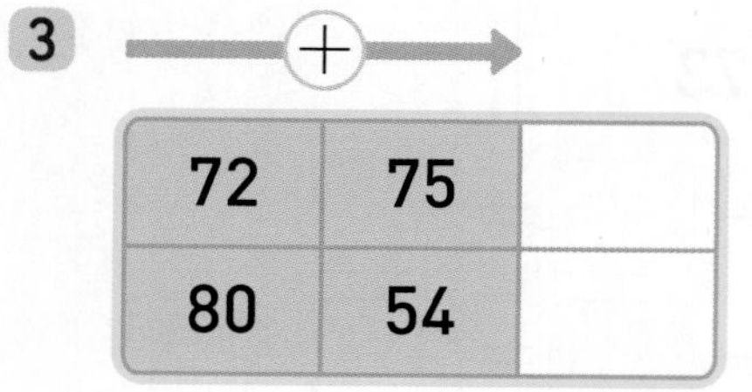

72	75	
80	54	

4 (−)

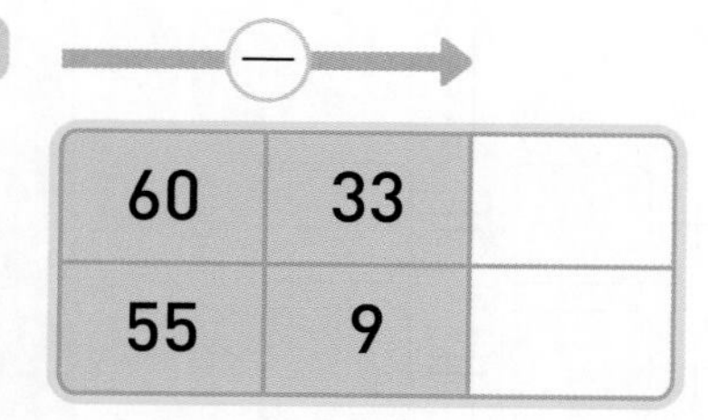

60	33	
55	9	

5 (−)

65	26	
90	67	

6 (−)

82	68	
76	19	

◆ 계산 결과의 크기를 비교하여 ○ 안에 >, =, < 를 알맞게 써넣으세요.

7 $46+19$ ○ $27+37$

8 $26+35$ ○ $42+9$

9 $72-8$ ○ $75-7$

10 $50-18$ ○ $84-45$

11 $23+28+9$ ○ $16+27+18$

12 $82-14-29$ ○ $71-16-28$

13 $18+16+17$ ○ $95-19-17$

14 $35+38-44$ ○ $73-58+15$

◆ 주어진 세 수를 이용하여 뺄셈식을 완성하고, 덧셈식으로 나타내세요.

15 12 71 59

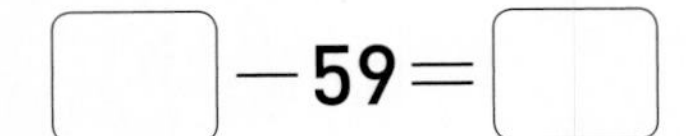

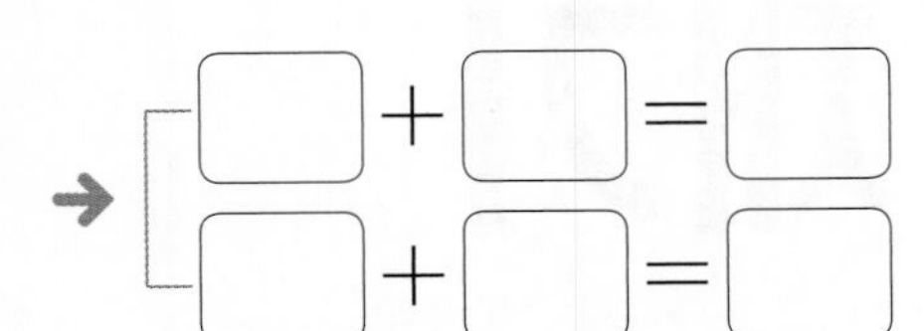

16 82 48 34

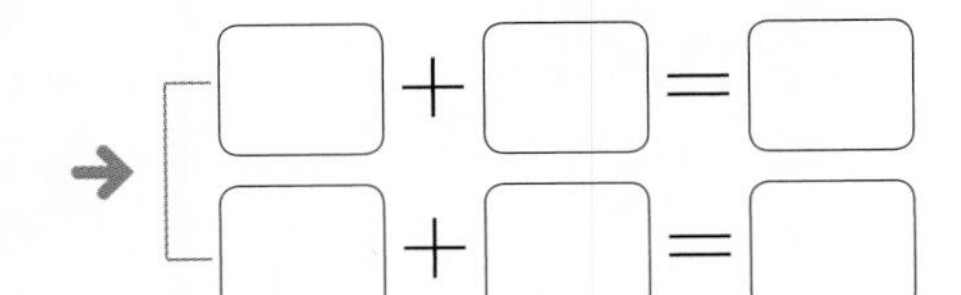

17 8 17 25

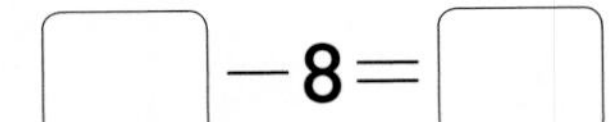

→ □+□=□, □+□=□

18 16 43 27

□−□=27

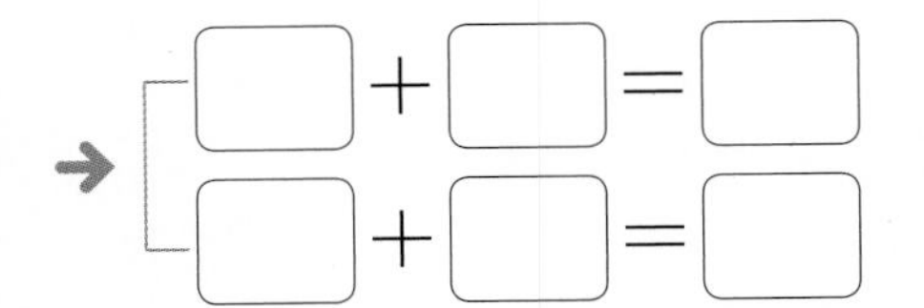

◆ □ 안에 알맞은 수를 써넣으세요.

19 □+24=31

20 36+□=42

21 □+37=54

22 29+□=63

23 □−27=35

24 54−□=37

25 □−15=26

26 91−□=59

길이 재기

자로 길이를 재어 나타내기

학습을 끝낸 후 색칠하세요.

여러 가지 단위로 길이 재기 / 1 cm

이전에 배운 내용

[1-1] 비교하기
길이 비교하기
'길다, 짧다'로 길이 표현하기

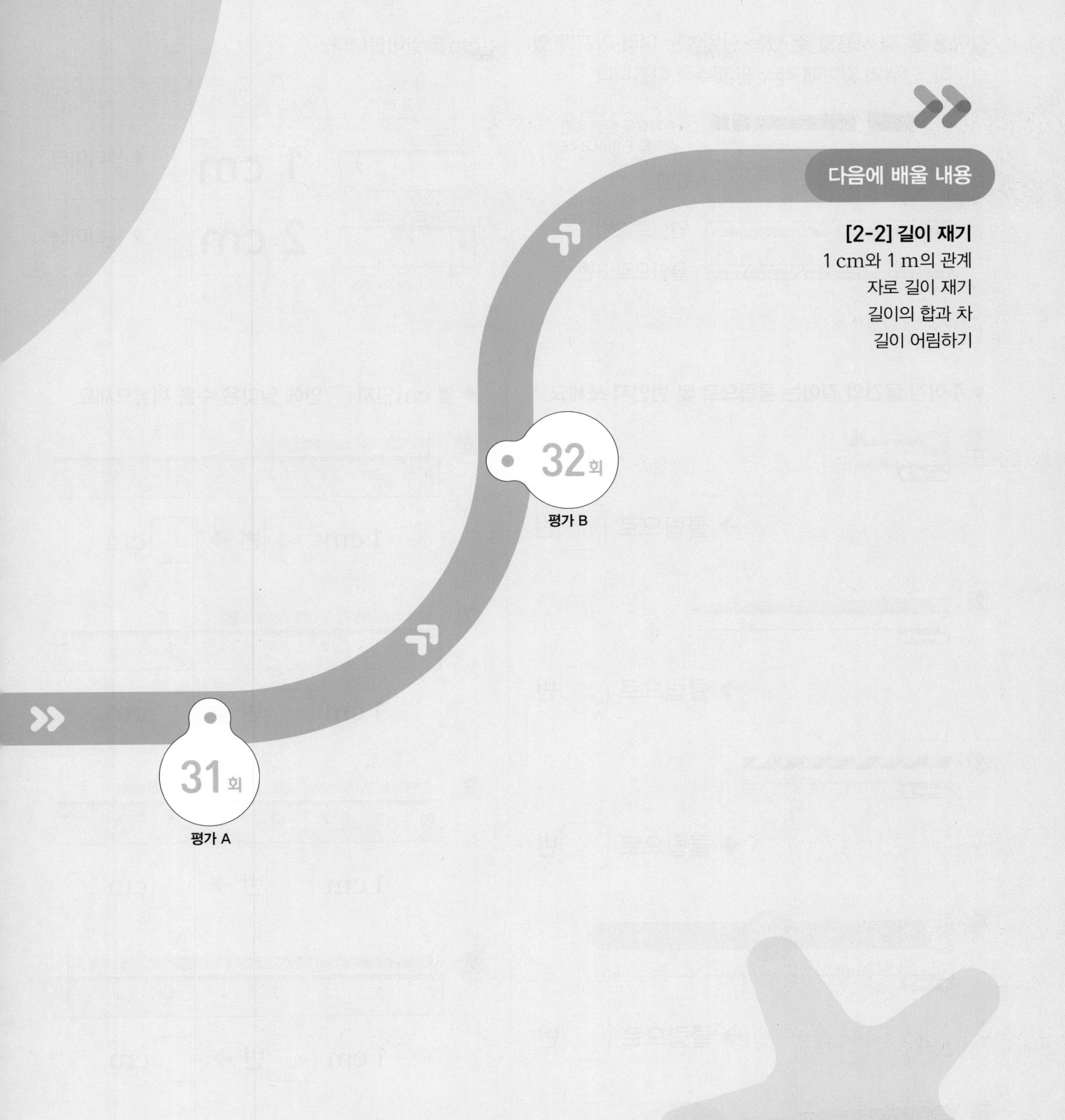

[2-2] 길이 재기

1 cm와 1 m의 관계

자로 길이 재기

길이의 합과 차

길이 어림하기

개념 여러 가지 단위로 길이 재기 / 1 cm

29회 월 / 일

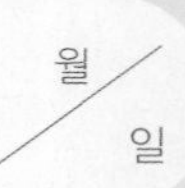

길이를 잴 때 사용할 수 있는 단위에는 여러 가지가 있습니다. 단위의 길이에 따라 잰 횟수가 다릅니다.

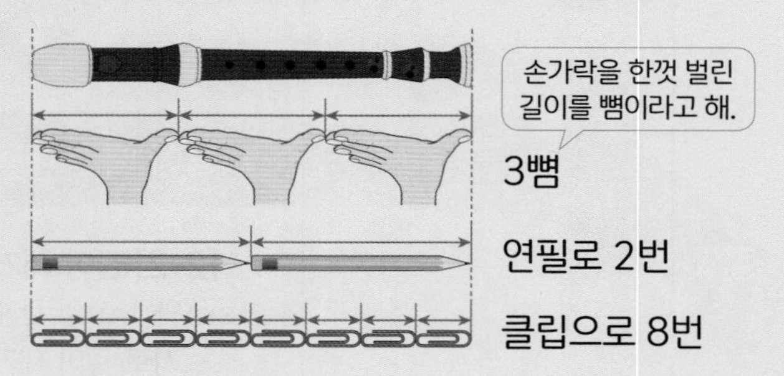

cm를 알아봅니다.

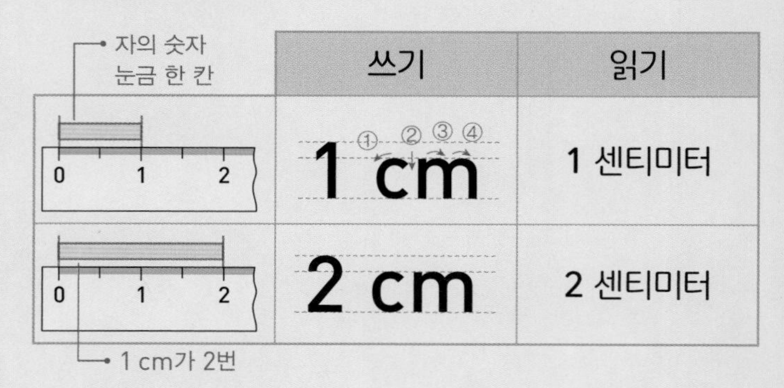

	쓰기	읽기
	1 cm	1 센티미터
	2 cm	2 센티미터

◆ 주어진 물건의 길이는 클립으로 몇 번인지 쓰세요.

1

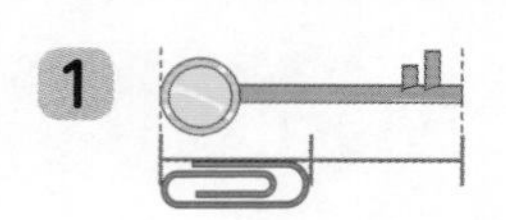

→ 클립으로 ☐번

2

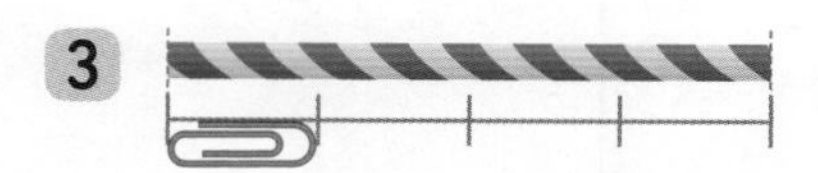

→ 클립으로 ☐번

3

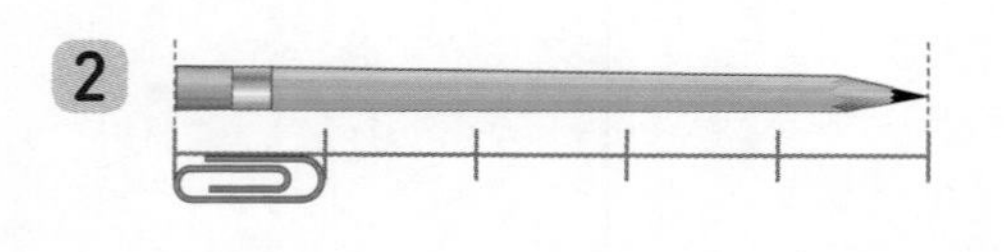

→ 클립으로 ☐번

4

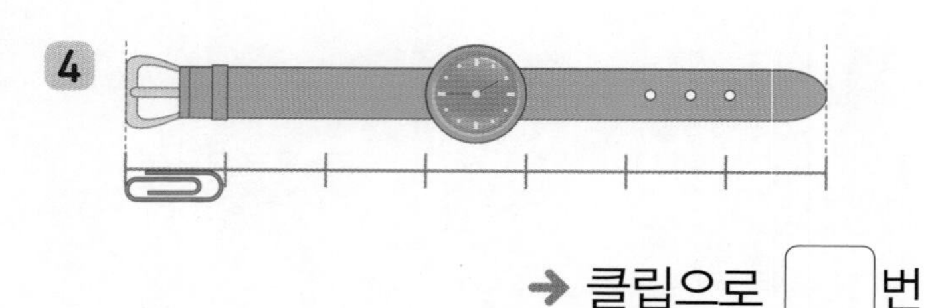

→ 클립으로 ☐번

5

→ 클립으로 ☐번

◆ 몇 cm인지 ☐ 안에 알맞은 수를 써넣으세요.

6

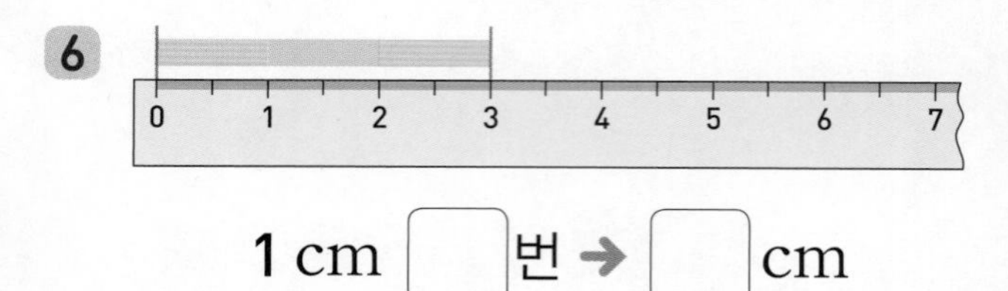

1 cm ☐번 → ☐ cm

7

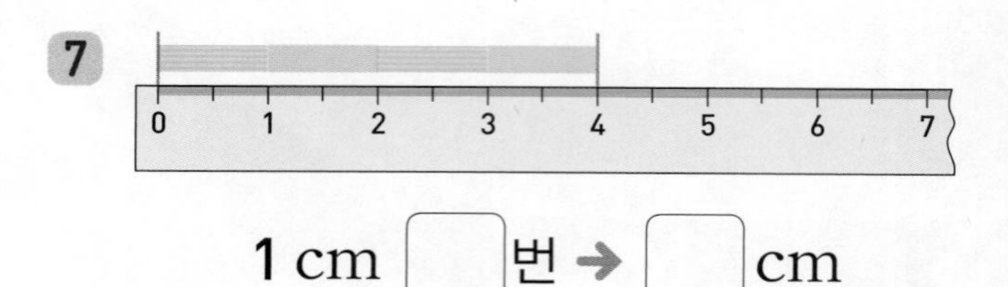

1 cm ☐번 → ☐ cm

8

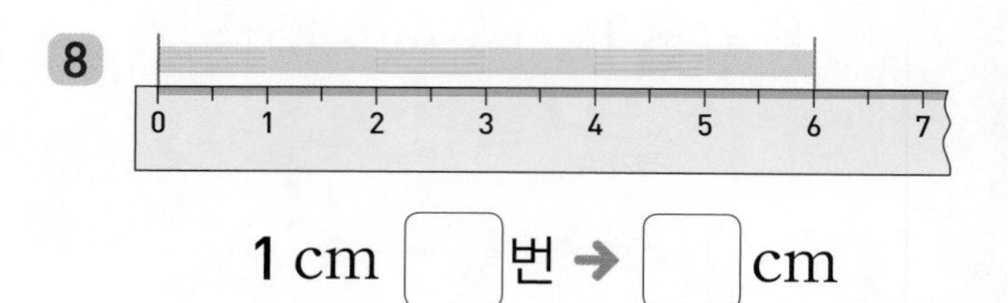

1 cm ☐번 → ☐ cm

9

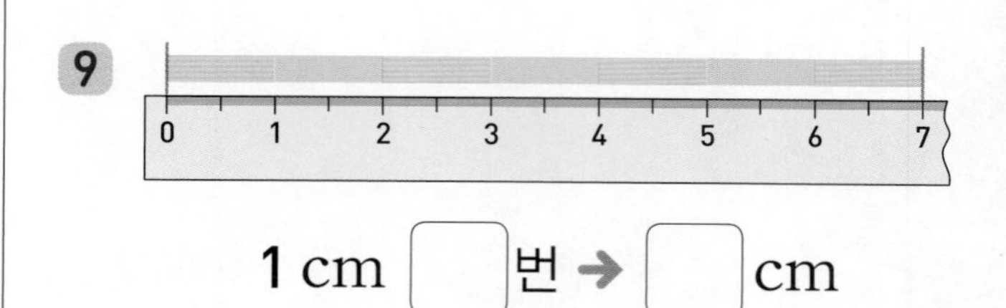

1 cm ☐번 → ☐ cm

10

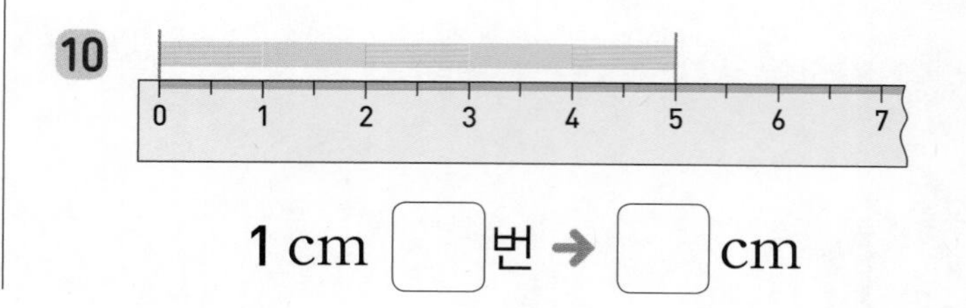

1 cm ☐번 → ☐ cm

연습 여러 가지 단위로 길이 재기 / 1 cm

실수 콕! 11~14번 문제

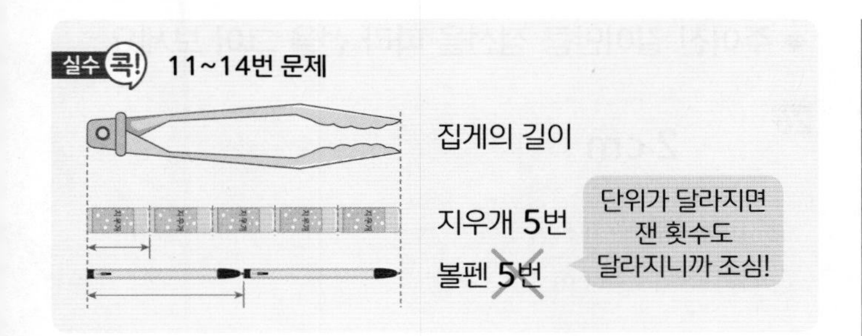

◆ 주어진 물건의 길이는 두 물건으로 각각 몇 번인지 쓰세요.

11

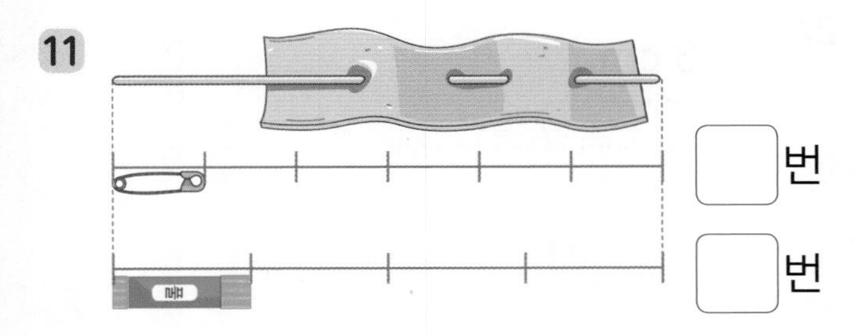

☐번

☐번

12

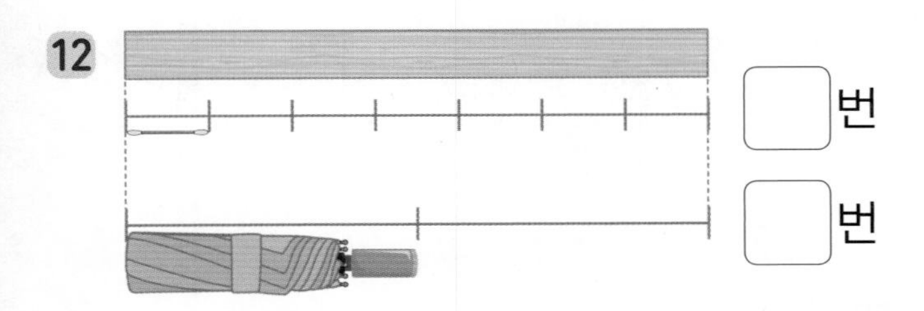

☐번

☐번

13

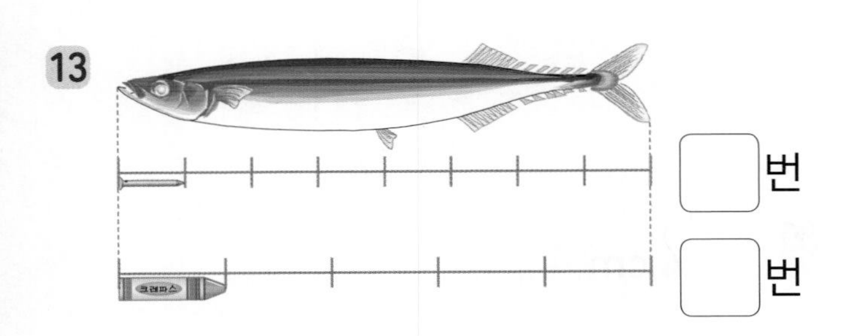

☐번

☐번

14

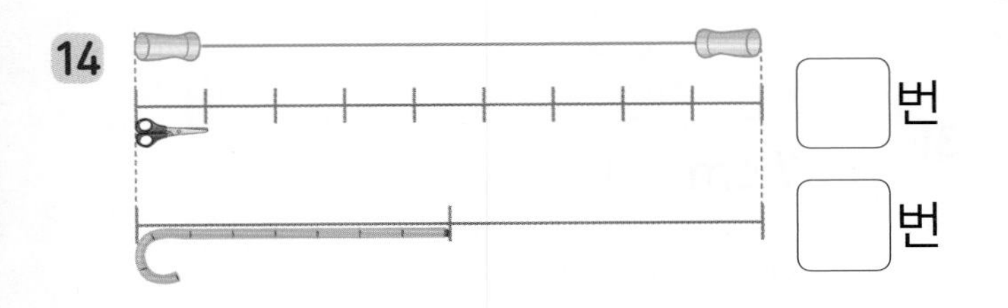

☐번

☐번

◆ 주어진 길이를 쓰세요.

15

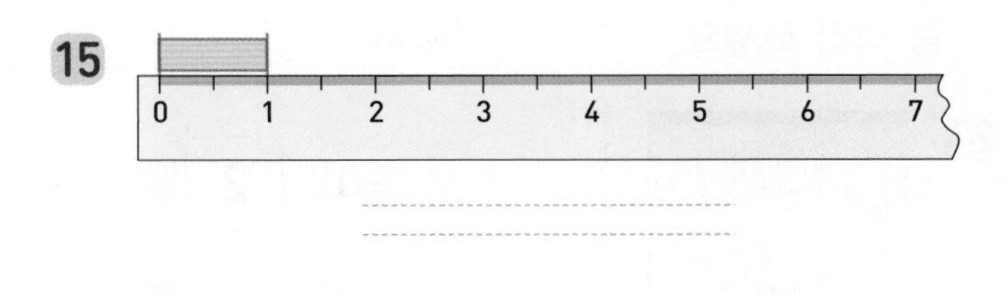

16

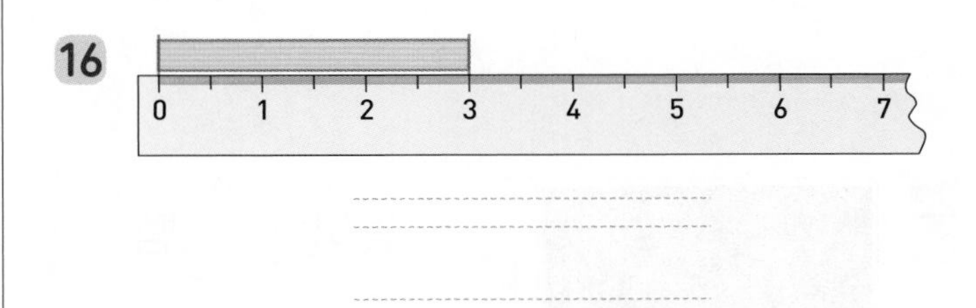

17

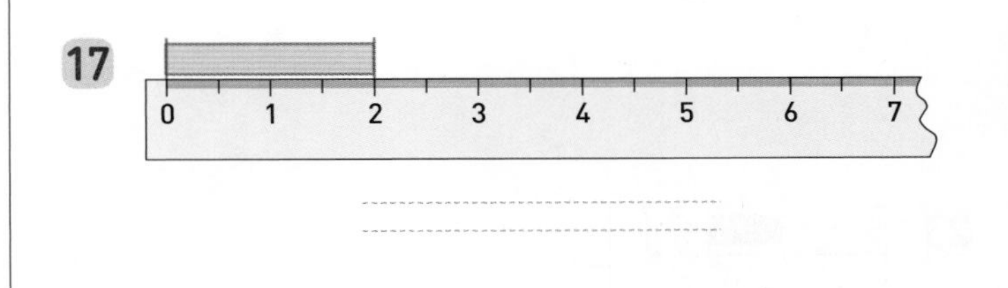

18

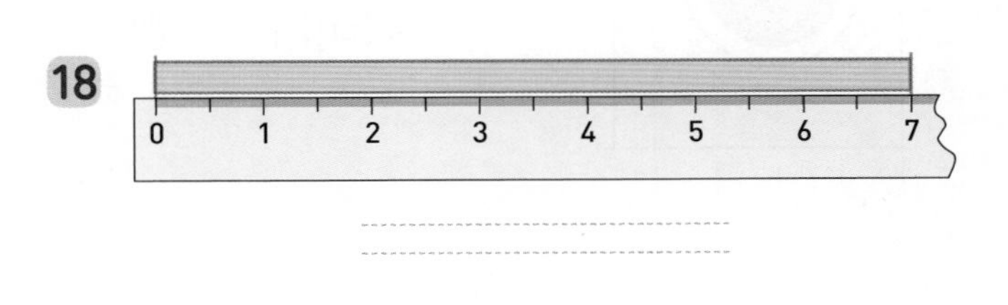

19

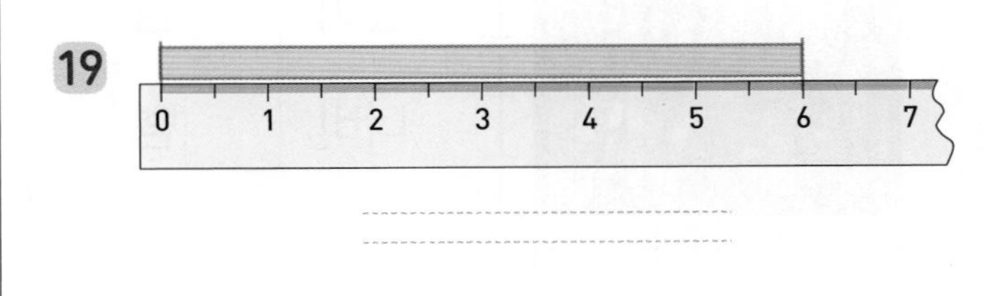

20

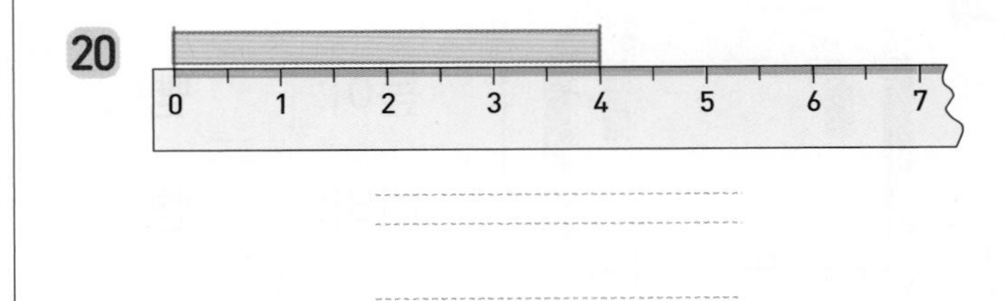

4 단원 29회

적용 여러 가지 단위로 길이 재기 / 1 cm

◆ 물건의 높이와 너비를 뼘으로 재었습니다. 잰 횟수를 각각 쓰세요.

21
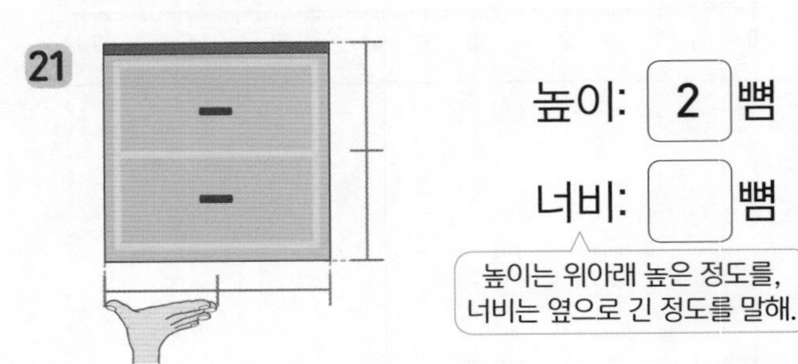

높이: 2 뼘

너비: □ 뼘

높이는 위아래 높은 정도를, 너비는 옆으로 긴 정도를 말해.

22
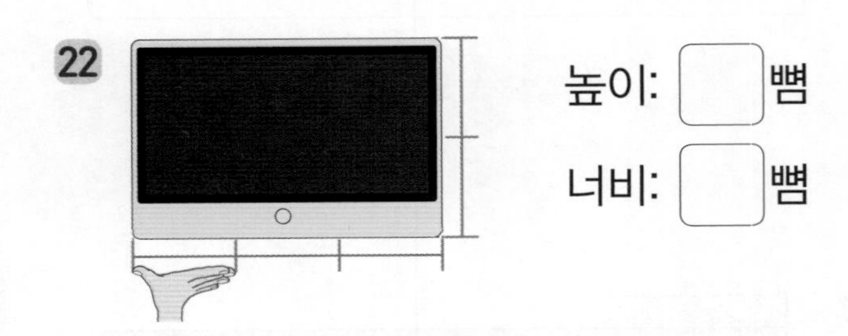

높이: □ 뼘

너비: □ 뼘

23

높이: □ 뼘

너비: □ 뼘

24
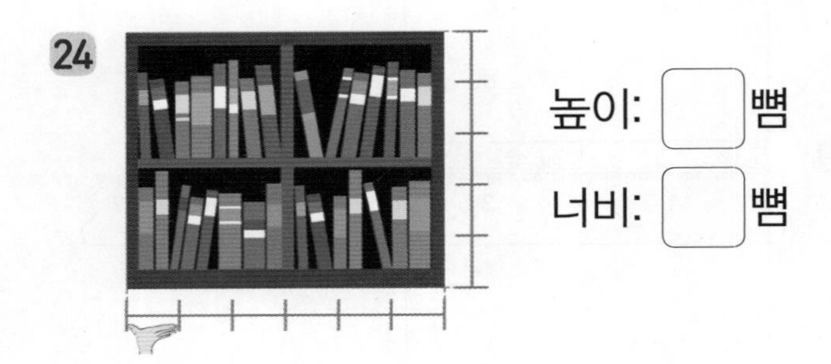

높이: □ 뼘

너비: □ 뼘

25
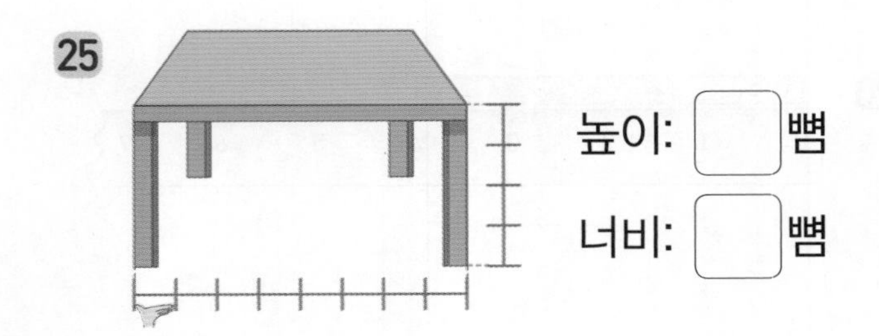

높이: □ 뼘

너비: □ 뼘

◆ 주어진 길이만큼 점선을 따라 선을 그어 보세요.

26 2 cm

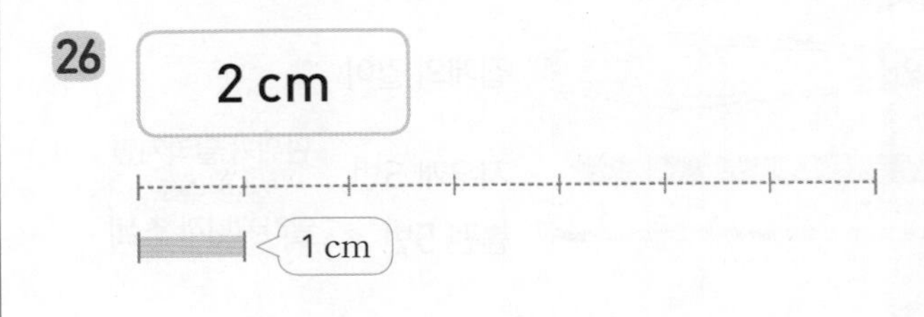

27 3 cm

28 5 cm

29 6 cm

30 4 cm

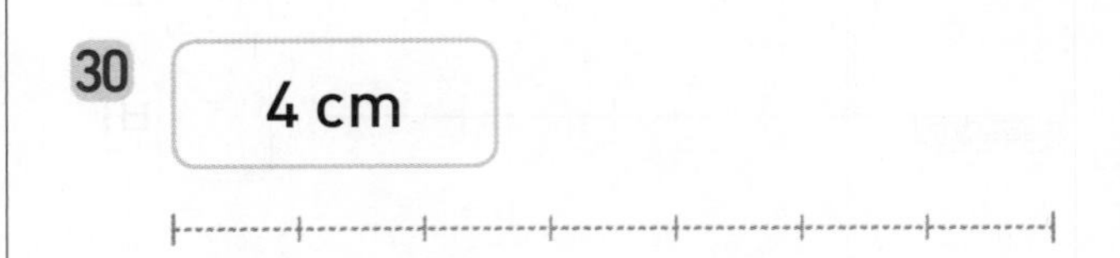

31 7 cm

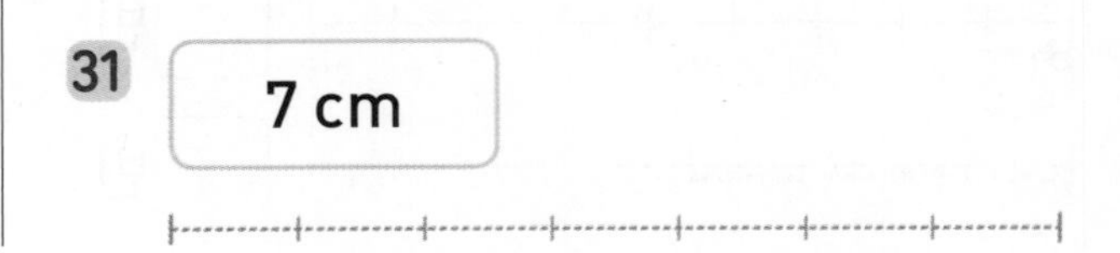

정답 17쪽

★ 완성 여러 가지 단위로 길이 재기 / 1 cm

◆ 가장 작은 사각형의 변의 길이는 모두 1 cm입니다. 쥐가 치즈를 찾기 위해 몇 cm만큼 움직였는지 구하세요.

32

☐ cm

1 cm짜리 변을 6개 지나갔어!

34

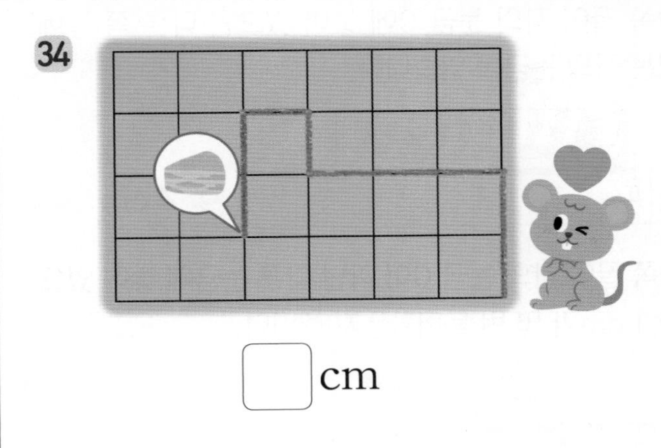

☐ cm

33

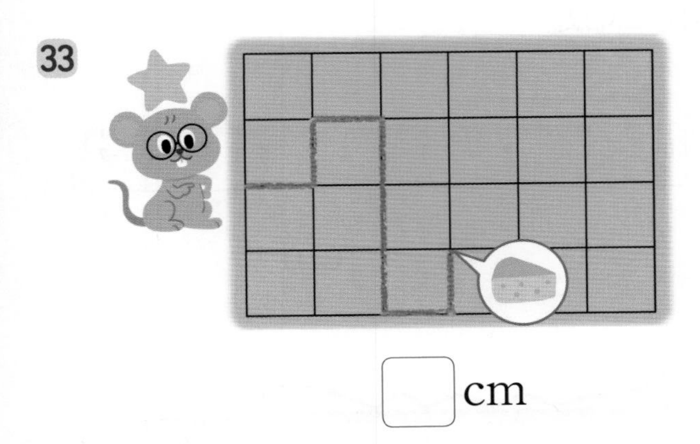

☐ cm

35

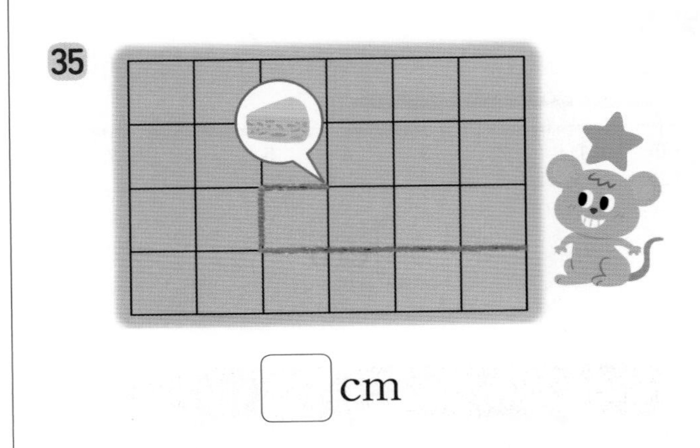

☐ cm

연산 + 문해력

36 지호, 민아, 현수는 모양과 크기가 같은 모형을 사용하여 모양 만들기를 했습니다. 모형을 가장 길게 연결한 사람은 누구일까요?

풀이 사용한 모형의 수 → 지호: ☐개, 민아: ☐개, 현수: ☐개

답 모형을 가장 길게 연결한 사람은 ☐입니다.

개념 자로 길이를 재어 나타내기

30회

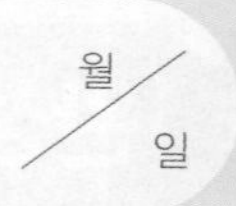

- 한쪽 끝이 자의 눈금 0에 놓여 있으면 다른 쪽 끝에 있는 자의 눈금을 읽습니다.

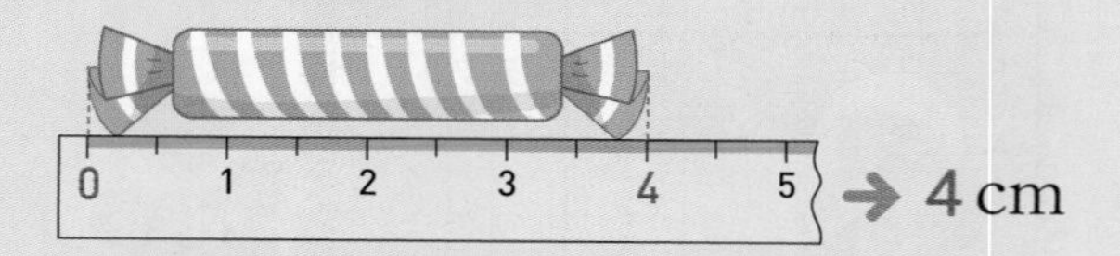

- 한쪽 끝이 자의 눈금 0이 아닌 다른 눈금에 놓여 있으면 1 cm가 몇 번 들어가는지 셉니다.

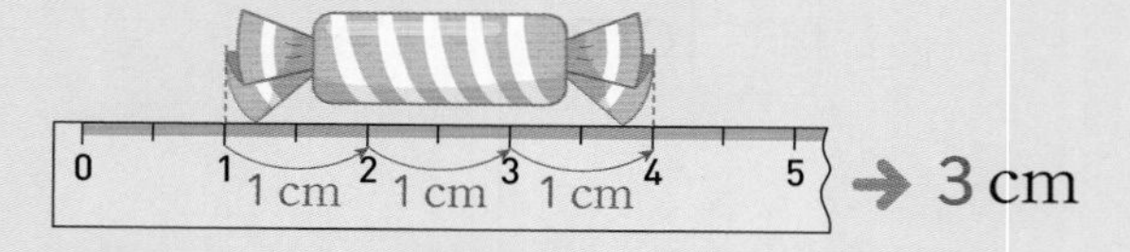

물건의 한쪽 끝이 눈금 사이에 있을 때 약 □ cm라고 씁니다.

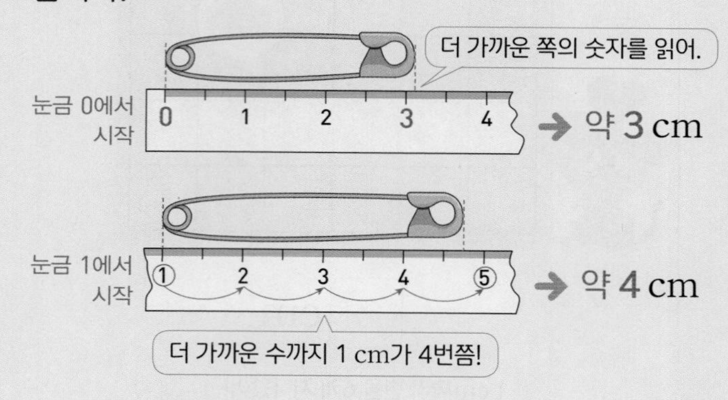

◆ 물건의 길이는 몇 cm인지 □ 안에 알맞은 수를 써넣으세요.

1

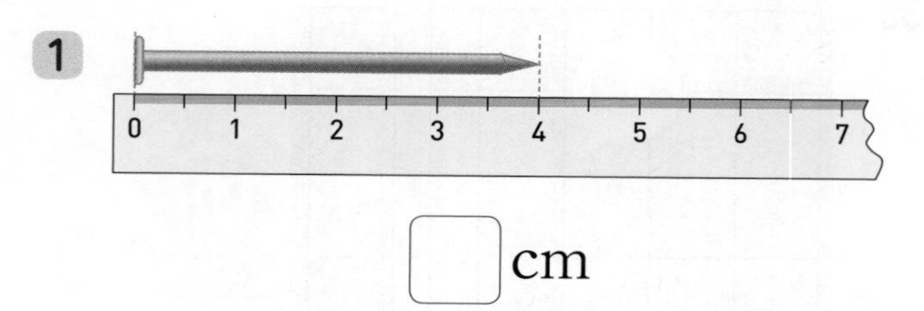

□ cm

2

□ cm

3

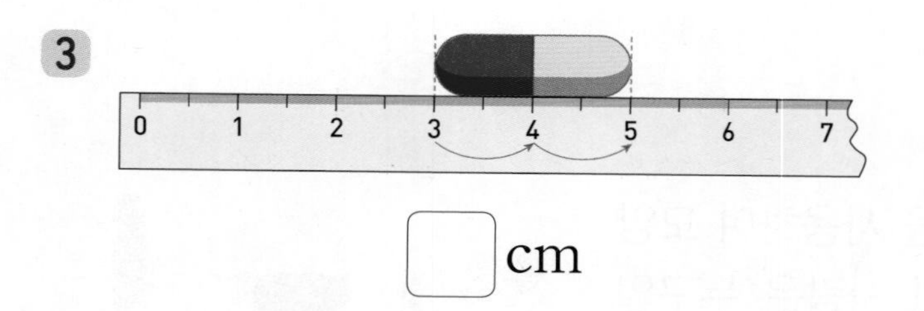

□ cm

4

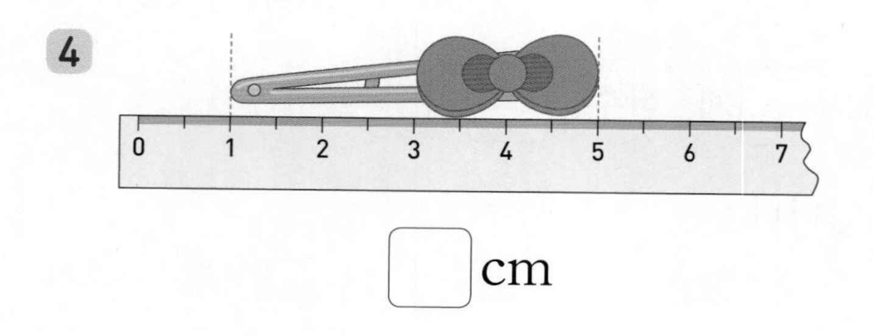

□ cm

◆ 물건의 길이는 약 몇 cm인지 □ 안에 알맞은 수를 써넣으세요.

5

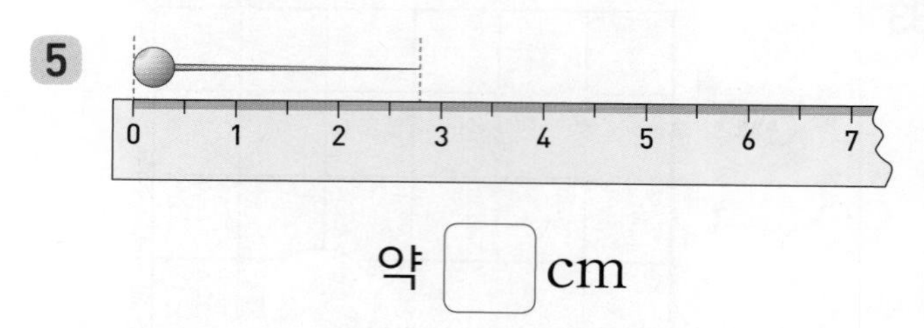

약 □ cm

6

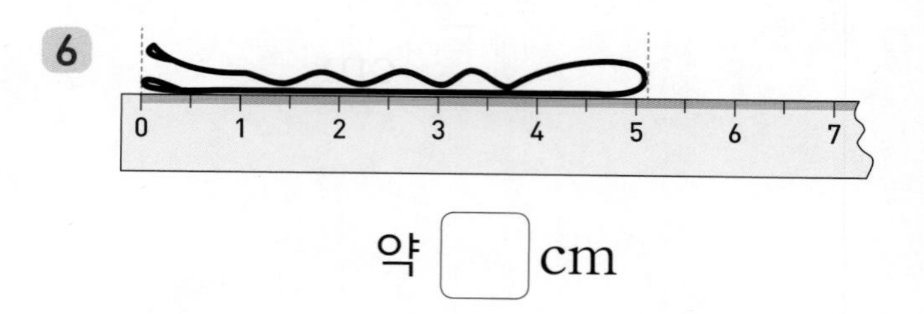

약 □ cm

7

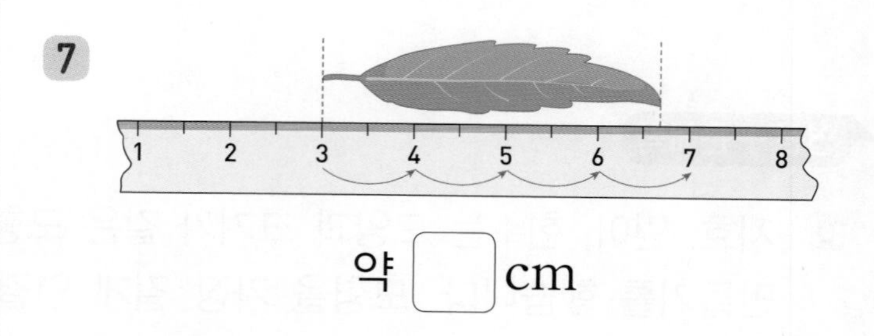

약 □ cm

8

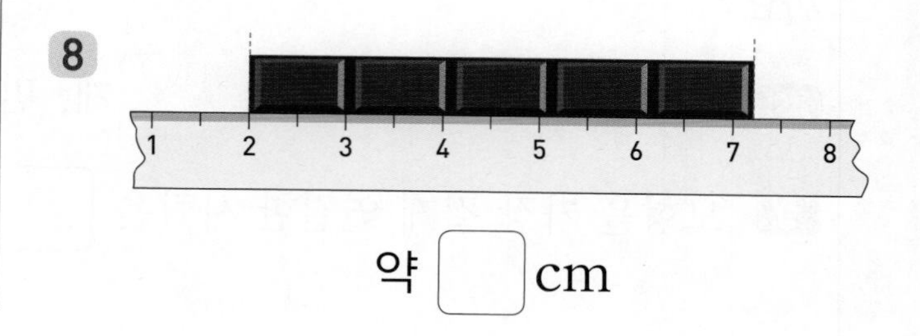

약 □ cm

자로 길이를 재어 나타내기

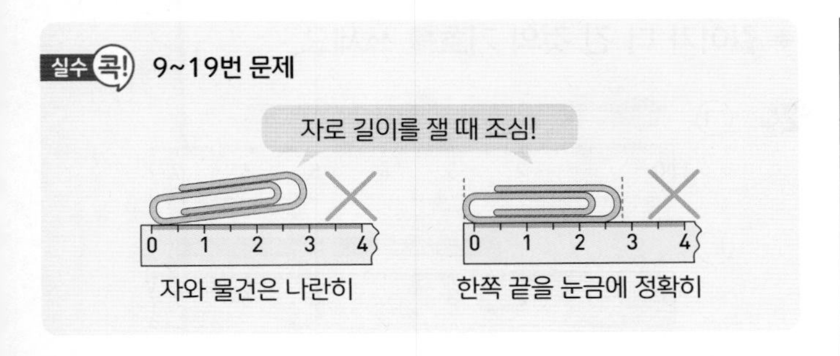

◆ 물건의 길이를 자로 재어 몇 cm인지 쓰세요.

9 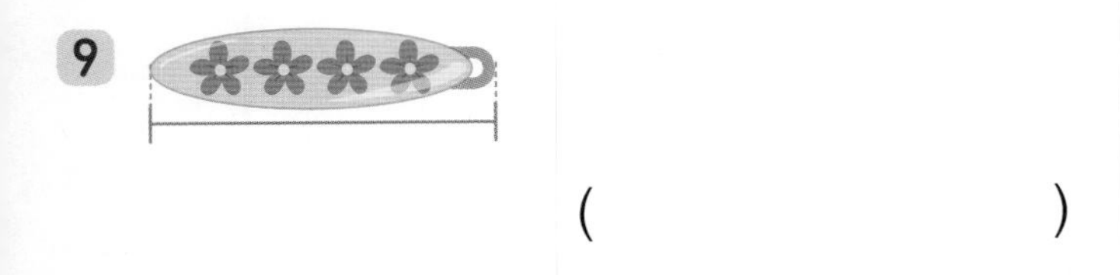

(　　　　　　　　)

10 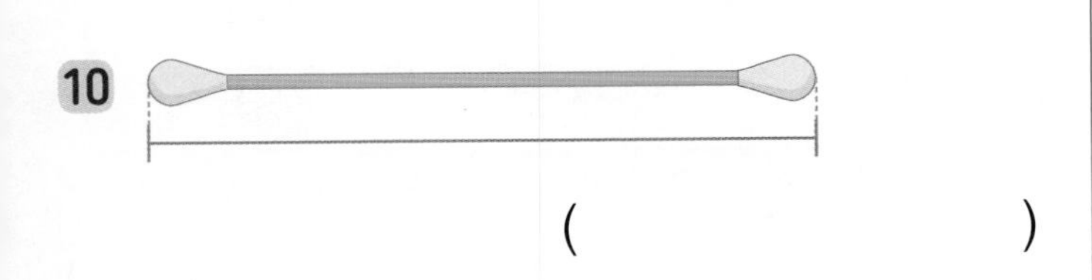

(　　　　　　　　)

11 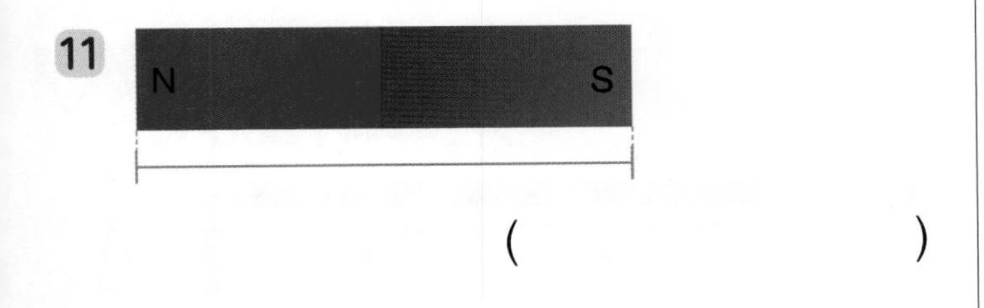

(　　　　　　　　)

12 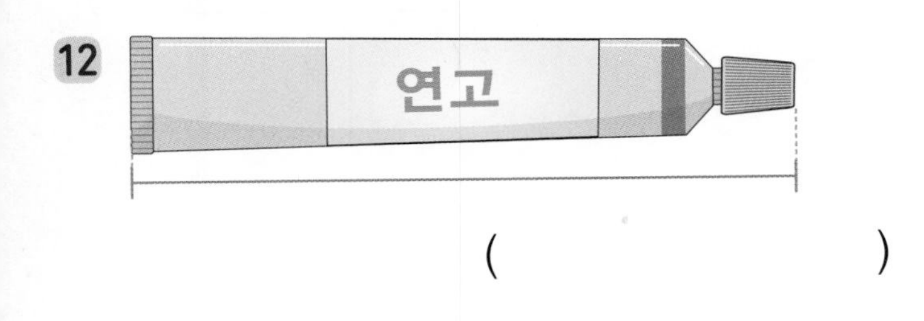

(　　　　　　　　)

13 

(　　　　　　　　)

◆ 물건의 길이를 자로 재어 약 몇 cm인지 쓰세요.

14 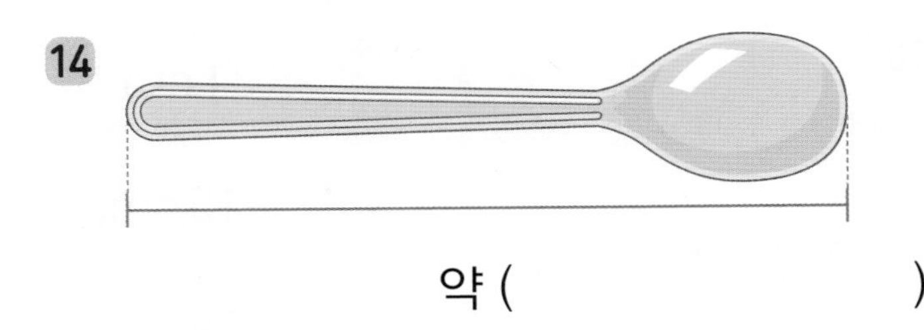

약 (　　　　　　　　)

15 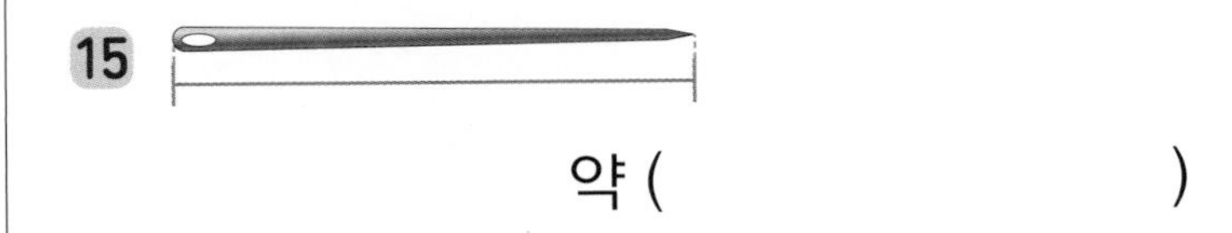

약 (　　　　　　　　)

16 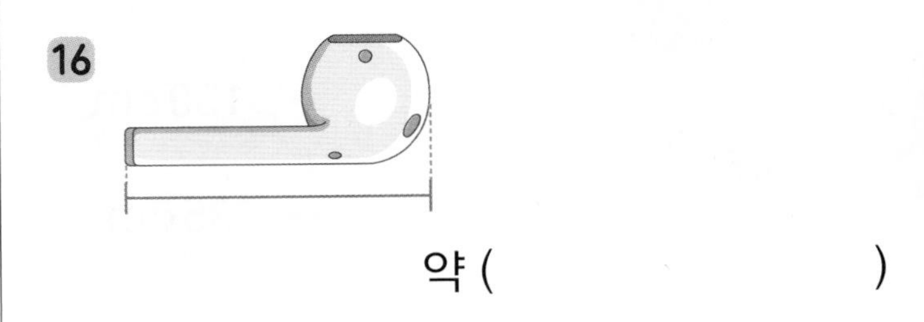

약 (　　　　　　　　)

17 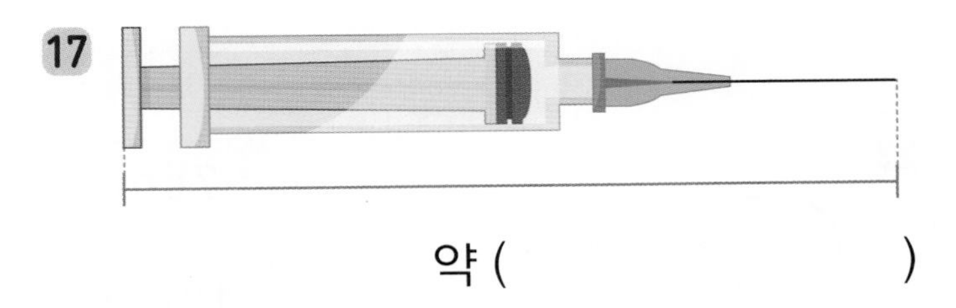

약 (　　　　　　　　)

18 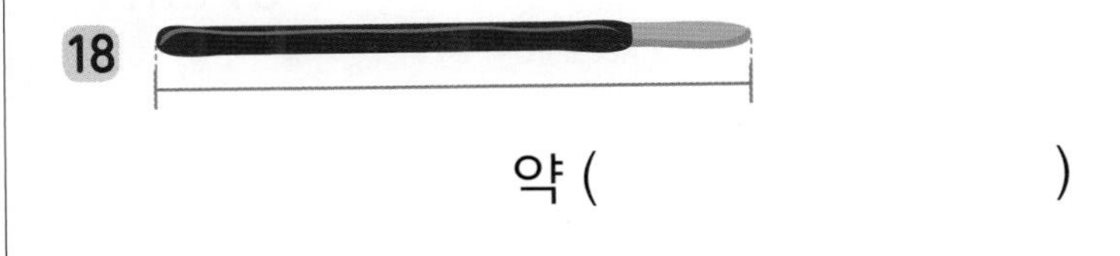

약 (　　　　　　　　)

19 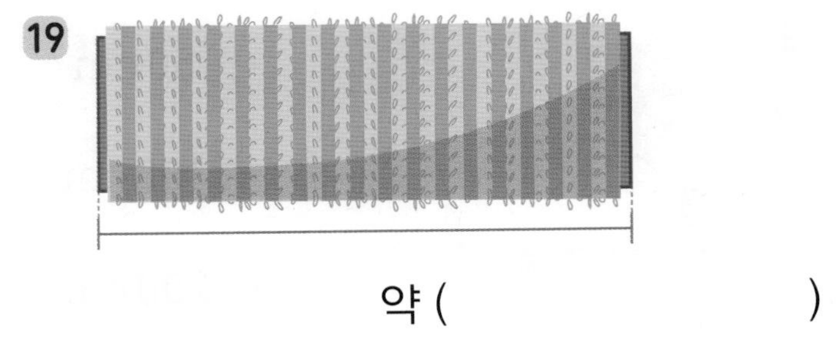

약 (　　　　　　　　)

적용 자로 길이를 재어 나타내기

◆ 물건의 실제 길이에 가장 가까운 것끼리 이어 보세요.

20

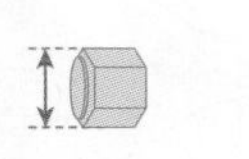

• 1 cm

• 15 cm

• 50 cm

21

• 80 cm

• 150 cm

• 35 cm

22

• 7 cm

• 17 cm

• 67 cm

23

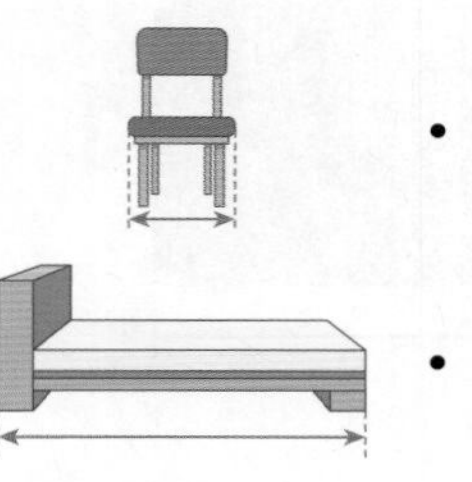

• 50 cm

• 100 cm

• 200 cm

◆ 길이가 더 긴 것의 기호를 쓰세요.

24 ㉠ ㉡

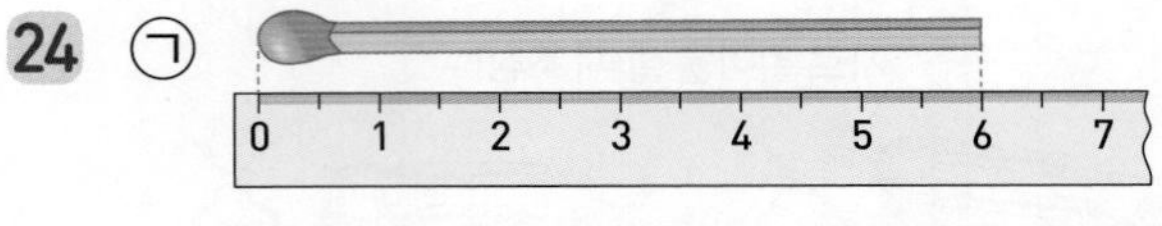

( )

25 ㉠ ㉡

( )

26 ㉠ ㉡

( )

27 ㉠ ㉡

( )

★ 완성 자로 길이를 재어 나타내기

정답 18쪽

◆ 새들이 둥지를 짓기 위해 나뭇가지를 물고 왔습니다. 말하는 길이만큼 점선을 따라 선을 그어 보세요.

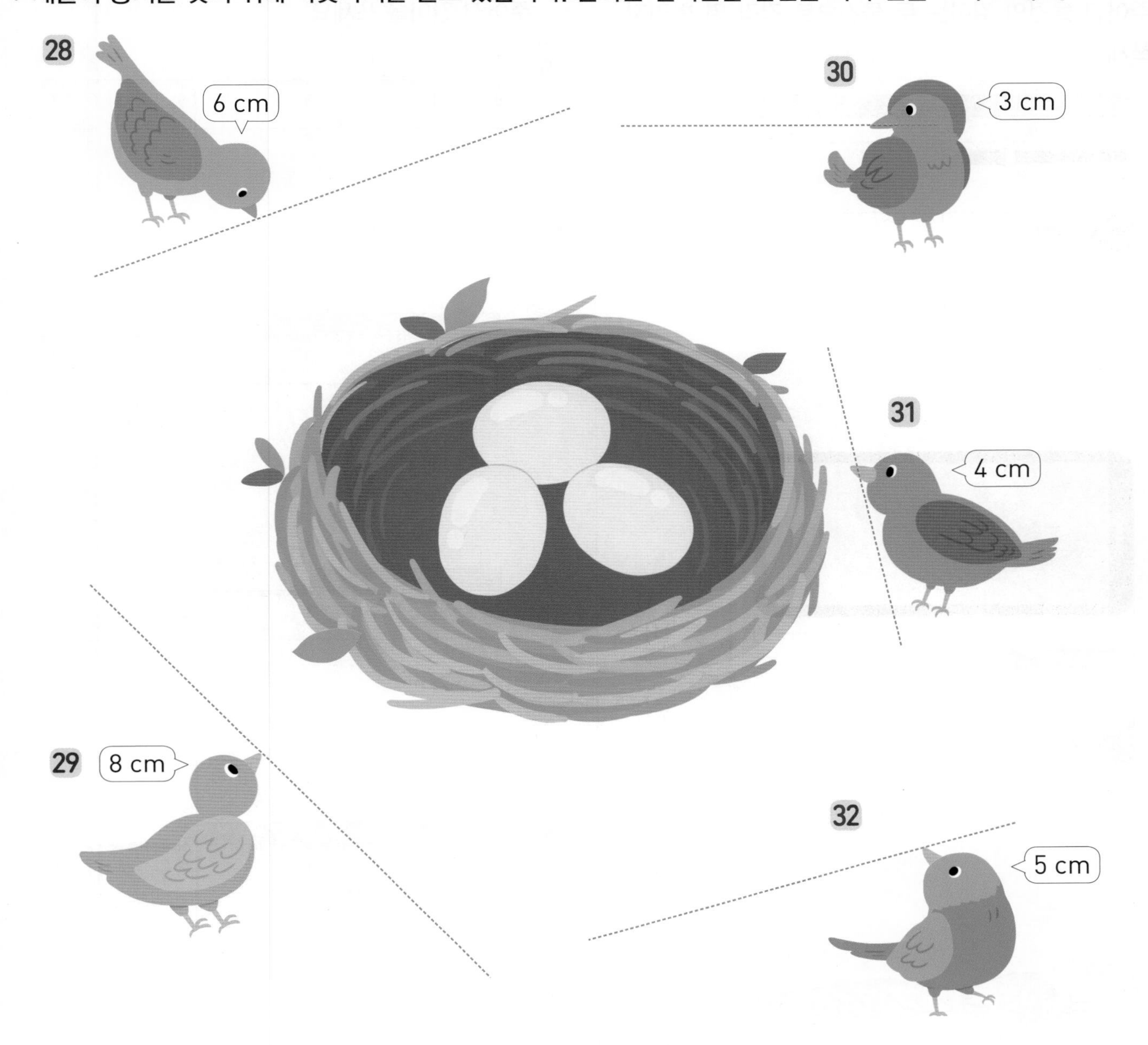

연산 + 문해력

33 두 사람이 아래와 같은 색연필의 길이를 각각 재었습니다. 잰 길이가 수지는 11 cm, 재형이는 12 cm일 때, 길이를 바르게 잰 사람은 누구일까요?

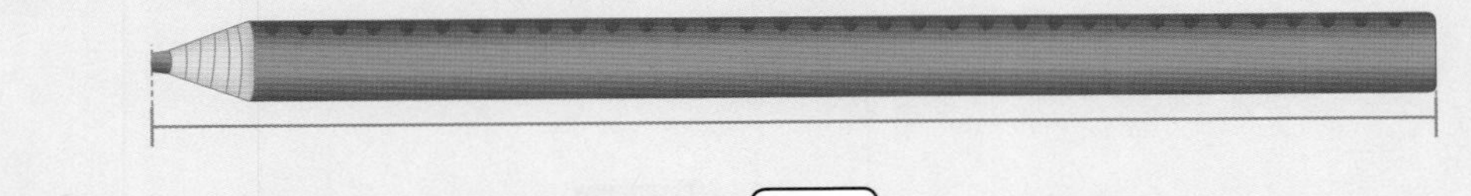

풀이 색연필의 길이를 자로 재어 보면 ☐ cm입니다.

답 길이를 바르게 잰 사람은 ☐ 입니다.

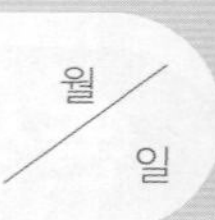

◆ 주어진 물건의 길이는 두 물건으로 각각 몇 번인지 쓰세요.

1

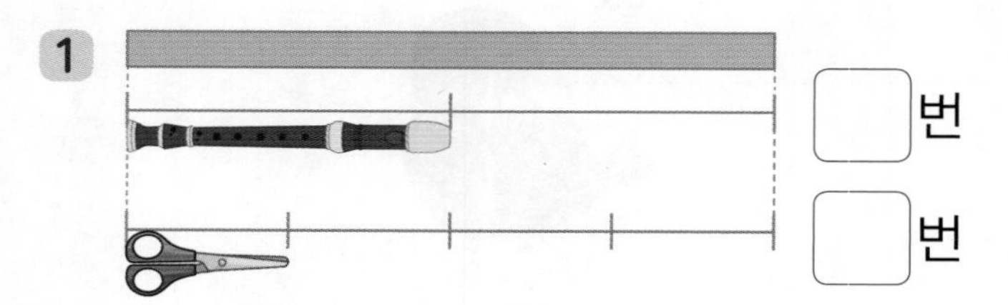

☐ 번

☐ 번

2

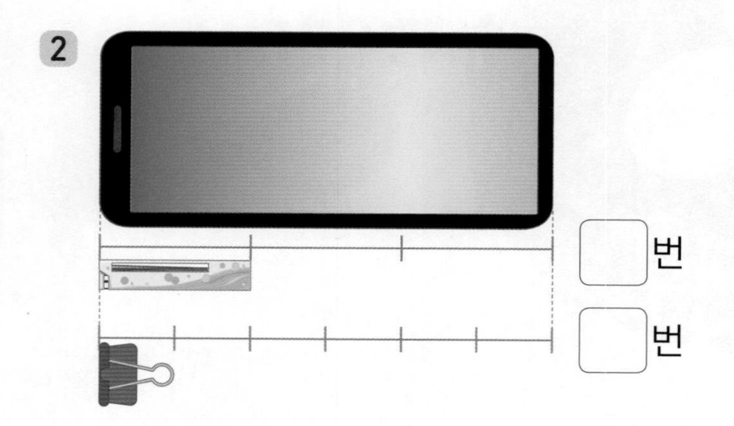

☐ 번

☐ 번

3

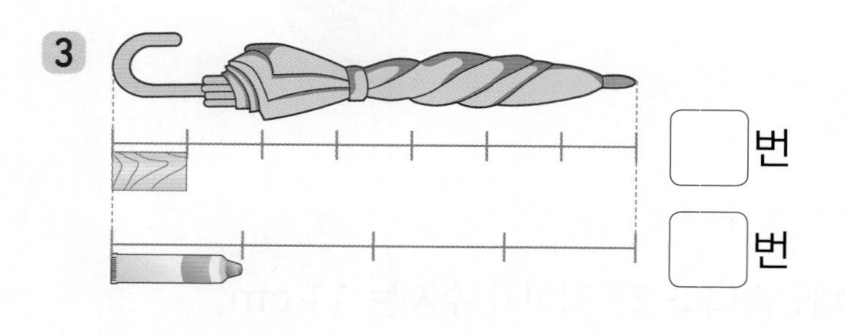

☐ 번

☐ 번

4

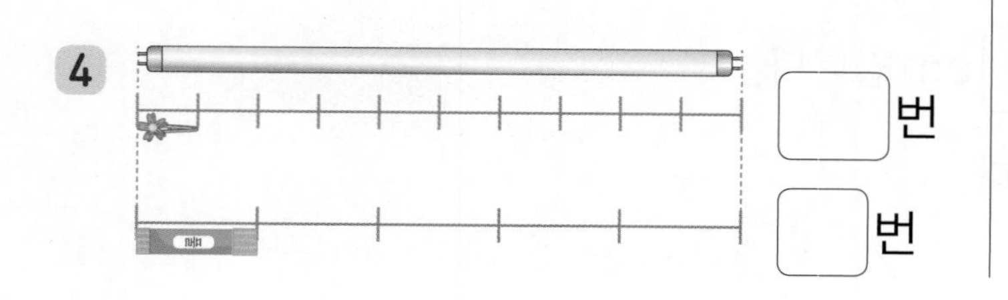

☐ 번

☐ 번

◆ 주어진 길이를 쓰세요.

5

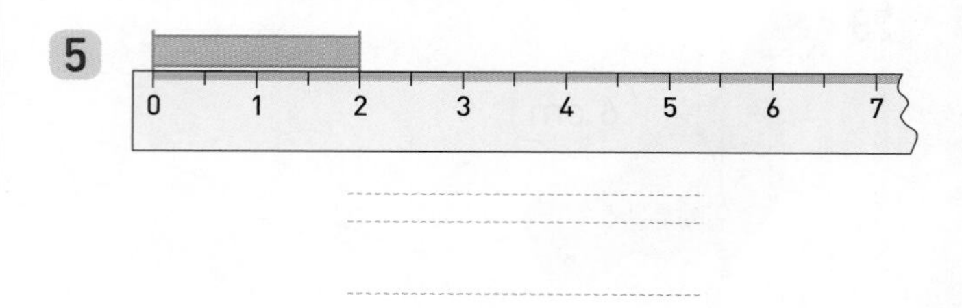

6

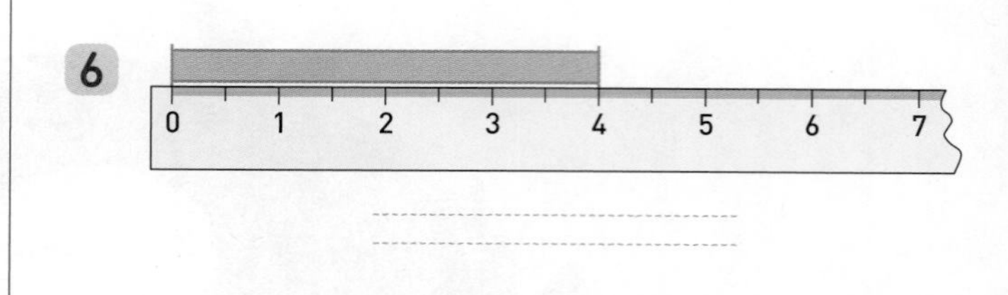

7

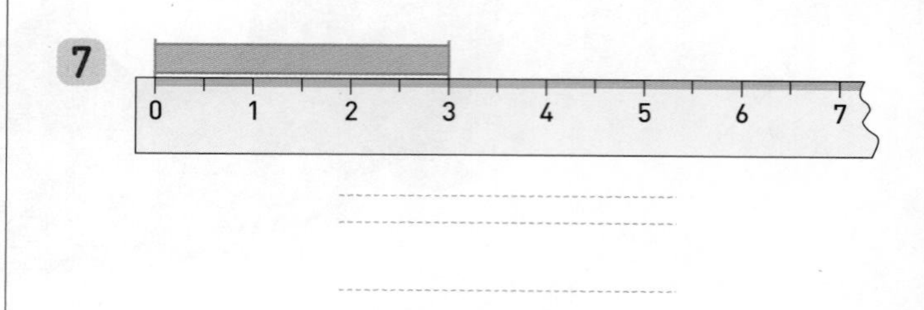

8

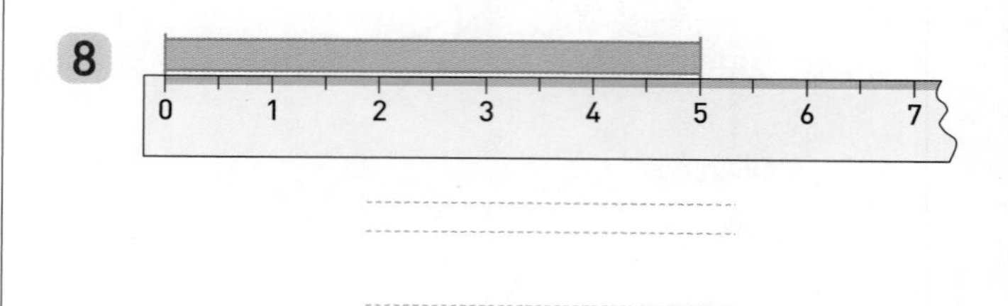

9

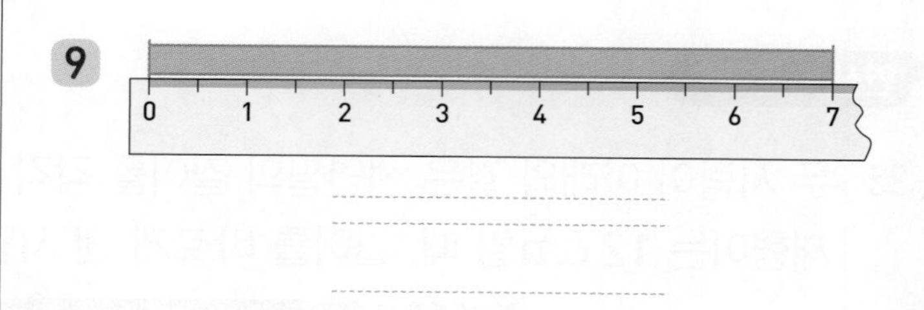

10

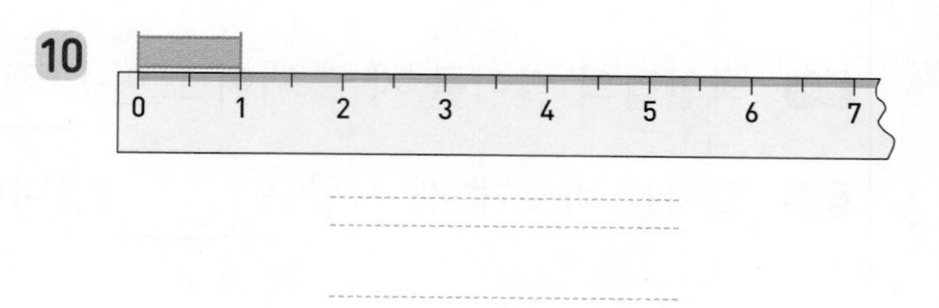

◆ 물건의 길이를 자로 재어 몇 cm인지 쓰세요.

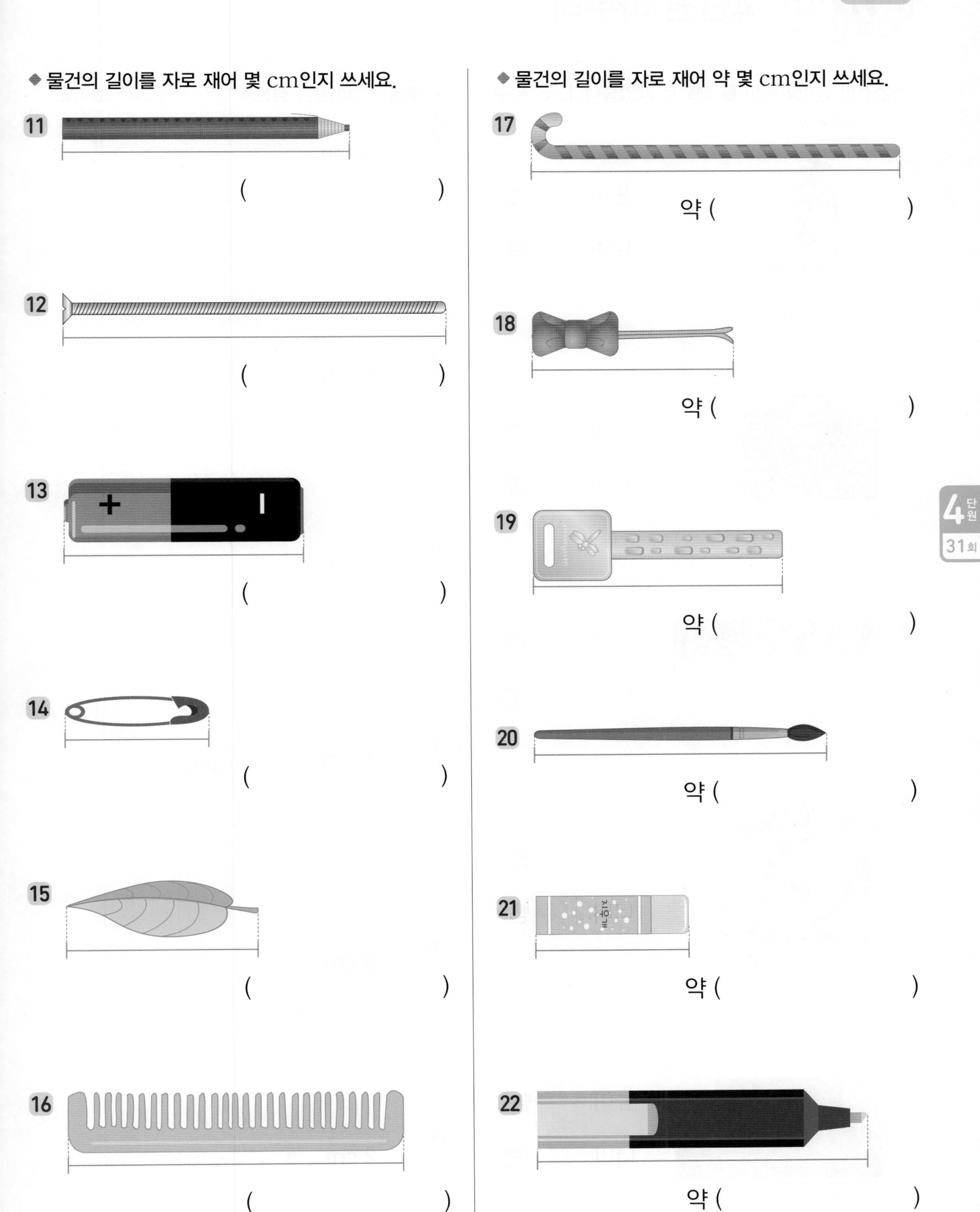

◆ 물건의 길이를 자로 재어 약 몇 cm인지 쓰세요.

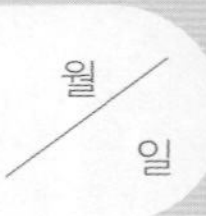

◆ 물건의 높이와 너비를 뼘으로 재었습니다. 잰 횟수를 각각 쓰세요.

1

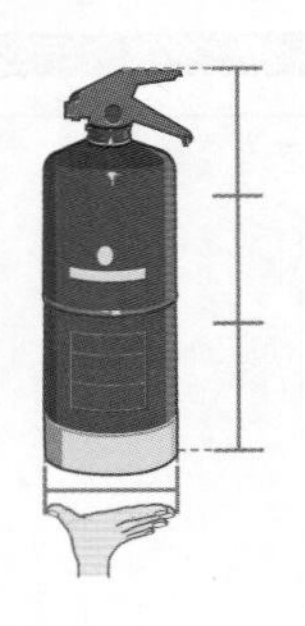

높이: ☐ 뼘
너비: ☐ 뼘

2

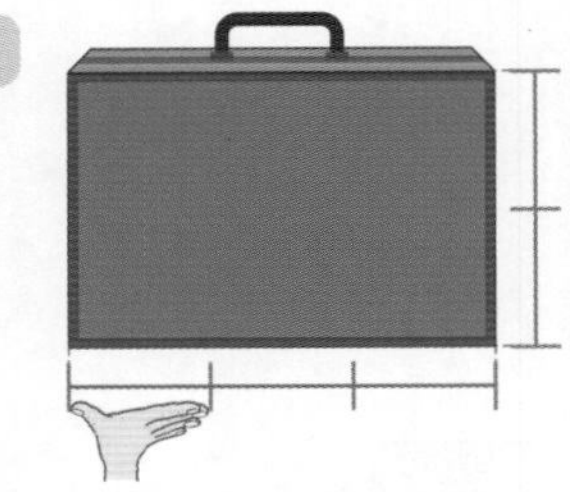

높이: ☐ 뼘
너비: ☐ 뼘

3

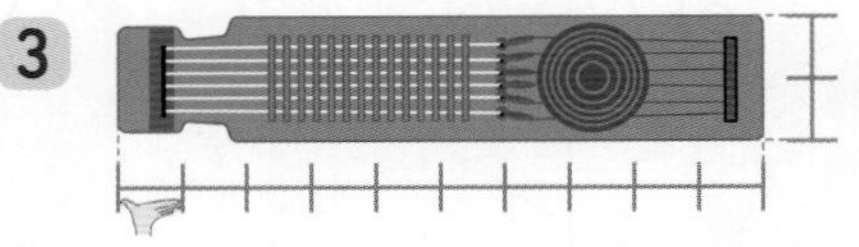

높이: ☐ 뼘
너비: ☐ 뼘

4

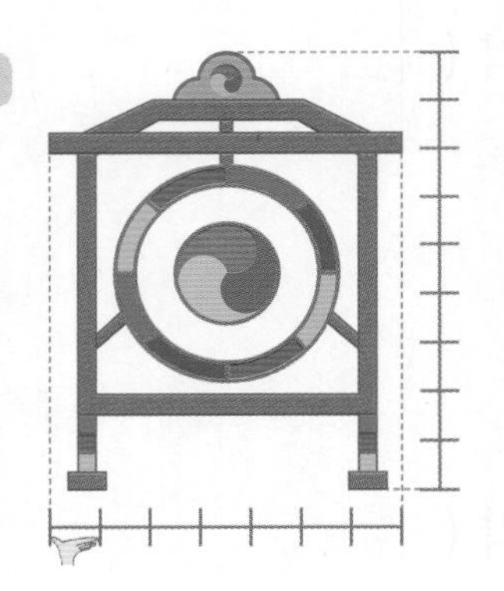

높이: ☐ 뼘
너비: ☐ 뼘

5

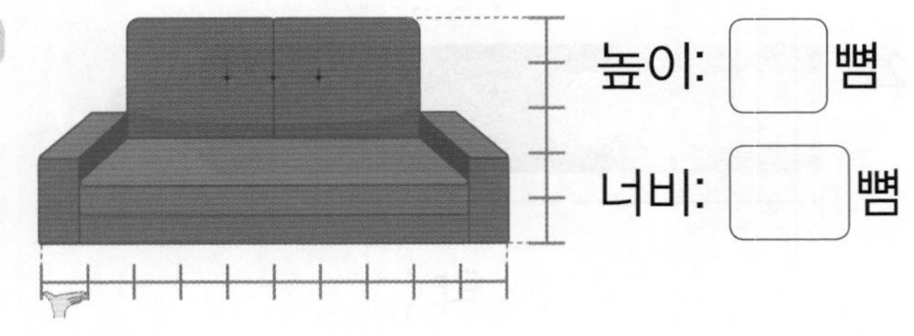

높이: ☐ 뼘
너비: ☐ 뼘

◆ 주어진 길이만큼 점선을 따라 선을 그어 보세요.

6 3 cm

7 6 cm

8 7 cm

9 4 cm

1 cm 눈금이 없으면 자를 이용하여 그어 봐.

10 5 cm

11 2 cm

◆ 물건의 실제 길이에 가장 가까운 것끼리 이어 보세요.

12

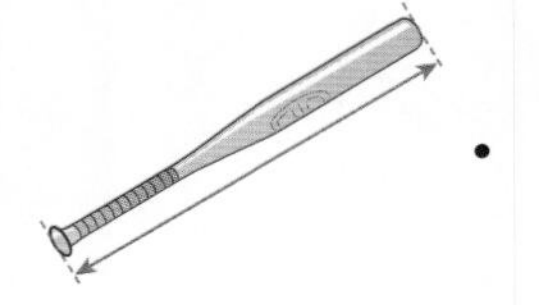

- 30 cm
- 100 cm
- 6 cm

13

- 7 cm
- 70 cm
- 2 cm

14

- 23 cm
- 3 cm
- 230 cm

15

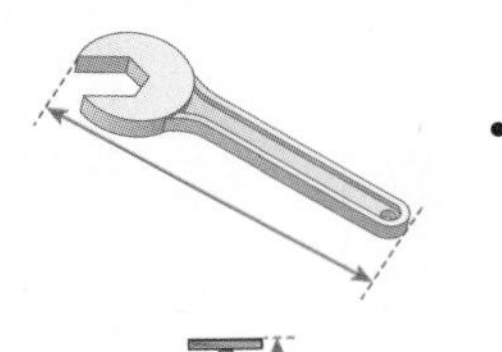

- 25 cm
- 2 cm
- 100 cm

◆ 길이가 더 긴 것의 기호를 쓰세요.

16

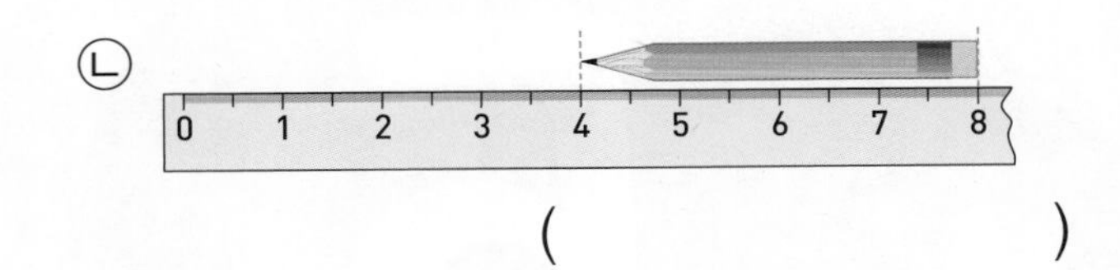

(　　　　　　)

17

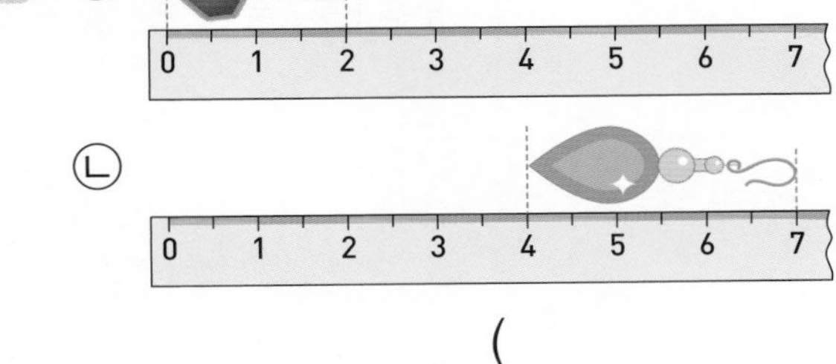

(　　　　　　)

18

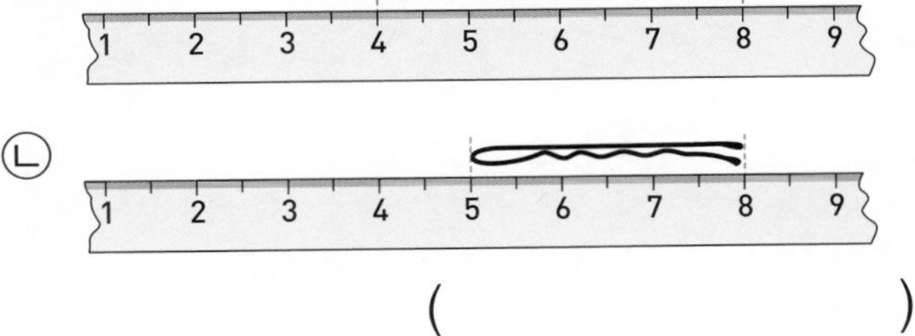

(　　　　　　)

19

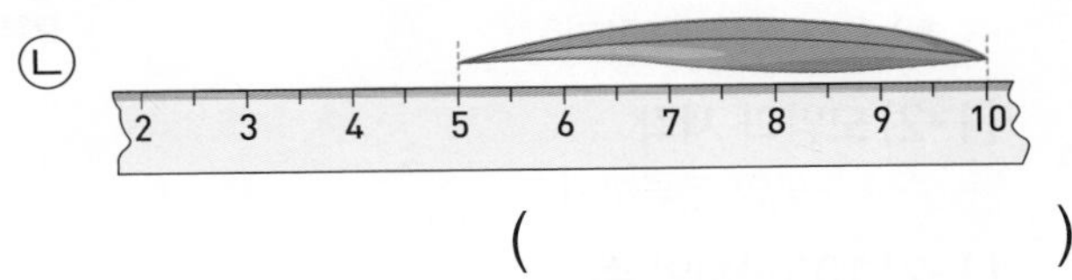

(　　　　　　)

5 분류하기

34회
분류하여 세어 보고 분류한 결과 말하기

학습을 끝낸 후 색칠하세요.

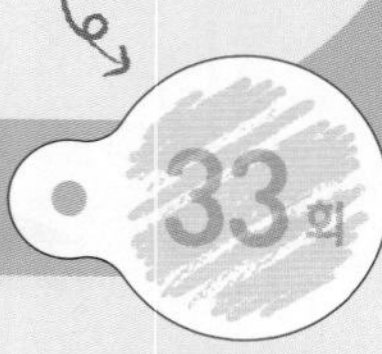

기준에 따라 분류하기

이전에 배운 내용

[1-1] 여러 가지 모양
□, □, ○ 모양 분류하기

[1-2] 모양과 시각
□, △, ○ 모양 분류하기

[1-2] 100까지의 수
물건의 수 세기

다음에 배울 내용

[2-2] 표와 그래프

자료를 분류하여 표로 나타내기

자료를 분류하여 그래프로 나타내기

표와 그래프로 알 수 있는 내용

36회

평가 B

35회

평가 A

기준에 따라 분류하기

분류할 때는 분명한 기준을 정해야 합니다.

분명한 기준	분명하지 않은 기준
위에 입는 옷과 아래 입는 옷	예쁜 옷과 예쁘지 않은 옷

사람마다 다르게 분류할 수 있으니까 잘못된 기준이야.

분류 기준을 정하여 분류합니다.

분류 기준 색깔

빨간색	파란색

모자의 모양은 생각하지 말고 색깔만 생각해.

◆ 분류 기준으로 알맞지 않은 것에 ×표 하세요.

1

( ) 재미있는 것과 재미없는 것

( ) 평평한 면이 있는 것과 없는 것

2

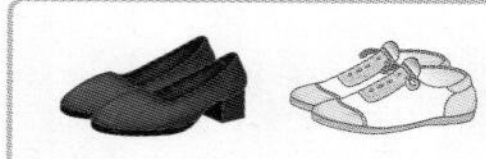  

( ) 편한 신발과 불편한 신발

( ) 흰색 신발과 검은색 신발

3

( ) 지폐와 동전

( ) 금액이 높은 것과 낮은 것

4

 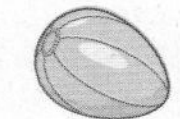   

( ) 맛있는 것과 맛없는 것

( ) 노란색과 빨간색

◆ 분류한 것을 보고 알맞은 분류 기준을 찾아 ○표 하세요.

5

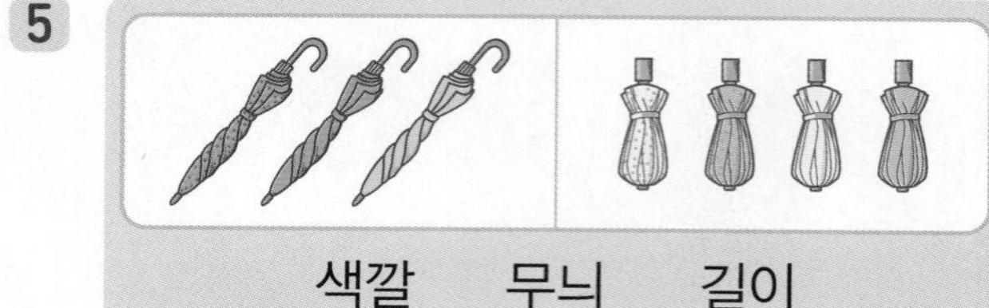

색깔 무늬 길이

6

맛 모양 크기

7

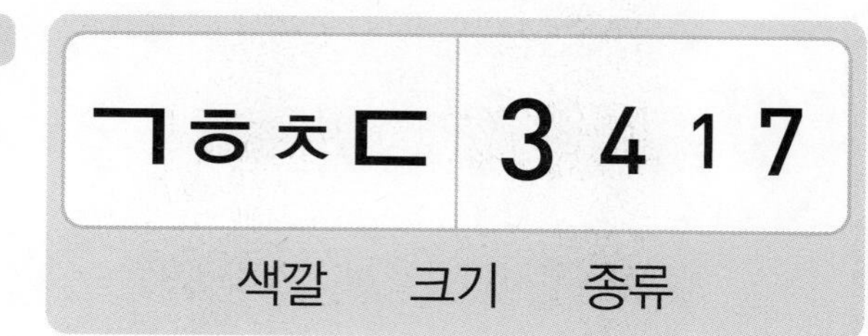

색깔 크기 종류

8

크기 모양 색깔

정답 19쪽

기준에 따라 분류하기

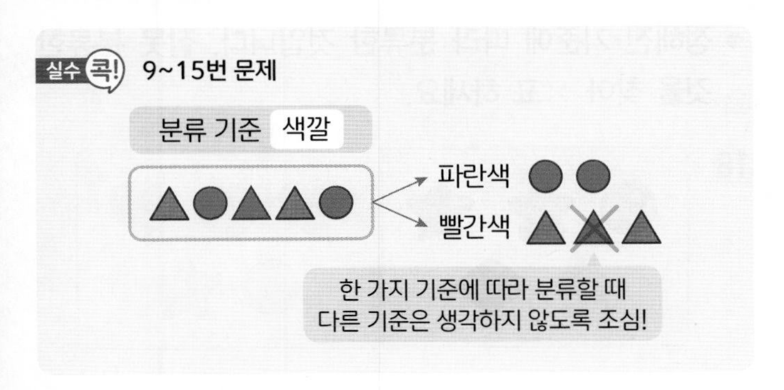

◆ 정해진 기준에 따라 분류하여 기호를 쓰세요.

9

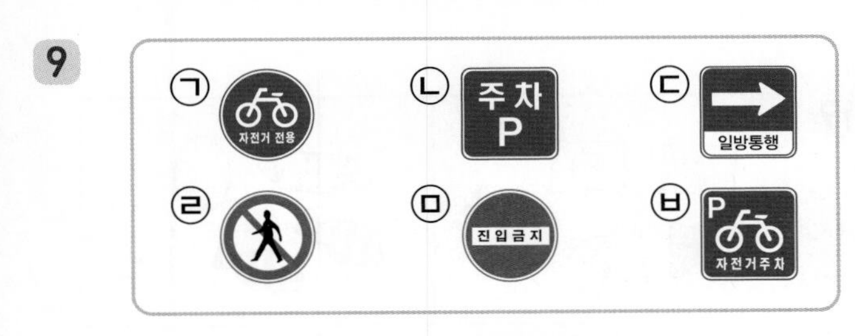

○ 모양	□ 모양

10

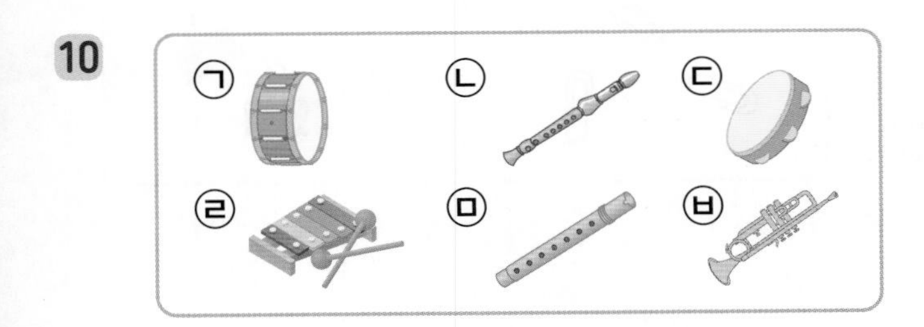

쳐서 소리 내는 악기	불어서 소리 내는 악기

11

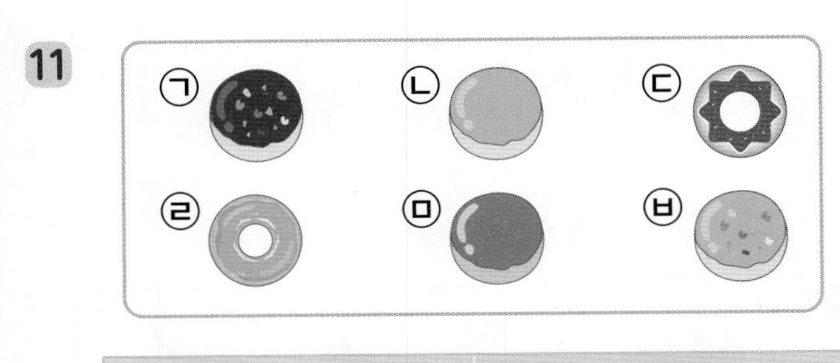

구멍이 없는 도넛	구멍이 있는 도넛

◆ 정해진 기준에 따라 분류하여 기호를 쓰세요.

12

다리가 0개	다리가 2개	다리가 4개

13

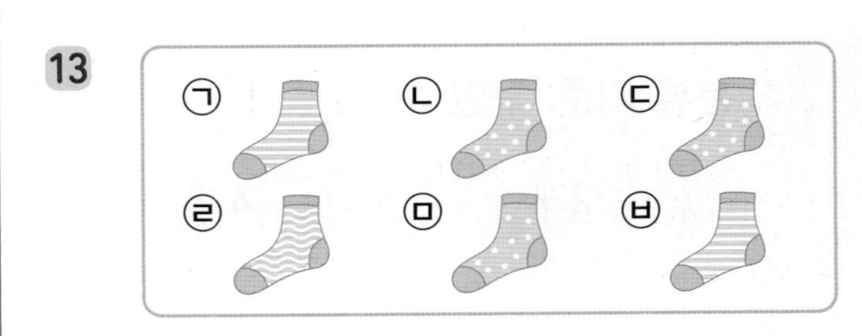

물결무늬	줄무늬	물방울무늬

14

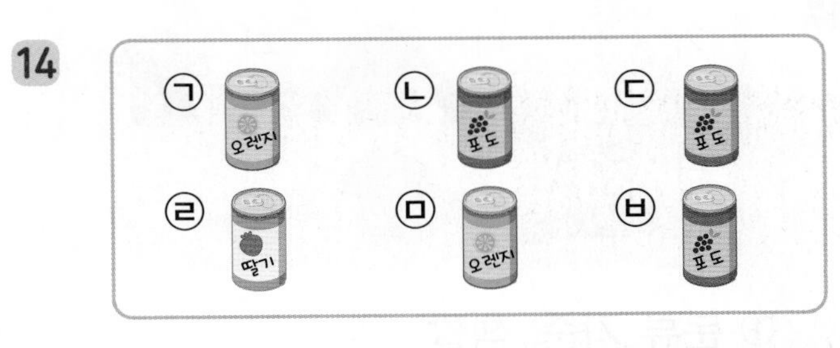

오렌지 맛	포도 맛	딸기 맛

15

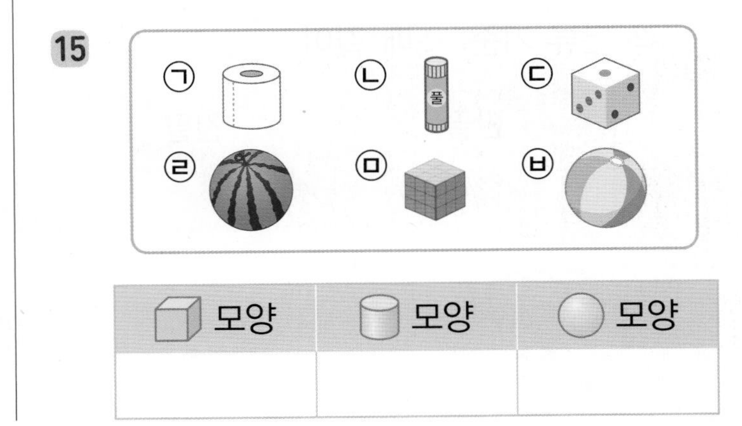

적용 기준에 따라 분류하기

◆ 정해진 기준에 따라 분류하여 기호를 쓰세요.

16

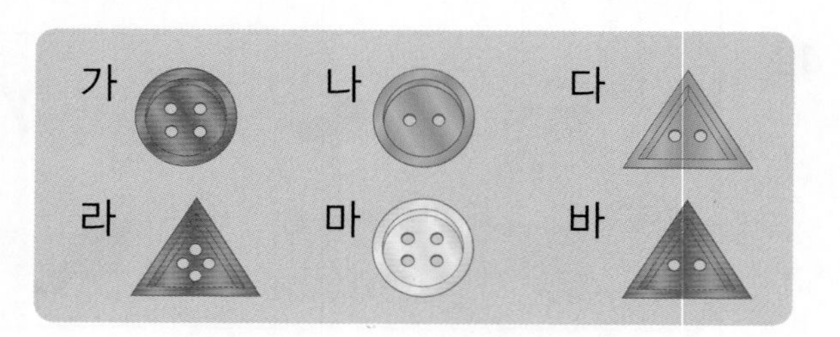

① 분류 기준: 모양

원	삼각형

② 분류 기준: 구멍 수

2개	4개

17

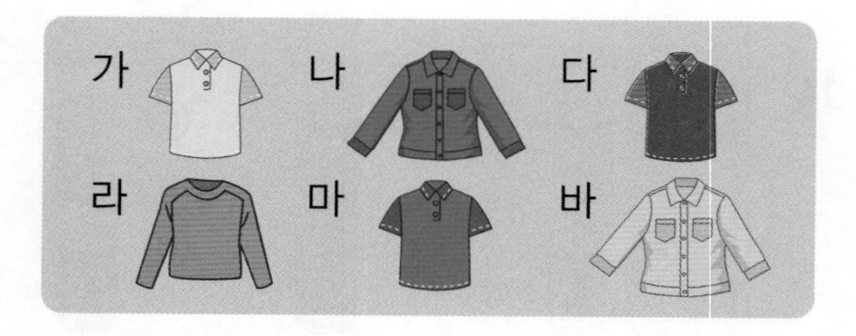

① 분류 기준: 색깔

노란색	파란색	빨간색

② 분류 기준: 소매 길이

반팔	긴팔

◆ 정해진 기준에 따라 분류한 것입니다. 잘못 분류한 것을 찾아 ×표 하세요.

18

19

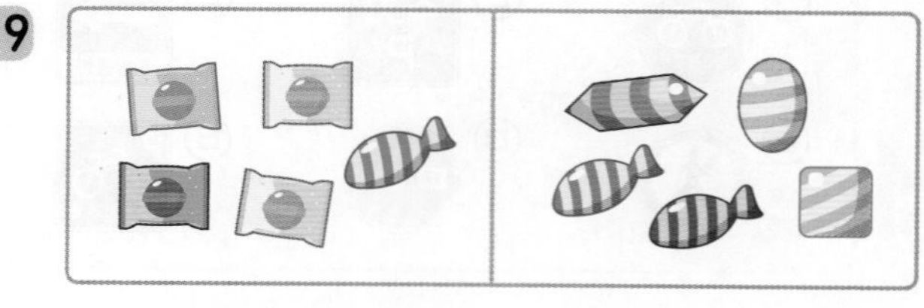

20

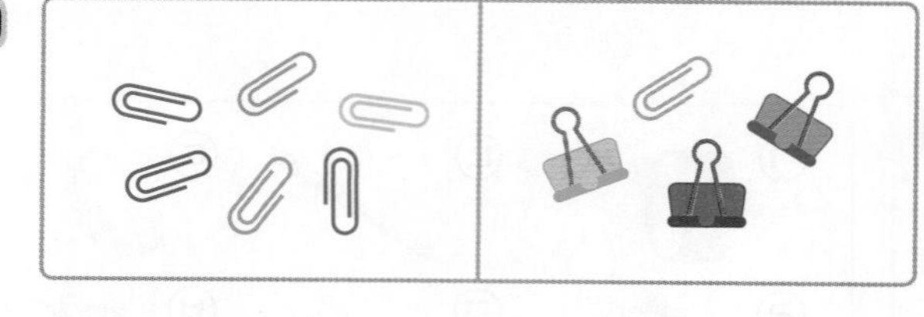

21

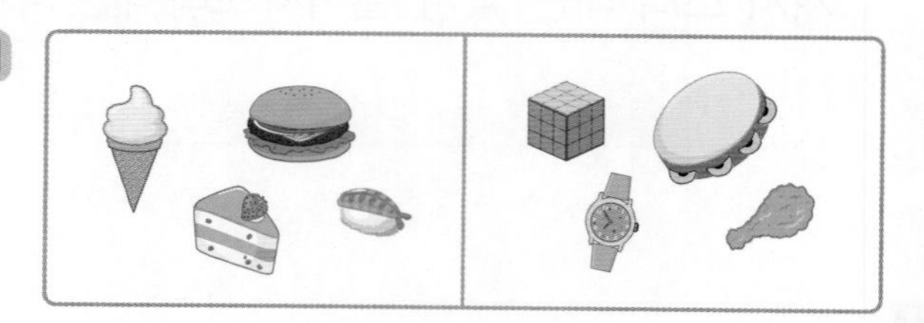

22

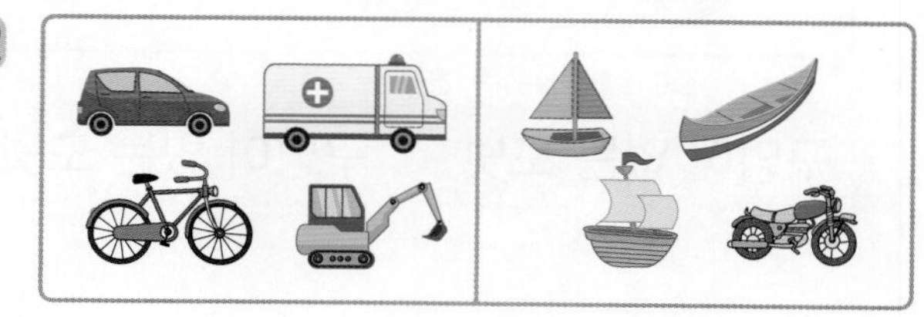

정답 20쪽

★ 완성 기준에 따라 분류하기

◆ 기준에 따라 물건을 알맞게 분류하여 물건을 배달하려고 합니다. 물건이 알맞은 가게에 도착하도록 이어 보세요.

23  •

24  •

25  •

26  •

27 •

28 •

• 

• 

• 

연산 + 문해력

29 친구들이 배우고 싶은 운동을 조사하여 분류한 것입니다. 분류 기준은 무엇일까요?

 골프  테니스  탁구  축구

 수영  스케이트  요가  태권도

풀이 골프, 테니스, 탁구, 축구 → ☐을 사용하는 운동

수영, 스케이트, 요가, 태권도 → ☐을 사용하지 않는 운동

답 분류 기준은 ☐을 사용하는 운동과 사용하지 않는 운동입니다.

분류하여 세어 보고 분류한 결과 말하기

기준에 따라 분류하고 그 수를 세어 봅니다.

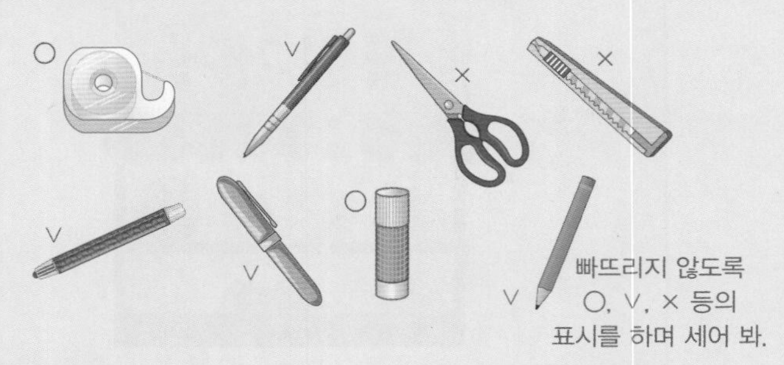

사용 방법	○붙이기	∨ 쓰기	× 자르기
세면서 표시하기	~~//~~	~~////~~	~~//~~
물건 수(개)	2	4	2

분류하여 센 것을 보고 결과를 말할 수 있습니다.

종류	과학책	동화책	위인전
책 수(권)	2	5	3

동화책 과학책
5 > 3 > 2 ➜ 가장 많은 책: 동화책
가장 적은 책: 과학책

◆ 분류한 것을 보고 표시하며 세어 보세요.

1

종류	곰 인형	토끼 인형	공룡 인형
세면서 표시하기			
인형 수(개)			

2

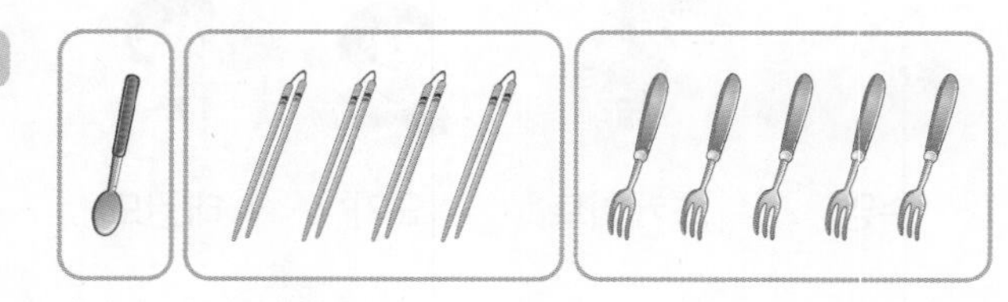

종류	숟가락	젓가락	포크
세면서 표시하기			
물건 수(개)			

◆ 분류하여 센 결과를 보고 가장 많은 것에 ○표 하세요.

3

색깔	빨간색	노란색	초록색
사탕 수(개)	1	6	3

➜ (빨간색 , 노란색 , 초록색)

4

종류	강아지	고양이	햄스터
동물 수(마리)	3	2	5

➜ (강아지 , 고양이 , 햄스터)

정답 20쪽

연습 분류하여 세어 보고 분류한 결과 말하기

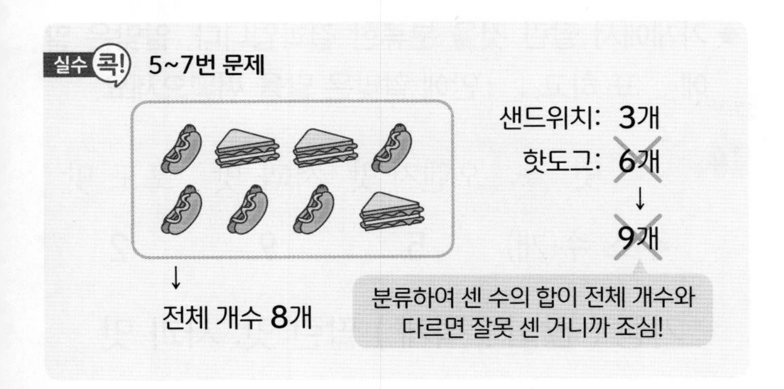

◆ 분류하고 그 수를 세어 보세요.

5

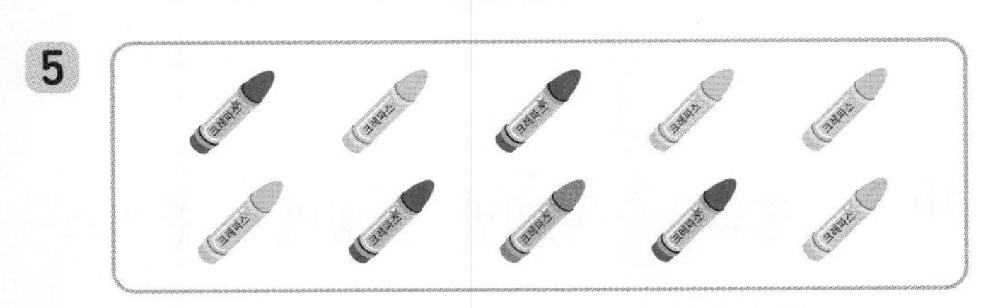

색깔	빨간색	노란색	파란색
크레파스 수(개)			

6

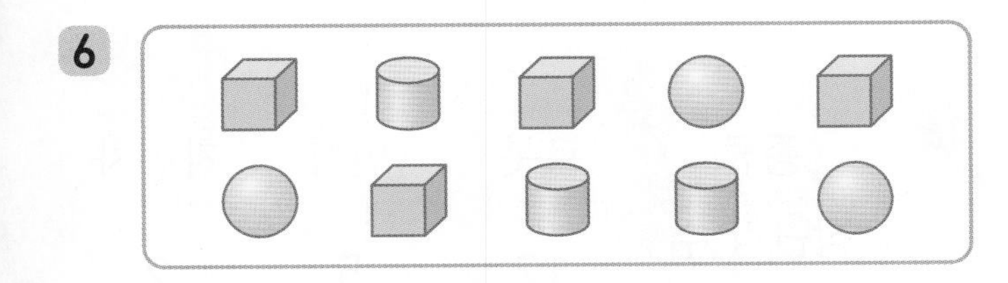

모양	모양	모양	모양
모양 수(개)			

7

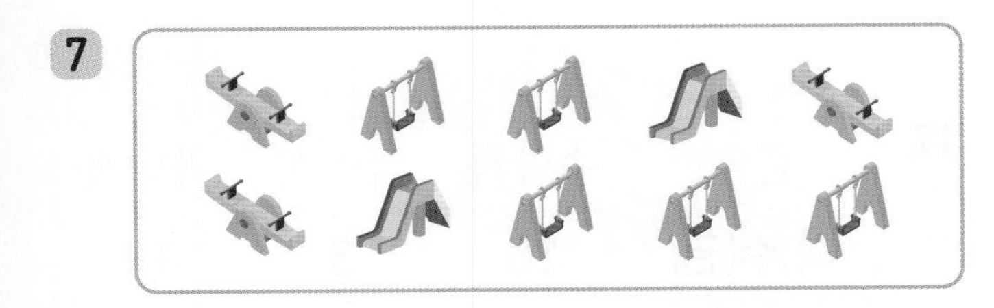

종류	시소	그네	미끄럼틀
기구 수(개)			

◆ 분류하여 수를 세어 보고, ☐ 안에 알맞은 말을 써넣으세요.

8

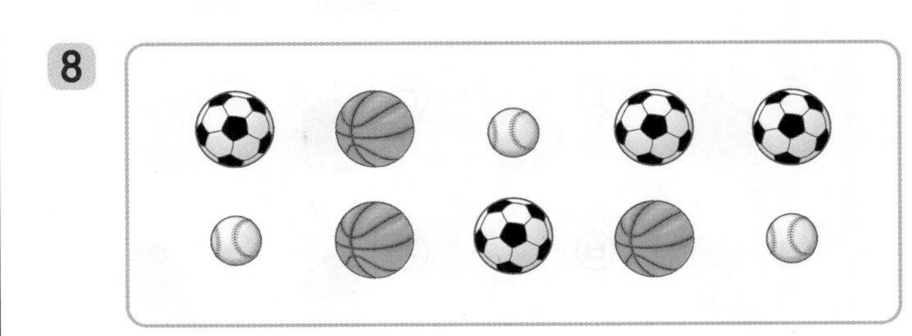

종류	축구공	농구공	야구공
공 수(개)			

→ 가장 많은 공의 종류: ☐

9

색깔	빨간색	파란색	초록색
가방 수(개)			

→ 가장 적은 가방의 색깔: ☐

10

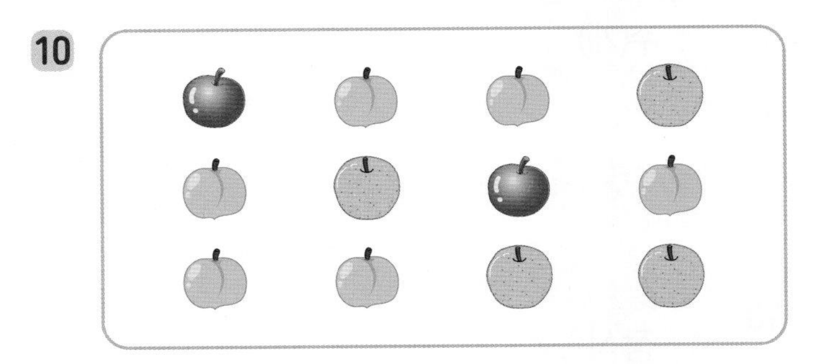

종류	사과	복숭아	배
과일 수(개)			

→ 가장 적은 과일의 종류: ☐

적용 분류하여 세어 보고 분류한 결과 말하기

◆ 정해진 기준에 따라 아이스크림을 분류하여 기호를 써넣고, 그 수를 세어 보세요.

11

맛	딸기 맛	초콜릿 맛	바닐라 맛
기호			
아이스크림 수(개)			

12

종류		
기호		
아이스크림 수(개)		

13

장식		
기호		
아이스크림 수(개)		

◆ 가게에서 팔린 것을 분류한 결과입니다. 알맞은 말에 ○표 하고, □ 안에 알맞은 말을 써넣으세요.

14

맛	오렌지 맛	사과 맛	포도 맛
주스 수(개)	5	9	2

가장 (많이 , 적게) 팔린 맛: 사과 맛

→ □ 맛을 가장 많이 준비합니다.

15

종류	비빔밥	냉면	돈가스
음식 수 (그릇)	6	3	8

가장 (많이 , 적게) 팔린 음식: 냉면

→ □ 재료를 가장 적게 준비합니다.

16

종류	로봇	인형	자동차
장난감 수 (개)	12	5	2

가장 (많이 , 적게) 팔린 장난감: 로봇

→ □을 가장 많이 준비합니다.

17

종류	수학책	국어책	과학책
책 수(권)	15	3	10

가장 (많이 , 적게) 팔린 책: 국어책

→ □을 가장 적게 준비합니다.

분류하여 세어 보고 분류한 결과 말하기

◆ 물건들을 분류하여 수를 세어 쓴 것입니다. ?에 들어갈 물건을 찾아 ○표 하세요.

18

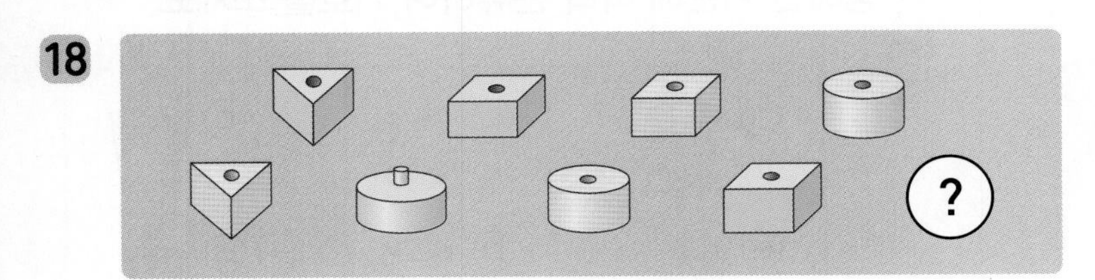

모양	(원기둥)	(삼각기둥)	(사각기둥)
블록 수(개)	4	2	3

→ (, ,)

19

색깔	노란색	초록색	빨간색
컵 수(개)	2	2	5

→ (, ,)

20

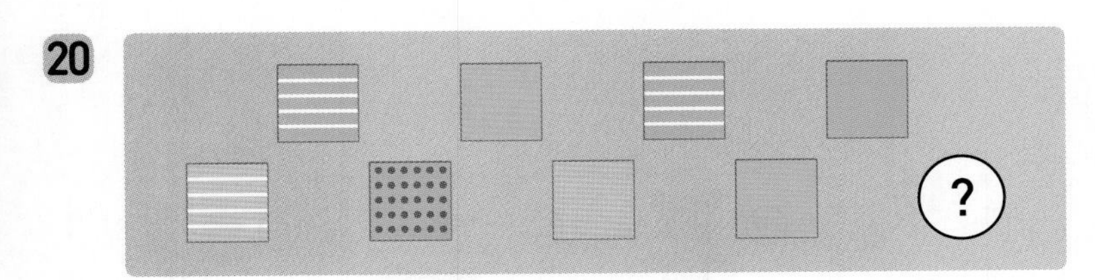

무늬가 없는 것

무늬	민무늬	점무늬	줄무늬
색종이 수 (장)	4	1	4

→ (, ,)

연산 + 문해력

21 하준이가 가지고 있는 붙임딱지입니다. 가장 많은 붙임딱지 모양은 무엇일까요?

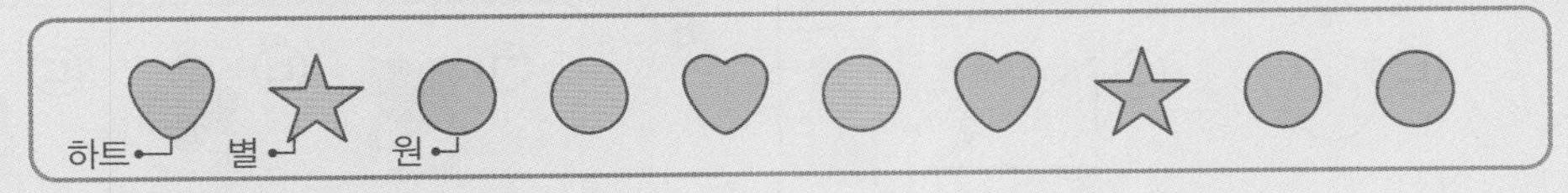

풀이

모양	하트	별	원
붙임딱지 수(장)			

→ 가장 큰 수: □

답 가장 많은 붙임딱지 모양은 □ 모양입니다.

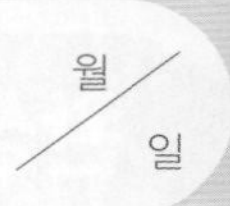

◆ 정해진 기준에 따라 분류하여 기호를 쓰세요.

1

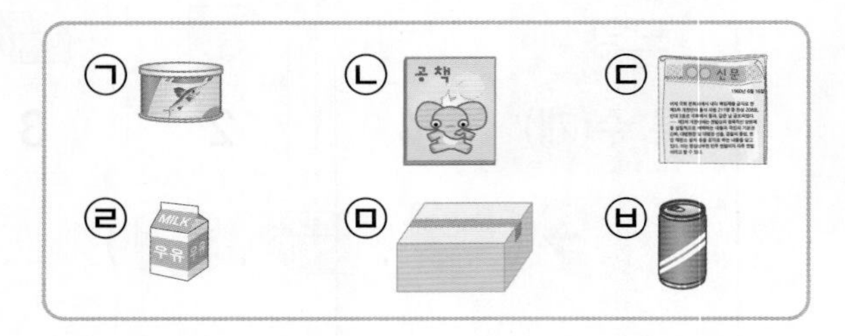

캔류	종이류

2

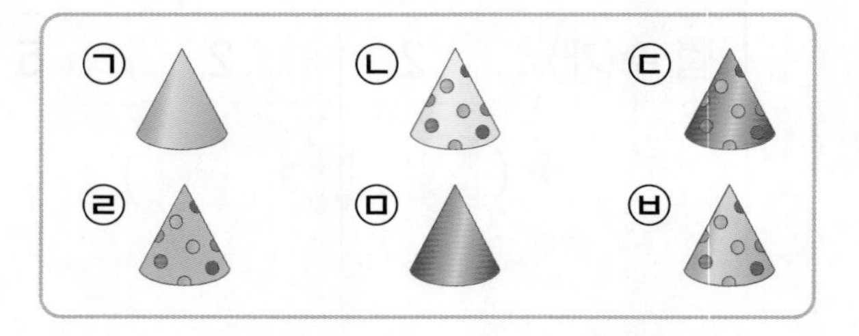

무늬가 있는 것	무늬가 없는 것

3

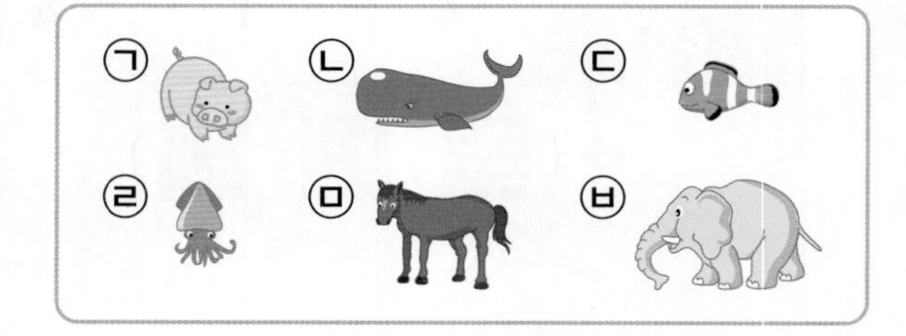

바다에 사는 동물	육지에 사는 동물

4

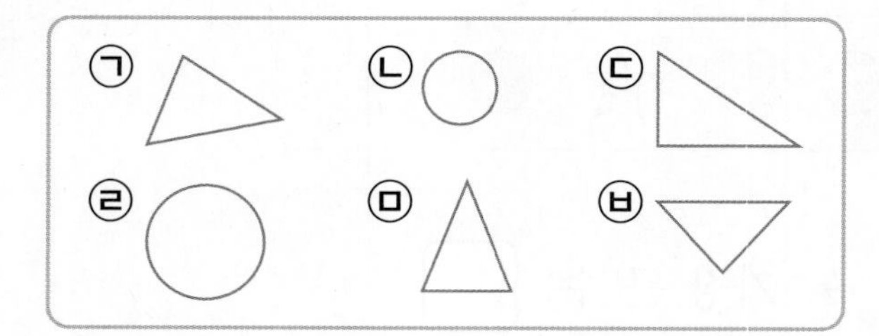

삼각형	원

◆ 정해진 기준에 따라 분류하여 기호를 쓰세요.

5

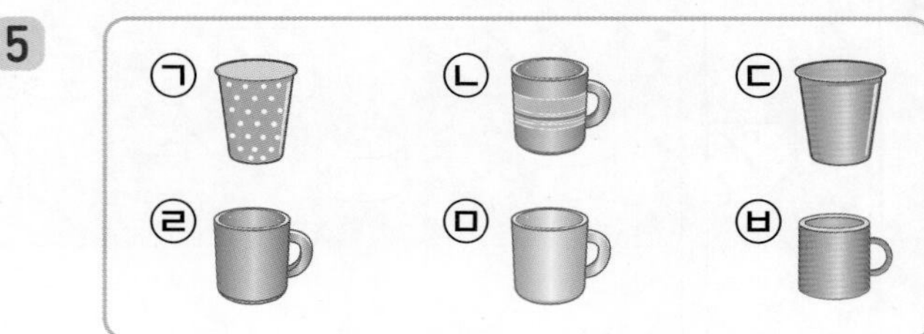

초록색	빨간색	파란색

6

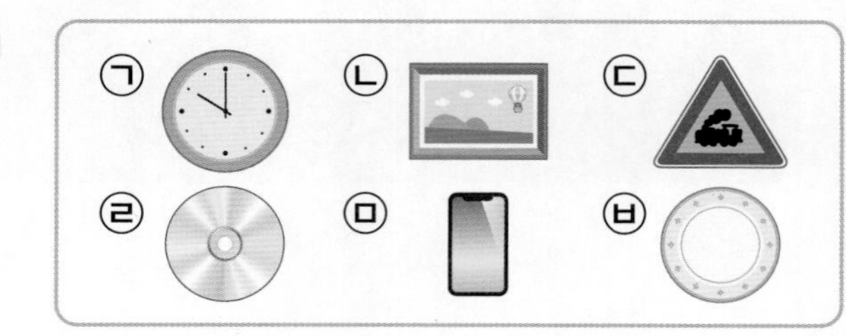

□ 모양	○ 모양	△ 모양

7

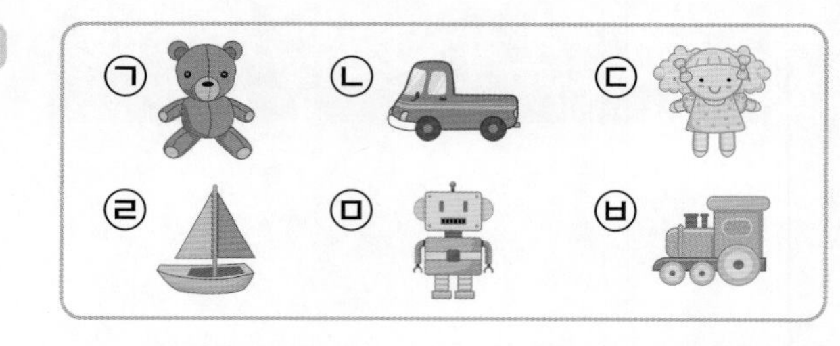

인형	로봇	탈 것

8

♡ 모양	♧ 모양	◇ 모양

◆ 분류하고 그 수를 세어 보세요.

9

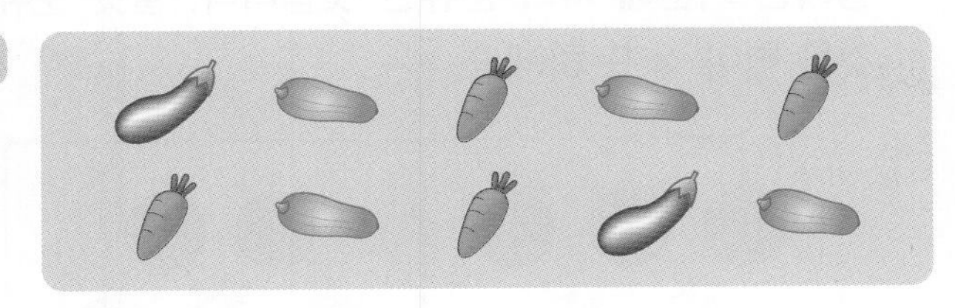

종류	가지	애호박	당근
채소 수(개)			

10

색깔	파란색	보라색	빨간색
우산 수(개)			

11

종류	한 자리 수	두 자리 수	세 자리 수
카드 수(장)			

12

맛	바나나 맛	딸기 맛	초콜릿 맛
우유 수(개)			

◆ 분류하여 수를 세어 보고, ▢ 안에 알맞은 말을 써넣으세요.

13

종류	송편	인절미	절편
접시 수(접시)			

→ 가장 많은 떡의 종류: ▢

14

색깔	파란색	초록색	보라색
풍선 수(개)			

→ 가장 많은 풍선의 색깔: ▢

15

종류	곰	사자	호랑이
동물 수(마리)			

→ 가장 적은 동물의 종류: ▢

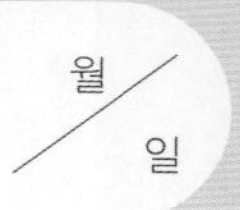

◆ 정해진 기준에 따라 분류하여 기호를 쓰세요.

1

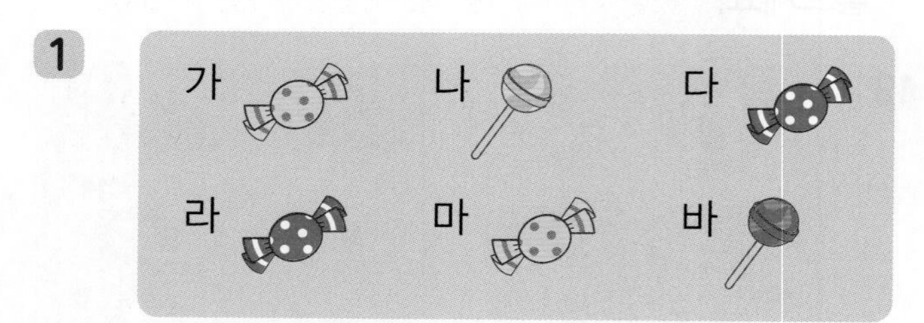

① 분류 기준: 종류

알사탕	막대 사탕

② 분류 기준: 색깔

노란색	빨간색

2

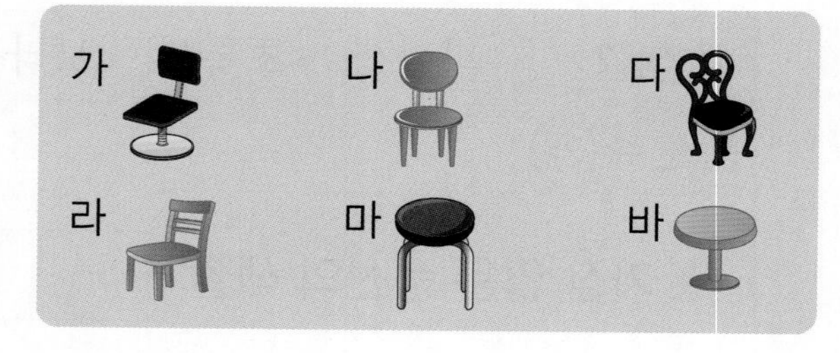

① 분류 기준: 색깔

검은색	갈색

② 분류 기준: 의자 다리 수

1개	4개

◆ 정해진 기준에 따라 분류한 것입니다. 잘못 분류한 것을 찾아 ×표 하세요.

3

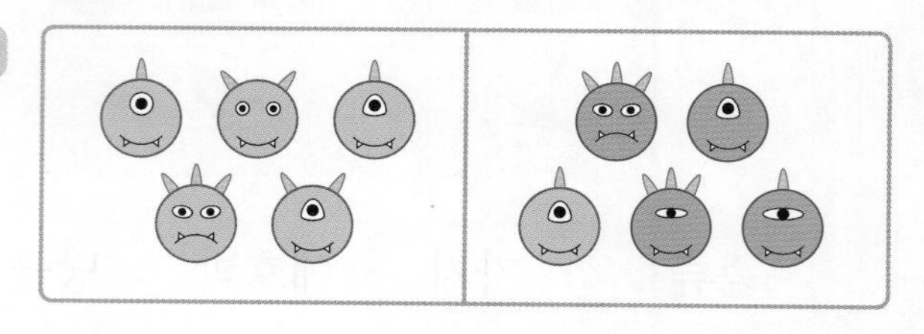

4

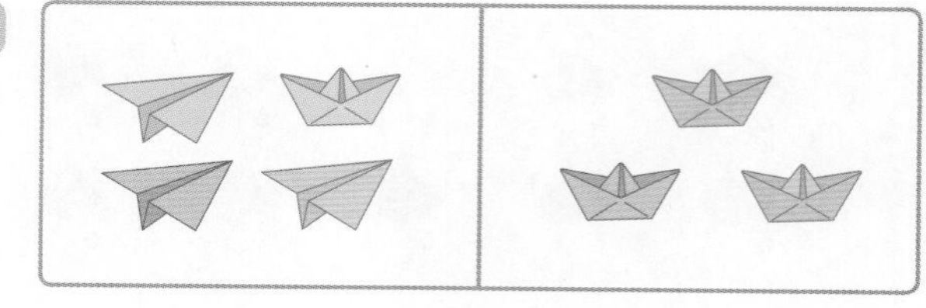

5

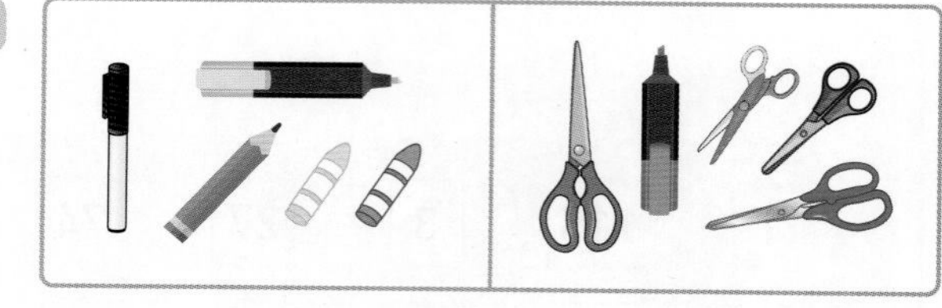

6

7

◆ 정해진 기준에 따라 가방을 분류하여 기호를 써넣고, 그 수를 세어 보세요.

8

무늬	있는 것	없는 것
기호		
가방 수(개)		

9

색깔	노란색	초록색	파란색
기호			
가방 수(개)			

10

손잡이 수	2개	1개
기호		
가방 수(개)		

◆ 가게에서 팔린 것을 분류한 결과입니다. 알맞은 말에 ○표 하고, ▢ 안에 알맞은 말을 써넣으세요.

11

종류	볼펜	형광펜	사인펜
펜 수(자루)	9	7	10

가장 (많이 , 적게) 팔린 것: 사인펜

➔ ▢을 가장 많이 준비합니다.

12

종류	고등어	꽁치	갈치
생선 수 (마리)	4	8	5

가장 (많이 , 적게) 팔린 생선: 고등어

➔ ▢를 가장 적게 준비합니다.

13

종류	단팥빵	크림빵	소금빵
빵 수(개)	7	4	3

가장 (많이 , 적게) 팔린 빵: 단팥빵

➔ ▢을 가장 많이 준비합니다.

14

종류	치마	바지	티셔츠
옷 수(벌)	5	12	14

가장 (많이 , 적게) 팔린 옷: 치마

➔ ▢를 가장 적게 준비합니다.

6 곱셈

이전에 배운 내용

[1-1] 덧셈과 뺄셈
덧셈의 의미
다양한 방법으로 덧셈하기

[2-1] 덧셈과 뺄셈
받아올림이 있는 덧셈

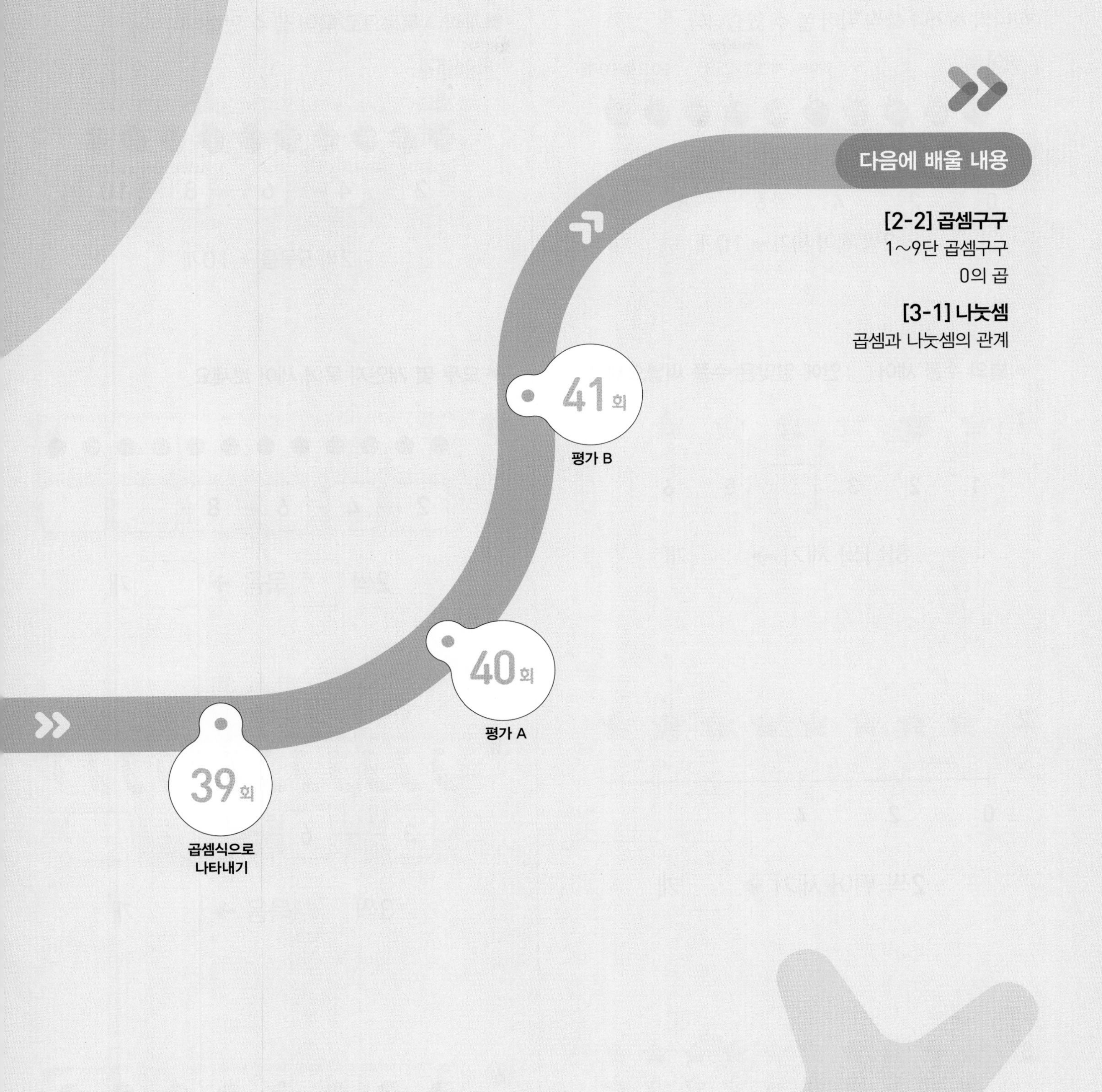

[2-2] 곱셈구구

1~9단 곱셈구구

0의 곱

[3-1] 나눗셈

곱셈과 나눗셈의 관계

여러 가지 방법으로 세어 보기

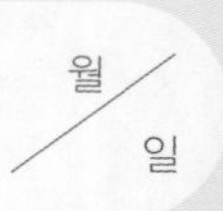

하나씩 세거나 ■씩 뛰어 셀 수 있습니다.

뛰어 세기

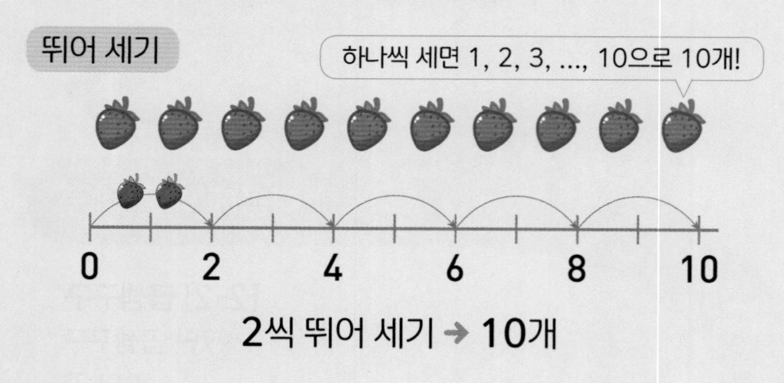

2씩 뛰어 세기 → 10개

■개씩 ▲묶음으로 묶어 셀 수 있습니다.

묶어 세기

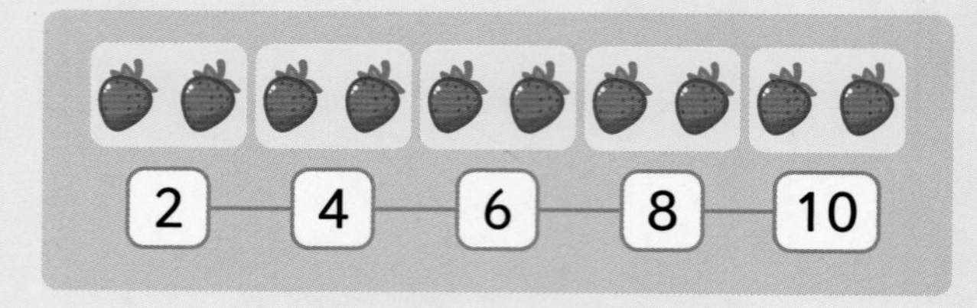

2씩 5묶음 → 10개

◆ 별의 수를 세어 ▢ 안에 알맞은 수를 써넣으세요.

1

1 2 3 ▢ 5 6 ▢

하나씩 세기 → ▢개

2

2씩 뛰어 세기 → ▢개

3

4씩 뛰어 세기 → ▢개

◆ 모두 몇 개인지 묶어 세어 보세요.

4

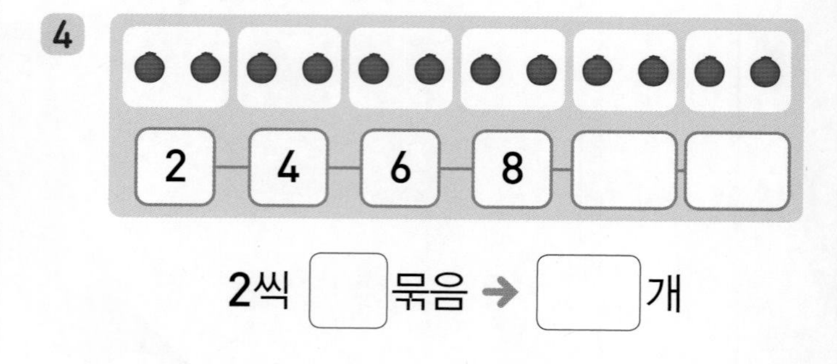

2씩 ▢ 묶음 → ▢개

5

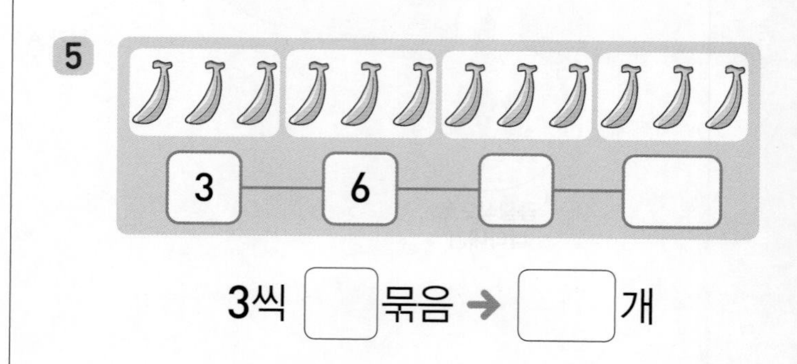

3씩 ▢ 묶음 → ▢개

6

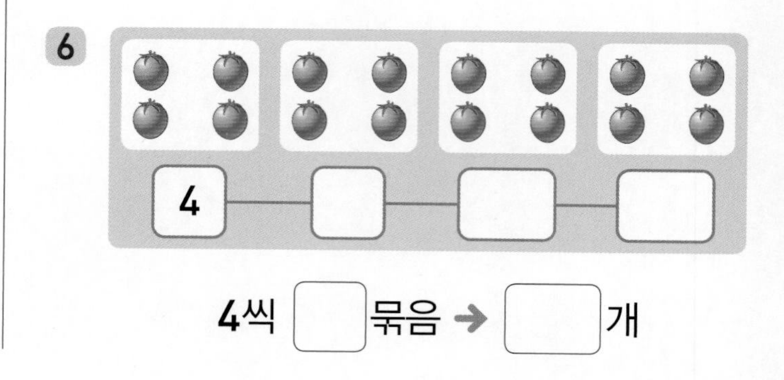

4씩 ▢ 묶음 → ▢개

연습 여러 가지 방법으로 세어 보기

정답 22쪽

◆ 보기 와 같이 뛰어 세고, ☐ 안에 알맞은 수를 써넣으세요.

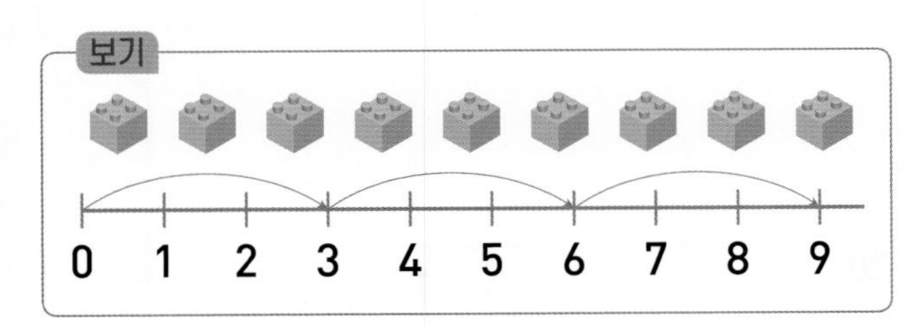

7

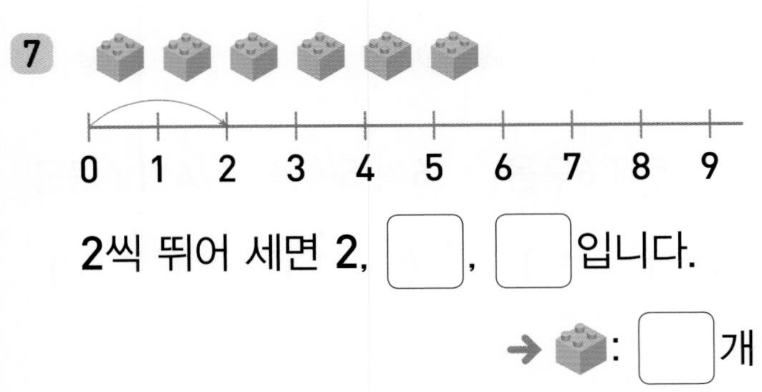

2씩 뛰어 세면 2, ☐, ☐입니다.

→ 블록: ☐개

8

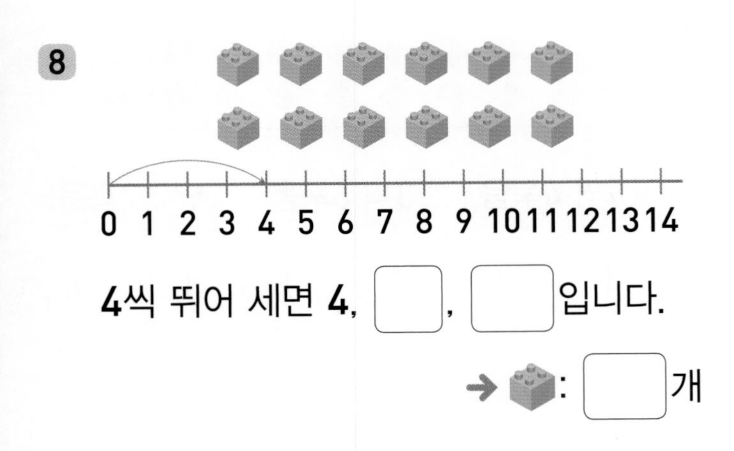

4씩 뛰어 세면 4, ☐, ☐입니다.

→ 블록: ☐개

9

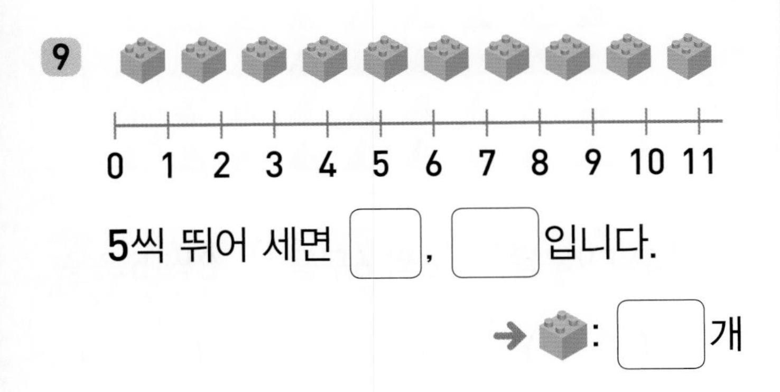

5씩 뛰어 세면 ☐, ☐입니다.

→ 블록: ☐개

◆ 모두 몇 개인지 묶어 세어 보세요.

10

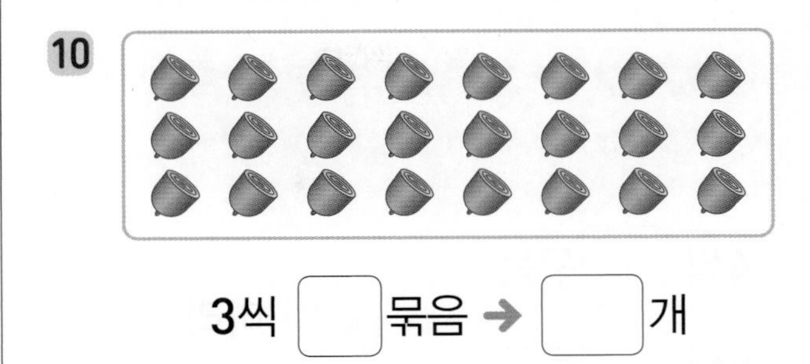

3씩 ☐묶음 → ☐개

11

4씩 ☐묶음 → ☐개

12

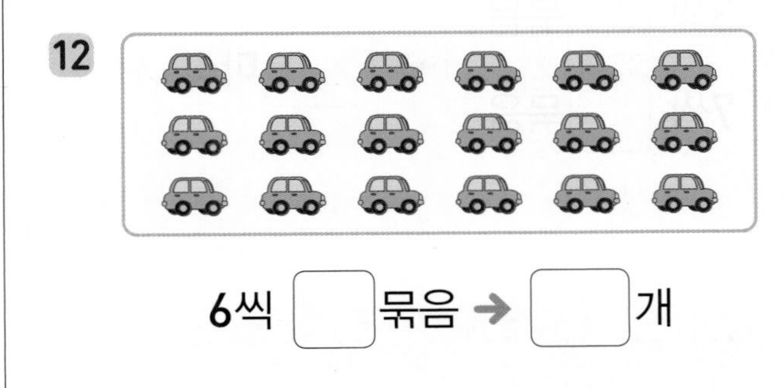

6씩 ☐묶음 → ☐개

13

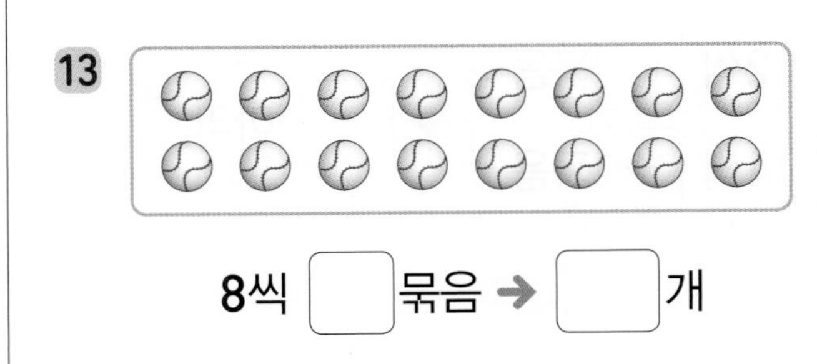

8씩 ☐묶음 → ☐개

14

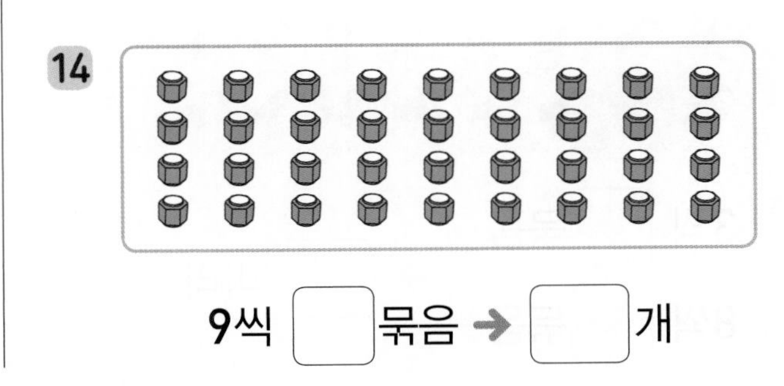

9씩 ☐묶음 → ☐개

6단원 37회

적용 여러 가지 방법으로 세어 보기

◆ 두 가지 방법으로 묶어 세어 보세요.

15

4씩 □ 묶음
5씩 □ 묶음
→ □ 마리

16

3씩 □ 묶음
7씩 □ 묶음
→ □ 마리

17

2씩 □ 묶음
4씩 □ 묶음
→ □ 마리

18

3씩 □ 묶음
8씩 □ 묶음
→ □ 마리

◆ 잘못 묶어 나타낸 것을 찾아 ×표 하세요.

19

9씩 3묶음 ( ) 6씩 5묶음 ( ) 3씩 9묶음 ( )

20

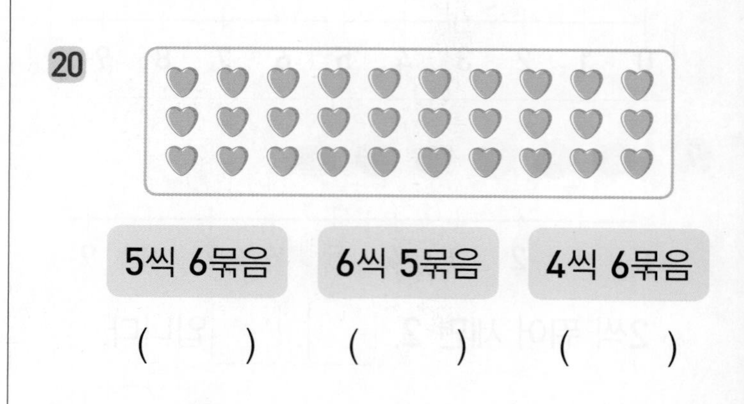

5씩 6묶음 ( ) 6씩 5묶음 ( ) 4씩 6묶음 ( )

21

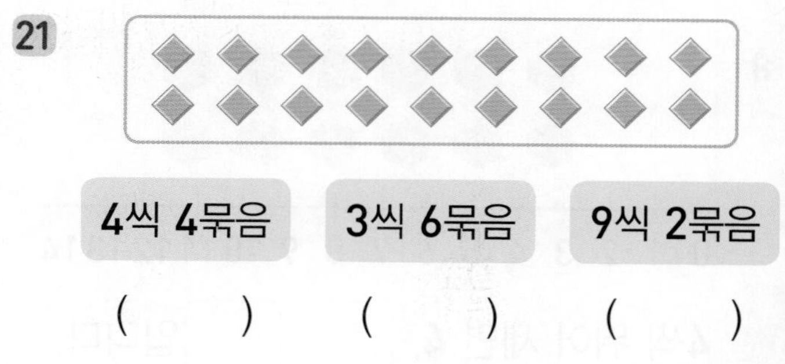

4씩 4묶음 ( ) 3씩 6묶음 ( ) 9씩 2묶음 ( )

22

4씩 9묶음 ( ) 6씩 6묶음 ( ) 8씩 5묶음 ( )

★ 완성 여러 가지 방법으로 세어 보기

정답 22쪽

◆ 고양이가 잡은 생선은 모두 몇 마리인지 묶어 세어 보세요.

23

2씩 ☐ 묶음 ➔ ☐ 마리

25

5씩 ☐ 묶음 ➔ ☐ 마리

24

3씩 ☐ 묶음 ➔ ☐ 마리

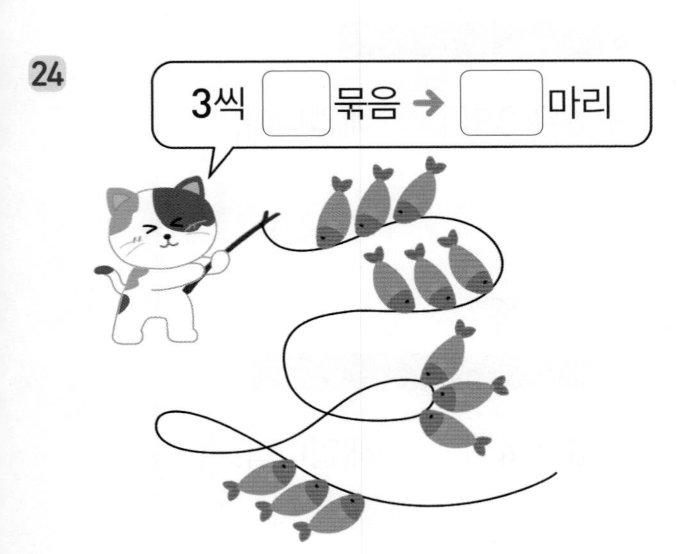

26

6씩 ☐ 묶음 ➔ ☐ 마리

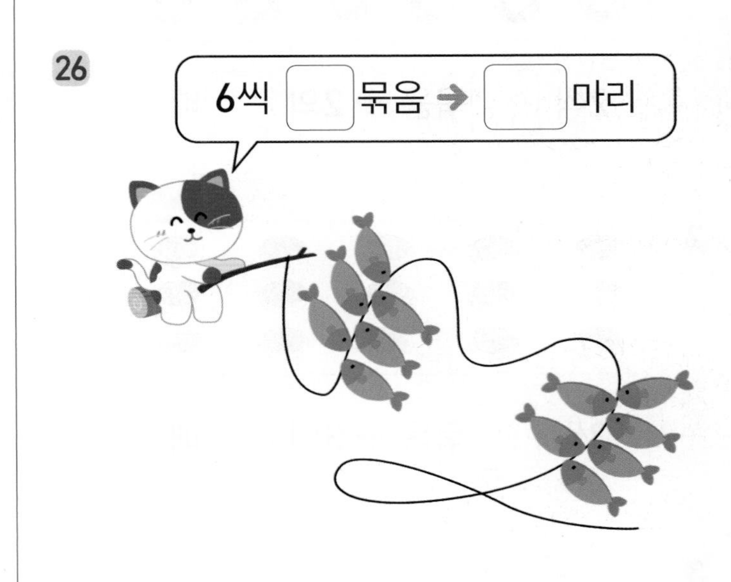

6 단원
37회

연산 + 문해력

27 현아가 친구들에게 나누어 주려고 준비한 과자입니다. 현아가 준비한 과자는 모두 몇 개인지 2씩 묶어 세어 보세요.

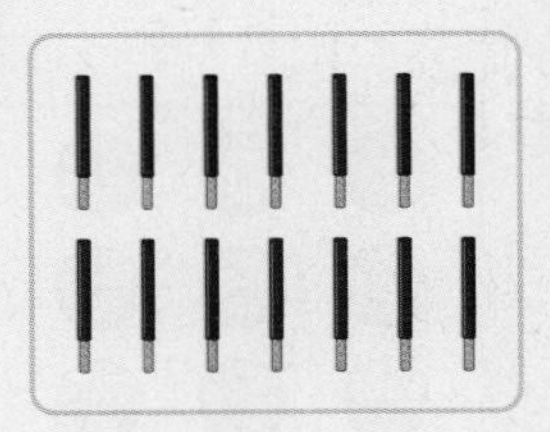

풀이 2씩 묶어 보면 ☐씩 ☐묶음입니다. ➔ 개

답 현아가 준비한 과자는 모두 ☐개입니다.

개념 몇의 몇 배

38회

몇씩 몇 묶음을 몇의 몇 배로 나타낼 수 있습니다.

2씩 1묶음 → 2의 1배

2씩 2묶음 → 2의 2배

2씩 3묶음 → 2의 3배

■씩 ▲묶음 → ■의 ▲배

전체는 부분의 몇 배인지 알아봅니다.

5

10

노란색 막대를 2번 이은 것과 길이가 같아.

→ 10은 5의 2배입니다.

◆ 그림을 보고 □ 안에 알맞은 수를 써넣으세요.

1

2씩 □ 묶음 → 2의 □ 배

2

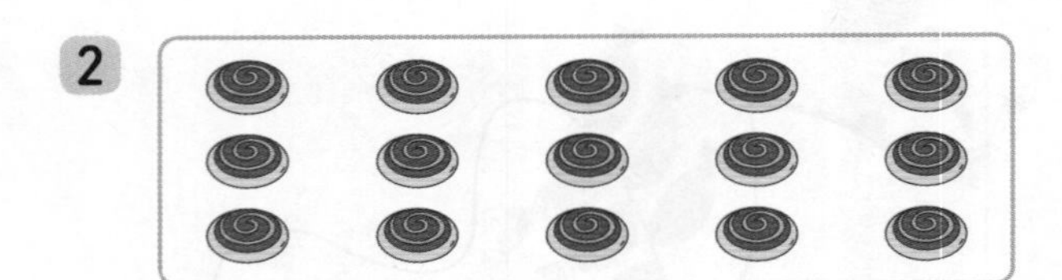

3씩 □ 묶음 → 3의 □ 배

3

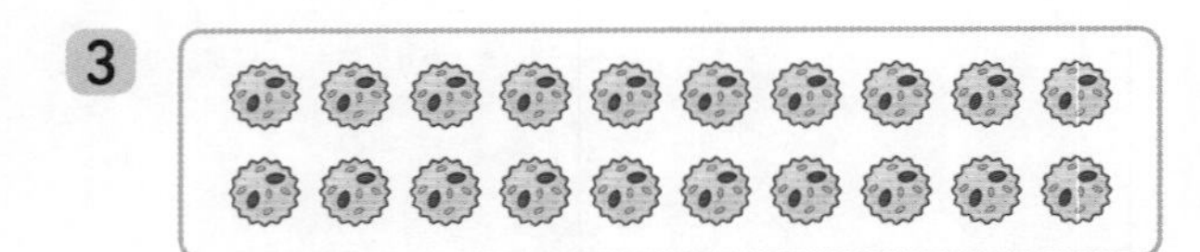

5씩 □ 묶음 → 5의 □ 배

4

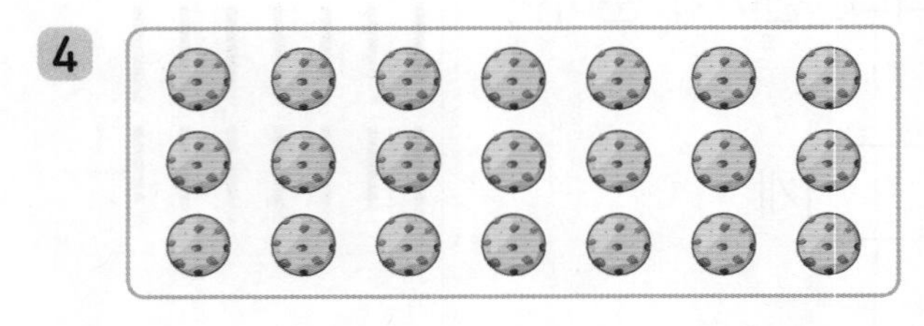

7씩 □ 묶음 → 7의 □ 배

◆ 노란색 막대와 초록색 막대를 보고 □ 안에 알맞은 수를 써넣으세요.

5 3

6

→ 6은 3의 □ 배입니다.

6

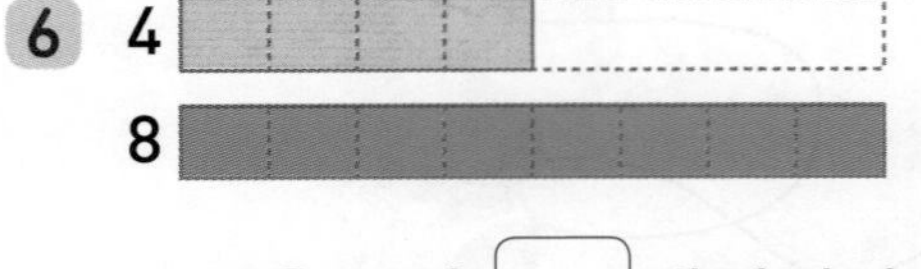

→ 8은 4의 □ 배입니다.

7 3

9

→ 9는 3의 □ 배입니다.

8 2

10

→ 10은 2의 □ 배입니다.

연습 몇의 몇 배

정답 22쪽

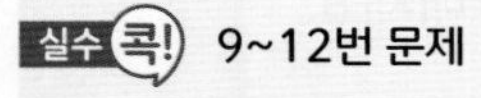

9~12번 문제

2씩 3묶음 → 3의 2배 ×
2씩 3묶음 → 2의 3배 ○

부분과 묶음의 수를 바꾸어 쓰지 않도록 조심!

◆ 그림을 보고 □ 안에 알맞은 수를 써넣으세요.

9

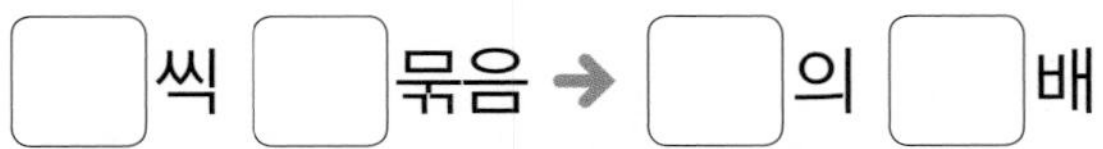

□씩 □묶음 → □의 □배

10

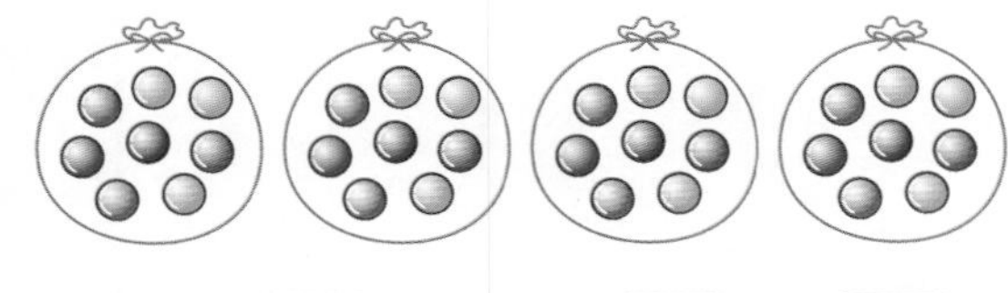

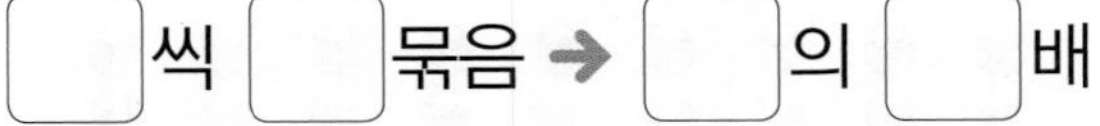

□씩 □묶음 → □의 □배

11

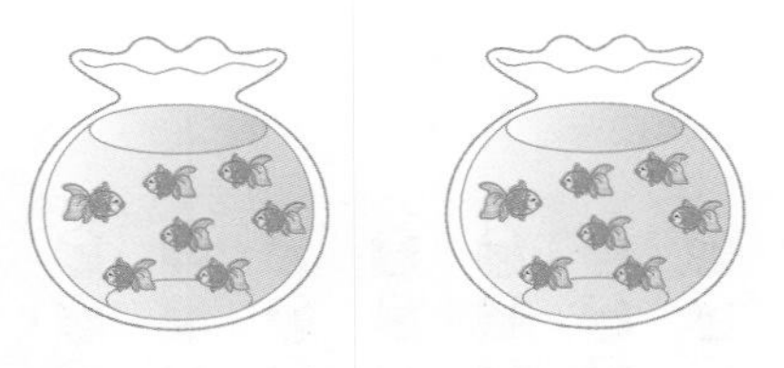

□씩 □묶음 → □의 □배

12

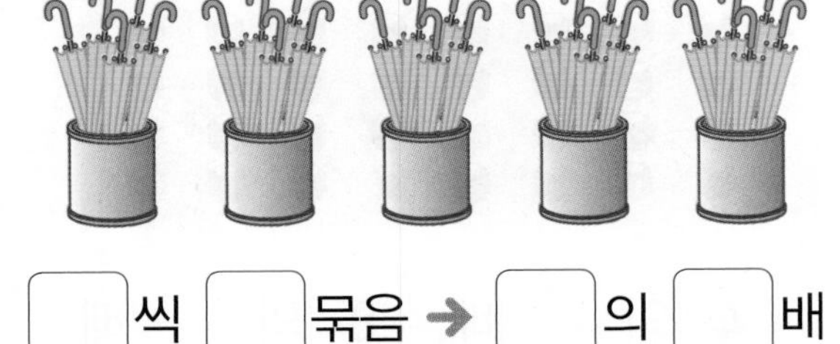

□씩 □묶음 → □의 □배

◆ 주황색 젤리 수는 연두색 젤리 수의 몇 배인지 구하세요.

13

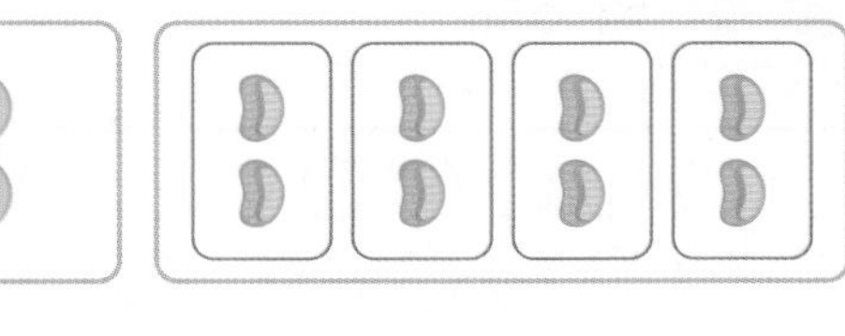

→ □배

14

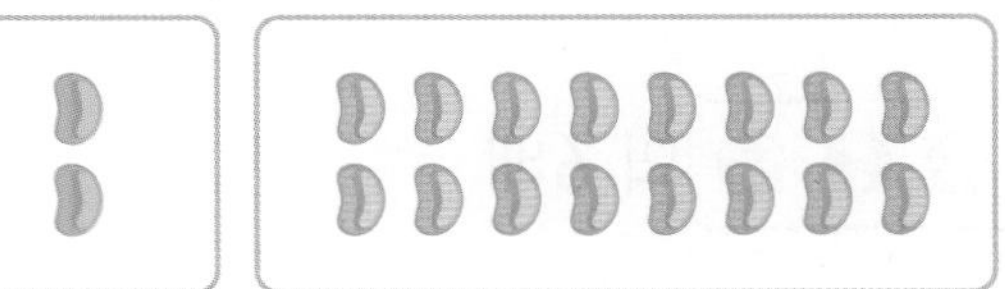

→ □배

15

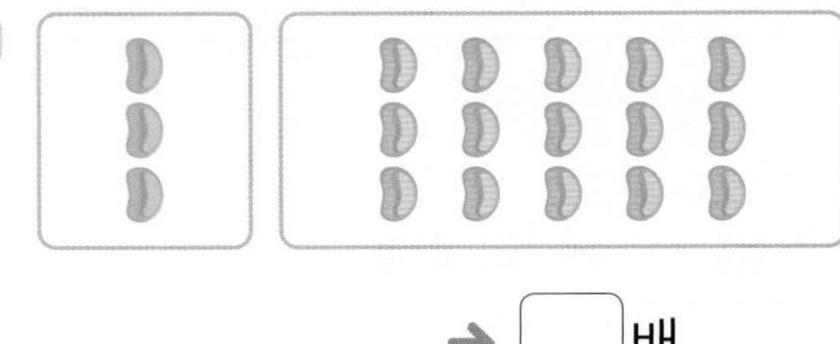

→ □배

16

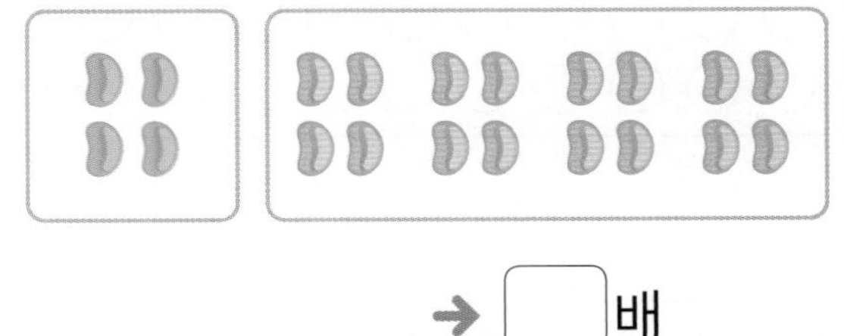

→ □배

17

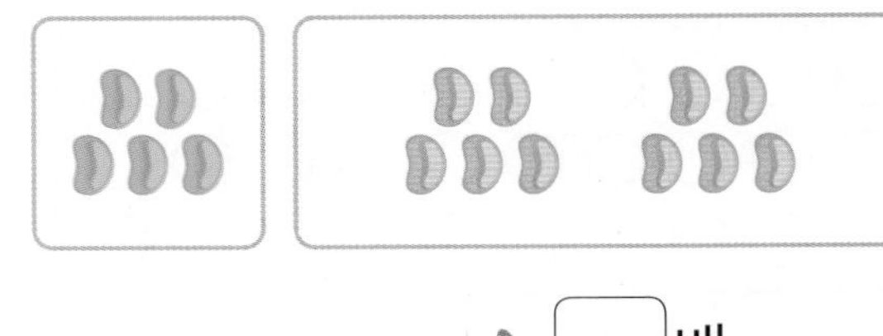

→ □배

18

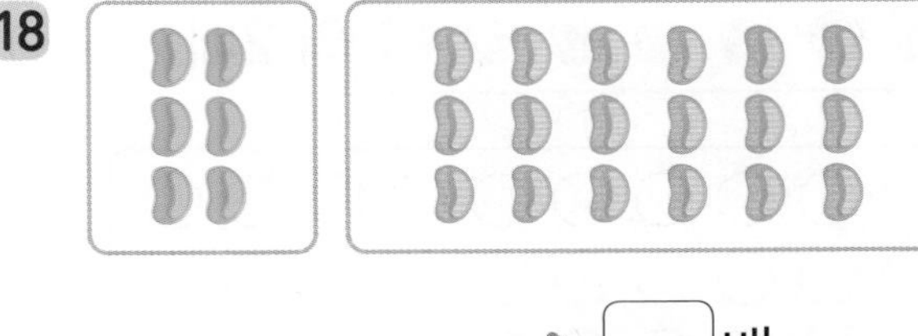

→ □배

6 단원 38회

적용 몇의 몇 배

◆ 설명한 수만큼 ○를 색칠해 보세요.

19 ●● 의 6배

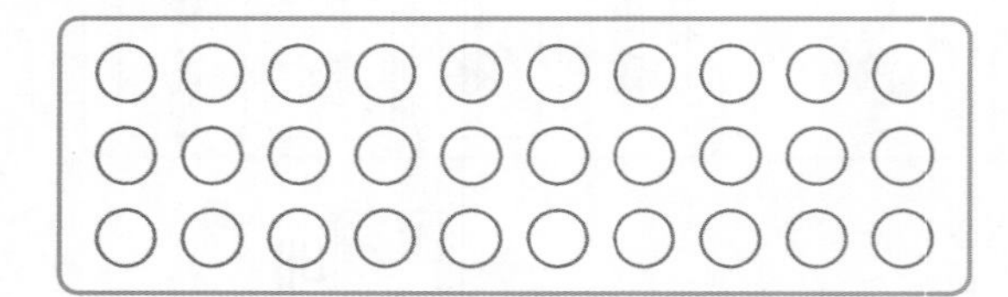

20 ●●● 의 6배

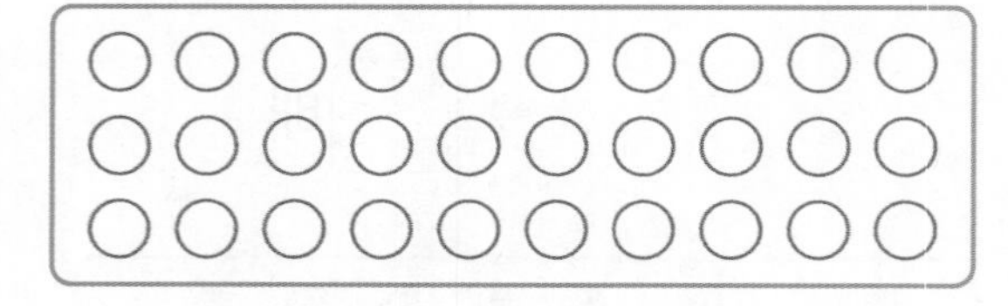

21 ●●●● 의 4배

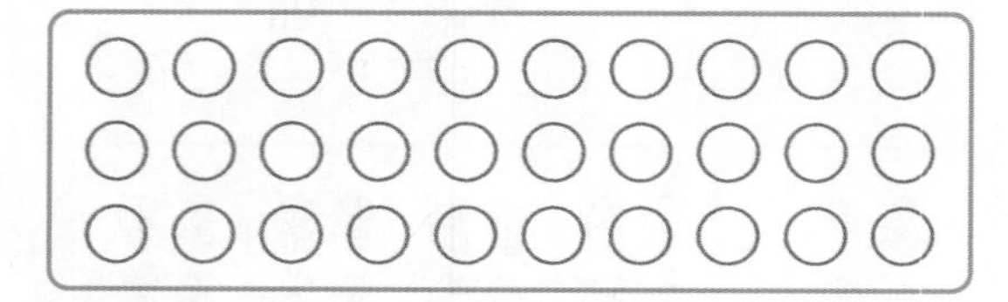

22 ●●●●● 의 3배

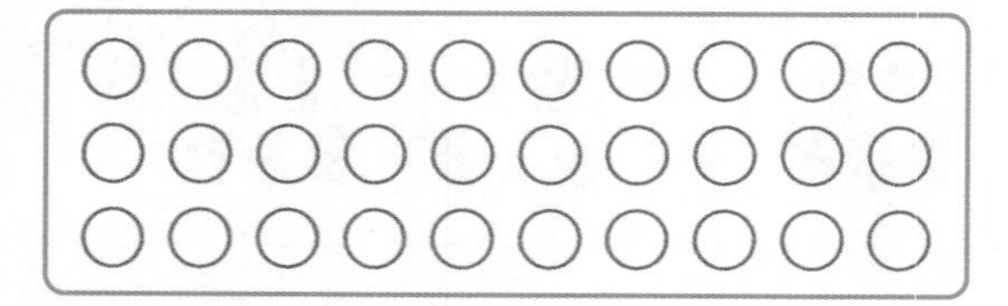

23 ●●●●●●● 의 2배

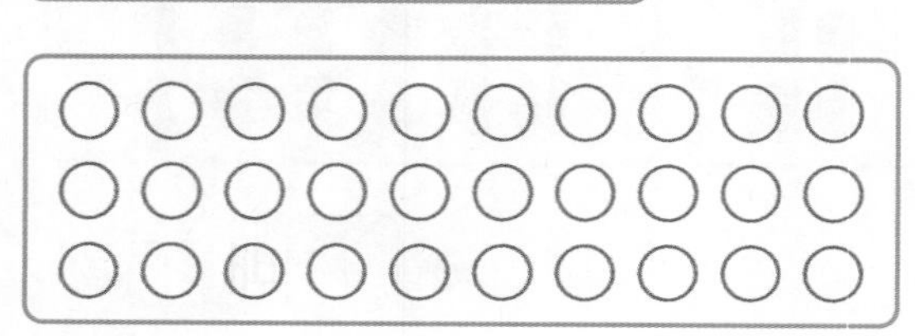

◆ 공깃돌의 수를 몇의 몇 배로 나타내세요.

24

2 의 ☐ 배, 6 의 ☐ 배

25

2 의 ☐ 배, 5 의 ☐ 배

26

2 의 ☐ 배, 9 의 ☐ 배

27

3 의 ☐ 배, 7 의 ☐ 배

28

4 의 ☐ 배, 8 의 ☐ 배

★ 완성 몇의 몇 배

◆ 친구들이 가지고 있는 리본의 색깔을 쓰세요.

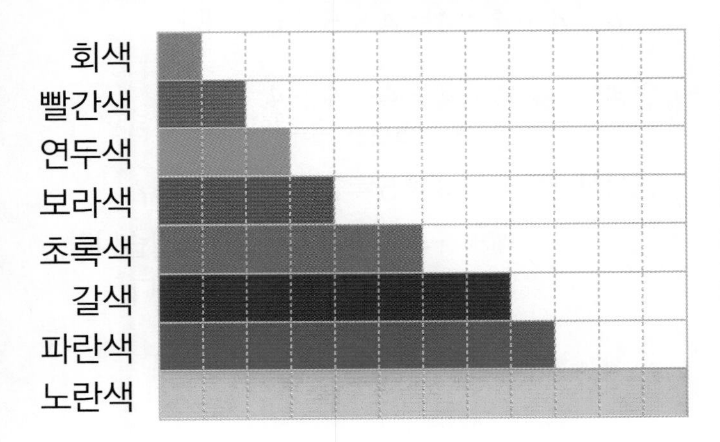

29

내 리본의 길이는
연두색 리본의 길이의 3배야.

( )

30

내 리본의 길이는
회색 리본의 길이의 4배야.

( )

31

내 리본의 길이는
빨간색 리본의 길이의 4배야.

( )

32

내 리본의 길이는
보라색 리본의 길이의 3배야.

( )

33

내 리본의 길이는
연두색 리본의 길이의 2배야.

( )

연산+문해력

34 감자가 4개, 가지가 12개 있습니다. 가지의 수는 감자의 수의 몇 배일까요?

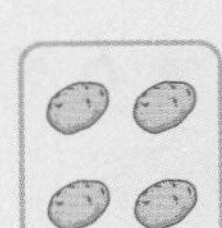

풀이 가지 12개 → 4씩 ☐묶음 → ☐의 ☐배

답 가지의 수는 감자의 수의 ☐배입니다.

개념 곱셈식으로 나타내기

39회 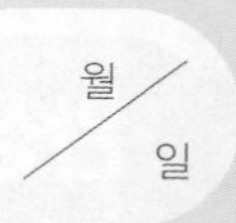

월 / 일

몇의 몇 배를 '×'를 사용하여 곱셈으로 나타낼 수 있습니다.

4의 5배 ➔ 쓰기 4×5
읽기 4 곱하기 5

$4+4+4+4+4$는 4×5와 같습니다.

덧셈식 ➔ $\underbrace{4+4+4+4+4}_{5번}=20$

곱셈식 ➔ 쓰기 $4 \times 5=20$

읽기 · 4 곱하기 5는 20과 같습니다.
· 4와 5의 곱은 20입니다.

◆ 그림을 보고 □ 안에 알맞은 수를 써넣으세요.

1

2의 4배 ➔ $2 \times$ □

2

3의 3배 ➔ $3 \times$ □

3

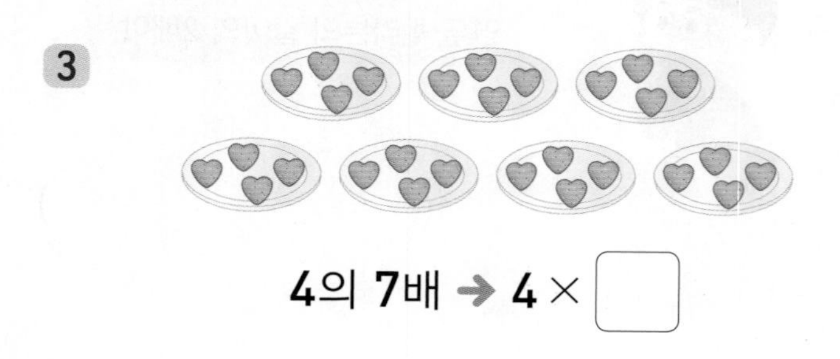

4의 7배 ➔ $4 \times$ □

4

6의 3배 ➔ $6 \times$ □

5

8의 2배 ➔ $8 \times$ □

◆ □ 안에 알맞은 수를 써넣으세요.

6

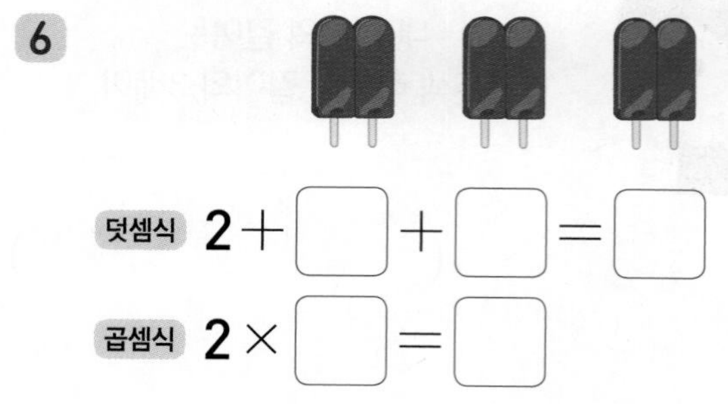

덧셈식 $2+$ □ $+$ □ $=$ □

곱셈식 $2 \times$ □ $=$ □

7

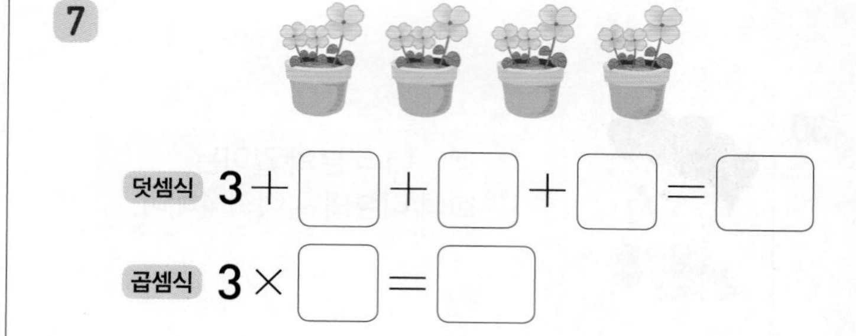

덧셈식 $3+$ □ $+$ □ $+$ □ $=$ □

곱셈식 $3 \times$ □ $=$ □

8

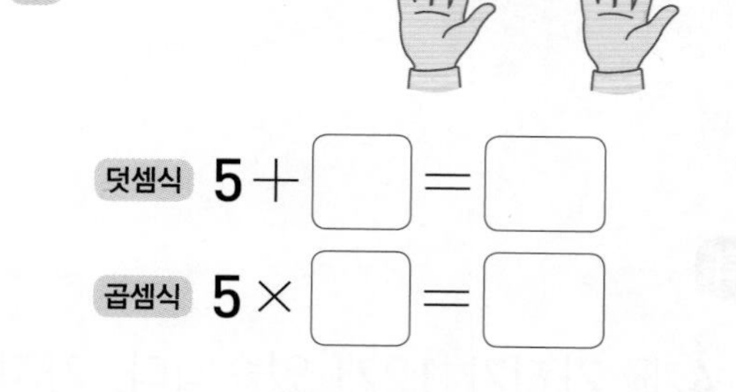

덧셈식 $5+$ □ $=$ □

곱셈식 $5 \times$ □ $=$ □

9

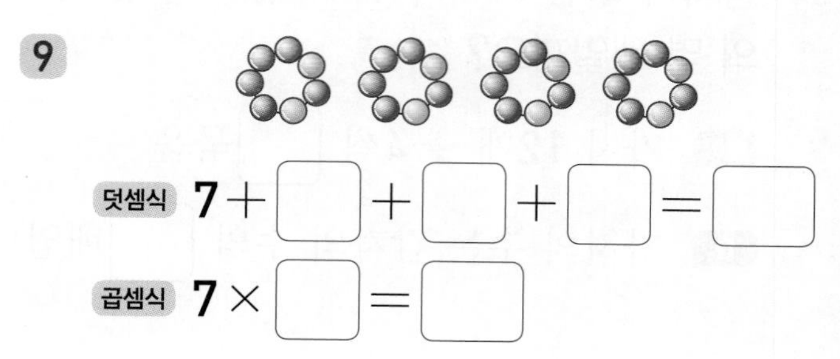

덧셈식 $7+$ □ $+$ □ $+$ □ $=$ □

곱셈식 $7 \times$ □ $=$ □

연습 곱셈식으로 나타내기

실수 콕! 11, 13번 문제

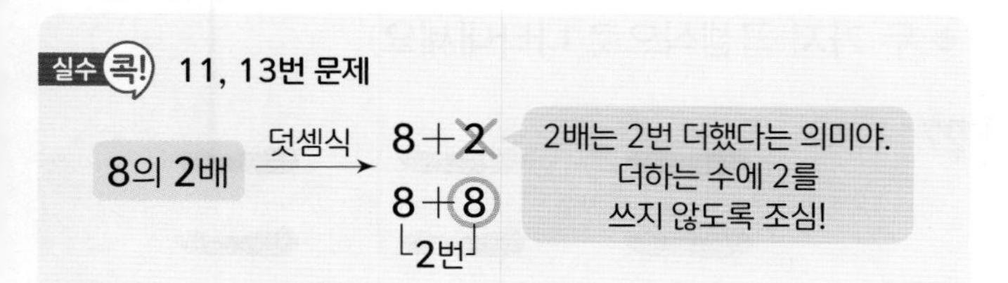

◆ 덧셈식과 곱셈식으로 나타내세요.

10 3의 3배

덧셈식 3+□+□=□

곱셈식 3×□=□

실수 콕!

11 4의 2배

덧셈식 4+□=□

곱셈식 4×□=□

12 5의 4배

덧셈식 5+□+□+□=□

곱셈식 □×□=□

실수 콕!

13 7의 2배

덧셈식 □+□=□

곱셈식 □×□=□

◆ □ 안에 알맞은 수를 쓰고 곱셈식으로 나타내세요.

14 2+2+2+2+2+2=□

곱셈식 2×

15 3+3+3+3+3+3+3=□

곱셈식 3×

16 4+4+4+4+4+4=□

곱셈식 4×

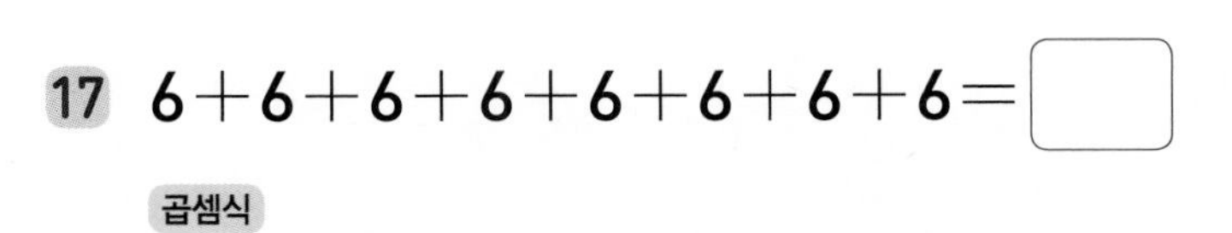

17 6+6+6+6+6+6+6+6=□

곱셈식

18 7+7+7+7+7=□

곱셈식

19 8+8+8+8+8+8+8=□

곱셈식

20 9+9+9+9+9+9=□

곱셈식

적용 곱셈식으로 나타내기

◆ 나타내는 수가 다른 하나를 찾아 ×표 하세요.

21

6×3	6의 3배	$6+3$
(　　)	(　　)	(　　)

22

7×4	7씩 5묶음	7의 4배
(　　)	(　　)	(　　)

23

$3+3+3$	3씩 4묶음	3×4
(　　)	(　　)	(　　)

24

9씩 2묶음	9의 9배	9×2
(　　)	(　　)	(　　)

25

8 곱하기 5	8×6	8의 6배
(　　)	(　　)	(　　)

26

$7+7$	7×7	7의 2배
(　　)	(　　)	(　　)

◆ 두 가지 곱셈식으로 나타내세요.

27

$2 \times \square = \square$　　$3 \times \square = \square$

28

$8 \times \square = \square$　　$2 \times \square = \square$

29

$6 \times \square = \square$　　$3 \times \square = \square$

30

$\square \times \square = \square$

$\square \times \square = \square$

31

$\square \times \square = \square$

$\square \times \square = \square$

정답 23쪽

★ 완성 곱셈식으로 나타내기

◆ 동물원에 있는 동물들의 다리의 수를 곱셈식으로 나타내세요.

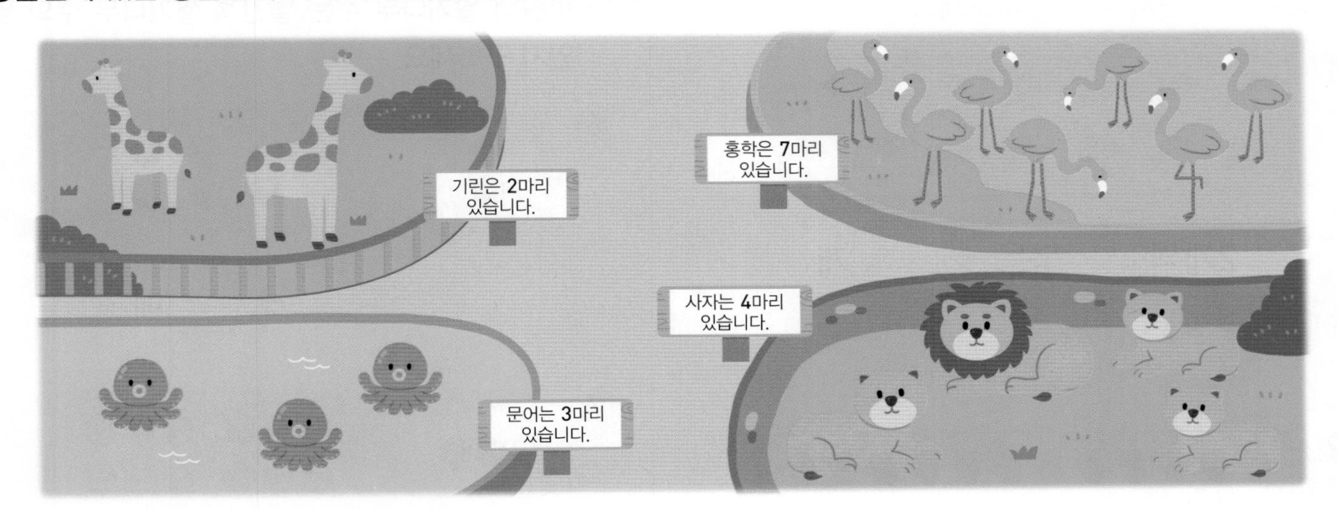

32

➔ $\square \times \square = \square$

33

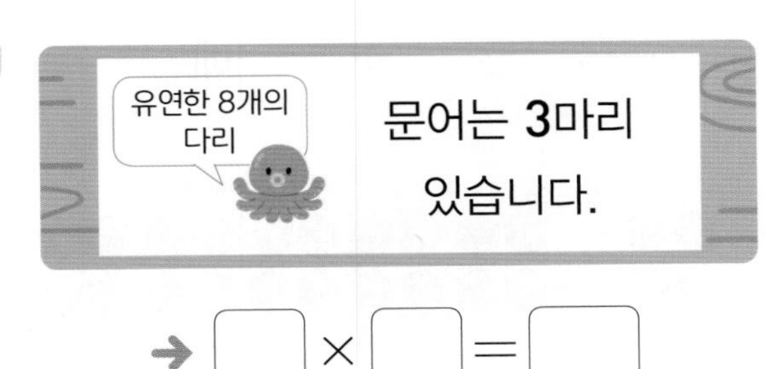

➔ $\square \times \square = \square$

34

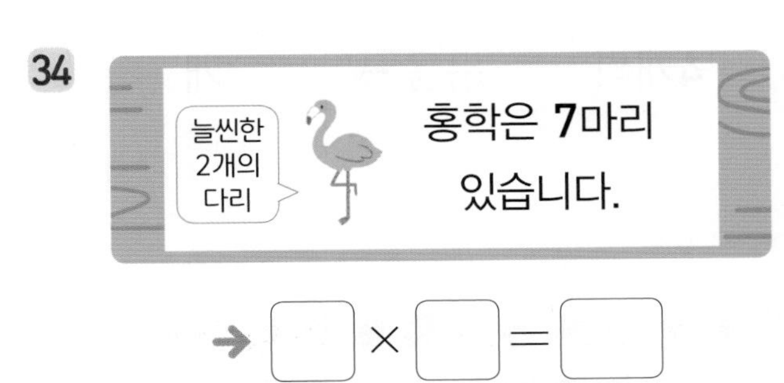

➔ $\square \times \square = \square$

35

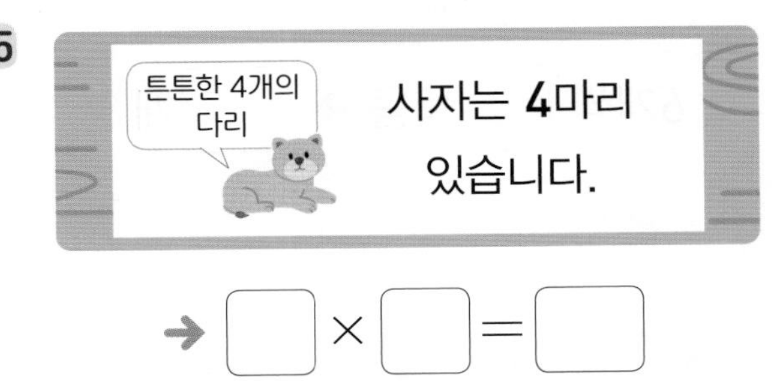

➔ $\square \times \square = \square$

연산 + 문해력

36 소율이의 나이는 9살이고, 삼촌의 나이는 소율이 나이의 4배입니다. 삼촌의 나이는 몇 살일까요?

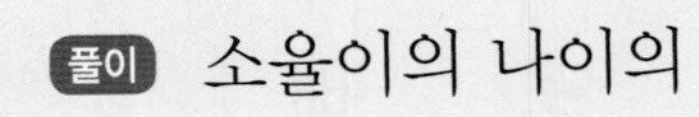

풀이 소율이의 나이의 $\square$배 ➔ $\square$의 $\square$배

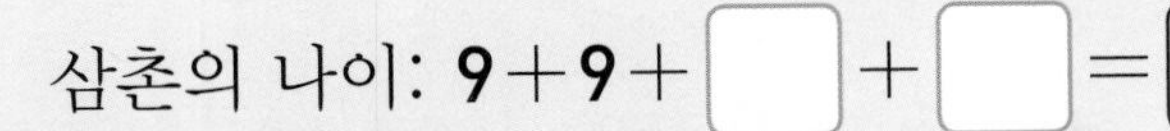

삼촌의 나이: $9+9+\square+\square=\square$

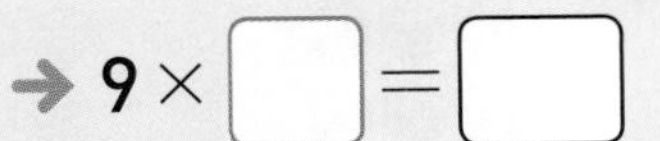

➔ $9 \times \square = \square$

답 삼촌의 나이는 $\square$살입니다.

◆ 모두 몇 개인지 묶어 세어 보세요.

1

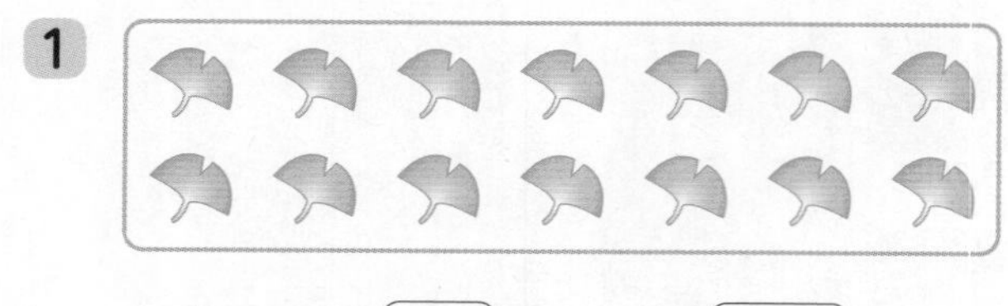

2개씩 ☐ 묶음 → ☐ 개

2

4개씩 ☐ 묶음 → ☐ 개

3

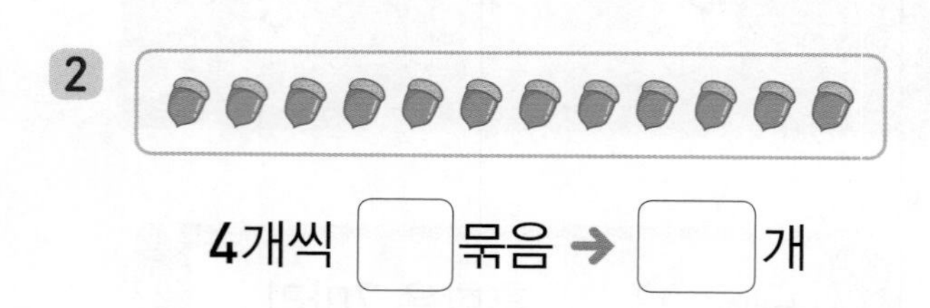

6개씩 ☐ 묶음 → ☐ 개

4

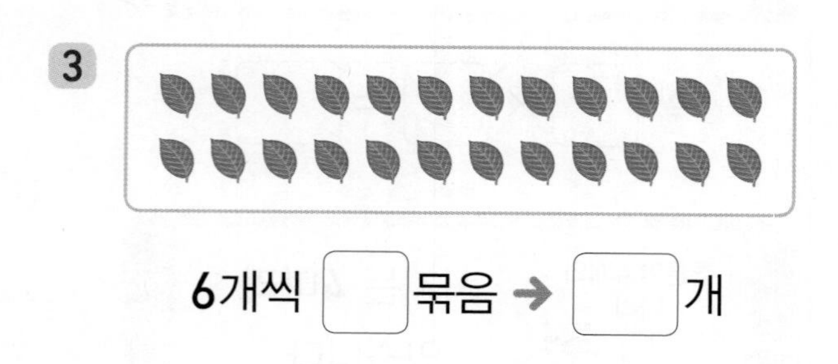

7개씩 ☐ 묶음 → ☐ 개

5

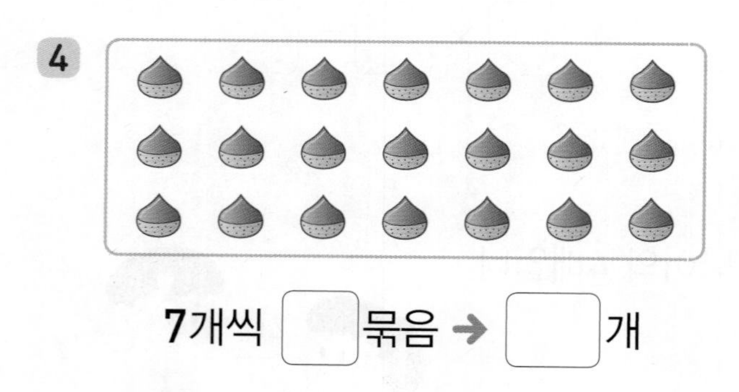

9개씩 ☐ 묶음 → ☐ 개

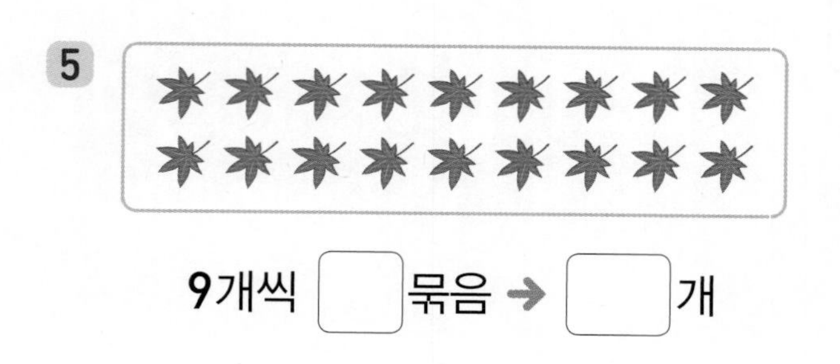

◆ 파란색 쌓기나무 수는 빨간색 쌓기나무 수의 몇 배인지 구하세요.

6

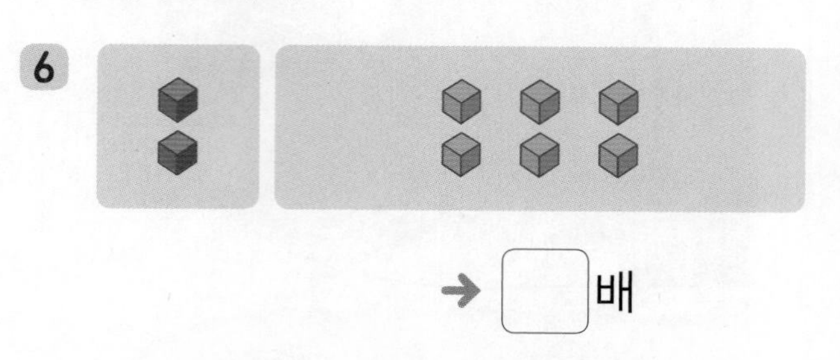

→ ☐ 배

7

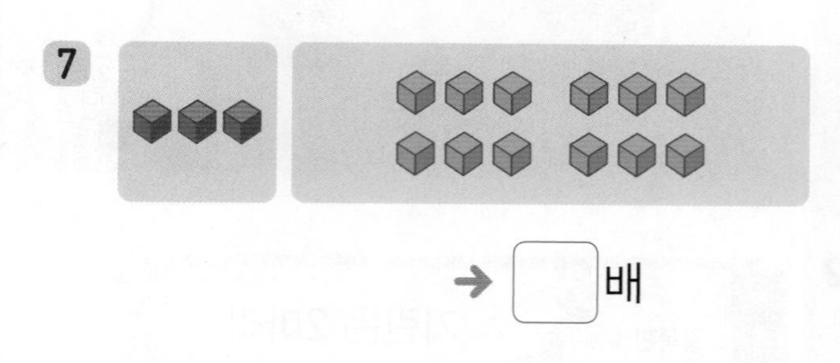

→ ☐ 배

8

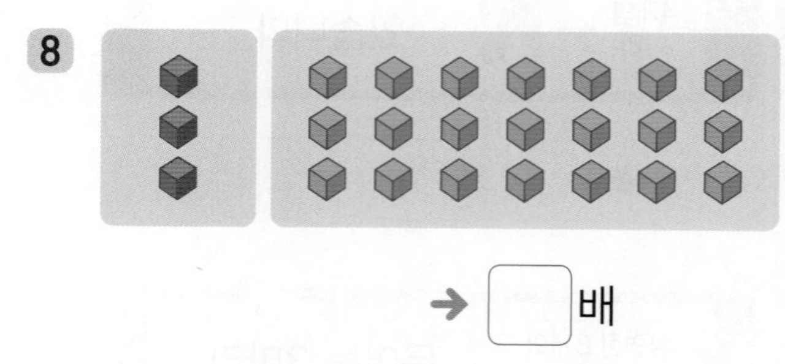

→ ☐ 배

9

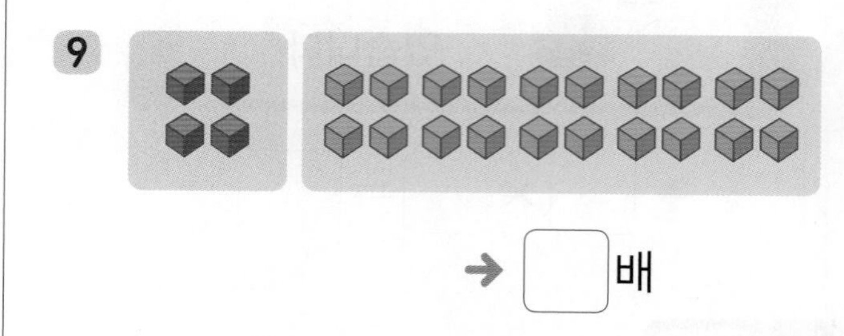

→ ☐ 배

10

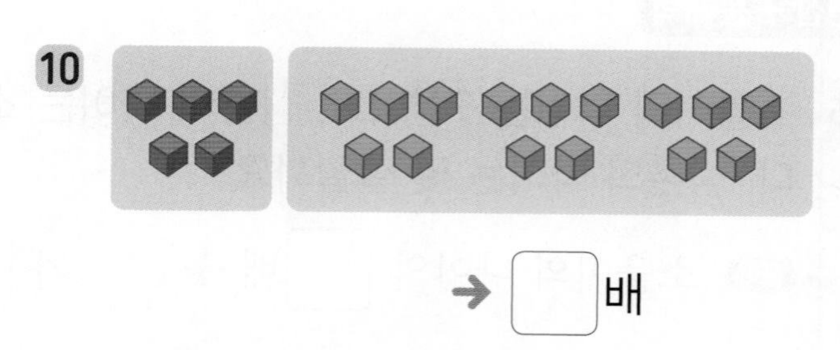

→ ☐ 배

11

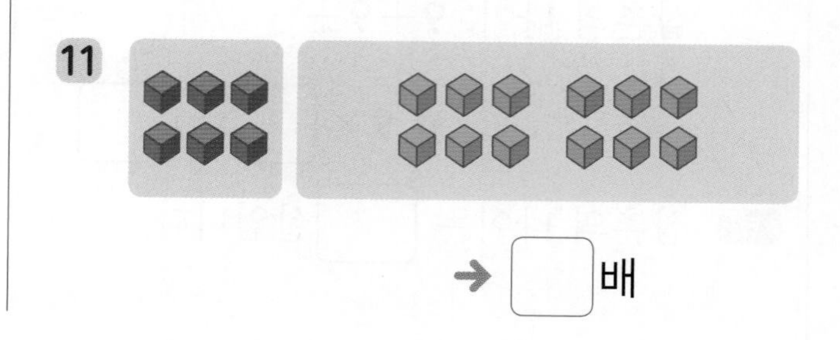

→ ☐ 배

◆ 덧셈식과 곱셈식으로 나타내세요.

12 2의 4배

덧셈식 2 + □ + □ + □ = □

곱셈식 2 × □ = □

13 3의 2배

덧셈식 3 + □ = □

곱셈식 3 × □ = □

14 6의 7배

덧셈식 6 + □ + □ + □ + □ + □ + □ = □

곱셈식 □ × □ = □

15 7의 3배

덧셈식 □ + □ + □ = □

곱셈식 □ × □ = □

16 8의 2배

덧셈식 □ + □ = □

곱셈식 □ × □ = □

◆ □ 안에 알맞은 수를 쓰고 곱셈식으로 나타내세요.

17 $3+3+3+3+3+3=$ □

곱셈식 3 ×

18 $4+4+4+4+4+4+4=$ □

곱셈식 4 ×

19 $5+5+5+5+5+5+5=$ □

곱셈식 5 ×

20 $6+6+6+6+6+6=$ □

곱셈식

21 $7+7+7+7+7+7=$ □

곱셈식

22 $8+8+8+8+8+8+8+8=$ □

곱셈식

23 $9+9+9+9=$ □

곱셈식

평가 B 6단원 마무리

◆ 두 가지 방법으로 묶어 세어 보세요.

1

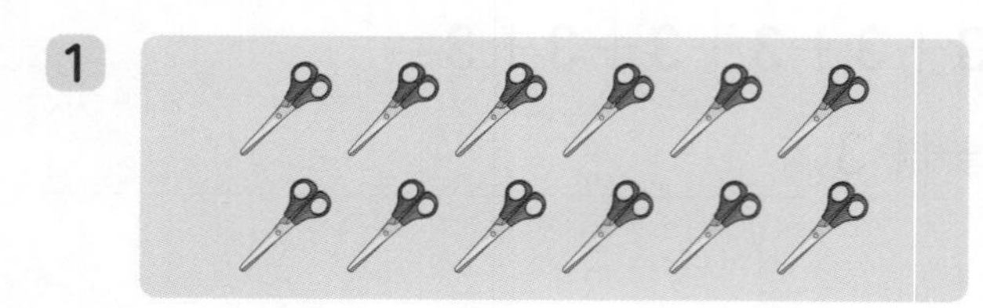

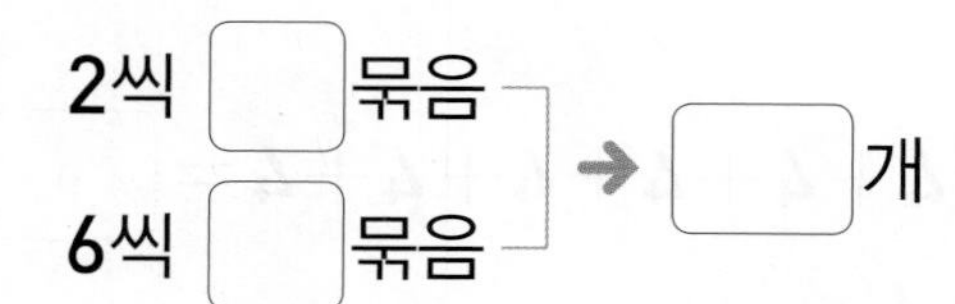

2씩 □ 묶음
6씩 □ 묶음 → □개

2

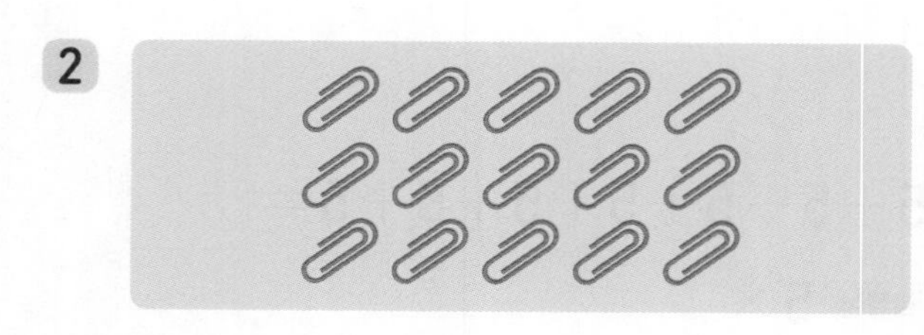

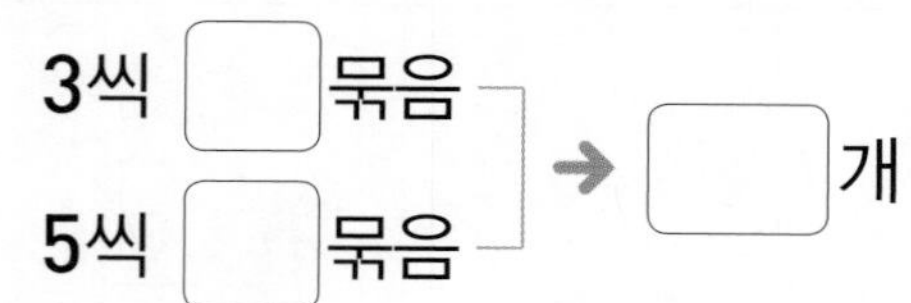

3씩 □ 묶음
5씩 □ 묶음 → □개

3

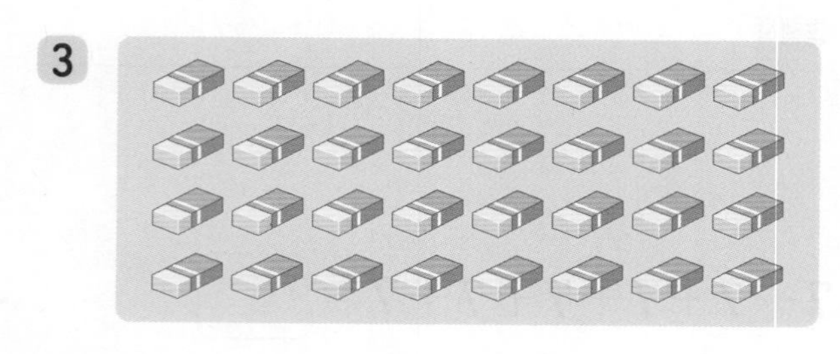

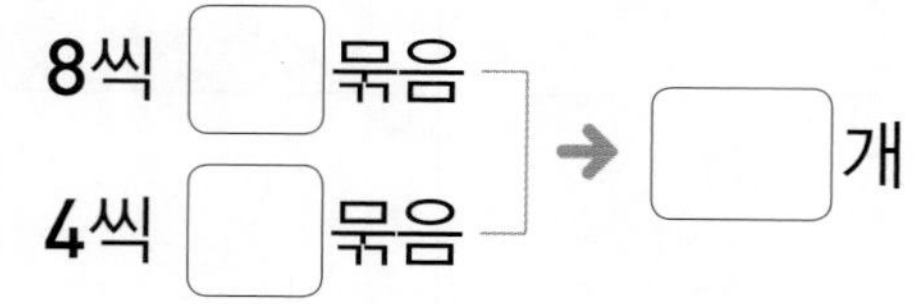

8씩 □ 묶음
4씩 □ 묶음 → □개

4

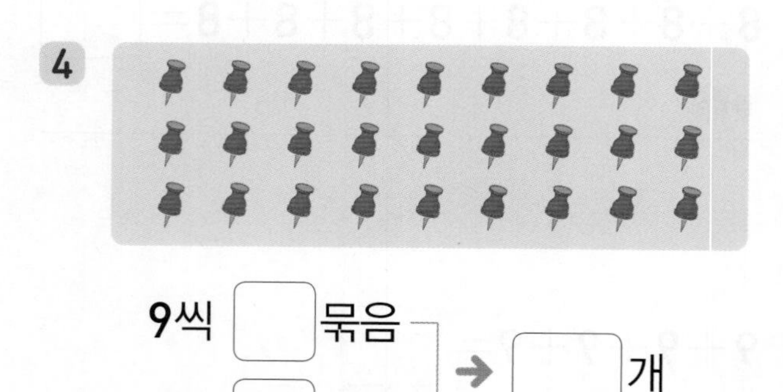

9씩 □ 묶음
3씩 □ 묶음 → □개

◆ 설명한 수만큼 △를 색칠해 보세요.

5

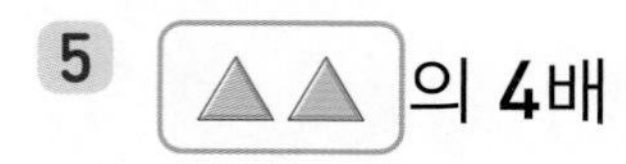 의 4배

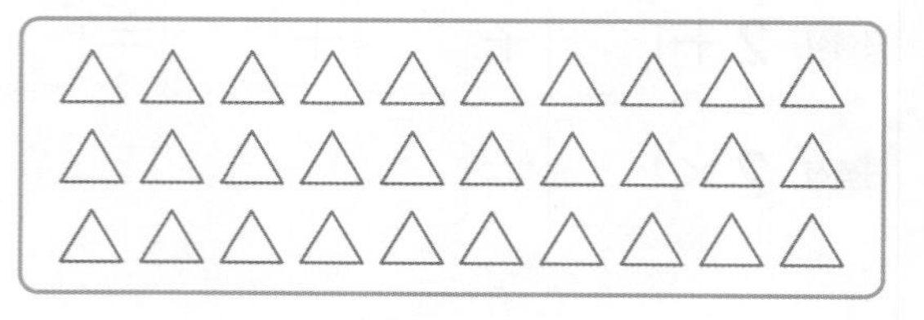

6

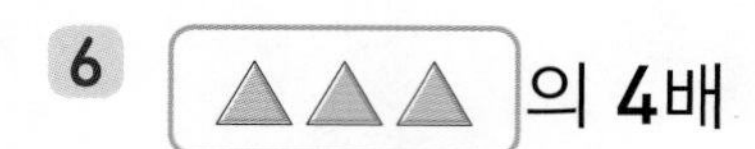 의 4배

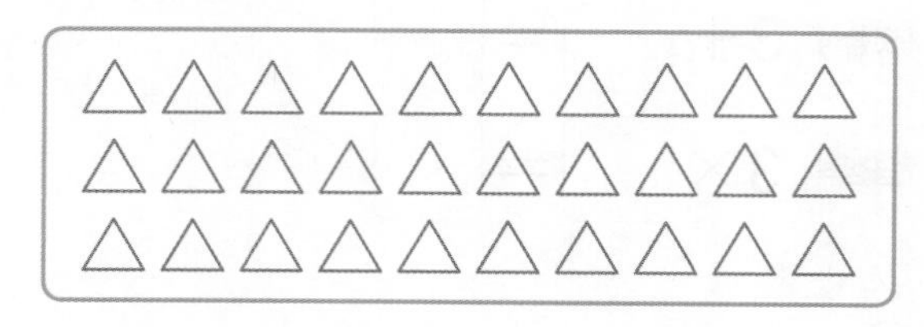

7

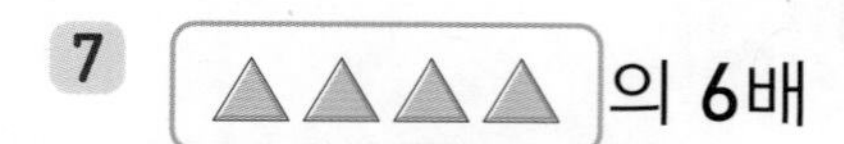 의 6배

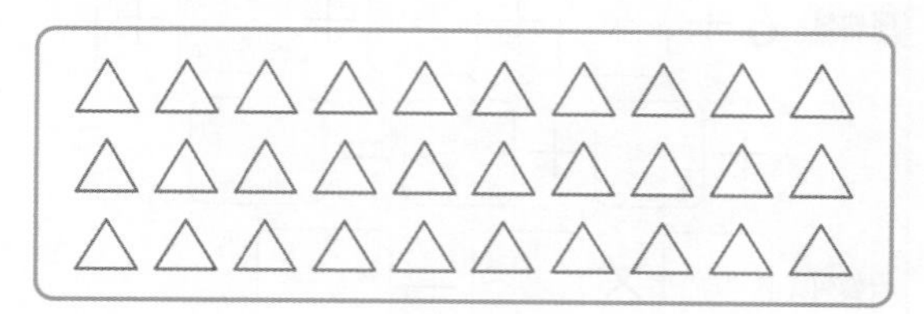

8

▲▲▲▲▲ 의 5배

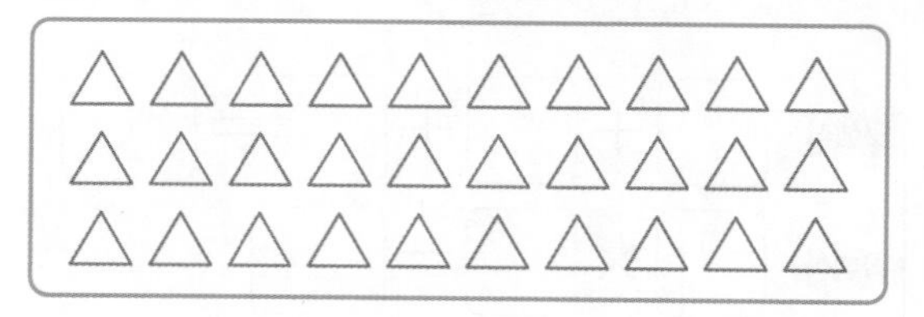

9

▲▲▲▲▲▲ 의 3배

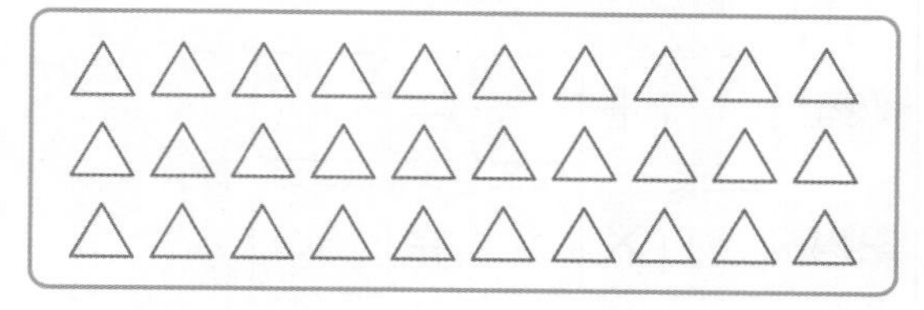

◆ 나타내는 수가 다른 하나를 찾아 ×표 하세요.

10 7의 6배 ( ) 7×6 ( ) $7+6$ ( )

11 5 곱하기 8 ( ) $8+8+8$ ( ) 5×8 ( )

12 7의 6배 ( ) 7 곱하기 3 ( ) 7×3 ( )

13 6의 9배 ( ) 9×9 ( ) 6씩 9묶음 ( )

14 4×2 ( ) 4씩 4묶음 ( ) $4+4$ ( )

15 $3+3$ ( ) 3의 3배 ( ) 3×3 ( )

◆ 두 가지 곱셈식으로 나타내세요.

16

$2\times\square=\square$ $7\times\square=\square$

17

$3\times\square=\square$ $8\times\square=\square$

18

$5\times\square=\square$ $4\times\square=\square$

19

$\square\times\square=\square$

$\square\times\square=\square$

20

$\square\times\square=\square$

$\square\times\square=\square$

◆ ☐ 안에 알맞은 수를 써넣으세요.

1 99보다 1만큼 더 큰 수 → ☐

2 100이 4개인 수 → ☐

3 100이 5개인 수 → ☐

4 100이 8개인 수 → ☐

5 100이 3개, 10이 6개, 1이 2개 → ☐

6 100이 8개, 10이 1개, 1이 0개 → ☐

7 100이 5개, 10이 8개, 1이 3개 → ☐

8 100이 7개, 10이 0개, 1이 4개 → ☐

◆ 알맞은 도형을 각각 찾아 기호를 쓰세요.

9

가 나 다

라 마 바

삼각형 (   )

사각형 (   )

10

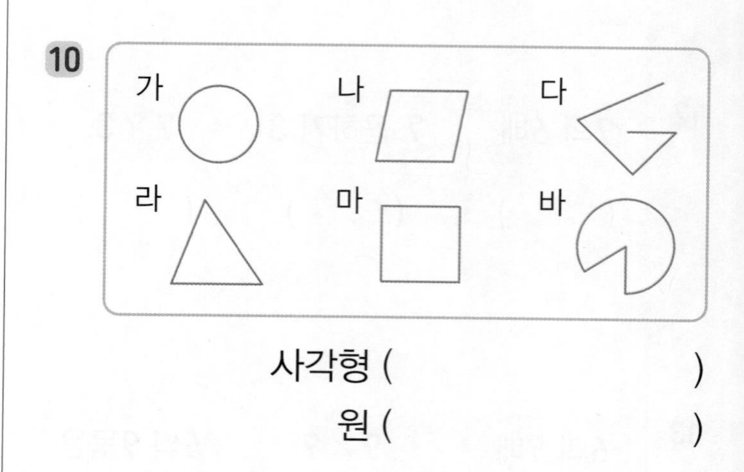

사각형 (   )

원 (   )

◆ 사용한 쌓기나무의 개수를 구하세요.

11

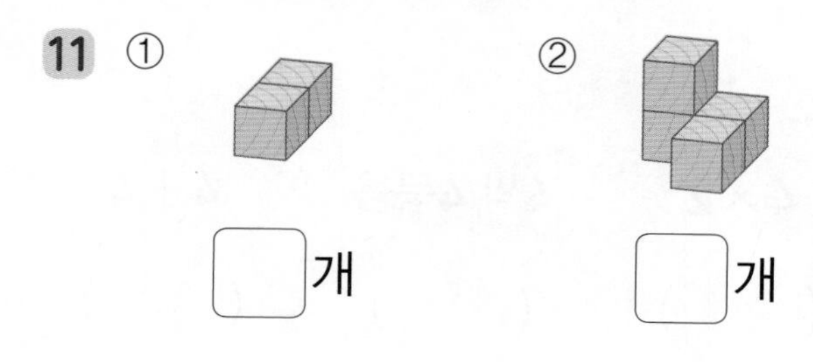

① ☐개 ② ☐개

12

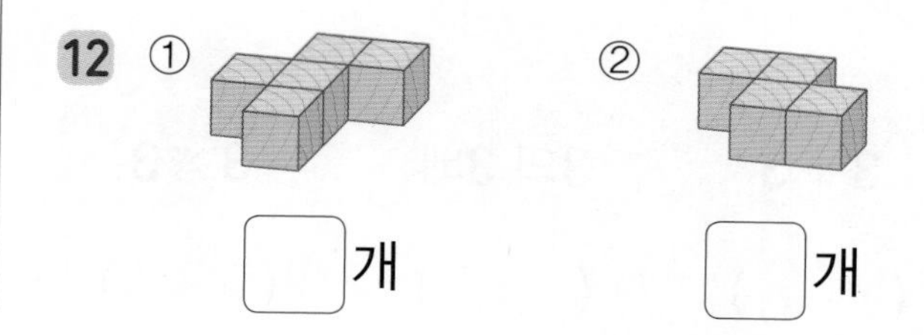

① ☐개 ② ☐개

◆ 계산해 보세요.

13 ① $\begin{array}{r} 18 \\ +\ \ 6 \\ \hline \end{array}$　② $\begin{array}{r} 44 \\ +\ \ 7 \\ \hline \end{array}$

14 ① $\begin{array}{r} 54 \\ -\ \ 7 \\ \hline \end{array}$　② $\begin{array}{r} 23 \\ -\ \ 9 \\ \hline \end{array}$

15 ① $\begin{array}{r} 46 \\ +62 \\ \hline \end{array}$　② $\begin{array}{r} 79 \\ +58 \\ \hline \end{array}$

16 ① $\begin{array}{r} 61 \\ -15 \\ \hline \end{array}$　② $\begin{array}{r} 87 \\ -49 \\ \hline \end{array}$

17 ① $73+19+9$

② $73-28-7$

18 ① $45+27-18$

② $45-39+16$

◆ 물건의 길이를 자로 재어 몇 cm인지 쓰세요.

19

(　　　　　　)

20

(　　　　　　)

21

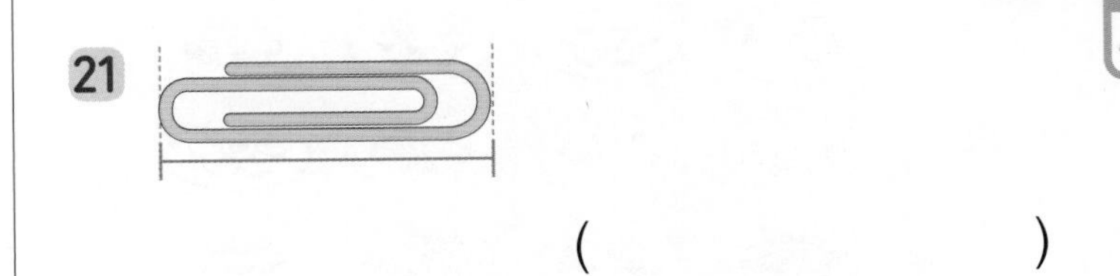

(　　　　　　)

22

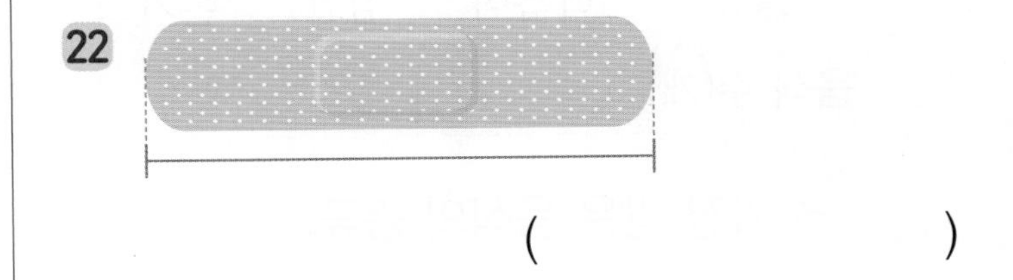

(　　　　　　)

23

(　　　　　　)

24

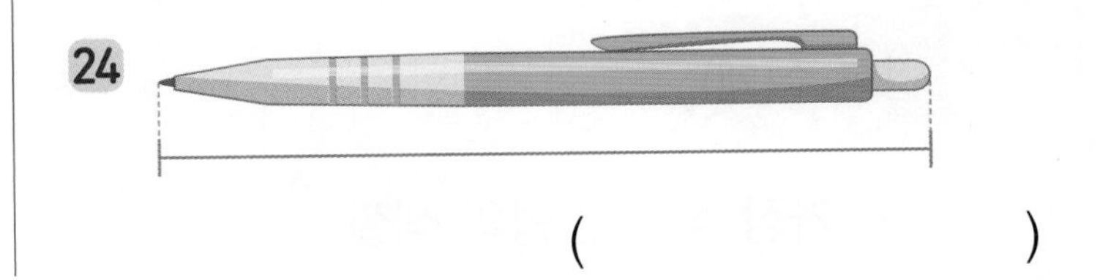

(　　　　　　)

단원 총정리 42회

정답 24쪽

◆ 분류하여 수를 세어 쓰고, ☐ 안에 알맞은 말을 써넣으세요.

25

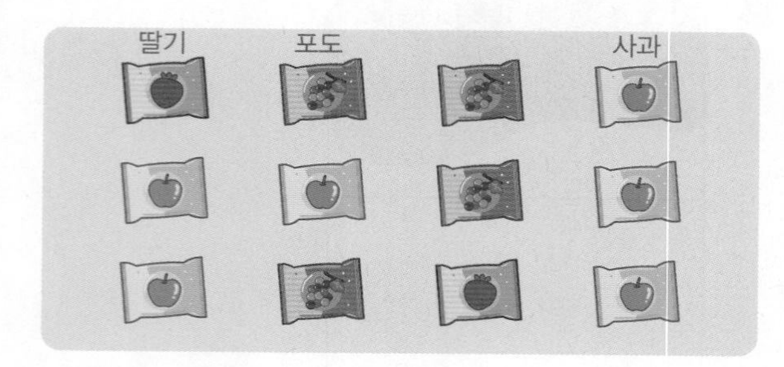

맛	딸기 맛	사과 맛	포도 맛
사탕 수(개)			

→ 가장 많은 사탕 맛: ☐ 맛

26

종류	떡볶이	김밥	돈가스
음식 수(개)			

→ 가장 많은 음식의 종류: ☐

27

색깔	노란색	파란색	빨간색
인형 수(개)			

→ 가장 적은 인형의 색깔: ☐

◆ 덧셈식과 곱셈식으로 나타내세요.

28 2의 3배

덧셈식 2 + ☐ + ☐ = ☐

곱셈식 2 × ☐ = ☐

29 3의 4배

덧셈식 3 + ☐ + ☐ + ☐ = ☐

곱셈식 3 × ☐ = ☐

30 5의 3배

덧셈식 5 + ☐ + ☐ = ☐

곱셈식 5 × ☐ = ☐

31 7의 5배

덧셈식 7 + ☐ + ☐ + ☐ + ☐ = ☐

곱셈식 ☐ × ☐ = ☐

32 9의 2배

덧셈식 ☐ + ☐ = ☐

곱셈식 ☐ × ☐ = ☐

엄마표 학습 **큐브**

큡챌린지란?

큐브로 6주간 매주 자녀와
학습한 내용을 기록하고,
같은 목표를 가진 엄마들과 소통하며
함께 성장할 수 있는
엄마표 학습단입니다.

큡챌린지 이런 점이 좋아요

계획적인 학습
동기부여
학습고민 나눔
학습 혜택

엄마표 학습, 큐브로 시작!

큡챌린지

수학은 큡

학습 태도 변화

습관 형성 / 성취감 / 자신감

학습단 참여 후 우리 아이는
"꾸준히 학습하는 습관이 잡혔어요."
"성취감이 높아졌어요."
"수학에 자신감이 생겼어요."

학습 지속률

10명 중 8.3명

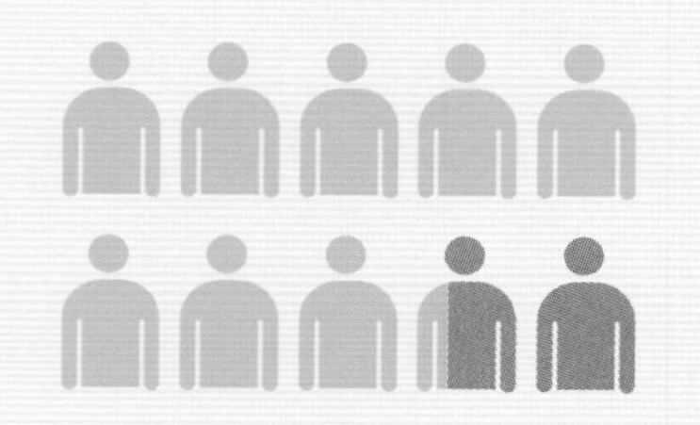

학습 스케줄

매일 4쪽씩 학습!

주 5회 매일 4쪽	39%
주 5회 매일 2쪽	15%
1주에 한 단원 끝내기	17%
기타(개별 진도 등)	29%

6주 학습 완주자 → 완주 83%

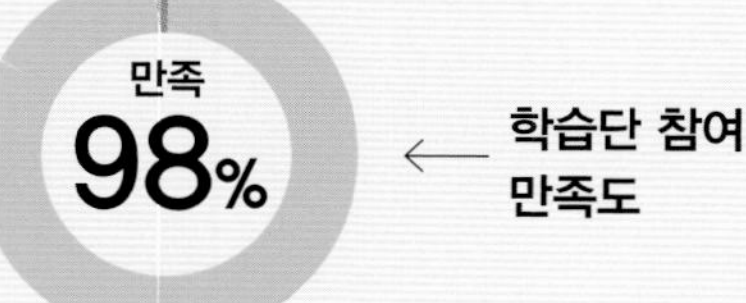

만족 98% ← 학습단 참여 만족도

학습 참여자 2명 중 1명은

6주 간 1권 끝!

큐브 연산

초등 수학

2·1

모바일 쉽고 편리한 빠른 정답

정답

동아출판

정답

차례

초등 수학 **2·1**

01회 백, 몇백

008쪽 | 개념

1 100
2 100
3 100
4 100
5 3, 300
6 4, 400
7 5, 500
8 7, 700

009쪽 | 연습

9 600
10 800
11 900
12 300
13 200
14 100, 500
15 300, 900
16 600, 800
17 400, 700
18 100, 200
19 900, 400

010쪽 | 적용

20 2
21 5
22 9
23 2
24 40
25 30
26 300
27 700
28 100
29 100
30 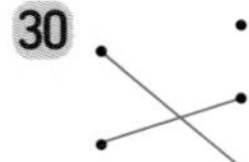
31 
32 
33

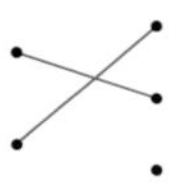

011쪽 | 완성

※ 이은 풍선의 개수가 같으면 정답입니다.

34 예 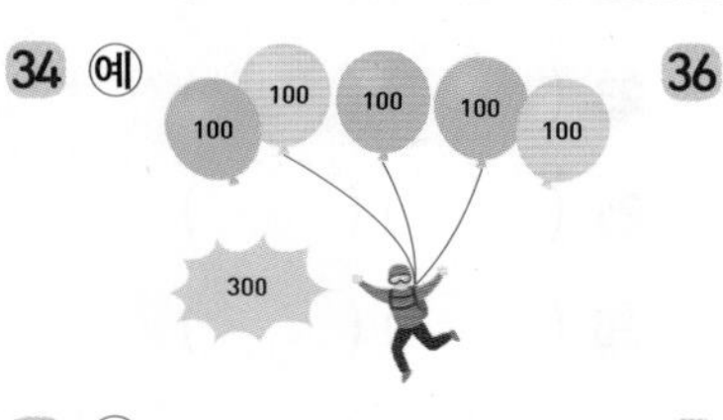

36 예 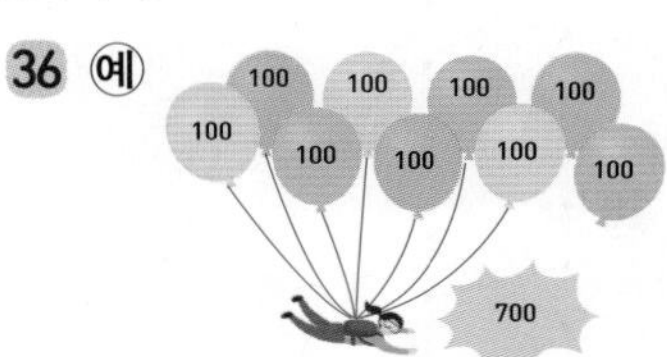

35 예 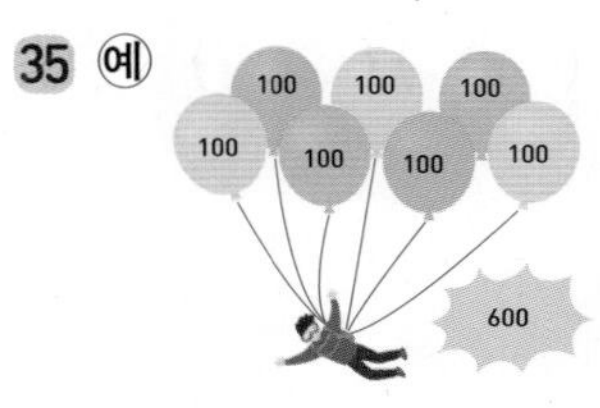

37 예 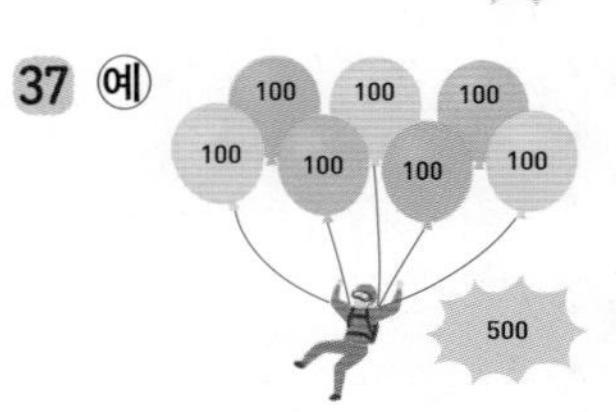

38 예 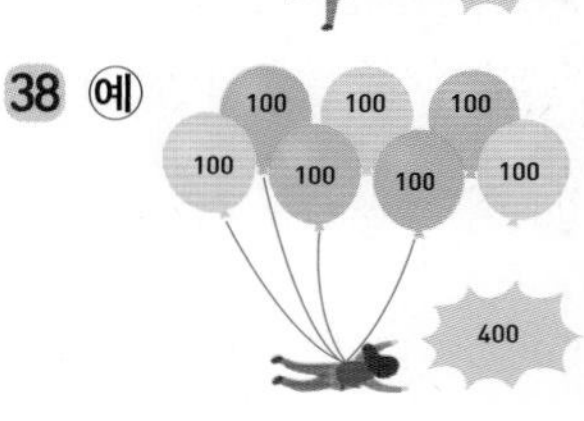

연산+문해력
39 100, 5, 500 / 500

02회 세 자리 수

012쪽 | 개념

※ 왼쪽에서부터 채점하세요.

1 3, 5 / 135
2 5, 8, 4 / 584
3 2, 6 / 260
4 4, 0, 1 / 401

013쪽 | 연습

5 272
6 315
7 468
8 734
9 809
10 923
11 ① 백사십팔 ② 236
12 ① 이백구 ② 520
13 ① 삼백이십사 ② 418
14 ① 사백오십삼 ② 299
15 ① 팔백사십삼 ② 691
16 ① 구백오십이 ② 716

정답 1. 세 자리 수

014쪽 | 적용

17 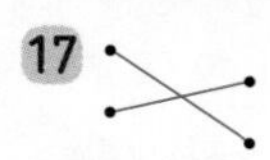

18

19

20

21

22 (○) (   )

23 (   ) (○)

24 (   ) (○)

25 (○) (   )

26 (○) (   )

015쪽 | 완성

27 415

28 652

29 910

연산+문해력

30 7, 4, 3, 743 / 743

03회 각 자리 숫자가 나타내는 값

016쪽 | 개념

※ 위에서부터 채점하세요.

1 30, 6 / 30, 6

2 10, 9 / 10, 9

3 20, 5 / 700, 20, 5

4 1, 0, 0 / 1, 0 / 1

5 7, 0, 0 / 7, 0 / 7

6 8, 0, 0 / 8, 0 / 8

017쪽 | 연습

※ 위에서부터 채점하세요.

7 100, 10, 2

8 100, 50, 1

9 200, 20, 4

10 300, 50, 1

11 4, 400 / 6, 60 / 5, 5

12 5, 500 / 0, 0 / 1, 1

13 7, 700 / 3, 30 / 9, 9

14 8, 800 / 2, 20 / 0, 0

018쪽 | 적용

15 532

16 720

17 829

18 375

19 531

20 642

21 618

22 ① 100 ② 1

23 ① 20 ② 200

24 ① 0 ② 0

25 ① 70 ② 7

26 ① 80 ② 800

27 ① 900 ② 9

019쪽 | 완성

28 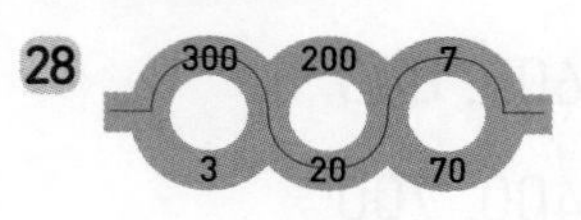

29 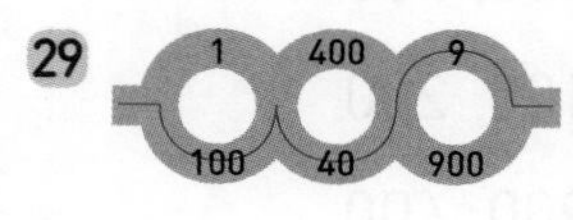

30 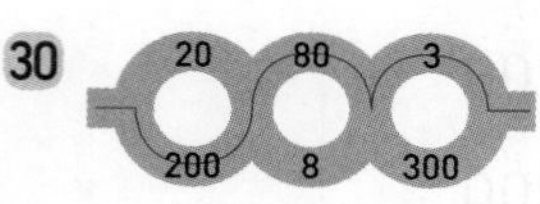

31 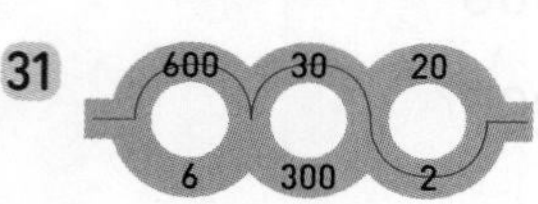

32 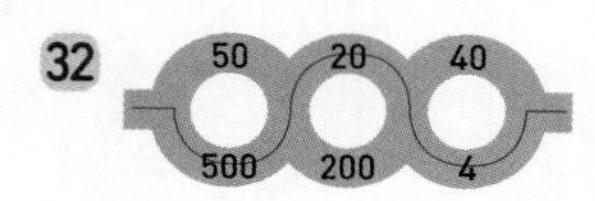

연산+문해력

33 0, 9, 9, 0 / 940

04회 세 자리 수의 뛰어 세기

020쪽 | 개념

1 400, 500

2 440, 450

3 675, 875

4 750, 770

5 808, 811

6 301, 304

7 514, 614

8 712, 722

9 897, 899

10 998, 1000

021쪽 | 연습

11 ① 395, 595
② 470, 570

12 ① 114, 115
② 327, 328

13 ① 240, 250
② 354, 374

14 ① 581, 591
② 283, 303

15 ① 259, 260
② 599, 600

16 1

17 100

18 10

19 100

20 10

21 1

022쪽 | 적용

22 175, 176

23 580, 581

24 741, 841

25 853, 883

26 395, 495

27 462, 492

28 206, 306

29 618, 638

30 398, 399

31 211, 311, 411

32 762, 772, 782

33 939, 940, 941

34 472, 572, 672

35 893, 903, 913

023쪽 | 완성

36 (　)(　)(×)(　)

37 (　)(　)(　)(×)

38 (　)(　)(×)(　)

39 (×)(　)(　)(　)

40 (　)(×)(　)(　)

41 (　)(×)(　)(　)

연산+문해력

42 100, 747, 847, 947 / 947

05회 세 자리 수의 크기 비교

024쪽 | 개념

※ 위에서부터 채점하세요.

1 1, 0 / <

2 3, 7, 4 / <

3 6, 9, 8
/ 6, 9, 5 / >

4 <

5 >, >

6 <, <

7 <, <

8 >, >

025쪽 | 연습

9 ① > ② <

10 ① > ② >

11 ① > ② <

12 ① < ② <

13 ① < ② >

14 ① > ② <

15 ① > ② >

16 ① > ② <

17 ① < ② <

18 ① < ② >

19 ① < ② >

026쪽 | 적용

20 407

21 584

22 808

23 933

24 715

25 682

26 151, 111

27 284, 265

28 440, 300

29 720, 568

30 700, 621

31 913, 810

027쪽 | 완성

32 149

33 700

34 401

35 190

36 779

37 450

연산+문해력

38 185, <, 190 / 검은

06회 평가 A

028쪽

※ 위에서부터 채점하세요.

1 100
2 200
3 600
4 900
5 193
6 508
7 716
8 942
9 1, 100 / 7, 70 / 7, 7
10 5, 500 / 3, 30 / 2, 2
11 6, 600 / 2, 20 / 4, 4
12 8, 800 / 7, 70 / 5, 5

029쪽

13 ① 424, 524
② 693, 793
14 ① 369, 379
② 594, 604
15 ① 425, 445
② 693, 713
16 ① 758, 760
② 534, 535
17 ① 944, 945
② 398, 400
18 ① < ② >
19 ① > ② <
20 ① < ② <
21 ① > ② <
22 ① > ② <
23 ① > ② >

07회 평가 B

030쪽

1 ( )(○)
2 ( )(○)
3 (○)( )
4 ( )(○)
5 (○)( )
6 ① 20 ② 2
7 ① 400 ② 40
8 ① 0 ② 0
9 ① 600 ② 6
10 ① 800 ② 80
11 ① 10 ② 100

031쪽

12 722, 732, 742
13 559, 659, 759
14 490, 491, 492
15 780, 790, 800
16 998, 999, 1000
17 390, 350
18 864, 451
19 510, 460
20 528, 519
21 812, 765
22 396, 328

08회 삼각형

034쪽 | 개념

1 ① ○ ② ×
2 ① × ② ○
3 ① × ② ○
4 ① × ② ○
5 ① ○ ② ×
6 ○
7 ○
8 ×
9 ○
10 ×
11 ×

035쪽 | 연습

12

13

14 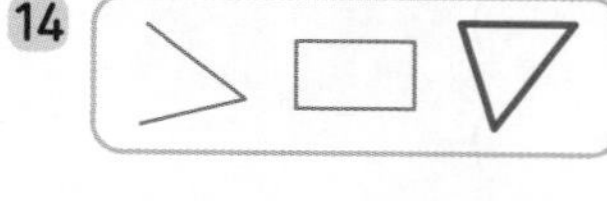

15 

16 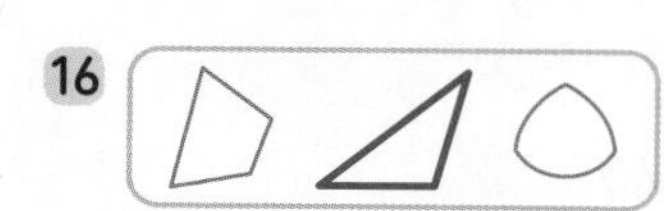

17 나, 바
18 가, 라
19 나, 다, 라
20 다, 마

036쪽 | 적용

21 ( ) ( ) (○)

22 (○) ( ) ( )

23 ( ) ( ) (○)

24 ( ) (○) ( )

25 ( ) (○) ( )

26 (○) ( ) ( )

27

28 예

29 예

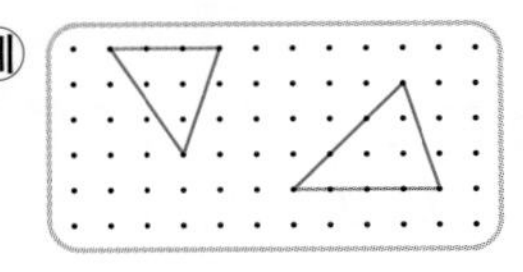

30 예

31 예

037쪽 | 완성

32 5

33 4

34 5

35 3

연산+문해력

36 3, 4 / 삼각형, 4

09회 사각형

038쪽 | 개념

1 ① × ② ○

2 ① ○ ② ×

3 ① × ② ○

4 ① × ② ○

5 ① ○ ② ×

6 ○

7 ×

8 ○

9 ×

10 ○

11 ○

039쪽 | 연습

12

13

14

15

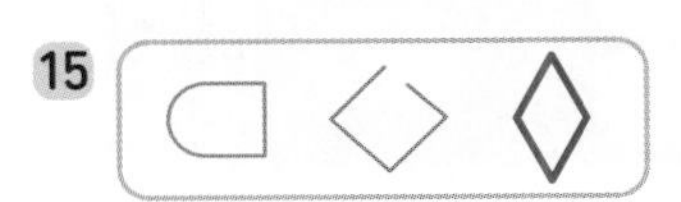

16

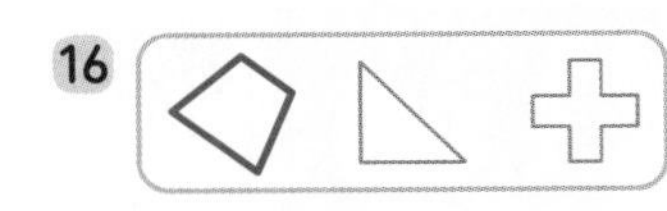

17 다, 마, 바

18 나, 다, 바

19 가, 라

20 가, 다, 마

040쪽 | 적용

21 ( ) ( ) (○)

22 (○) ( ) ( )

23 ( ) (○) ( )

24 ( ) (○) ( )

25 (○) ( ) ( )

26 (○) ( ) ( )

27 예

28 예

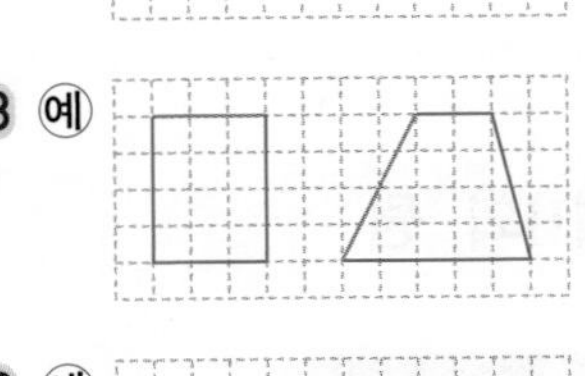

29 예

30 예

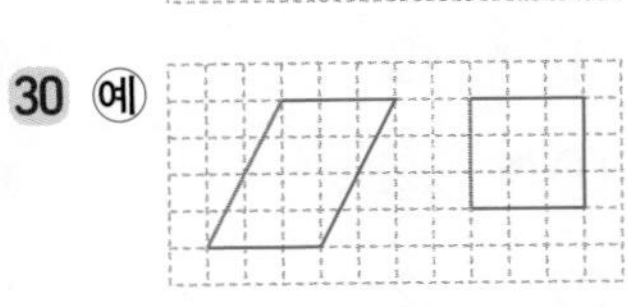

31 예

2 단원

041쪽 | 완성

32
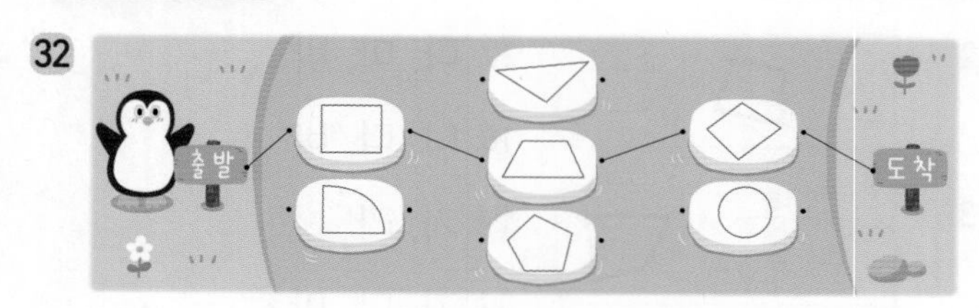

33
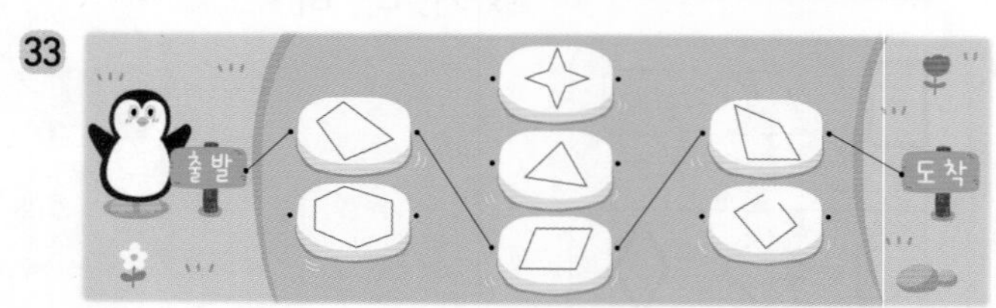

34
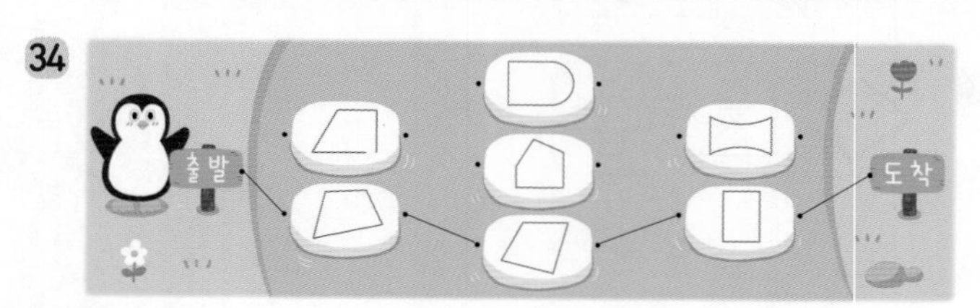

연산+문해력

35 4, 4, 8 / 8

10회 원

042쪽 | 개념

1 ① ○ ② ×

2 ① × ② ○

3 ① × ② ○

4 ① ○ ② ×

5 ① ○ ② ×

6 ○

7 ○

8 ○

9 ×

10 ×

11 ○

043쪽 | 연습

12

13

14

15

16

17 다, 마

18 가, 라

19 가, 마

20 나, 바

044쪽 | 적용

21 ( ) (○) ( )

22 (○) ( ) ( )

23 ( ) ( ) (○)

24 ( ) (○) ( )

25 (○) ( ) ( )

26 ( ) (○) ( )

27 3

28 5

29 4

30 2

31 4

045쪽 | 완성

32

연산+문해력

33 2, 5, 7 / 7

11회 쌓은 모양 알아보기

046쪽 | 개념

1
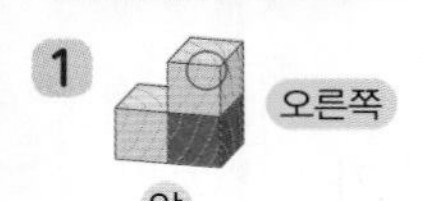

2
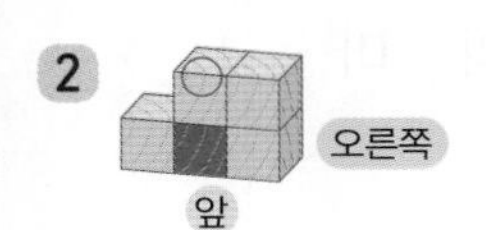

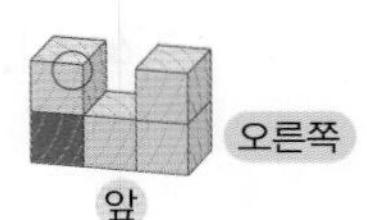

3
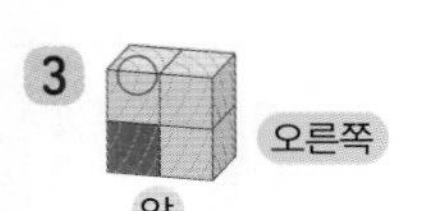

4
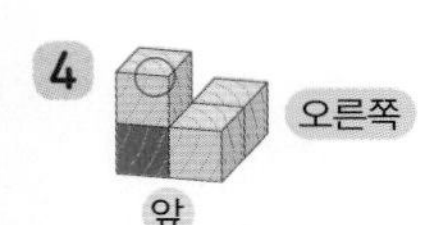

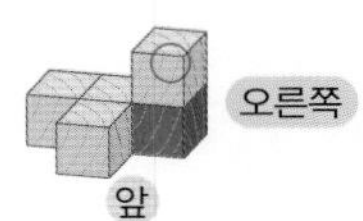

5
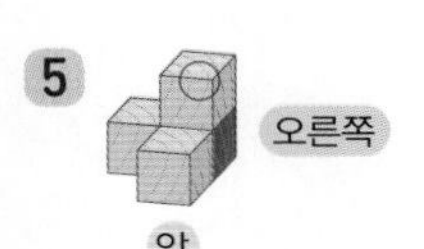

6
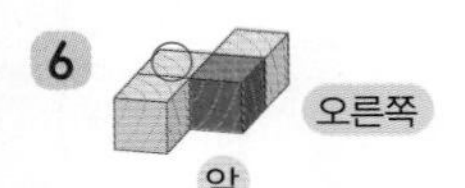

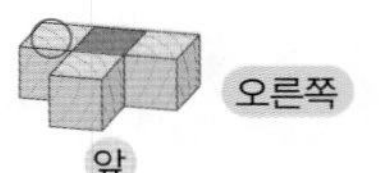

7
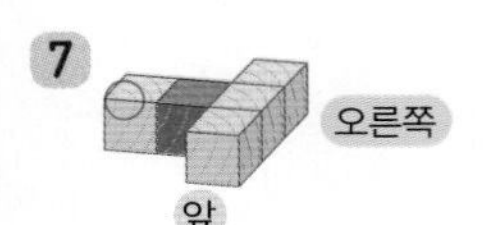

8

9
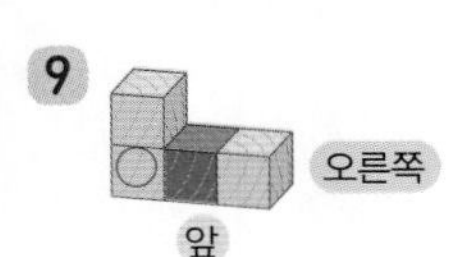

10
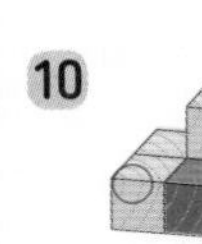

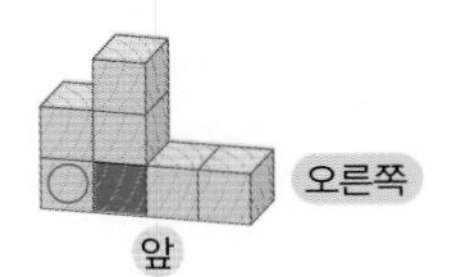

047쪽 | 연습

11 (○) (   )

12 (   ) (○)

13 (   ) (○)

14

15

16
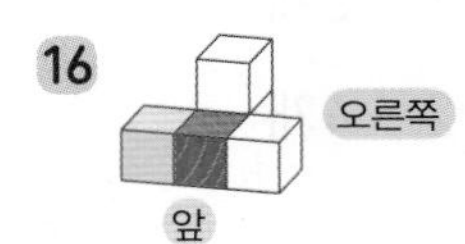

17
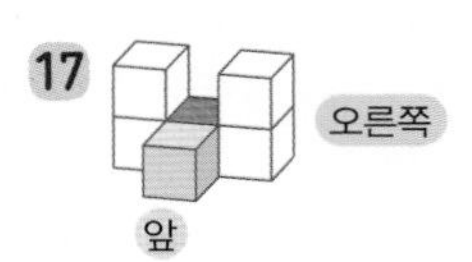

18
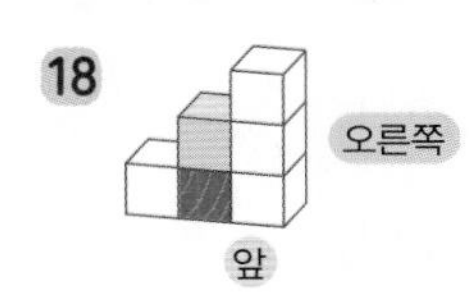

048쪽 | 적용

19 위

20 뒤

21 앞, 위

22
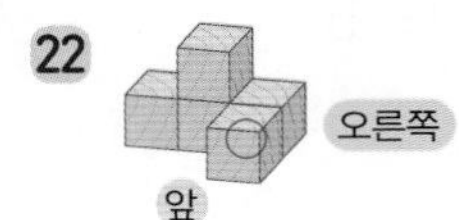

23
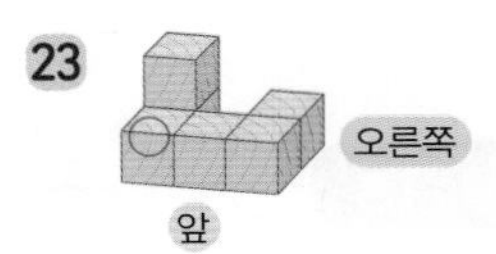

24

25
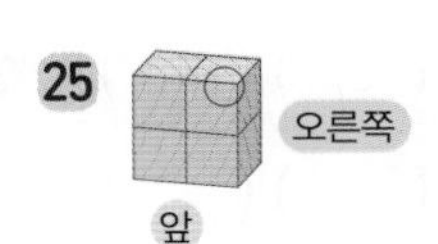

26
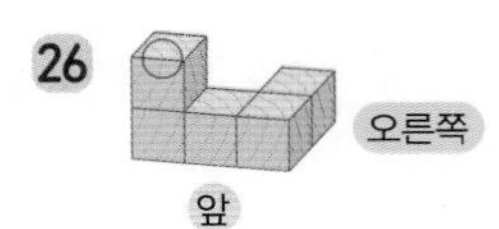

049쪽 | 완성

27 (○) (   )

28 (   ) (○)

29 (   ) (○)

30 (   ) (○)

연산+문해력

31 ①, ⑤ / 2

2단원

12회 쌓기나무의 개수 구하기

050쪽 | 개념

1 1, 3 / 4개
2 1, 4 / 5개
3 1, 4 / 5개
4 2, 1, 2 / 5개
5 2, 2, 1 / 5개
6 1, 1, 2 / 4개

051쪽 | 연습

7 ① 4 ② 5
8 ① 5 ② 5
9 ① 2 ② 4
10 ① 3 ② 4
11 ① 5 ② 5
12 ① 5 ② 5
13 ① 5 ② 5
14 ① 5 ② 4
15 ① 3 ② 5
16 ① 4 ② 5

052쪽 | 적용

17 ( )(○)( )
18 ( )( )(○)
19 ( )(○)( )
20 ( )(○)( )
21 ( )( )(○)
22 나
23 다
24 라
25 가

053쪽 | 완성

26 ②
27 ④
28 ③

연산+문해력

29 4, 5 / 4, <, 5 / ㉡

13회 평가 A

054쪽

1 다 / 가, 마
2 나 / 라, 바
3 나 / 라
4 나 / 바
5 다, 라 / 가
6 나, 라 / 마

055쪽

7
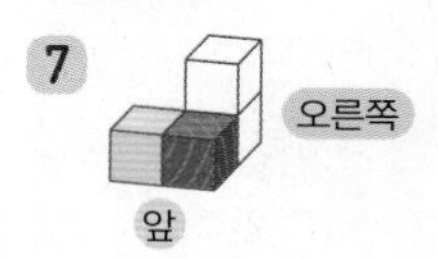

8
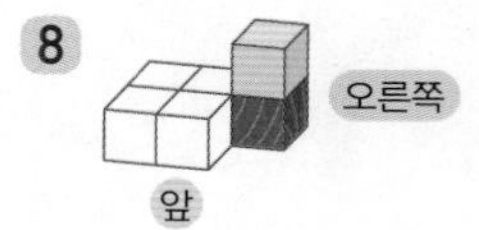

9
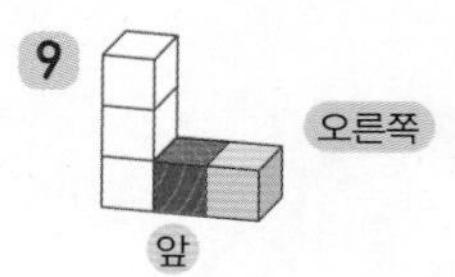

10
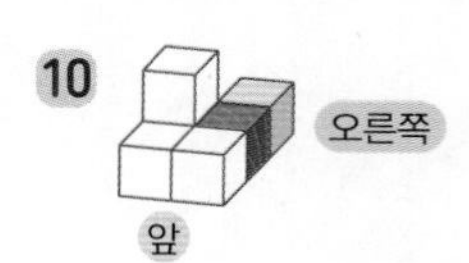

11
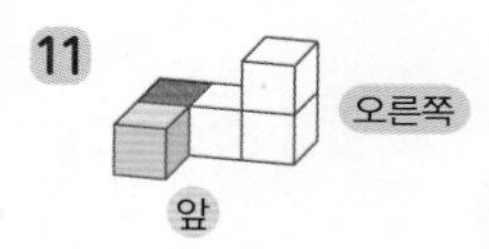

12 ① 2 ② 4
13 ① 3 ② 5
14 ① 4 ② 5
15 ① 5 ② 4
16 ① 5 ② 5

14회 평가 B

056쪽

1 (○)( )( )
2 ( )(○)( )
3 ( )(○)( )

4 (   )(   )(○)

5 (   )(   )(○)

6 (   )(○)(   )

7 예

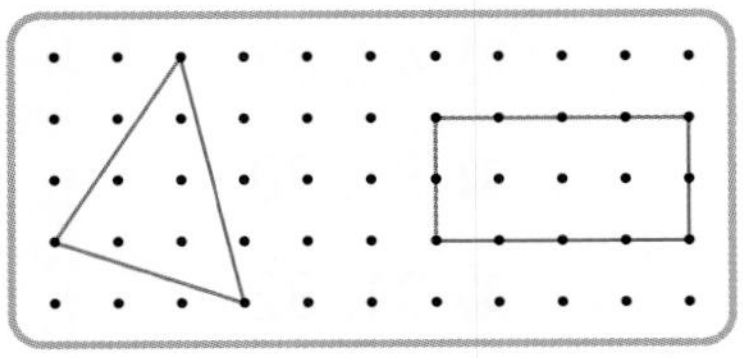

8 예

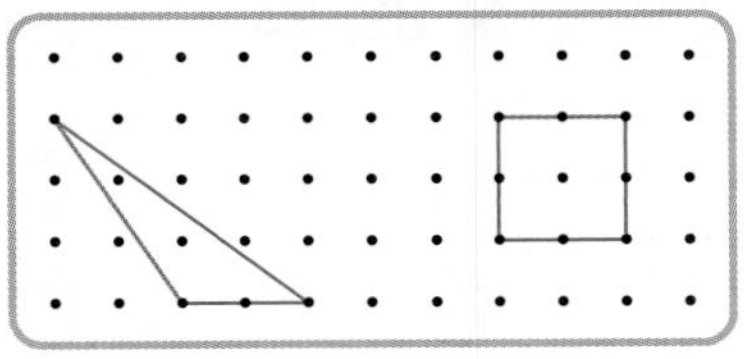

9 예

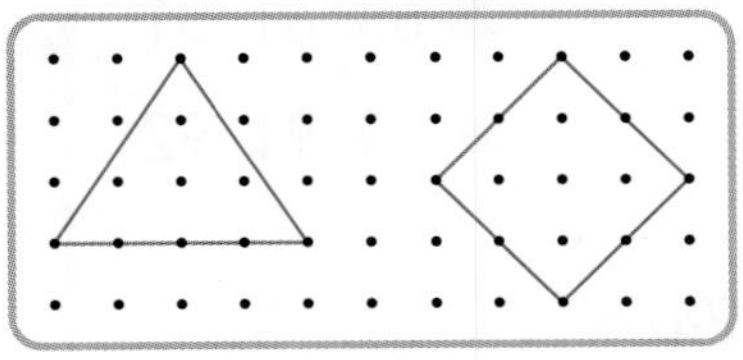

10 예

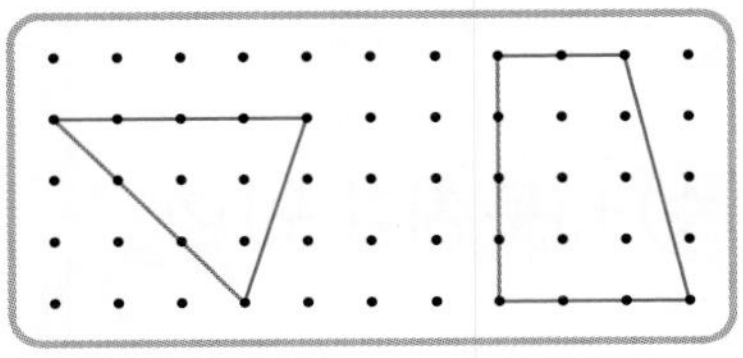

11 예

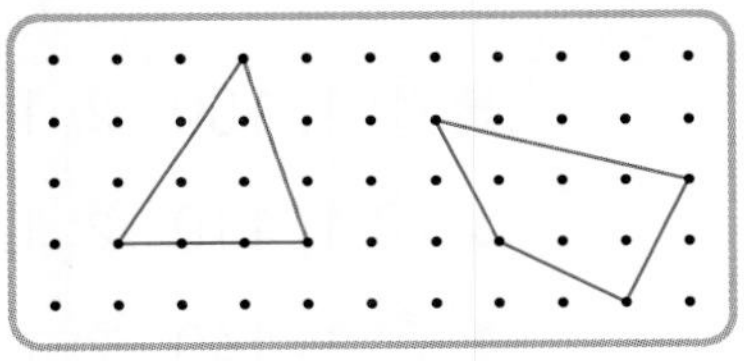

057쪽

12

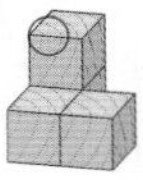

13

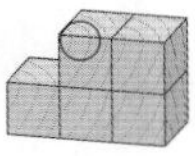

14

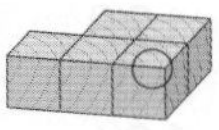

15

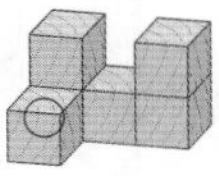

16

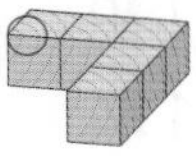

17

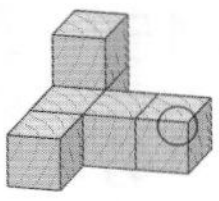

18 (   )(○)(   )

19 (   )(○)(   )

20 (   )(   )(○)

21 (○)(   )(   )

22 (   )(○)(   )

15회 (두 자리 수)+(한 자리 수)

060쪽 | 개념

1 44

2 51

3 63

4 72

5 ① 11 ② 1, 51

6 ① 13 ② 1, 63

7 ① 13 ② 1, 73

8 ① 12 ② 1, 82

061쪽 | 연습

9 ① 20 ② 22

10 ① 42 ② 45

11 ① 62 ② 63

12 ① 70 ② 72

13 ① 82 ② 85

14 ① 93 ② 95

15 ① 20 ② 22

16 ① 31 ② 36

17 ① 34 ② 37

18 ① 40 ② 46

19 ① 50 ② 53

20 ① 61 ② 63

21 ① 81 ② 84

22 ① 90 ② 94

062쪽 | 적용

23 2, 2, 32

24 7, 7, 47

25 5, 5, 55

26 3, 3, 63

27 4, 1, 71

28 6, 2, 92

29 26, 41

30 30, 41

31 44, 50

32 55, 63

33 62, 70

34 80, 91

063쪽 | 완성

35

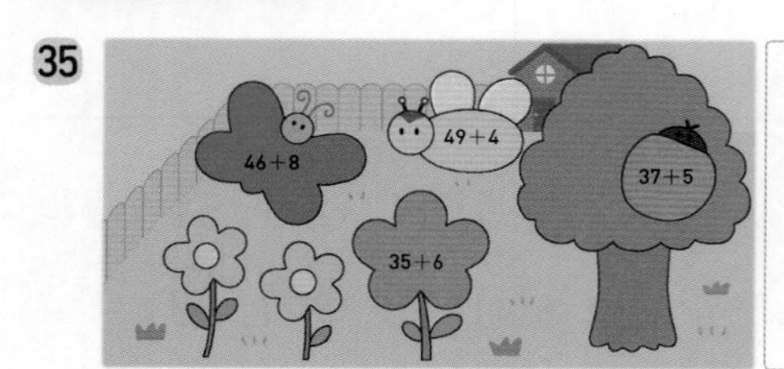

32+9
48+5
34+8
45+9

36

27+7
35+5
28+5
43+7

연산+문해력

37 12, 9, 21 / 21

066쪽 | 적용

23 7, 62
24 6, 6, 55
25 3, 3, 71
26 30, 87, 94
27 10, 89, 91
28 20, 83, 92
29 53, 41
30 41, 62
31 42, 87
32 81, 90
33 71, 82
34 82, 94

067쪽 | 완성

35 50, 40, 60
36 73, 63, 53
37 63, 61, 51
38 90, 91, 92

연산+문해력

39 37, 47, 84 / 84

16회 (두 자리 수)+(두 자리 수) (1)

064쪽 | 개념

1 47
2 62
3 82
4 91
5 ① 13 ② 1, 73
6 ① 11 ② 1, 61
7 ① 14 ② 1, 64
8 ① 16 ② 1, 96

065쪽 | 연습

9 ① 38 ② 43
10 ① 65 ② 72
11 ① 52 ② 60
12 ① 71 ② 85
13 ① 70 ② 82
14 ① 83 ② 91
15 ① 61 ② 73
16 ① 40 ② 45
17 ① 61 ② 84
18 ① 75 ② 82
19 ① 71 ② 92
20 ① 70 ② 82
21 ① 70 ② 94
22 ① 81 ② 90

17회 (두 자리 수)+(두 자리 수) (2)

068쪽 | 개념

1 118
2 138
3 122
4 166
5 ① 1, 100 ② 1, 105
6 ① 1, 110 ② 1, 119
7 ① 1, 140 ② 1, 147
8 ① 1, 170 ② 1, 176

069쪽 | 연습

9 ① 118 ② 129
10 ① 115 ② 136
11 ① 139 ② 148
12 ① 119 ② 127
13 ① 109 ② 157
14 ① 145 ② 176
15 ① 115 ② 124
16 ① 119 ② 128
17 ① 118 ② 104
18 ① 106 ② 139
19 ① 117 ② 136
20 ① 163 ② 174
21 ① 116 ② 157
22 ① 146 ② 167

070쪽 | 적용

※ 위에서부터 채점하세요.

23 50, 6, 120, 128
24 80, 3, 170, 7, 177
25 90, 120, 127
26 40, 1, 120, 125
27 80, 2, 150, 9, 159
28 50, 4, 110, 119
29 107, 119
30 128, 144
31 128, 137
32 106, 159
33 115, 139

071쪽 | 완성

34 32+86
35 62+87
36 86+71
37 71+65

연산+문해력
38 56, 51, 107 / 107

18회 (두 자리 수)+(두 자리 수) (3)

072쪽 | 개념

1 143
2 135
3 162
4 173
5 1, 1, 111 / ① 11 ② 100
6 1, 1, 122 / ① 12 ② 110
7 1, 1, 124 / ① 14 ② 110
8 1, 1, 170 / ① 10 ② 160

073쪽 | 연습

9 ① 113 ② 124
10 ① 114 ② 130
11 ① 111 ② 130
12 ① 121 ② 143
13 ① 132 ② 156
14 ① 120 ② 183
15 ① 110 ② 123
16 ① 121 ② 134
17 ① 125 ② 157
18 ① 120 ② 162
19 ① 112 ② 141
20 ① 163 ② 171
21 ① 132 ② 155
22 ① 131 ② 153

074쪽 | 적용

※ 위에서부터 채점하세요.

23 166, 113
24 162, 135
25 171, 150
26 157, 140
27 170, 142
28 (○)( )
29 ( )(○)
30 (○)( )
31 (○)( )
32 ( )(○)
33 (○)( )
34 (○)( )

075쪽 | 완성

35 1, 3, 3 / ( )( )(○)( )
36 1, 5, 1 / ( )( )(○)( )
37 1, 4, 0 / ( )( )( )(○)

연산+문해력
38 66, 76, 142 / 142

19회 (두 자리 수)−(한 자리 수)

076쪽 | 개념

1 14
2 36
3 49
4 58
5 ① 4 ② 2, 10, 24
6 ① 7 ② 5, 10, 57
7 ① 5 ② 7, 10, 75
8 ① 9 ② 8, 10, 89

077쪽 | 연습

9 ① 19 ② 18
10 ① 38 ② 36
11 ① 44 ② 43
12 ① 58 ② 54
13 ① 78 ② 76
14 ① 89 ② 86
15 ① 28 ② 49
16 ① 28 ② 37
17 ① 18 ② 29
18 ① 38 ② 59
19 ① 38 ② 45
20 ① 76 ② 89
21 ① 46 ② 55
22 ① 58 ② 62

078쪽 | 적용

23 3, 40, 38
24 1, 50, 45
25 7, 50, 49
26 5, 60, 58
27 3, 70, 64
28 4, 90, 87
29 >
30 <
31 >
32 <
33 =
34 <
35 >
36 =

079쪽 | 완성

37

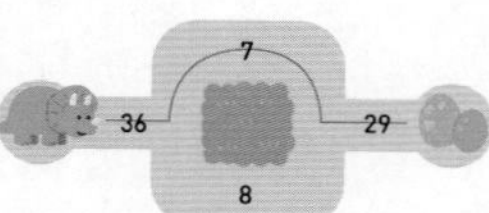

38
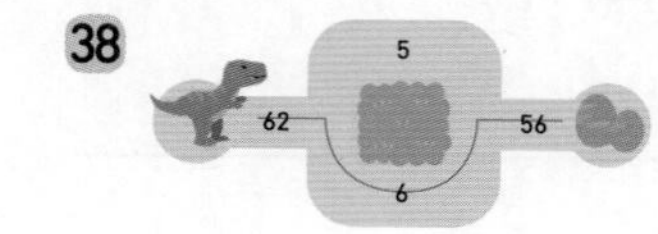

39
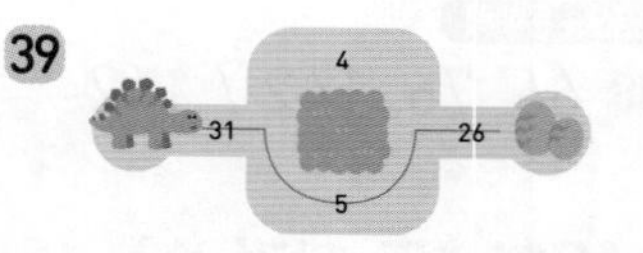

40
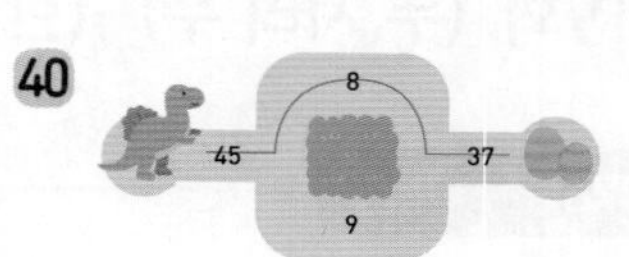

41
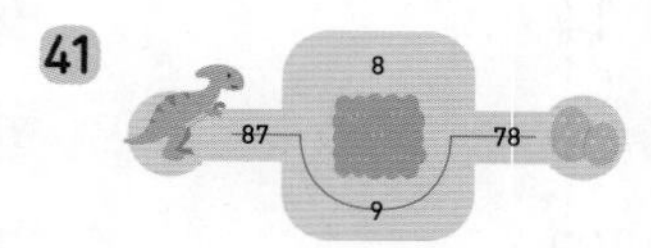

연산+문해력
42 24, 8, 16 / 16

20회 (몇십) − (몇십몇)

080쪽 | 개념

1 14
2 27
3 32
4 21
5 ① 4, 10, 42 ② 4, 10, 22
6 ① 5, 10, 59 ② 5, 10, 19
7 ① 7, 10, 75 ② 7, 10, 65
8 ① 8, 10, 86 ② 8, 10, 26

081쪽 | 연습

9 ① 19 ② 15
10 ① 19 ② 24
11 ① 32 ② 16
12 ① 52 ② 33
13 ① 41 ② 28
14 ① 48 ② 25
15 ① 18 ② 28
16 ① 26 ② 46
17 ① 57 ② 37
18 ① 21 ② 51
19 ① 38 ② 18
20 ① 14 ② 34
21 ① 17 ② 37
22 ① 19 ② 29

082쪽 | 적용

23 20, 20, 13
24 10, 40, 32
25 20, 40, 35
26 30, 40, 36
27 10, 70, 67
28 50, 40, 34
29 21, 39
30 16, 44
31 26, 71
32 54, 25
33 13, 21
34 38, 36

083쪽 | 완성

35 32

36 11

37 44

38 13

39 38

40 35

연산+문해력

41 30, 16, 14 / 14

21회 (두 자리 수)-(두 자리 수)

084쪽 | 개념

1 18

2 15

3 47

4 37

5 ① 2, 10, 28 ② 2, 10, 18

6 ① 4, 10, 49 ② 4, 10, 29

7 ① 6, 10, 65 ② 6, 10, 45

8 ① 8, 10, 86 ② 8, 10, 36

085쪽 | 연습

9 ① 19 ② 16

10 ① 25 ② 19

11 ① 27 ② 19

12 ① 37 ② 16

13 ① 54 ② 15

14 ① 29 ② 58

15 ① 17 ② 68

16 ① 19 ② 26

17 ① 28 ② 16

18 ① 18 ② 46

19 ① 26 ② 33

20 ① 25 ② 38

21 ① 28 ② 19

22 ① 13 ② 27

086쪽 | 적용

23 18, 13

24 19, 17

25 39, 18

26 29, 17

27 45, 38

28 28, 16

29

30

31

32

33

087쪽 | 완성

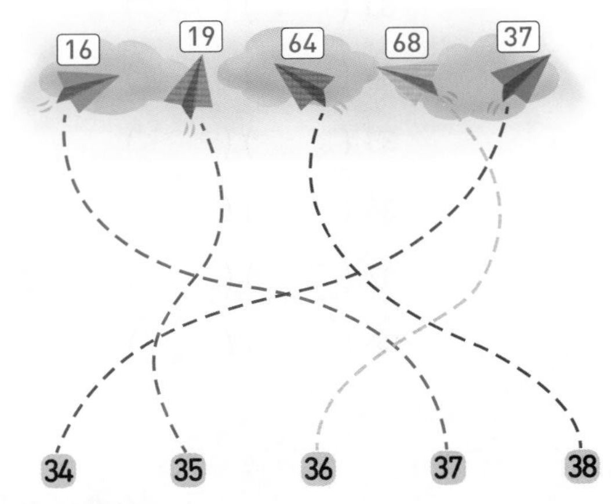

연산+문해력

39 53, 15, 38 / 38

22회 세 수의 덧셈, 세 수의 뺄셈

088쪽 | 개념

1 ① 32 ② 38 / 38

2 ① 42 ② 61 / 61

3 ① 38 ② 19 / 19

4 ① 47 ② 29 / 29

5 35 / 35, 41

6 82 / 82, 91

7 55 / 55, 26

8 46 / 46, 28

089쪽 | 연습

9 ① 52 ② 62
10 ① 70 ② 46
11 ① 70 ② 73
12 ① 56 ② 53
13 ① 79 ② 82
14 ① 95 ② 90
15 ① 91 ② 92
16 ① 18 ② 15
17 ① 30 ② 20
18 ① 36 ② 29
19 ① 26 ② 29
20 ① 19 ② 28
21 ① 38 ② 25
22 ① 39 ② 19
23 ① 38 ② 28

090쪽 | 적용

24 49
25 50
26 95
27 90
28 9
29 18
30 17
31 29
32 (○)( )
33 ( )(○)
34 ( )(○)
35 ( )(○)
36 (○)( )
37 ( )(○)
38 (○)( )

091쪽 | 완성

39 ◯
40 ×, 26
41 ×, 36
42 ◯
43 ×, 60
44 ◯
45 ◯
46 ×, 28

연산+문해력

47 52, 19, 16, 17 / 17

23회 세 수의 덧셈과 뺄셈

092쪽 | 개념

1 ① 33 ② 27 / 27
2 ① 42 ② 23 / 23
3 ① 29 ② 35 / 35
4 ① 28 ② 45 / 45
5 43 / 43, 28
6 62 / 62, 46
7 19 / 19, 33
8 46 / 46, 82

093쪽 | 연습

9 ① 47 ② 49
10 ① 38 ② 44
11 ① 39 ② 35
12 ① 25 ② 57
13 ① 26 ② 56
14 ① 38 ② 28
15 ① 48 ② 38
16 ① 27 ② 23
17 ① 45 ② 64
18 ① 52 ② 60
19 ① 60 ② 66
20 ① 76 ② 80
21 ① 60 ② 42
22 ① 92 ② 61
23 ① 90 ② 72

094쪽 | 적용

24 58
25 74
26 55
27 42
28 62
29 51
30 >
31 <
32 >
33 <
34 <
35 >
36 <
37 >

095쪽 | 완성

38 68
39 55
40 58

연산+문해력

41 25, 26, 19, 32 / 32

24회 덧셈과 뺄셈의 관계

096쪽 | 개념

※ 위에서부터 채점하세요.

1 9, 3 / 12, 9
2 21, 13 / 21, 13
3 27, 18 / 18, 9
4 9, 15 / 9, 15
5 16, 24 / 16, 24
6 9, 26 / 9, 26

097쪽 | 연습

7 17－8＝9, 17－9＝8
8 25－19＝6, 25－6＝19
9 42－15＝27, 42－27＝15
10 53－24＝29, 53－29＝24
11 77－59＝18, 77－18＝59
12 7＋14＝21, 14＋7＝21
13 13＋19＝32, 19＋13＝32
14 28＋25＝53, 25＋28＝53
15 29＋37＝66, 37＋29＝66
16 18＋54＝72, 54＋18＝72

098쪽 | 적용

17 16, 16
18 8, 8
19 34, 18
20 27, 27
21 75, 46
22 39, 94
23 22, 15 / 15, 7, 22 / 7, 15, 22
24 32, 23 / 9, 23, 32 / 23, 9, 32
25 65, 49 / 49, 65 / 16, 49, 65
26 91, 57 / 34, 57, 91 / 57, 34, 91

099쪽 | 완성

27 2＋9＝11, 11－2＝9, 11－9＝2, 9＋2＝11
28 4＋8＝12, 8＋4＝12, 12－8＝4
29 17＋5＝22, 5＋17＝22, 22－17＝5

연산+문해력
30 작은, 큰 / 16, 25, 41 또는 25, 16, 41 / 41, 16, 25 / 41, 25, 16

25회 덧셈식에서 □의 값 구하기

100쪽 | 개념

1 8
2 9
3 18
4 7
5 19
6 24

101쪽 | 연습

7 33, 14
8 85, 59
9 51, 13
10 72, 27
11 91, 34
12 90, 26
13 40, 26
14 53, 34
15 81, 58
16 73, 28
17 92, 37
18 93, 26
19 95, 17

102쪽 | 적용

20 7
21 27
22 18
23 27
24 34
25 33
26 46
27 39
28 44
29 25
30 39
31 28
32 25
33 55
34 34
35 24

3단원

103쪽 | 완성

36 • ㉰ • ㉣
37 • ㉯ • ㉡
38 • ㉮ • ㉠
39 • ㉱ • ㉢

연산+문해력

40 12, 12, 9 / 9

26회 뺄셈식에서 □의 값 구하기

104쪽 | 개념

1 5
2 8
3 7
4 15
5 29
6 42

105쪽 | 연습

7 15, 8
8 31, 6
9 46, 19
10 53, 18
11 62, 45
12 77, 38
13 5, 42
14 18, 67
15 27, 51
16 33, 81
17 49, 84
18 54, 70
19 15, 83

106쪽 | 적용

20 17
21 13
22 19
23 28
24 21
25 32
26 62
27 70
28 34
29 24
30 37
31 48
32 32
33 64
34 84

107쪽 | 완성

35 열립니다
36 열립니다
37 열리지 않습니다
38 열리지 않습니다
39 열립니다
40 열리지 않습니다

연산+문해력

41 3, 3, 12 / 12

27회 평가 A

108쪽

1 ① 22 ② 25
2 ① 41 ② 46
3 ① 40 ② 53
4 ① 113 ② 129
5 ① 148 ② 106
6 ① 122 ② 134
7 ① 111 ② 174
8 ① 29 ② 26
9 ① 57 ② 54
10 ① 25 ② 12
11 ① 38 ② 24
12 ① 35 ② 29
13 ① 49 ② 28
14 ① 65 ② 47

109쪽

15 ① 29 ② 27
16 ① 70 ② 75
17 ① 28 ② 29
18 ① 19 ② 38
19 ① 39 ② 37
20 ① 79 ② 43
21 ① 62 ② 36
22 ① 90 ② 71

23 21, 16, 5 / 21, 5, 16

24 66, 39, 27 / 66, 27, 39

25 73, 49, 24 / 73, 24, 49

26 4, 9, 13 / 9, 4, 13

27 46, 26, 72 / 26, 46, 72

28 37, 45, 82 / 45, 37, 82

28회 평가 B

110쪽

1 30, 43

2 93, 82

3 147, 134

4 27, 46

5 39, 23

6 14, 57

7 >

8 >

9 <

10 <

11 <

12 >

13 <

14 <

111쪽

15 71, 12 / 12, 59, 71 / 59, 12, 71

16 82, 48 / 34, 48, 82 / 48, 34, 82

17 25, 17 / 17, 8, 25 / 8, 17, 25

18 43, 16 / 27, 16, 43 / 16, 27, 43

19 7

20 6

21 17

22 34

23 62

24 17

25 41

26 32

29회 여러 가지 단위로 길이 재기 / 1 cm

114쪽 | 개념

1 2

2 5

3 4

4 7

5 6

6 3, 3

7 4, 4

8 6, 6

9 7, 7

10 5, 5

115쪽 | 연습

11 6, 4

12 7, 2

13 8, 5

14 9, 2

15 1 cm

16 3 cm

17 2 cm

18 7 cm

19 6 cm

20 4 cm

116쪽 | 적용

21 2

22 2, 3

23 6, 4

24 5, 6

25 4, 8

26 예

27 예

28 예

29 예

30 예

31

117쪽 | 완성

32 6

33 8

34 9

35 6

연산+문해력

36 5, 3, 4 / 지호

30회 자로 길이를 재어 나타내기

118쪽 | 개념

1 4

2 7

3 2

4 4

5 3

6 5

7 4

8 5

119쪽 | 연습

9 3 cm

10 6 cm

11 5 cm

12 7 cm

13 2 cm

14 7 cm

15 4 cm

16 3 cm

17 8 cm

18 5 cm

19 6 cm

120쪽 | 적용

20

21

22

23

24 ㉠

25 ㉡

26 ㉠

27 ㉡

121쪽 | 완성

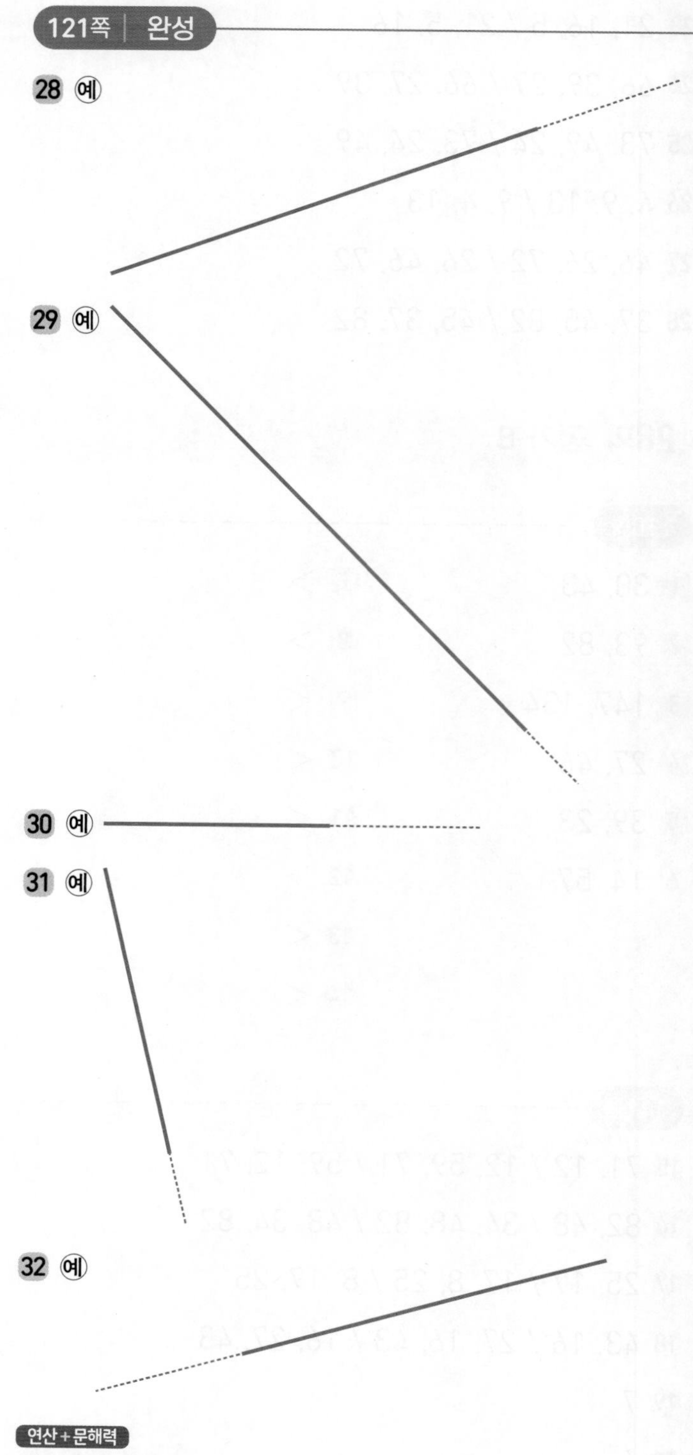

연산+문해력

33 11 / 수지

31회 평가 A

122쪽

1 2, 4
2 3, 6
3 7, 4
4 10, 5
5 2 cm
6 4 cm
7 3 cm
8 5 cm
9 7 cm
10 1 cm

123쪽

11 6 cm
12 8 cm
13 5 cm
14 3 cm
15 4 cm
16 7 cm
17 8 cm
18 4 cm
19 5 cm
20 6 cm
21 3 cm
22 7 cm

32회 평가 B

124쪽

1 3, 1
2 2, 3
3 2, 10
4 9, 7
5 5, 10
6 예 
7 예 
8 
9 예 
10 예 
11 예

125쪽

12 
13 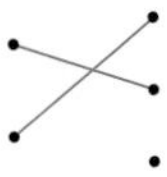
14 
15 
16 ㉠
17 ㉡
18 ㉠
19 ㉠

33회 기준에 따라 분류하기

128쪽 | 개념

1 (×)
( )
2 (×)
( )
3 ( )
(×)
4 (×)
( )
5 길이
6 맛
7 종류
8 모양

129쪽 | 연습

9 ㉠, ㉣, ㉤ / ㉡, ㉢, ㉥

10 ㉠, ㉢, ㉣ / ㉡, ㉤, ㉥

11 ㉠, ㉡, ㉤, ㉥ / ㉢, ㉣

12 ㉢, ㉣ / ㉡, ㉥ / ㉠, ㉤

13 ㉣ / ㉠, ㉥ / ㉡, ㉢, ㉤

14 ㉠, ㉤ / ㉡, ㉢, ㉥ / ㉣

15 ㉢, ㉤ / ㉠, ㉡ / ㉣, ㉥

130쪽 | 적용

16 ① 가, 나, 마 / 다, 라, 바 ② 나, 다, 바 / 가, 라, 마

17 ① 가, 바 / 나, 마 / 다, 라 ② 가, 다, 마 / 나, 라, 바

18

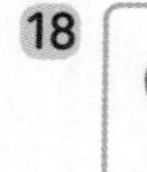

19

20

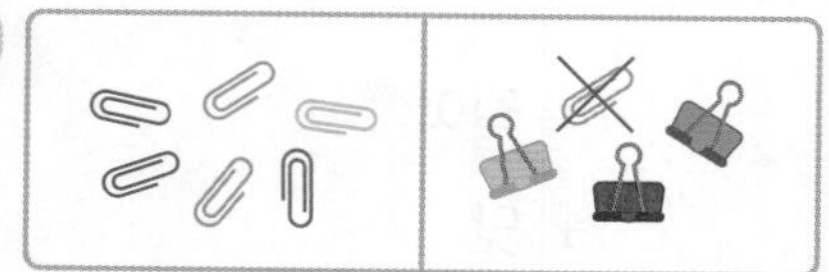

21

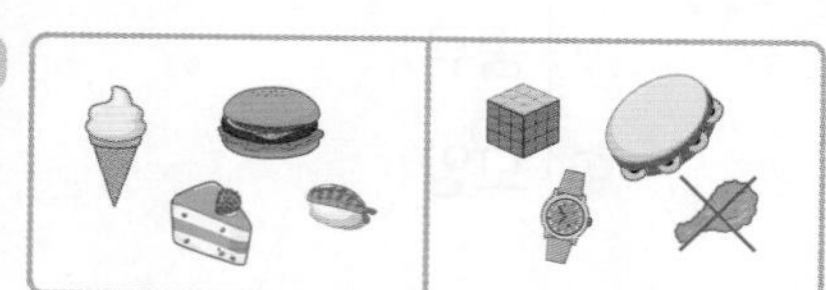

22

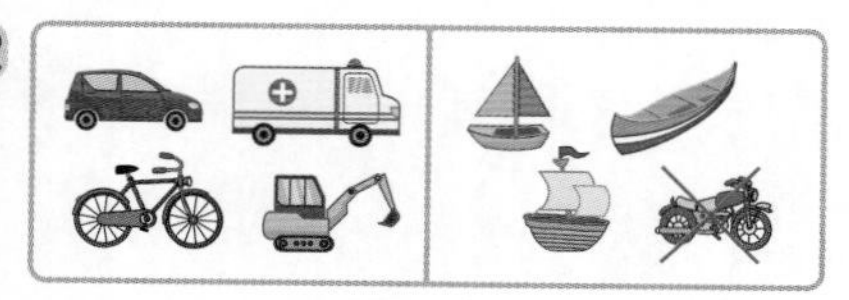

131쪽 | 완성

연산+문해력

29 공, 공 / 공

34회 분류하여 세어 보고 분류한 결과 말하기

132쪽 | 개념

※ 위에서부터 채점하세요.

1 / 3, 5, 2

2 / 1, 4, 5

3 노란색

4 햄스터

133쪽 | 연습

5 4, 5, 1

6 4, 3, 3

7 3, 5, 2

8 4, 3, 3 / 축구공

9 4, 5, 3 / 초록색

10 2, 6, 4 / 사과

134쪽 | 적용

11 ㉠, ㉡, ㉥, ㉨ / ㉢, ㉦, ㉧, ㉩, ㉫ / ㉣, ㉤, ㉪ / 4, 5, 3

12 ㉠, ㉤, ㉧, ㉩, ㉫ / ㉡, ㉢, ㉣, ㉥, ㉦, ㉨, ㉪ / 5, 7

13 ㉠, ㉣, ㉥, ㉦, ㉫ / ㉡, ㉢, ㉤, ㉧, ㉨, ㉩, ㉪ / 5, 7

14 많이, 사과

15 적게, 냉면

16 많이, 로봇

17 적게, 국어책

135쪽 | 완성

18  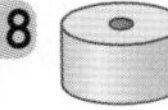

19 

20 

연산+문해력

21 3, 2, 5 / 5 / 원

35회 평가 A

136쪽

1 ㉠, ㉥ / ㉡, ㉢, ㉣, ㉤

2 ㉡, ㉢, ㉣, ㉥ / ㉠, ㉤

3 ㉡, ㉢, ㉣ / ㉠, ㉤, ㉥

4 ㉠, ㉢, ㉤, ㉥ / ㉡, ㉣

5 ㉠, ㉤ / ㉢, ㉥ / ㉡, ㉣

6 ㉡, ㉤ / ㉠, ㉣, ㉥ / ㉢

7 ㉠, ㉢ / ㉤ / ㉡, ㉣, ㉥

8 ㉠, ㉥ / ㉡, ㉤, ㉧ / ㉢, ㉣, ㉦

137쪽

9 2, 4, 4

10 3, 3, 4

11 5, 3, 2

12 1, 4, 5

13 5, 3, 4 / 송편

14 4, 6, 2 / 초록색

15 7, 3, 2 / 호랑이

36회 평가 B

138쪽

1 ① 가, 다, 라, 마 / 나, 바
② 가, 나, 마 / 다, 라, 바

2 ① 가, 다, 마 / 나, 라, 바
② 가, 바 / 나, 다, 라, 마

3  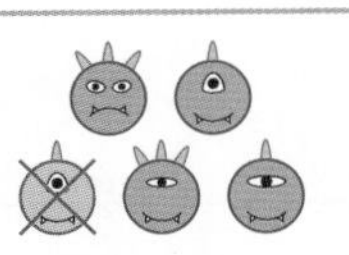

4  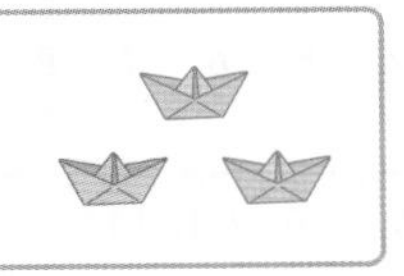

5 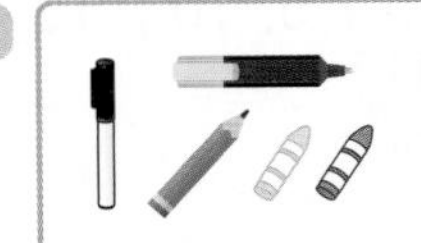 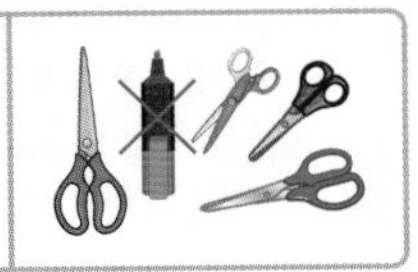

6 

7  

139쪽

8 ㉠, ㉢, ㉤, ㉧, ㉩, ㉪ / ㉡, ㉣, ㉥, ㉦, ㉨, ㉫ / 6, 6

9 ㉠, ㉡, ㉥, ㉪ / ㉢, ㉣, ㉨ / ㉤, ㉦, ㉧, ㉩, ㉫ / 4, 3, 5

10 ㉠, ㉢, ㉤, ㉥, ㉧, ㉨, ㉫ / ㉡, ㉣, ㉦, ㉩, ㉪ / 7, 5

11 많이, 사인펜

12 적게, 고등어

13 많이, 단팥빵

14 적게, 치마

37회 여러 가지 방법으로 세어 보기

142쪽 | 개념

※ 위에서부터 채점하세요.

1 4, 7 / 7
2 6, 8 / 8
3 16, 20 / 20
4 10, 12 / 6, 12
5 9, 12 / 4, 12
6 8, 12, 16 / 4, 16

143쪽 | 연습

7 (0 1 2 3 4 5 6 7 8 9) / 4, 6 / 6
8 (0 1 2 3 4 5 6 7 8 9 10 11 12 13 14) / 8, 12 / 12
9 (0 1 2 3 4 5 6 7 8 9 10 11) / 5, 10 / 10
10 8, 24
11 2, 8
12 3, 18
13 2, 16
14 4, 36

144쪽 | 적용

※ 왼쪽에서부터 채점하세요.

15 5, 4 / 20
16 7, 3 / 21
17 8, 4 / 16
18 8, 3 / 24
19 ( ) (×) ( )
20 ( ) ( ) (×)
21 (×) ( ) ( )
22 ( ) ( ) (×)

145쪽 | 완성

23 5, 10
24 4, 12
25 3, 15
26 2, 12

연산+문해력

27 2, 7, 14 / 14

38회 몇의 몇 배

146쪽 | 개념

1 6, 6
2 5, 5
3 4, 4
4 3, 3
5 2
6 2
7 3
8 5

147쪽 | 연습

9 3, 4, 3, 4
10 8, 4, 8, 4
11 7, 2, 7, 2
12 5, 5, 5, 5
13 4
14 8
15 5
16 4
17 2
18 3

148쪽 | 적용

19 예
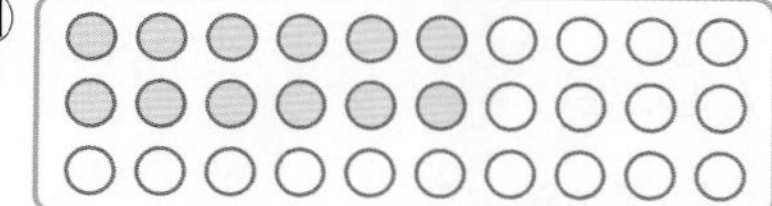

20 예
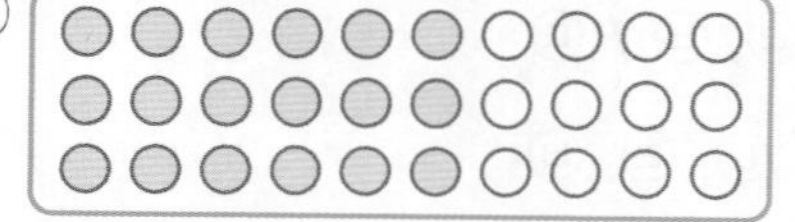

21 예
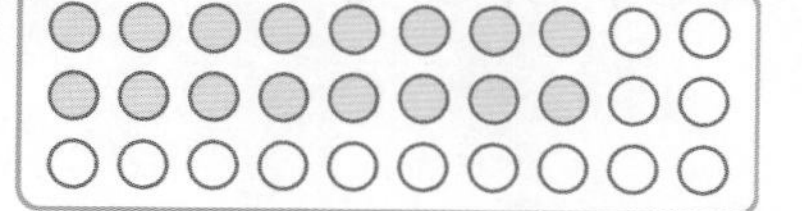

22 예
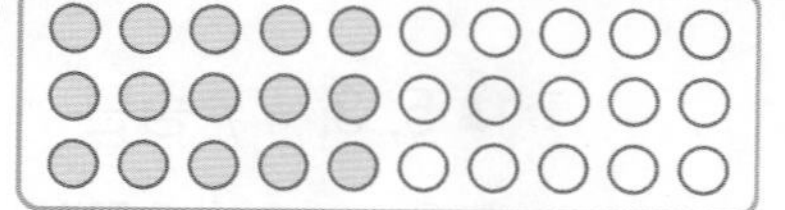

23 예

24 6, 2
25 5, 2
26 9, 2
27 7, 3
28 8, 4

149쪽 | 완성

29 파란색
30 보라색
31 갈색
32 노란색
33 초록색

연산+문해력
34 3, 4, 3 / 3

39회 곱셈식으로 나타내기

150쪽 | 개념

1 4
2 3
3 7
4 3
5 2
6 2, 2, 6 / 3, 6
7 3, 3, 3, 12 / 4, 12
8 5, 10 / 2, 10
9 7, 7, 7, 28 / 4, 28

151쪽 | 연습

10 3, 3, 9 / 3, 9
11 4, 8 / 2, 8
12 5, 5, 5, 20 / 5, 4, 20
13 7, 7, 14 / 7, 2, 14
14 12 / 6=12
15 21 / 7=21
16 24 / 6=24
17 48 / 6×8=48
18 35 / 7×5=35
19 56 / 8×7=56
20 54 / 9×6=54

152쪽 | 적용

21 (　)(　)(×)
22 (　)(×)(　)
23 (×)(　)(　)
24 (　)(×)(　)
25 (×)(　)(　)
26 (　)(×)(　)
27 3, 6 / 2, 6
28 2, 16 / 8, 16
29 3, 18 / 6, 18
30 7, 3, 21 / 3, 7, 21
31 5, 2, 10 / 2, 5, 10

153쪽 | 완성

32 4, 2, 8
33 8, 3, 24
34 2, 7, 14
35 4, 4, 16

연산+문해력
36 4, 9, 4 / 9, 9, 36, 4, 36 / 36

40회 평가 A

154쪽

1 7, 14
2 3, 12
3 4, 24
4 3, 21
5 2, 18
6 3
7 4
8 7
9 5
10 3
11 2

155쪽

12 2, 2, 2, 8 / 4, 8
13 3, 6 / 2, 6
14 6, 6, 6, 6, 6, 6, 42 / 6, 7, 42
15 7, 7, 7, 21 / 7, 3, 21
16 8, 8, 16 / 8, 2, 16
17 18 / 6=18
18 28 / 7=28
19 35 / 7=35
20 36 / 6×6=36
21 42 / 7×6=42
22 64 / 8×8=64
23 36 / 9×4=36

41회 평가 B

156쪽

※ 왼쪽에서부터 채점하세요.

1 6, 2 / 12

2 5, 3 / 15

3 4, 8 / 32

4 3, 9 / 27

5 예

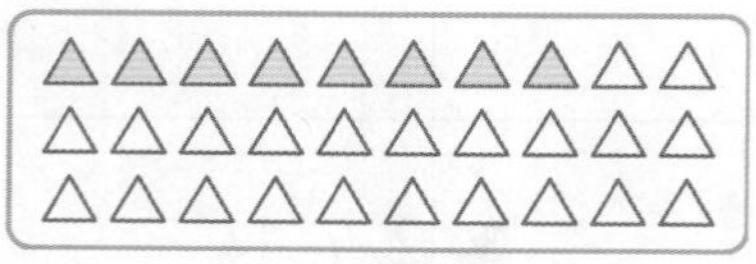

6 예

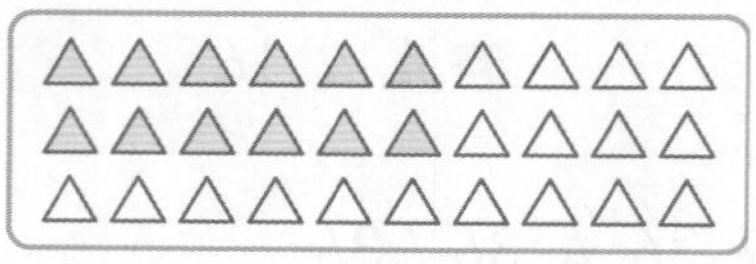

7 예

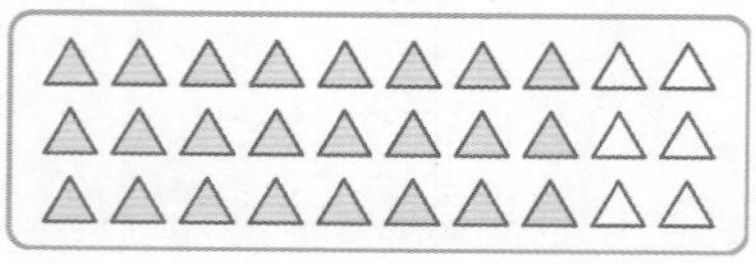

8 예

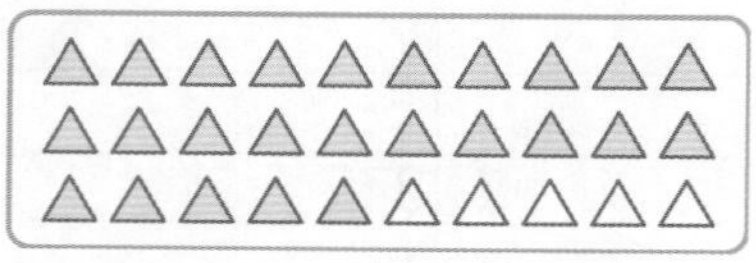

9 예

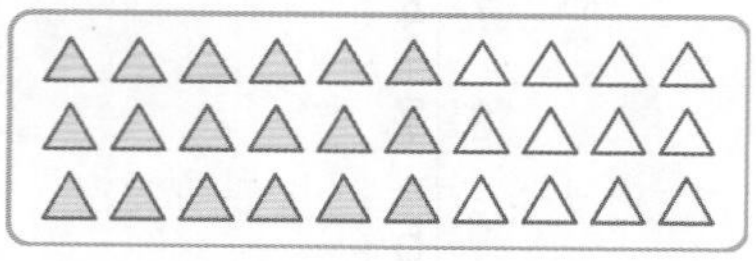

157쪽

10 ( )( )(×)

11 ( )(×)( )

12 (×)( )( )

13 ( )(×)( )

14 ( )(×)( )

15 (×)( )( )

16 7, 14 / 2, 14

17 8, 24 / 3, 24

18 4, 20 / 5, 20

19 예 2, 9, 18 / 9, 2, 18

20 3, 7, 21 / 7, 3, 21

42회 1~6단원 총정리

158쪽

1 100

2 400

3 500

4 800

5 362

6 810

7 583

8 704

9 가, 바 / 라, 마

10 나, 마 / 가

11 ① 2 ② 4

12 ① 5 ② 4

159쪽

13 ① 24 ② 51

14 ① 47 ② 14

15 ① 108 ② 137

16 ① 46 ② 38

17 ① 101 ② 38

18 ① 54 ② 22

19 4 cm

20 6 cm

21 3 cm

22 5 cm

23 1 cm

24 7 cm

160쪽

※ 위에서부터 채점하세요.

25 2, 6, 4 / 사과

26 5, 4, 3 / 떡볶이

27 5, 5, 2 / 빨간색

28 2, 2, 6 / 3, 6

29 3, 3, 3, 12 / 4, 12

30 5, 5, 15 / 3, 15

31 7, 7, 7, 7, 35 / 7, 5, 35

32 9, 9, 18 / 9, 2, 18

큐브 연산

정답 | 초등 수학 2·1

연산 | 전 단원 연산을 다잡는 기본서

개념 | 교과서 개념을 다잡는 기본서

유형 | 모든 유형을 다잡는 기본서

큐브 찐-후기

시작만 했을 뿐인데 완북했어요!

시작만 했을 뿐인데 그 끝은 완북으로! 학습할 땐 힘들었지만 큐브 연산으로 기초를 튼튼하게 다지면서 새 학기 때 수학의 자신감은 덤으로 뿜뿜할 수 있을 듯 해요^^

초1중2민지사랑민찬

결과는 대성공! 공부 습관과 함께 자신감 얻었어요!

겨울방학 동안 공부 습관 잡아주고 싶었는데 결과는 대성공이었습니다. 다른 친구들과 함께한다는 느낌 때문인지 아이가 책임감을 느끼고 참여하는 것 같더라고요. 덕분에 공부 습관과 함께 수학 자신감을 얻었어요.

스리마미

아이 스스로 얻은 성취감이 커서 너무 좋습니다!

아이가 방학 중에 개념 공부를 마치고 수학이 세상에서 제일 싫었다가 이제는 좋아졌다고 하네요. 아이 스스로 얻은 성취감이 커서 너무 좋습니다. 자칭 수포자 아이와 함께 이렇게 쉽게 마친 것도 믿어지지 않네요.

초5 초3 유유

엄마표 학습에 동영상 강의가 도움이 되었어요!

동영상 강의가 있어서 설명을 듣고 개념 정리 문제를 풀어보니 보다 쉽게 이해할 수 있었어요. 엄마표로 진행하는 거라 엄마인 저도 막히는 부분이 있었는데 동영상 강의가 많은 도움이 되었네요.

3학년 칭칭맘

자세한 개념 설명 덕분에 부담없이 할 수 있어요!

처음에는 할 수 있을까 욕심을 너무 부리는 건 아닌가 신경 쓰였는데, 선행용, 예습용으로 하기에 입문하기 좋은 난이도와 자세한 개념 설명 덕분에 아이가 부담없이 할 수 있었던 거 같아요~

초5워킹맘

심리적으로 수학과 가까워진 거 같아서 만족해요!

아이는 처음 배우는 개념을 정독한 후 문제를 풀다 보니 부담감 없이 할 수 있었던 것 같아요. 매일 아이가 제일 먼저 공부하는 책이 큐브였어요. 그만큼 심리적으로 수학과 가까워진 거 같아서 만족스러워요.

초2 산들바람

수학 개념을 제대로 잡을 수 있어요!

처음에는 어려웠던 개념들도 차분히 문제를 풀어보면서 자신감을 얻은 거 같아서 아이도 엄마도 즐거웠답니다. 6주 동안 큐브 개념으로 4학년 1학기 수학 개념을 제대로 잡을 수 있어서 너무 뿌듯했어요.

초4초6 너굴사랑